雪域风云路

——西藏气象事业发展回忆文集

主　编　毛如柏

气象出版社
China Meteorological Press

图书在版编目（CIP）数据

雪域风云路：西藏气象事业发展回忆文集/毛如柏
主编．—北京：气象出版社，2011.10
ISBN 978-7-5029-5293-8

Ⅰ．①雪…　Ⅱ．①毛…　Ⅲ．①气象－工作－西藏－文
集　Ⅳ．①P4-127.5

中国版本图书馆 CIP 数据核字（2011）第 189161 号

雪域风云路——西藏气象事业发展回忆文集
毛如柏　主编

出版发行：气象出版社
地　　址：北京市海淀区中关村南大街 46 号
邮政编码：100081
网　　址：http://www.cmp.cma.gov.cn
E-mail：qxcbs@cma.gov.cn
电　　话：总编室：010-68407112，发行部：010-68409198
责任编辑：杨泽彬
终　　审：章澄昌
封面设计：王　伟
责任技编：吴庭芳
印 刷 者：北京朝阳印刷厂有限责任公司
开　　本：787 mm×1092 mm　1/16
印　　张：32.75
字　　数：520 千字
版　　次：2011 年 10 月第 1 版
印　　次：2011 年 10 月第 1 次印刷
印　　数：1～3500
定　　价：120.00 元

雪域气象新　辉煌六十年
——在西藏气象事业发展60周年老同志座谈会上的讲话

热　地

在中国气象局各位领导的高度重视下，曾在西藏工作过的部分藏汉老气象工作者，今天在这里召开座谈会，庆祝西藏和平解放60周年和西藏气象工作建立60周年。我有幸应中国气象局的邀请参加，见到这么多老西藏、老同志、老朋友和中国气象局的领导，感到非常高兴。

今年是西藏和平解放60周年，党中央高度重视，将要举行一系列重要庆祝活动。一是，5月23日，在北京将要召开纪念西藏和平解放60周年座谈会，届时中央领导同志将发表重要讲话；二是，过一段时间，中央将会派出中央代表团，赴西藏参加庆祝和平解放60周年活动。所以，中国气象局今天召开这个座谈会，完全符合中央关于庆祝西藏和平解放60周年的指示精神，充分体现了中国气象局对西藏气象工作的高度重视，同时也是对曾在西藏工作过的藏汉老气象工作者历史功绩的充分肯定和关心。

60年来，在以毛泽东、邓小平、江泽民同志为核心的党的二代中央领导集体和以胡锦涛同志为总书记的党中央英明领导下，在包括中国气象局在内的中央国家机关各部委、各兄弟省市和国有大型企业的无私援助下，西藏自治区历届党委、政府团结带领西藏广大党政军警民，推翻旧制度、建立新政权，解放思想、更新观念，艰苦创业、开拓创新，西藏的经济、政治、文化、社会等各个方面都发生了翻天覆地的伟大变化。

西藏的经济制度、经济结构和经济总量均实现了巨大飞跃；农牧民生产生活条件得到了巨大改善，农牧区基础设施不断完善；交通通讯、能源、水利，包括我们的气象事业等快速发展，教育、科技、医疗卫生、社会保障各

1

项事业得到巨大发展，藏民族优秀传统文化得到有效保护、继承和繁荣发展。大批少数民族干部茁壮成长，以藏族为主体的民族干部已经成为西藏各级领导班子和干部队伍的中坚力量和领导骨干。总之，当前的西藏政通人和、百业俱兴、经济发展、社会进步、局势稳定、民族团结、边防巩固，人民安居乐业，呈现出一派欣欣向荣、和睦和谐的新景象。

回顾西藏和平解放 60 年，我从自己几十年的工作实践中总结了五句话，这就是：西藏是从黑暗走向光明，从落后走向进步，从贫穷走向富裕，从专制走向民主，从封闭走向开放。西藏能有今天这样的大好形势，是党中央、国务院英明领导的结果，是全国人民无私支援的结果，也是包括在座的各位同志在内的"老西藏"、老同志们，长期艰苦奋斗、默默奉献的结果，你们为西藏的繁荣稳定发展做出了不可磨灭的贡献，党和西藏各族人民永远不会忘记你们。

气象事业是一项关系国计民生的事业，是一项需要持之以恒的事业，是一项令人尊敬的事业。60 年来，在中国气象局和自治区党委政府的亲切关心下，西藏气象事业从无到有、从小到大。1950 年开始建立昌都气象站，到目前已经建成了覆盖西藏地区、布局比较合理、探测项目比较齐全、技术装备比较先进的气象网站。在进军西藏、和平解放、平叛民主改革、建立各级人民政权以及改革开放等西藏的各个历史时期，西藏气象工作为服务经济社会发展、防灾减灾、应对气候变化、维护国家主权和社会稳定、国防建设以及服务重大活动等各个方面，做出了突出贡献，发挥了不可替代的重要作用。特别是 1962 年自卫反击战、历次那曲特大雪灾、2008 年奥运火炬珠峰展示和多次攀登珠峰等重大活动中，预报准确、信息可靠，多次受到中国气象局和自治区党委政府的表彰，得到过国家有关部门多次嘉奖。

60 年来，包括在座的各位老同志在内的几代西藏气象工作者，在高寒缺氧、自然环境极其恶劣，工作生活条件十分艰苦，斗争极其复杂的情况下，以崇高、坚定的革命理想信念，继承发扬"老西藏精神"，吃大苦、耐大劳、讲大局、讲奉献，默默耕耘，艰苦创业。特别是，我们很多气象站点，地处偏僻，远离城镇，自然环境特别恶劣，工作生活条件特别艰苦，你们日夜坚守岗位，探测风云变幻，大胆探索独特的高原气象奥秘，积累了丰富的实践经验，气象科技成果累累，气象服务效果显著，涌现出了全国优秀共产党员陈金水同志和首席预报员假拉同志等很多全国闻名的模范先进人物。你们是西藏气象事业的开拓者，是保卫祖国边疆、建设新西藏的功臣。

中国气象局历来高度重视西藏的气象工作，从人力、物力、财力等各个方面亲切关心和大力支持西藏气象事业发展。邹竞蒙同志、温克刚同志、秦大河同志和郑国光局长等历任局领导，曾多次亲自到西藏视察工作，深入基层考察、调研，给予及时有力的指导和帮助，有力地促进了西藏气象事业的发展。

我印象深刻的是，中国气象局始终高度重视西藏气象部门领导班子和干部队伍建设，始终高度重视少数民族干部和少数民族专业技术人才的培养。从1975年开始，我在自治区党委工作了近30年，一直分管干部人事工作，所以有些具体情况我比较了解。

改革开放初期，小平同志提出干部队伍建设的"四化"标准，自治区党委政府贯彻落实中央精神，组织人事部门在全区范围内考察了解各级领导班子的结构问题。由于中国气象局长期以来的高度重视，西藏自治区气象局的领导班子配备和干部队伍结构，当时在自治区各厅局部委中是最突出的，特别是专业化、知识化方面。我当时在各种大小会上，曾多次讲过干部"四化"建设，要向西藏气象部门学习。多年来，自治区气象局领导班子和干部队伍建设一直走在全区前列，尤其是专业化、知识化方面，始终在全区名列前茅。目前，西藏气象部门已初步形成了一支民族结构、文化结构、专业结构、年龄结构较为合理，科技素质和政治素养较强的，气象业务、服务、科研和管理干部队伍。而且，还为西藏各级党委、政府输送了不少优秀干部，其中就包括像毛如柏同志等。

培养民族干部是一个涉及国家稳定和发展的至关重要的大问题。历届中国气象局党组为培养西藏气象部门民族干部和专业技术人才，采取了请进来、送出去等一系列行之有效的特殊政策和措施。其中包括，西藏招生在内地办"西藏班"，与内地大专院校合作培养高层次技术人才，以及与内地开展干部交流、挂职锻炼等等。在中国气象局的高度关心、重视下，大批少数民族专业技术人才迅速成长，成为西藏各级气象部门的业务骨干，而且不少同志进入了自治区气象局领导班子。比如说，索多和格曲同志就是70年代初先到索县和定日等县基层第一线工作，后来送到北大和南京学习深造，学成归来后，经过一段工作实践，很快成长为既是业务骨干又是领导骨干的优秀人才，后来先后进入了自治区气象局领导班子等等。这样的例子还很多，我就不一一说了。

据了解，目前西藏气象部门的少数民族干部和专业技术人才的比例已达70%，其中有3名博士，140多名具有高级职称的专业技术人才。可以说，西藏气象事业民族干部和专业技术人才培养，能有今天这么大的成绩、这么好的形势，是中国气象局一贯高度重视和直接关心的结果，确实了不起，功不可没。

民族团结对于做好西藏各项工作具有十分重大的意义。60年来，西藏气象部门各级领导班子和干部队伍中的各民族同志，始终坚持"三个离不开"的原则，在工作实践中团结合作，相互关心，相互信任、相互帮助、相互学习，有力地保障和推动了西藏气象事业的发展。2010年，自治区气象局还被评为全国民族团结先进集体。我这里特别指出的是，几十年来，在藏工作的汉族同志对藏族同志传帮带，长期在工作实践中手把手地教育、培养、锻炼，真心实意、毫无保留、呕心沥血，大批藏族干部在一代又一代汉族老大哥的关心、支持、帮助下茁壮成长。这应该说是进藏汉族干部的一大功劳和重要贡献，我们向他们表示崇高的敬意！

希望西藏气象战线的广大藏族同志，不辜负党的长期培养教育，不辜负各族人民的期盼，不辜负"老西藏"们的嘱托，在尖锐复杂的反分裂斗争中必须立场坚定、旗帜鲜明，坚决维护祖国统一，反对民族分裂、增进民族团结；在工作实践中继续严格要求、努力学习、刻苦钻研，不断更新知识，不断提高自己的业务水平和工作能力。

总之，60年来西藏气象事业发生了翻天覆地的变化。如今，西藏气象事业发展的"十二五"规划蓝图已经绘就，希望各位同志在中国气象局和西藏自治区党委、政府的正确领导下，继续为西藏气象事业的跨越式发展努力工作，为西藏的加快发展、跨越式发展和长治久安继续做出新的更大贡献。

也希望在座的各位老同志保重身体、发挥余热，继续为推进西藏气象事业发展和培养民族干部发挥自己应有的作用。

再次感谢中国气象局长期以来对西藏气象事业的关心、支持和帮助，特别是对民族干部和专业技术人才的培养。也希望中国气象局继续一如既往地关心、爱护藏汉老气象工作者，比如今后定期不定期地组织他们到内地有关省市参观学习等活动，以示组织对藏汉老气象工作者的关怀。

历经风雨　见得彩虹
——在西藏气象事业发展 60 周年
老同志座谈会上的讲话

阴法唐

　　值此西藏和平解放 60 周年即将到来之际，在这里与在西藏气象战线工作过的老同志见面，非常高兴。我首先对大家来首都北京表示热烈欢迎，对中国气象局举办这个座谈会及对老同志这么关心表示诚挚的感谢！

　　大家来自全国各地，又都进过西藏，在西藏高原参加气象事业，为祖国边疆建设和安全，西藏人民的幸福做过积极的贡献，无论你们什么时候进藏的，在西藏工作多久，都是"老西藏"，都是"老西藏精神"的实践者，理应受到尊敬。

　　这里用得着毛泽东主席在 1950 年 1 月 2 日确定西南局担负，西南局交给十八军进军及经营西藏任务时电报中的一句千古名言："进军及经营西藏是我党光荣而艰苦的任务。"这就是说，进军西藏是我党光荣而艰苦的任务，经营西藏也是我党光荣而艰苦的任务。经营西藏是什么意思呢？我们应该理解为，是建设西藏，把西藏建设好。进军西藏有气象服务，经营西藏更需要气象服务。常有人说，能够进西藏就不简单，在西藏工作特别是做出了成绩，那就更不得了了。

　　气象工作难，西藏气象工作在某些方面更难。就拿天气来说，变化既大且多，常听人说，西藏天气像小孩的脸，说变就变。确实是这样，有的地方有的时候是一天几变。气象机构，西藏开始靠军队，人员配备也很少，两个人就是一个气象站。气象服务等方面，西藏也很有特色。

　　毛主席在那一电报中还说："西藏人口虽不多，但国际地位极重要。"

如果说气象工作重要，西藏气象工作更重要，西藏气象并不因为人口少（现在才达300万）而事情少，某些方面更繁重。

西藏的气象工作在中国气象局领导、支持下，在西藏自治区党委、政府领导下，做出了突出成绩。西藏的气象队伍也是好的，陈金水同志就是这支队伍中涌现出的优秀代表，更可喜的是本地的气象骨干已经起来。大家远离家乡，到遥远的西藏参加气象工作，在极其复杂艰苦的条件下，为祖国边疆建设和安全及西藏人民的幸福奋斗了几年、十几年、几十年，献出了青春，做出了贡献，有的还被评为模范单位、先进集体、先进工作者、技术能手、长征突击手、先进科技工作者、"三八"红旗手、女杰、杰出青年、优秀共产党员等。现在回来了，有的走上新岗位，有的已离休、退休，理应受到尊敬和照顾。但由于地区和单位不同，认识不同，可能有差别，有的甚至差别比较大。这类问题，能解决更好，不能解决或解决不好，也要以正确态度对待，保持乐观主义。现在不是提倡创先争优吗？"老西藏"就要保持"老西藏精神"，始终保持饱满的政治热情。保持"老西藏精神"就是保持先进性。改革开放后，西藏更前进了，发展了，现正为奔小康大踏步跨越式发展着，一个更加美好的西藏将会呈现在眼前。西藏的气象事业也已今非昔比，并正向着先进设备、先进技术、先进管理的目标前进。我们要为西藏事业和西藏气象的发展感到骄傲，也为贡献过力量而自傲和自慰。

多方努力　共创佳绩
——在西藏气象事业发展 60 周年老同志座谈会上的讲话

毛如柏

西藏气象工作是按照维护祖国统一、保卫祖国边疆的要求建立起来的。同时，随着西藏经济社会各项事业的发展和国家气象现代化事业的发展以及东亚乃至世界的气象科技的进步而不断发展起来的。西藏气象事业 60 年的发展历程非常艰辛，也非常值得我们回顾。60 年来，西藏气象事业的发展得到了党中央、国务院的亲切关怀。

1980 年，西藏气象工作遇到了巨大的困难，面临着气象队伍能不能稳定在西藏，藏族气象人才能不能尽快培养起来的关键问题。当时，国务院直接听取了西藏气象部门的汇报，国务院办公厅形成了国发 6 号文件，使气象事业得到了巩固，队伍得到了稳定，藏族干部的培养真正起步。

现在，中国气象局对西藏气象事业的发展也给予了极大的关心。很多现代化仪器设备都是在高原气象台站首先使用。对人才的培养也下了很大功夫。包括对于长期在西藏工作的老同志，离退休以后应该怎么照顾他们，中国气象局都有新的举措。比如说，我们很多在西藏工作的老同志，不管是汉族还是藏族，退休以后，都对他们做了非常好的安置，做得非常精细。

西藏气象事业也是在地方党委、政府的直接领导和关怀下发展起来的。记得有一次热地同志了解到西藏气象部门对藏族干部培养工作进展很大的时候，非常的高兴。他说："你们这条路子走对了。"热地同志在很多场合充分肯定了西藏气象部门藏族干部培养和领导班子建设工作。我还记得，阴法唐书记直接指导了西藏气象部门开展整顿党风运动。当时，全国开展整党运动，西藏是试点省区。在西藏的试点单位中，党委首先选择了气象局。阴书记对西藏气象部门整党工作多次做出批示。

当然，我还要特别感谢在西藏工作过的老同志。正是因为你们发扬了老西藏精神，才使我们能够克服那么艰苦的环境和条件，把西藏气象工作建立起来，完善起来，发展起来。西藏气象事业建立之初，为了击退分裂主义分子的叛党活动，西藏气象部门的很多老同志面对叛乱分子的进攻，拼命保护气象局。气象台站常常建立在偏远艰苦地带。比如海拔4800多米的世界最高气象站——安多气象站就是今天在座的陈金水带头建立的。正是有了这样一批老同志们，西藏的气象事业才能够建立、完善和发展。

今天我们坐在一起，回顾走过的历程，我有很多感触。最想说的，就是感谢。感谢党中央，感谢国务院，感谢中国气象局，感谢区党委，感谢西藏人民政府，感谢我们在座的老同志和许多没有到场的，在西藏工作过的老同志们。

让高原气象人精神代代传承
——在西藏气象事业发展 60 周年老同志座谈会上的讲话

郑国光

今年是中国共产党成立 90 周年，也是西藏和平解放 60 周年。今天，西藏气象部门的部分离退休老同志、老领导相聚在一起，回顾西藏和平解放 60 年来气象事业发展的不平凡历程，畅谈西藏气象事业发展 60 年来的成就和经验，非常有意义。尤其让我们感到荣幸的是，长期以来一直十分关心和支持西藏气象事业发展的热地副委员长、阴法唐书记、毛如柏主任亲临座谈会，还作了热情洋溢、感人至深的讲话。刚才，钱鼎元、格桑曲珍、沈锦水同志代表老同志也做了非常好的发言，仿佛把我们又带回了那个艰苦而火热的年代，使我们重新回味了西藏气象事业艰辛而光荣的历程。我代表中国气象局党组和全国 10 万气象工作者对西藏和平解放 60 周年和西藏气象事业发展 60 周年表示衷心祝贺！向关心和支持西藏气象事业发展的各位领导，以及为西藏气象事业发展做出贡献的各位同志表示诚挚的感谢和深深的敬意！对出席今天座谈会的各位老领导、老同志表示热烈的欢迎和衷心的感谢！

我在 2000、2003、2009、2010 年曾 4 次去西藏，2 次去了西藏那曲，亲身感受到了新西藏的变化，西藏气象事业的新变化、新面貌。西藏和平解放 60 年来，在党中央、国务院的关怀下，在西藏自治区党委、政府以及中国气象局党组的领导下，在全国气象部门的有力支援下，几代西藏气象工作者艰苦奋斗、顽强拼搏、无私奉献，西藏气象事业从艰难中起步，在艰辛中发展，从无到有、从小到大、从弱到强，初步走出了一条具有中国特色、西藏特点的西藏气象现代化道路。

回顾西藏气象事业发展60年的历史，我们深切地感受到，西藏气象事业发展与全国气象事业的建设改革发展和西藏的发展稳定及繁荣休戚相关。1950年3月，中国人民解放军第18军奉命进军西藏，气象工作者作为军队的一部分，身背气象仪器、电台，边工作、边打仗，出色地完成了气象保障任务。1950年10月在昌都建立了新西藏第一个气象站，11月，拉萨气象站正式开始观测发报工作，开创了西藏气象事业的发展。当时，西藏气象事业百废待兴，气象探测网点十分稀疏，整个西藏仅有2个气象观测站，气象探测人员十分稀缺，气象预报服务几乎是空白。西藏和平解放后，西藏气象部门以气象站网建设和人才培养为重点，迅速进行了气象观测、通讯等业务建设，使气象工作很快适应了当时经济社会发展和国防建设的需求。至1979年，西藏建立起了6个气象台、35个气象站，气象人员千余人。

　　党的十一届三中全会召开后，西藏气象事业发展迎来了春天。1980年，全国气象部门第一次西藏工作会议确定了西藏气象事业发展的战略定位、目标和任务。1981年，国务院办公厅转发了中央气象局关于巩固西藏气象工作的报告，解决了一批事关西藏气象事业发展的规划、人才培养、队伍稳定、台站建设、业务发展和管理体制等重大问题。1988年，全国气象教育援藏工作会议研究部署了培养西藏民族气象人才的方向和重点，决定在内地高校开设气象专业西藏民族班，使得西藏气象人才队伍学历结构、知识结构、民族结构大为改善。1994年，全国气象部门第三次援藏工作会议对支援西藏气象事业发展进行了部署，各级气象部门在项目、资金、人才等方面全面开展对西藏气象部门的对口支援，大大促进了西藏气象事业的快速发展。气象观测、预报、服务系统基本建立，现代化建设上了新台阶，气象服务能力与水平不断提高，服务领域不断拓展，高原气象科学研究和人才培养取得了明显成绩。

　　跨入21世纪，特别是"十一五"以来，西藏气象事业迎来了跨越式发展的新机遇。2001年，全国气象部门第四次西藏工作会议研究部署了推进西藏气象事业跨越式发展的任务和措施。十年来，全国气象部门坚持高起点、高标准，加大对西藏气象工作的支持力度，加快推进西藏气象现代化建设。目前，西藏自治区已经建立了39个业务齐全、现代化水平较高的有人值守气象站，98个无人值守自动气象站，实现了"县县有站、重点区域一县多站"的跨越。西藏气象部门已经具备天气预报、气候预测、气象灾害及衍生灾害预警等多种气象业务，其能力达到了全国中等偏上水平，可以提供农牧业、交通运输、生态环境保护、登山、旅游等气象服务，气象信息覆盖率达 78%，电视天气预报节目收视率达 73%，公众满意率达 82%，为西藏经济社会跨越式发展和社会稳定做出了突出贡献。西藏气象队伍的学历层次、文化结构、专业技术水平等得到了显著提高，区、地、县三级气象部门的工作生活条件得到很大的改善，凝练和弘扬了"高海拔、高标准，缺氧气，不缺志气"的高原气象人精神，涌现出了陈金水等模范人物，西藏气象事业的面貌、西藏气象台站的面貌、西藏气象人的面貌焕然一新。

西藏气象事业发展能够取得今天这样令人瞩目的巨大成就，离不开党中央和国务院的高度重视和正确领导，离不开西藏各级党委、政府和社会各界的大力支持，离不开各兄弟省（区、市）气象部门的大力支援，更离不开几代高原气象工作者的艰苦奋斗和顽强拼搏，是你们把青春全部奉献给了西藏气象事业和西藏经济社会发展。此时此刻，我们更加深刻缅怀西藏气象事业的开拓者们，永远铭记着为西藏气象事业的创立、改革、发展付出心血和汗水的几代高原气象工作者们。借此机会，谨向 60 年来几代高原气象工作者，特别是向各位老领导、老同志们致以崇高的敬意！

在座的老同志几十年如一日，呕心沥血，无私奉献，参与和见证了新西藏气象事业的创建、改革和发展，倾情关注着西藏气象事业的美好未来。面对当前西藏气象事业发展的大好局面，回顾 60 年来西藏气象事业发展的风雨历程，我们对老一代的高原气象工作者倍感钦佩。你们用不畏艰险、不怕牺牲、不惧清贫、无私奉献的高尚情操，站在世界最高处，争创工作第一流，奠定了西藏气象事业发展的基础，开拓了中国特色、西藏特点气象事业发展的新局面。我们要尊重老同志、爱护老同志、重视老同志，认真学习和大力弘扬老一代高原气象工作者身上体现的"高原气象人精神"，一代一代传承下去。

"十二五"时期，世情、国情继续发生深刻变化，气象事业发展呈现新的阶段性特征，加快推进气象现代化建设面临前所未有的机遇，不断壮大公共气象服务面临前所未有的需求，气象事业发展仍处于大有可为的重要战略机遇期。我们要以邓小平理论和"三个代表"重要思想为指导，深入贯彻落实科学发展观，以科学发展为主题，以转变气象事业发展方式为主线，坚持公共气象的发展方向，坚持把提高气象服务水平放在首位，不断深化改革和扩大开放，大力推进气象科技创新，加强"四个一流"建设，不断提高"四个能力"，构建整体实力雄厚、具有世界先进水平的气象现代化体系，为推动经济发展、社会进步、保障民生和国家安全提供一流的气象服务。

西藏是重要的国家安全屏障，重要的生态安全屏障，重要的战略资源储备基地，重要的高原特色农产品基地，重要的中华民族特色文化保护地和重要的世界旅游目的地。西藏工作事关党和国家工作大局，西藏气象事业事关西藏经济社会发展和各族群众福祉安康，西藏气象事业事关全国气象事业发展全局。当前，西藏气象事业发展面临着良好的机遇，具有很好的基础，同时也面临着新的更大的挑战。气象服务能力还不适应西藏跨越式发展的需求、西藏气象业务水平与全国气象业务水平存在差距仍然是西藏气象事业发展的主要矛盾，队伍不稳定因素较多、工作生活条件较差仍然是制约西藏气象事业又好又快发展的主要瓶颈，提高西藏气象现代化水平和基层气象台站综合能力仍然是西藏气象事业发展的主要任务。去年1月，中央召开了第五次西藏工作座谈会，明确了当前和今后一个时期西藏工作的方针、思路和重点。去年4月，中国气象局召开了全国气象部门第五次西藏工作会议，对新时期西藏气象事业的发展和全国气象部门援藏工作做出了部署，又组织全国乃至全世界科技力量开展第三次青藏高原大气科学实验，这为西藏气象事业的发展提供了新的难得的机遇。我们要乘势而上，着力提高西藏跨越式发展和长治久安的气象服务能力，着力提高西藏气象现代化水平，着力提高西藏气象事业可持续发展能力，着力提高气象部门援藏工作质量，做好维护稳定和反对分裂工作，确保安定团结和长治久安的政治局面，在西藏的生态环境保护、农牧业发展、农牧民增产增收、经济发展和重点工程建设方面做好气象服务，努力实现新时期西藏气象事业又好又快发展。实现这些目标，离不开老同志的关心和支持，希望大家一如既往地关注和支持西藏气象事业的发展，为西藏气象事业实现新的跨越建言献策。

最后，我衷心祝愿各位老领导、老同志身体健康，生活愉快，阖家幸福！祝各位老领导和老同志在京期间心情愉快，身体健康！祝愿西藏气象事业的明天更美好！

西藏气象事业发展60年老同志座谈会

2011.5.11 北京

2011 年 5 月 11 日，西藏气象事业发展 60 年老同志座谈会合影。

　　2011 年 5 月 11 日，在西藏气象事业发展 60 年老同志座谈会前，原全国人大常委会副委员长热地（左 3）、原西藏自治区党委第一书记阴法唐（左 2）、原全国人大环境与资源保护委员会主任委员毛如柏（左 1），与中国气象局党组书记、局长郑国光（左 4），中国气象局党组副书记、副局长许小峰（左 5）亲切交谈。

　　2011 年 5 月 11 日，西藏气象事业发展 60 年老同志座谈会会场。

1996 年 5 月，时任中共西藏自治区党委副书记热地（中）参加陈金水事迹报告会。

1994 年 8 月，时任中国科技部副部长邓楠（右 2）、时任中共西藏自治区党委副书记杨传堂（右 1）在西藏自治区气象局考察。

1985 年 7 月，时任西藏自治区政府副主席毛如柏（右 3）出席气象夏令营活动。

1996年，时任中国气象局局长邹竞蒙（后排中）会见参加宣传陈金水事迹报告会的全体成员。

1994年9月27日，时任中国气象局副局长温克刚（左2）与时任中共西藏自治区党委副书记郭金龙（左1）会见全国气象援藏工作会议的代表。

2001年8月12日，时任中国气象局局长秦大河（右1）与时任中共西藏自治区党委副书记热地（中）交谈。

2010年1月15日，中国气象局局长郑国光（中）在西藏调研。

2000 年 8 月 13 日，中国科学院院士丑纪范（右4）与中国工程院院士李泽椿（右5）、陈联寿（右3）、许健民（左6）一行赴藏考察。

2005 年 6 月，西藏自治区气象局开展党员教育活动。

在那曲进行人工增雪试验

20世纪90年代，气象人员观测地面温度。

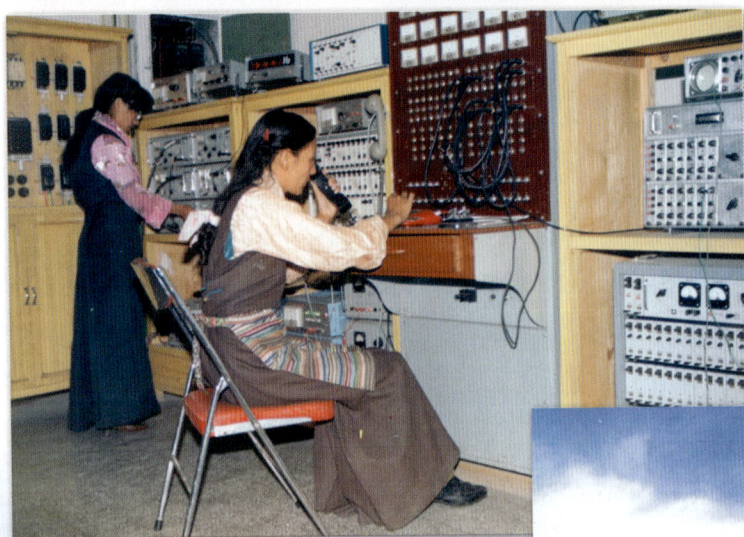

20世纪90年代，西藏气象部门使用的程控电话通讯设备。

2003年，气象人员进行探空观测。

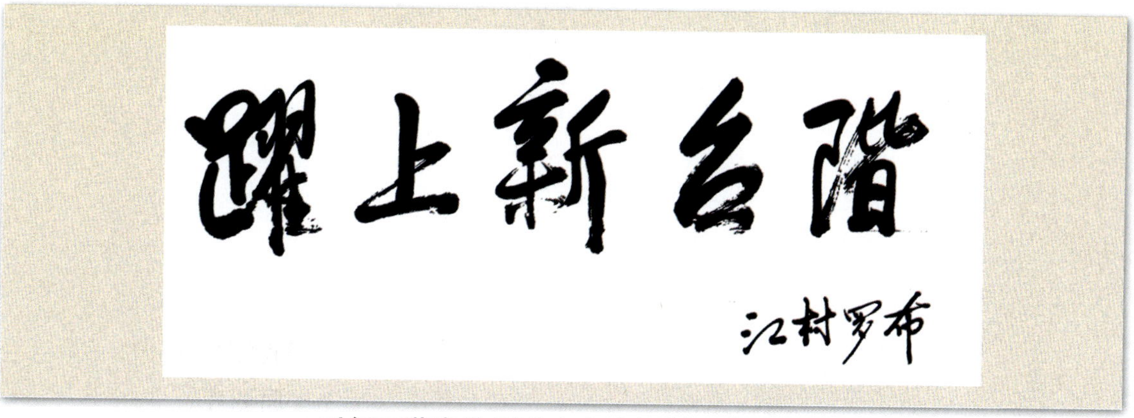

躍上新台階

江村罗布

时任西藏自治区政府主席江村罗布题词

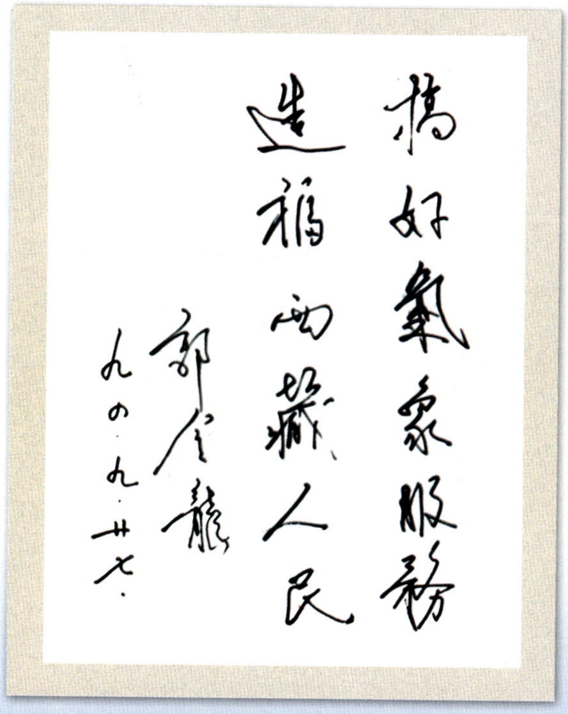

为好气象服务
造福西藏人民
郭金龙
九〇九·廿七.

时任中共西藏自治区党委副书记郭金龙题词

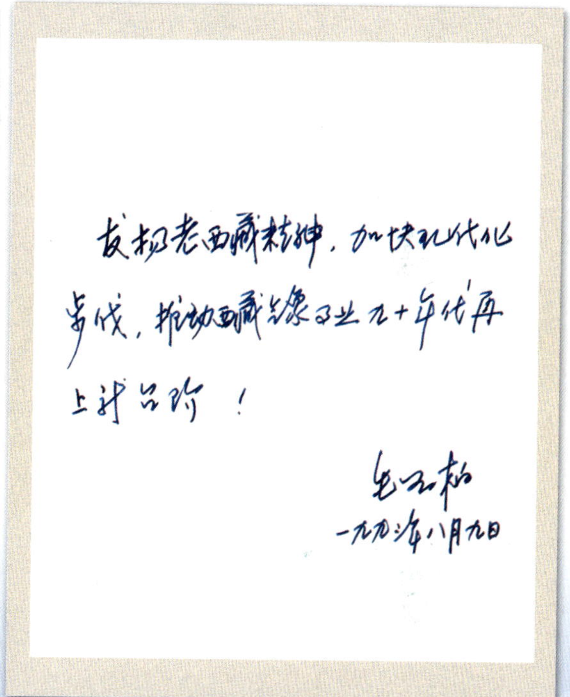

发扬老西藏精神，加快现代化
步伐，推动西藏气象事业九十年代再
上新台阶！

毛如柏
一九九〇年八月九日

时任中共西藏自治区党委副书记毛如柏题词

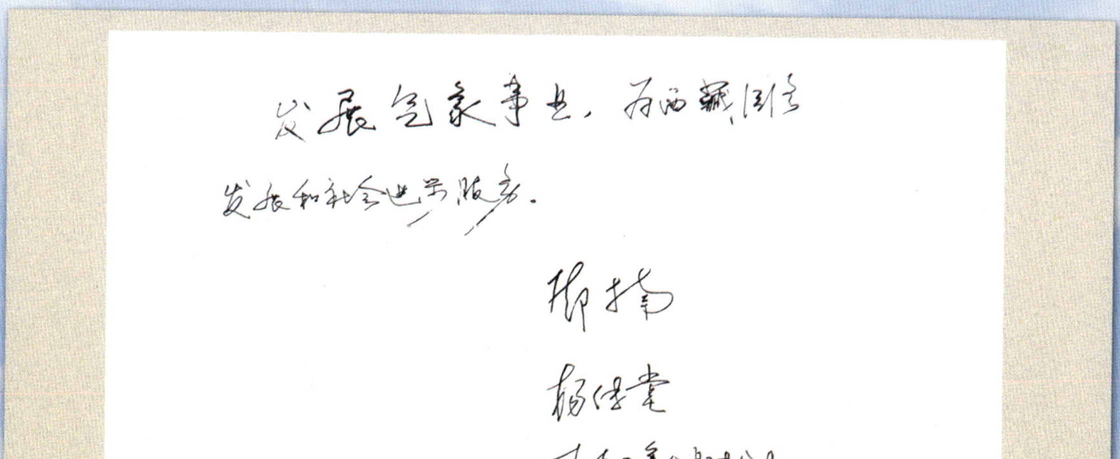

发展气象事业，为西藏经济
发展和社会进步服务。

邓楠
杨传堂
二〇〇〇年八月廿八日

时任中国科技部副部长邓楠与时任中共西藏自治区党委副书记杨传堂题词

大力弘扬高原气象人精神，努力开创气象工作新局面。

温克刚
二〇〇三年七月十七日

原中国气象局局长温克刚题词

推进西藏气象事业跨越式发展，造福于西藏人民。

郑国光
二〇〇二.九.五

中国气象局局长郑国光题词

动员起来，为实现西藏气象事业跨越式发展而奋斗！

秦大河
2001.8.13.

时任中国气象局局长秦大河题词

目　录

目录

Contents

目录 Contents

·探索篇·

雪域风云路

西藏气象事业发展回忆文集

· 发展篇 ·

· 后 记 ·

专访

风云豪情胸怀间　大爱无言谱华章
——记原全国人大环境与资源保护委员会主任委员毛如柏的"气象情"与"西藏缘"

■ 采访组*

他是西藏人民的"气象书记",从一名普通的气象预报员到西藏自治区气象局副局长、局长,再到中共西藏自治区党委副书记、自治区人民政府副主席,32 年间,毛如柏把一生中最美好的时光无条件献给了气象事业,献给了西藏人民。他的人生因与高原阳光的亲近而愈加丰满,因为高原风雨的洗礼而愈有厚度。

32 年,人生能有多少个 32 年? 高原、雪山、朴实的藏族人民是他一生挥之不去的牵挂,也几乎浓缩了他一生的感悟、感念与感动。尽管职务几经变动,现在从全国人大环境与资源保护委员会主任委员岗位上退休下来的他,对西藏的情感却更加厚重、持续升华。西藏,早已成为他生命中的一部分,更让他梦萦魂牵,他对西藏、对气象事业发展的关怀与关切坦荡而不虚饰。

起步于气象,成长于气象,辉煌于气象,最终成就了一个拥有"大气象"的广阔襟怀。从为西藏人民福祉服务的原点出发,毛如柏绘就一张张属于全西藏的壮美发展蓝图。

在西藏自治区和平解放六十周年之际,他敞露心扉,打开专属的记忆通道,在一个个光阴的故事里,如数家珍般娓娓道来他难以割舍的气象情缘和西藏情结。

专访

忆进藏："毛遂自荐"终成行 有惊无险幸平安

1961年10月，在中国西南边陲的川藏公路上，一辆解放牌大卡车缓缓行驶。从远处雪山吹来的山风，"呼呼"打在卡车的帆布篷上，猎猎作响。

车内，20岁出头的毛如柏坐在右后角，用行李卷当凳子，抱着帆布篷竿子，和同车的进藏干部以及来自其他大学的进藏学生一起，感受着前往拉萨的漫漫旅途。他不时沉浸在毕业欢送会场景的回忆中。在大学期间，毛如柏因曾患肺结核，身体状况并不是很好，校领导在欢送他的时候，曾关切地对他说的那句"如果去西藏后身体适应不了，学校欢迎你回来工作！"仿佛还在耳边回响。

时间退回至当年的毕业时节，西藏自治区党委组织部给南京大学党委发去一封电报，要求选派两名气象专业毕业生进藏工作。

彼时，刚毕业的毛如柏被临时安排在气象系毕业生办公室工作，他第一个拿到了电报并呈阅给系领导。系领导认为，毛如柏对同学情况最为了解，便让他提议合适的人选。胸怀着"到祖国最需要的地方去，到最艰苦的地方去"的远大志向，已有两年共产党党龄的毛如柏满腔热情，几乎是不假思索地"毛遂自荐"了。系里决定在毕业生中公开征集报名，再作决定。此后，根据西藏区党委所需人才的要求，经过综合研究，毛如柏从数名报名的同学中脱颖而出。

于是踏上进藏路，意料之中的曲折，披荆斩棘、风餐露宿自不必说，甚至还有惊心动魄。

四十年后，对于毛如柏来说，发生在进藏路上的那紧张一幕仍历历在目。当其乘坐的大卡车途经敦煌的一条盐湖公路时，因为路面较为平整，驾驶员便放松了警惕，加上长途驾驶，疲劳感不请自来，一不留神，车子撞到前方的一块石头上，"噌"地一下蹦得很高，并发生360度旋转。坐在右后方的毛如柏的行李卷立刻被甩出了车外！万幸的是，他的双手正紧紧攥住帆布篷竿子，方得以稳住。"如果当时没有抱紧竿子，我也许就要真正'长留于'西藏啦！"回忆起这一段特殊经历，毛如柏面带微笑，却语带惊险。

大卡车晃悠颠簸了整整一周，停在了西藏人事部门安排的一个招待所门前。度过陌生而兴奋的一晚后，第二天，西藏气象处派时任业务科长朱品，赶着一辆马车，将毛如柏接了过去，当上西藏自治区气象局科研所预报组一名普通预报员。

校领导对毛如柏的特别"叮嘱"并没有变成现实，他就此在西藏扎下根来，一待便是32年。

谈成长：自我锤炼"内功" 命运女神青睐

在气象部门23年，毛如柏有11年是在预报组从事业务工作，这不仅锤炼了他过硬的业务技术能力，也为他自我提升提供了一个展示平台。

科班出身的毛如柏深知，作为耸立于印度洋孟加拉湾北部大陆上的天然屏障，西藏高原气候恶劣，生态脆弱，其极端而又独特的大气环流和气候特征，对气象预报服务提出的考验和挑战是何其严峻。他不仅自己加强业务研究，提高业务质量，在担任预报组组长期间，还经常组织业务培训班，并联合同事马添龙、薛智，编写出一本西藏气象业务培训讲义，这本写满宝贵经验的讲义至今仍常被使用。

曾担任过团委书记的毛如柏深受同事们的喜欢和爱戴，大家将他视为"知心大哥"。他不仅开展了包括"学雷锋"等在内的多项活动，乐队的各种演出也组织得有声有色，这让充满"艰苦、辛苦和清苦"的边疆气象工作环境更加轻松，枯燥的生活也逐渐丰富多彩起来。同志们都感慨地说，跟毛如柏谈心特别放松，他甚至成为大家谈恋爱的"参谋长"。无论是谁的对象从内地寄信来了，都要拿给毛如柏看，让他帮着出主意：该如何回信？怎么才不会伤害到对方的感情，才能进一步维系恋人关系？同事们都笑言，两个人的恋爱演变成不折不扣的"集体恋爱"。

从预报员到办公室管理人员，再到区党委"四清"工作团接受锻炼，再到预报组组长、攷工科科长、政治处主任、拉萨气象台台长、西藏气象局副局长、局长，及至中共西藏自治区党委副书记、自治区人民政府副主席，毛如柏在西藏的成长之路似乎顺理成章，甚至被认为有些"超速"。毕竟，当1965年在"四清"工作团工作队担任副队长的时候，毛如柏才是个大学刚毕业四年的"新兵蛋蛋"，却已得到组织的如此信任与重任；同样，

5

他也成为当时在西藏自治区"文化大革命"洗礼中接受批斗的最年轻干部。

回首往昔，毛如柏深有感触地总结说，一个人的成长和进步必须具备三个条件：主观上努力、遇上好"伯乐"以及好的机遇，这三条缺一不可，而毛如柏恰恰都占全了。他坦言，自己是个"很幸运的人"，这是因为上世纪五六十年代进藏的前辈们为西藏气象工作夯实了基础，也给他的成长和成才提供了一个良好的环境。

无论是已故原中国气象局局长邹竞蒙，还是西藏气象局老局长周美光、王明山、朱品等人，更有时任自治区党委领导阴法唐、热地同志，在毛如柏心中，都不仅拥有一双发现年轻人的"慧眼"，更有关心、培养年轻人的切实举措。"今天回想起来，我仍要感谢他们对我的栽培！"毛如柏不无感激地说。1980年，时任中央气象局副局长邹竞蒙进藏调研，毛如柏几乎是全程陪同。当时50多岁的邹局长，连着下乡十几天，几乎走遍了大部分艰苦台站的严谨态度和敬业精神，在毛如柏的脑海里刻下了深深烙印。而毛如柏所拥有的超出常人的远见、出色的分析、判断和决策等能力也给邹竞蒙留下了良好的印象，这对于他以后的成长历程，包括被确定为原中央气象局副局长人选，并让自治区领导能够更多地接触并了解到他等等，起到了一定的积极推动作用。

细心的人不难发现，1983年，毛如柏被任命为西藏气象局局长，次年年底，他即被调至西藏自治区党委担任副书记，有人不服气地指出这种提拔"不符合常理"、"过快"。对此，毛如柏透露了其中原因和细节。

1983年，原中央气象局要在全国选拔一名干部任副局长，因为毛如柏已在此前确定的领导班子后备干部之列，经过组织讨论、考察和谈话等程序，他被确定为副局长人选。邹竞蒙局长找到他谈话，他表明心迹：服从安排、继续从事心爱的气象工作。

然而，一件颇具戏剧性的事情发生了：受原中央气象局委托，西藏自治区党委对毛如柏进行了考察，区党委发现在全区"知名度"不算高的毛如柏原来是个不可多得的优秀干部！便立即向中组部提议，申请让毛如柏继续留在西藏工作。

尽管对气象工作心存不舍之情，尽管承载着邹竞蒙等领导的厚爱，但由于当时胡耀邦总书记曾作出指示"民族地区选中的干部，中央在原则上要给予支持。"加上原中央气象局对当时民族地区急缺干部困难的理解，毛如柏离开了他为之奋斗了二十余年的气象部门，最终实现了从"气象人"到"气象书记"的华丽转身。

话决策：紧要关头急建言 高瞻远瞩开先风

"今天的条件比起进藏初期，比起五十年代，那总是好得多了，关键还是需要一种精神，从观测员到领导上下都这样……现在我们面临着机构精简，人员内调这一新的问题，进藏的汉族同志的确存在身体日益垮下去，家庭问题等困难……"这段话节选自 1980 年 8 月，毛如柏写给时任中央气象局副局长邹竞蒙的一封信。

当年 6 月，西藏自治区气象局开始对地、县气象部门进行体制接收。由于大批进藏汉族人员调回内地，人才队伍出现断层，全区大部分台站的业务工作受到影响。紧要关头之下，原中央气象局派邹竞蒙进藏考察。这封信，便是毛如柏在陪同考察后用饱含深情的笔墨写下的，其中提到四个问题：一是西藏气象局面临着机构精简的任务及其可能带来的影响；二是领导班子轮换的问题；三是关于民族干部的培养；四是机构改革和体制改革问题。他进一步言辞恳切地建议："请中央气象局从明年起，无论如何，多分配一些大中专毕业生。""希望中央气象局能尽早将我局收归中央气象局领导。"等等。

正是在这封信的基础上，原中央气象局向国务院呈报了关于巩固西藏气象工作的请示报告。随后，国务院转发请示报告，针对西藏气象工作存在的困难和问题，提出了四条重要措施，正是对毛如柏信中四个问题的回应：有计划、有步骤地安排汉族干部内调，今后进藏的大中专毕业生实行轮换制度；加速藏族气象技术干部的培养，在兰州、南京等气象院校举办西藏民族班；努力改善气象台站的生活和工作条件；实施管理体制改革。不仅如此，几年后，南京气象学院（现南京信息工程大学）、成都气象学院（现成都信息工程学院）等还开始招收藏族本科生，同时实现了研究生培养，大量藏族气象干部和技术人才不断涌现，发展成西藏气象事业发展的主力军。

今天，每每这份报告被提及时，人们都会重温并强调它的一个重要意义：加速了藏族科技干部的培训，促使西藏气象人才队伍建设出现新转折。

专访

然而，人们也许并不知道，从它的起草到上报再到批复的每一个环节，无不倾注了毛如柏的心血与汗水，更加鲜为人知的是，实际上，在周恩来总理"藏族干部与汉族和其他少数民族干部的比例要从此前的三七开实现至七三开"的指示下，早在上世纪七十年代，西藏气象部门就开始了当地民族干部和技术人才的培养，就地招干培训等就是以少数民族（主要是藏族）为培养对象的，后来曾任西藏气象局局长的索朗多吉就是从这种培训中走出来的"佼佼者"。

如果说，开设民族班，培养藏族科技干部，气象部门在西藏全区范围内是公认的"认识比较早、抓得比较实、培养的水平比较高"，那么，西藏气象事业现代化建设也走在了全区各部门前列。时至今日，部分西藏"老气象"仍然对毛如柏在1984年全区气象工作会议上的总结讲话印象深刻。在那次会议上，就如何开创全区气象工作新局面问题，毛如柏明确提出：在思想上，实现两个转变。一是将气象工作的重点转变到以提高经济效益和社会效益为中心的气象服务上来，二是要把气象事业的建设重点转移到气象事业现代化建设上来。同时，他还具体阐述了如何"实现两个转变"，即应注意处理好两个关系，一是气象服务和基础业务的关系，二是处理好引进先进技术装备和发挥现有设备作用的关系，建设性提出"既要引进先进的技术装备，又要十分注意发挥现有设备的作用。不能离开我们的国情和财力办事。"自此，"加强气象现代化建设"成为西藏气象事业一脉相承的发展思路。

按照这一思路，西藏气象局高度重视气候服务，特别是在各种工程的建设与设计、能源的开发和利用中，开始考虑气候的条件和变化，并逐渐开展气候资源调查业务，为太阳能、风能等清洁能源和可再生能源的开发利用提供服务。

而1991年10月立项的科研项目"西藏自治区'一江两河'中部流域综合开发区遥感动态监测"，可谓真正拉开了西藏气象现代化建设的"大幕"。由西藏自治区气象局承担，并与中科院遥感所合作实施的该设项目，于2002年2月通过验收。通过10年的努力，该项目完成了西藏"一江两河"资源环境遥感动态数据库和监测系统的软硬件建设。项目针对"一江两河"地区的开发建设活动开展了年度性遥感动态监测，并进行了以5年、10年为周期的环境综合评价研究，从水热状况、土地利用、土地覆盖、土壤侵蚀、地形地貌等方面，对"一江两河"地区 10 年来的综合开发活动对区域环境的影响和生态环境建设所取得的成绩进行了分析研究。2004 年，该项目获西藏自治区第十次科学技术进步一等奖。

将气象服务的重心转至为西藏资源开发利用、为国民经济建设发展做贡献，把气象事业发展的规划放到西藏自治区的整体发展规划中考虑，从中我们不难管窥毛如柏当时所在的西藏气象局领导班子，在战略决策和事业规划中所展现出的魄力和远见。

圈亮点：感悟专业气象服务 感念"老西藏精神"

二十多年珍贵经历，几十年特别关注。回眸中，毛如柏对西藏气象事业发展历程了然于胸，他将其划分成三个重要阶段——

第一个阶段为上世纪五六十年代，当时的气象工作为和平解放西藏、平息叛乱以及自卫反击战等各方斗争的需要提供服务，完成或基本完成了台站网的布局和建设，气象服务逐渐起步；

第二个阶段为上世纪八九十年代，完善了气象服务体系建设，气象工作重点任务从台站网的建设上升至如何为西藏的国民经济建设发展服务。从这一阶段开始，不断推进气象现代化建设，并加强了对藏族气象技术队伍和领导骨干的培养；

第三个阶段是进入新世纪以后，西藏气象工作重心落在全面推进气象现代化建设上，气象服务逐渐推向更深、更广的领域，高原气象研究工作也得到了进一步推进。

无论是哪一个阶段，让毛如柏最难以忘怀的地方都数不胜数，在西藏气象事业发展的长河里，似乎每一朵浪花都能让他思绪激荡，刻骨铭心。

如果要问毛如柏，西藏气象事业长河中哪一朵浪花让他感受最深？那便是专业气象服务及通过专业服务对气象现代化建设的推进。

说西藏气象专业服务肇始于军事服务，一点也不为过。

西藏气象工作，从解放军进军西藏、和平解放西藏就开展起来。

1959 年 3 月，为配合人民解放军驻藏部队平息叛乱，保证飞行安全，西藏筹委气象处组织预报、抄报人员开展天气图分析制作空勤航线预报。尽管经验不足，但因为服务需求的牵引，航线预报就在摸索中发展起来。

到了 1961 年 5 月，为彻底肃清叛匪，气象人员继续全力做好航报观测，及时向部队提供气象情报，保证了军事行动的需求。毛如柏介绍了一个颇具意味的细节：叛匪误以为发布天气预报的气象站是专门指挥飞机起飞的部门，便将气象站作为重点攻打目标。由于内地进藏的人员本来就不多，专门的武装人员更是少之又少，因而，气象站人员往往既是业务人员，又是战士。让他记忆犹新的是，当观测员在气象台楼顶上观测时，行踪经常在不远处高楼上的敌人面前暴露无遗，子弹经常在头顶上"呼呼"飞过的情景，现在想来还非常后怕，即便如此，观测员们也没有退缩半步。从这一点而言，军事气象服务既是对西藏气象人智慧的检验，更是对其勇气和胆量的考验。

刚到西藏一年的毛如柏，就曾参加过 1962 年中印边境自卫反击战。在错那战地气象台，他参与制作了每天的中、短期天气预报，并和同事准确制作了错那一带大雪封山的长期天气预报，为中国赢得自卫反击战的胜利做出了贡献。

"挥来东风赛诸葛，奇险南峰奈我何。"这是 1992 年 11 月，中日联合登山队在征服 7782 米的南迦巴瓦峰后，送给西藏自治区气象局的一面锦旗，带有浓郁文学气息的语言充盈着对气象人的感激之情。自 1959 年，自治区筹委气象处抽调业务人员和登山队的气象人员共同组成了登山流动气象服务台，并于 1960 年 5 月 25 日为攀登珠穆朗玛峰活动提供气象保障以后，登山气象服务便成为西藏专业气象服务中的另一大特色项目。登山是一项与天气因素关联度极高、在很大程度上是"靠天吃饭"的高危运动。气象部门能不能提供未来三天的好天气，决定了登山的成败。作为登山运动员的"保护神"，登山气象服务具有极高的专业性，对于气象部门来说，有挑战，更蕴含着发展的机遇。

原因何在？毛如柏分析说，一方面，通过专业服务，西藏气象人确实为边防建设、为人类征服珠峰等提供了气象保障；另一方面，这种新型气象服务又起到了锻炼技术队伍的作用，使其能够不断提高技术技能和综合业务的水平，并更好地适应经济社会发展对气象技术服务的需要。这一提高、适应的过程，无疑大大推动了西藏气象现代化建设的发展。

而"一江两河"项目的实施，亦是结合专业服务，推动西藏气象现代化建设的另一个有益实践。"一江两河"的区域性开发，可能对一个地区生态环境的建设带来何种影响，气象部门应该如何作出分析、评估或提供服务？专业化程度非常高。这也是为什么时任中共西藏自治区党委副书记、自治区政府副主席的毛如柏，力主将该项目落实给气象部门具体操作的重要原因之一。

如果要问毛如柏，西藏气象事业长河中哪一朵浪花让他最为感念？那便是始终具备"特别能吃苦、特别能战斗、特别能忍耐、特别能奉献"老西藏精神的气象队伍。

遥想四十多年前，在有名的风城、雪域，海拔4802米的安多县，陈金水建起了全球海拔最高的气象站，填补了世界气象史上的空白，被誉为"天下第一气象站站长"。在年平均气温零下3摄氏度的环境里，为了抵御极寒，陈金水曾挖地窖当房间，因为地窖太潮湿，被子都烂了……而如此艰苦还仅是冰山一角。放眼全西藏，无数个"陈金水"一直在默默坚守着。

在那样恶劣的环境下，人躺下难以成眠，在行走中就更是危险四伏。"在西藏出一趟差，会遇到各种各样的灾害性天气，随时都有可能去见马克思！"毛如柏半开玩笑地感叹，他自己就曾不止一次地遇到了这样的情况。

还是在西藏气象局政治处工作期间，有一次，毛如柏随局长朱品去察隅县出差，返程途中，天空开始飘起鹅毛大雪。由于出县城需要翻过一座大山，路程并不远，二三十公里就能达到山顶。当时雪越下越大，大家担心大雪一封山就过不去，于是决定赶过去。快到山顶时，积雪太深了以至于越野车都开不动，全车人当即决定掉头下山返回气象站，不料大雪将整条路都封了。所幸山顶处有一个道班，通过他们的军用电话线路，同车人向部队报告了这一情况。最终，部队派来一个排的兵力支援，用炸药将积雪炸开，并依靠推土机推出了一条雪沟，汽车方才通行。那时，毛如柏才听前来营救的官兵说，推开的积雪竟深达四米！

也曾遇到过泥石流。在"四清"工作队期间，毛如柏曾在林芝带领一个修桥工程队进行蹲点。一天中午，他正在帐篷里洗澡，突然听到一阵震天动地的响声，大地也随之颤抖起来。毛如柏心想：坏了！地震了！赶紧穿上衣服跑出帐篷，原来是泥石流！他担心工人没有防灾减灾经验，会有生命危险，便跑到工地上，带他们奔向公路躲避。排山倒海之间，泥石流在几分钟便奔涌而至河口，其中大的泥石体竟有解放牌卡车一般大，场面之震撼，常人难以想象。

专访

更经历过雪崩。雪崩发生在山的那边，在山的这一边，雪球滚落在树上，树便被压倒在这一边的公路上，树枝大片大片地打在汽车上"轰隆"作响，令人恐惧感油然而生。

比起艰苦的生活和险恶的环境，更让人难熬的是精神上的寂寞和苦闷。对此，毛如柏亦深有体会。西藏地广人稀，即使是县城，也有可能建立在荒漠上。驱车几个小时，行程数百里也很少看到人烟。以前，县城居民多为县机关和一些县机关服务机构的职工。观测、记录、发报……在完成每天重复的"规定动作"之余，观测员们常常连个说话的人都找不着，很多人到了而立之年，仍是单身。跟家人通信，通常要一两个月才能收到，对故乡和家人的思念，常常会在夜间、独处时袭来，折磨着人的精神。如今，虽然通信条件更加发达，气象事业的发展也日新月异，但海拔高、氧气缺、条件艰苦卓绝、寂寞孤单等客观条件却始终没法改善，依然不断砥砺着西藏气象人的意志。毛如柏说，无论在哪个阶段，老西藏精神都在生生不息地延续与传承着，这也是这支队伍能够长期坚守和无私奉献的根本支撑力量，让他们能够不讲任何条件，不计较任何得失，内心单纯、一心一意地把工作做好，这也让他每每想来充满力量、倍感欣慰。

诉深情：牵挂永远在西藏 身心永远在路上

自 2003 年担任全国人大环境与资源保护委员会主任委员后，毛如柏胸怀一份责任，他总是想，怎么继续关心西藏、帮助西藏？西藏经济社会发展靠什么来支撑？他常常扪心自问。

他不仅想到传统的农牧业，可以在此基础上引入现代农业技术和农业产品加工业；还想到旅游业，这不仅对西藏经济发展会有较大的推动作用，也可以让百姓直接受益。同时，人员的交流还能带来信息上的交流，能够对人们观念的改变产生较大影响；更想到如何充分利用丰富的矿产资源，加之，青藏铁路通车后，遇到了一个很大的问题在于，客运是双向行驶的，但是物资运输多是只进不出。要想提高经济效益，就得让西藏"有东西往外运"。通过之前对西藏的了解，毛如柏认为，要不断加快西藏经济发展的步伐，就要大力促进矿业的发展，这是让西藏发展起来的真正资源所在。

于是，他翻阅了大量资料，并在北京请来地质方面的院士、专家进行座谈，对西藏的矿产资源展开分析。专家们认为，西藏的矿产资源前景很好，但是目前的地质工作开展程度比较低，很难提供进一步开采的科学依据。

据此，毛如柏给温家宝总理写了一封信，建议国家设立一个西藏地质专项，构建西藏国家有色金属、矿产资源战略储备基地。这封信得到了温家宝总理的重视，他批复要求国家发改委和国土资源部认真研究毛如柏的建议，并将研究意见上报国务院。经过国土资源部等部门的全面调研，国务院批准到2020年国家投资86亿，建立西藏地质专项，摸清西藏的矿产资源。如今，这项工作已经进入第五年，且卓有成效，初步预计西藏可能拥有亚洲最大的铜矿。对此，很多科学家都对毛如柏心存感激，因为他们"想了十年甚至更长时间的事情，毛如柏一封信就解决了。"

在有一年的全国"两会"期间，胡锦涛总书记在参加人大会议西藏代表团讨论会时，曾意味深长地对毛如柏说，老毛，你现在到人大环资委工作了，你怎么能够为西藏的环境资源建设做贡献，如何帮助西藏做好生态环境资源建设？总书记的话，对于毛如柏来说，既是重托，更是给他出的一道"思考题"，他牢记于心，并经常反复思索，用实际行动作答。

青藏铁路从开工之日起就备受国际社会的高度关注，针对有些西方媒体宣扬青藏铁路的建设和开通会破坏当地的风俗、环境等说法，2005年7月，毛如柏和环资委同志特地去了一趟西藏，并邀请了新华社、《人民日报》、中央电视台、中央人民广播电台、《经济日报》等数十家新闻媒体的记者，一行几十人去考察青藏铁路已经完工的路段。他们的足迹几乎遍布所有沿线的施工地点，看到多年冻土稳定、野生动物迁徙、高原植被恢复、高原生活污水处理等一个又一个环境问题得到了妥善解决，他们非常兴奋，立刻对青藏铁路生态环境保护及影响加以总结并形成报告，得到了温家宝总理的批示。随后，大量国外媒体亲自前往报道，打消了原来的顾虑。

这些年，毛如柏几乎每年都要去西藏，或调研、或带着课题组成员考察。每一次，他都要问："我还能帮助你们做些什么？"另外，在他的提议下，西藏开展了构筑"青藏高原国家生态安全屏障"项目的研究。他请来专业机构进行调研规划，并组织国家相关部门和专家进行论证通过后，报到国家发改委，他通过环资委和发改委反复研究、协商、修改和督促，前后历时两年有余，最终，获国务院批准，到2020年国家投资155亿。

专访

离开西藏18年的毛如柏，还有另一个身份"西藏经济发展咨询委员会副主席"，这为他向西藏做贡献创造了更多的机会，他几乎每年都要接一个课题。比如刚完成的一个课题，就是围绕胡锦涛总书记提出的"最大限度地挖掘青藏铁路的巨大发展潜力、最大限度地发挥青藏铁路的强大辐射作用"的指示，历时两年，有六七个部委专家参与研究，目前项目已经具体分解落实到各相关部委，进展顺利。

已过古稀之年的毛如柏，大可不必如此奔波和操劳，更何况很多工作还是他的"份外事"。可毛如柏总是觉得应该在有生之年，能再为西藏多做一些事情。毕竟，32年的"亲密接触"，早已让他把西藏当成血脉相连的第二故乡，无论什么时候来看，那里的一山一水总关情，一草一木总动人。

把大爱和牵挂永远定格在西藏，把西藏人民的福祉安康永远装在心中，毛如柏一直行进"在路上"。这位有着质朴情怀和开阔胸襟的"老西藏"，这位胸怀风云豪情和无私大爱的"老气象"，起步于气象，成长于气象，辉煌于气象，最终成就的是一个拥有"大气象"的广阔襟怀，绘就一张张属于全西藏的壮美发展蓝图。

* 洪兰江、杨晋辉、石雪峰、谈媛，谈媛执笔。

无我的正直人生
——访原西藏自治区气象局局长朱品

■ 采访组*

人物背景：

朱品，1931 年出生，1952 年进藏，1974 年任西藏自治区气象局党委书记、局长。1984 年 8 月调回石家庄，任河北省气象局局长，直至离休。

80 高寿的朱品，眉毛几近花白。有趣的是，他半数的眉毛直愣愣地杵在空气里，像一根根纤长而坚挺的细钢丝。从他的侧面努力去望穿他的眉宇——其间隐含着的一份坚韧，似乎瞬间"迸"了出来。

这位老人，何以在西藏值守 30 余年？

当随 18 军军部通信营从四川甘孜进藏那一刻起，朱品的人生似乎进入了一个拐角，但是他却在这条路上，走出了正直的人生。

"我总感觉自己很幸运，并不觉得吃苦和吃亏；能有在西藏工作的经历很好，也算是我尽到的责任；我能尽到这些责任，说明一个党员干部该做到的事，我做到了。"

有一种幸运叫做吃苦

"我是 1952 年 8 月进的西藏，当时随 18 军军部通信营从四川甘孜徒步行军至西藏那曲，走了 3 个多月。当时我们还担负着押运军用电台的任务，运输队用 2000 多头牦牛驮着电台和其他物资。"朱品回忆道。

路真是太难走了！沼泽地的上方经常"埋伏"着一片坦途，可一脚踩上去，人就陷进去。一路上，眼看着一头头牦牛被沼泽吞掉了，加上累倒的、病死的，等最后到了拉萨，2000 多头的"牦牛大军"经过一路拼杀，已是死了 500 多头。"所幸没有人员伤亡，现在想想，真不敢相信当年就硬是这么走了过去。"

1954 年，西藏军区气象科成立。但彼时的朱品还在通讯处工作，"通讯处一共有 5 个人，当时的生活真的很苦，用的帐篷就是一块丝网布质地的遮雨物，白天当雨衣披，到了晚上，把几个人的雨衣拼在一起，用棍儿一支，就成了一个小帐篷。"朱品和同事的无数个夜晚，就是在拼接的帐篷中，在到处撒风漏气的状态下度过的。可一进 10 月，天冷地寒，帐篷也不能住了，"白天刚把固定帐篷的钉子扎进去，第二天早晨要行军的时候，钉子就拔不出来了，冻住了！"有的时候，干脆就裹严实点，把自己的油布盖在身上，直接睡在草地上。

朱品从西藏军区通讯处调到军区气象科是在 1955 年。"那些年月里，没有吃的，就开始自己开荒生产，但是只能种圆白菜、大萝卜、土豆，气象站根本看不见水果、蔬菜。"那时候，苦中作乐的一件事是去"捡牛粪"，这是当时抢手的燃料，烧火做饭也就有了着落。捡回来的牛粪被点着了，大家围着火盆子，看着火星子往外窜着，吃着热乎乎的酥油糌粑，聊着西藏气象的一二三……苦中作乐的另一件事是"用麻袋打水"，为什么打水能用麻袋装？"所谓打水，实际上是找个水坑去凿冰，说白了，不是打水，是打冰。"朱品的脸上露出了笑意，这样的体验，实在是久违了！

在环境恶劣的西藏，当时的朱品根本谈不上洗脸、洗脚，讲讲个人卫生都是件奢侈的事情；他和同事们经常是吃完酥油、糌粑之后，将一手的油向皮大衣上一蹭，因为没有现成的纸张可用；每当头发长长了，就拿起剪子，大家互相当起"推头师傅"；西藏的冬天，温度几乎都在零下 30℃ 以下，夜间工作的同志，只有一件皮大衣和一双毛皮鞋，为了抄写数据，手是不能带手套的，常常冻得难以忍耐；夜间睡觉时，被子不够盖，就拿一张羊皮凑合，早上一起床时，头发、眉毛、被角都是哈气遇冷后结成的冰棍儿。

当时有个口号叫"以苦为荣，以苦为乐，到最艰苦的地方去，到艰苦地方中最苦的地方去"。有的人开始写决定书，写血书，自愿并积极地要求组织将他们分配到最苦的地方。那是一种最至高无上的精神境界！

"我当时也就一个要求：到无人去的地方。一个党员、一个干部，就是要到革命需要的地方，到党最需要的地方去干工作，这是天经地义的事，应该去！能够去，是自己的荣耀；要是去不了，感觉还是个耻辱呢！"

"真的就不怕苦？"我问。

"不怕！那不是苦，是一种幸运。"

此刻，似乎让人读懂了——他的眉毛为何坚如根根细钢丝。

可以想象，西藏当时的环境也许并未向朱品提供一种生存境界的广度，但是，他却磨砺出了一种精神境界的高度。他的生活舞台由此就立起来了，并可以在自己的人生舞台上尽情地施展。

有一种力量始于责任

1951 年 5 月，党中央在拉萨成立了中国共产党西藏工作委员会，气象工作开始建设发展。

从那时起，西藏就陆续按国家统一标准建立了一定数量的气象台站，其中有地面观测站、高空观测站、制作天气预报的气象台、农业气象站、气象卫星接收站、气象通信台和人工影响天气的专业机构等。为了建设气象台站，国家投入了大量的人力物力财力，仅后勤供应方面，公路没通车前，在数千千米的运输线上只能靠人背畜驮和必要的空投。通车后，每四名在藏工作人员就需要一辆卡车不停地运送补给品。

"刚进气象科，我负责通信业务，比如哪个气象站要设立电台、调电台频率等，都在我的工作范围内。"朱品说，他到气象部门印象最深刻的事是1957 年的"大收缩"，那时，西藏很多单位都面临着被撤销或被合并的形势，很多工作队伍也面临着被精简，气象部门会不会被"收缩"掉了？还是否有前路可走？朱品虽然当时只是一名普通的气象工作者，但却对西藏的气象事业有了远瞻和责任感。

"合并的单位相当多，但是最后宣布：西藏气象处要保留！大家很感动！"那一刻，气象处沸腾了！朱品也高兴极了！他切身感受到党中央对气象工作有多么重视，也在那一刻下定决心，更全面地学习气象知识，做西藏气象栋梁，"我感到气象部门的责任很大，党中央这么关心我们，我们就更应该在这里把气象事业办好。"

专访

当时的气象业务仍然主要是为军队服务。人民空军一旦有任务进行空投，就需要气象保障，气象人员便身背仪器徒步行军在各空投场建立观测服务点。由于气象工作的特点和西藏的地理环境，不少气象站都建在了海拔4000米以上的地区，有的建在了4700、4800米的高处。在平息叛乱前，有些台站曾被叛乱分子包围过几天、十几天甚至几十天，朱品和同事们一边战斗一边在掩体内坚持工作，保证了气象记录的连续性及气象电报和航空电报的及时拍发。

"那时西藏的环境很艰险，我们都住在碉堡里，冒着生命危险进行观测、编报，工作从未停止过。但是有党组织的坚强领导，大家团结一致互相关心互相勉励，革命情绪非常高涨，顽强地战胜了一个个困难！"忆苦思甜的感觉，让朱品脸上出现了坚定、平和的笑意。气象站网在西藏牢牢地站稳了脚跟，为以后西藏气象事业的发展打下了良好的基础。

有责任了，就挖空心思为百姓做点实事。朱品说，群众种青稞的时节，是最怕变天的时候，常常是一场霜冻，地里的青稞就完了。气象部门就开始组织群众防霜，先让群众准备一些柴草放在地头，随后，气象站的工作人员开始观察温度表，到了凌晨四五点钟，温度一旦接近0℃了，就开始敲锣、吹哨子，让群众快点火。"实际就是放一场烟雾弹，但还真解决点问题。"

1959年全面平息叛乱后，各县逐步建立了党的领导机关和人民政府，气象台站在当地有了依靠。这时，自然条件虽仍然艰苦，但社会已比较安定，工作和生活条件也在开始改善。帐篷逐步换成了干打垒，土坯房，生活必需品有了保障，人们可以把更多的精力用到钻研业务中去了。虽然当时有"左"的东西不断干扰，气象事业还是有了一定的发展。

回忆起担任局长的时候，朱品有一个遗憾：想聚齐人开一个全区的气象工作会议真的很难！由于西藏地域广袤，大多数的气象站距离拉萨都有1000至2000千米，"不是那边封山了，就是这边有泥石流或者塌方，想开一个'人头凑齐'的会议，便成了一种愿望。"

党的十一届三中全会以后，西藏气象事业又迈上了新的发展阶段。中央对西藏气象事业更加关怀，为解决人才短缺问题，专门在南京气象学院和兰州气象学校开办了少数民族本科班和中专班，还从内地派干部援藏，调拨经费大力支持西藏气象业务现代化建设，西藏气象事业又好又快地发展起来。

谈到对自我在西藏工作的评价，朱品质朴而真实——"满意谈不上，我只是做了党让我做的工作，我只想老老实实地工作，没想过偷懒。党既然交给我这个工作，我就尽自己的努力，和同志们一起把气象工作做好。"

有一种境界高至"无我"

在西藏从事气象工作，有自力更生的本领很重要。但朱品却在这个基础上，进入了一种"无我"的境界。坦诚地说，这并非一般人能做到的。

在艰苦岁月里，想吃菜而没地方买，便只能自己捡肥料种菜。即便在冬天最冷的时候，朱品也是早上四五点钟起床，带头去捡粪。当时的渠道有两种：一是捡狗粪，二是到街道厕所里掏粪便。期间，朱品搬过一次家，他当时的同事张银康回忆道："朱局长搬家后，附近刚好有两个厕所，这两个厕所的掏粪工作完全由他和妻子包了，里面又脏又臭，可这么多年来，他们两口子做这项工作却从未间断过。"无论谁劝他别这样拼命，他都只是宽厚一笑。西藏气象部门的很多同事感叹道：你这种工作作风，你这种思想境界，我们好像这一辈子也学不会，但是我们这一辈子也学不够！

1971 年，西藏气象局要盖 19 间房子，需要大家开着车去山上拉石头，再到山上有树的地方打土坯。"哪里有什么建筑工人呢，都得我们自己动手盖，自己拉沙子，推石头，和水泥，干得热火朝天！"80 岁的朱品回忆起当年的场景，两眼发光，似乎有了卷袖子再干一场的冲动。而那个时候，朱品都是亲自到盖房现场，踩着泥泞的地，带着满身的泥，汗流浃背地和大家一起打水泥砖。气象职工们说："你是领导，就让我们干吧。"但是他不乐意，在他的心里，只要是干起活来，没有领导和非领导之分。眼看着房子一间一间盖起来了，他带着大家还打了一口水井，把井口垒平砌好；又和同事们一起修起一个篮球场，虽是简陋，但却有了苦中作乐的场地。

在西藏工作过的李继烈、曾宪泽等人对朱品的以身作则很是赞叹。他们回忆到，一到星期六下午打扫卫生的时间，朱品局长总是拿一个簸箕，拿一个扫把，第一个走出来干活，看到这样的情景，大家也都相继围过来劳动；那时，各个单位的食堂要"领粮"和"派差"，雇人是雇不到的，装车、卸车只能靠自己本单位的职工，每次拉粮车的时候，都是气象局各个排（相当于现在的"科室"）轮流进行，食堂管理员几次劝朱品不用亲自参与运粮和卸货，因为他的身体不是太好，可是朱品不听，"面是50斤一袋；大米一般是160斤一袋，有的甚至是200斤一袋。他硬是一袋袋往自己背上抢，每次都是这样。"而一到吃饭的时候，朱品却和大家一块儿排队，不加塞，不搞特殊。

朱品的"忘我"体现在很多细小的方面。"有人对我说，你去哪儿怎么不坐汽车啊？你就骑着个自行车到处跑，真是有福不会享！"听到这话，感到诧异的反而是朱品本人，因为在他心里，"烧油的车"和"腿蹬的车"区别不大。后来单位分房了，这可是关系气象职工切身利益的事情，朱品是怎么做的呢？他让所有职工去挑房，等大家把好户型、大房子都挑走了，剩下的那最后一套，他才悄然住进去……

卢冠英是朱品的爱人，说起丈夫，她既有敬佩之情，又有些许埋怨。1960年，卢冠英怀有身孕，那时西藏的政策变了，不允许回内陆生孩子，一律在西藏生产。"本来我心想，在他身边能更好地受到照顾，可是我快生的时候，他出差了；出差一走就是几个月，连着去了好几个气象站；等他回来，我产假满了……"

1984年8月，朱品要调任河北省气象局局长。由于是中午的机票，朱品不想惊动任何同事，怕打扰大家休息，结果当他打开门时，眼前的景象让朱品的眼眶湿润了：门外站满了昔日一起奋战的同事们，没有一个人午休，大家都在等他！藏族的同事纷纷为他献上青稞酒、酥油茶和哈达，"哈达在脖子上挂不下了，最后就把哈达直接挂到车上，车上挂了好大一堆呢。"男同事们挨个紧紧握着朱品的手，好多女同事竟哭出了声。可见，在气象部门，汉藏关系一直维系得很好，亲切有余，其乐融融。

朱品的高风亮节、无欲无求、先人后己，甚至处处无我的精神，吸引了媒体的报道。朱品对此很是低调："其实真的不算什么，我做的这些不是很正常、很平常的事儿嘛！如果把这些事情也当成了先进事迹，可就降低了共产党员的标准，这本来就是一个共产党员干部应该做到的事情。"

朱品，在西藏修得了一种"无我"境界。放下了自私自利之心，放下了世间贪欲之心，放下了名闻利养虚荣之心。进藏，是他人生历程的一个拐角和转折，但他在这条路上，切切实实走出了正直的人生！

* 邓金宁、刘树范、王晨，王晨执笔。

综述

四次进藏　见证西藏气象事业巨变

■ 温克刚

1986 年 9 月 19 日至 30 日，按照国家气象局党组的安排，我与刘英金、黄更生、曹卫平、游有源等 5 人进藏，重点就西藏自治区气象科技队伍建设的有关问题进行调研。

1986 年 9 月，作者在日喀则调研途中。

当时，西藏处于改革开放初期，气象部门还比较困难，我们几个人就住在西藏自治区气象局的职工宿舍里。我们住的这套宿舍，是原局长毛如柏同志调任自治区副主席后腾出来的，所以大家都开玩笑说，我们住进了

23

毛主席的旧居。当时区局没有职工食堂，局办公室安排了一名职工，每天将三餐做好后送到我们住处。这位职工是个四川人，不管冷热菜都要放辣椒，每顿饭，辣得我们都是一身汗。

众所周知，20世纪80年代初，在藏的汉族干部大量内调，也波及气象部门，对气象队伍的影响还是比较大的。在这关键时刻，1981年1月28日，国务院办公厅转发了"中央气象局关于巩固西藏气象工作的请示报告"（国办发〔1981〕6号）。国务院办公厅转发的6号文件，对稳定西藏气象科技队伍，促进西藏气象事业的健康发展起了关键作用。从这时起，中国气象局党组为加强藏族气象科技人才的培养，就在南京气象学院和兰州气象学校开设了藏族班，专门培养藏族中高级气象科技人才，但是藏族气象科技人才的成长需要一个过程，西藏气象科技队伍以汉族干部为主的结构一时还难以改变。因此，我们这次调研，就是按照这一文件精神和局党组的要求，积极做好西藏气象队伍的稳定工作。在藏期间，我们差不多每天晚上，都要走家串户，登门家访。围绕稳定这个中心，既去汉族同志家中，做汉族干部安心留藏的思想工作，也去藏族同志家中，希望他们继续依靠、支持汉族干部，共同做好西藏的气象工作。我们在和藏汉两族干部接触中，十分注意掌握和宣传"两个离不开"，强调汉族干部要帮助藏族干部提高业务技术水平，藏族干部要虚心向汉族干部学习，藏汉干部都要互相尊重、互相帮助，切实搞好民族团结。在走访过程中，藏族同志对我们的热情，令我至今难忘。每到一户藏族同志家中，都是首先给我们敬献哈达，端出热气腾腾的酥油茶，共饮青稞酒，情意浓浓。但是，看到同志们的生活并不富裕，多数同志还是住在简陋阴暗的平房宿舍里，家中的摆设也很简单时，我心里也感到十分的愧疚。

为了进一步了解西藏基层气象台站的情况，我们除了在区局进行调研外，还由马添龙局长陪同我们去了浪卡子气象站和日喀则地区气象台。我们看到基层气象台站更加困难，仪器设备都比较简陋，业务工作也比较单纯，气象服务还没有打开局面，由于经费紧缺，大家都在艰苦度日。

调研结束后，我们向区局全体干部职工通报了调研情况。我在讲话中，特别强调了发展西藏气象事业的5个必须：一是必须坚持实事求是的思想路线，一切要从西藏的实际出发；二是必须加速藏族气象科技人才的培养，努力建立一支以藏族为主体藏汉结合的气象科技队伍；三是必须加快气象现代化建设步伐，努力提高气象业务的现代化水平；四是必须积极推进改革，为西藏社会经济发展提供高质量的气象服务；五是必须珍惜并巩固发展民族团结，共建西藏气象事业美好的明天。

1992 年 4 月 15 日至 30 日，我受中国气象局党组委派，与沈国权、罗晓勇、张玉敏、梁晔以及财政部农财司事业财务处的何利成同志再次进藏，一方面是送刘建华同志到西藏自治区气象局任职（刘建华同志原任陕西省咸阳市气象局局长，这次调任西藏自治区气象局副局长），另一方面是对在藏汉族干部的内调和艰苦台站的情况进行调研。

温克刚进藏

这次进藏，我们仍然住在自治区气象局，但是局里已经有了招待所，也有了食堂，与 1986 年进藏相比，有了许多令人鼓舞的变化：自治区气象局的业务大楼已经建起来了，气象现代化有了进展，业务项目也拓展了，气象服务的局面也打开了，特别是气象队伍中藏族气象科技人员的比例有了很大的提升，干部职工的住房也有了较大改善，干部职工的精神面貌焕然一新，一派喜人景象。

西藏海拔高，气候恶劣，缺氧严重，生活艰苦。据统计，全区气象台站平均海拔 3860 米，最高达 4800 米。许多台站的年平均气温在摄氏零度以

综志

下，极端最低气温在零下46℃，全年8级以上大风日数多达200多天，冬季常遭暴风雪袭击，加上燃料奇缺，一些台站冬季在零下10—20℃的严寒中工作和生活，常年吃不上新鲜蔬菜。西藏气象部门的干部职工常年在这样艰苦的环境里生活和工作，使我们由衷地感到敬佩。我们这次请财政部的何利成同志参加调研组，也是想让他们和我们共同感受一下西藏气象工作者的艰辛，从国家财政上给西藏发展气象事业更多更大的支持。所以，我们这次除了在区局调研外，重点考察了海拔4500米的那曲气象台和海拔4800米的安多气象站，从那曲回拉萨途中还考察了当雄气象站。我们调研组到达那曲后，就直接驱车去了安多气象站。我到安多气象站下车后，高山缺氧反应强烈，不仅嘴唇和指甲发紫，而且脚踏在地上就像踩在棉花上一样，我感觉人就像飘浮起来似的。在观测值班室坐了一会儿有所好转后，就和站上的同志们一起座谈，察看他们的工作和生活环境，当看到陈金水同志带领站上同志们打出的水井时，我们调研组同志都被陈金水和站上同志们的这种不惧艰险、顽强拼搏、爱岗敬业的精神深深感动！

正是由于西藏地处我国天气系统的上游，其独特的高原地形对东亚乃至全球的天气、气候变化都有重要影响，加之气象台站工作和生活条件的异常艰苦，所以中国气象局党组，历来都十分重视西藏气象事业的发展，十分关心西藏气象科技人员的培养和工作、生活环境的改善。同时，对在藏汉族气象科技人员的内调问题也十分关心。这次进藏，我们就遵照中国气象局党组关于"从西藏气象部门工作需要的大局出发，在保留一定数量骨干，保持西藏气象部门职工队伍相对稳定和内地汉族职工进、出藏良性循环的前提下，分期分批进行进藏职工的内调工作"的总原则，并按照中国气象局关于"西藏气象部门进藏职工内调工作暂行办法"的要求，和区局领导班子共同研究落实了一些内调工作的具体问题，为保证进藏职工内调工作的平稳顺利进行，奠定了基础。

1994年9月25日至27日，我受中国气象局党组委托，在拉萨主持召开了全国气象部门援藏工作会议，这是我第三次进藏。

中国气象局党组为了贯彻落实中央第三次西藏工作座谈会精神，决定在拉萨召开有各省（区、市）气象局局长参加的全国气象部门援藏工作会议。为了开好这次会议，局党组在会前专门召开了党组扩大会议，学习中央第三次西藏工作座谈会文件，研究贯彻落实文件精神和开好这次会议的有关措施。同时，还组织了以李黄副局长为组长的调研组进藏，围绕气象部门援藏方案和对口支援项目，以及为国务院代拟"关于稳定和加快发展西藏气象工作的报告"进行深入调研和征求意见。这些工作，都为开好这次会议做了比较充分的准备。

西藏自治区党委和政府，对我们在拉萨召开全国气象部门援藏工作会议非常重视，为大会的召开提供了热情周到的服务。大会开幕和闭幕都有党委和政府的领导出席，自治区政府主席江村罗布给大会发来热情洋溢的贺信，拉巴平措副主席在大会上作了热情洋溢的讲话。出席这次会议的有李黄副局长和机关各职能司、各直属单位及气象院校的领导，各省（区、市）气象局的领导共 100 余人。

这次会议的主要成果之一，是讨论审定了中国气象局和西藏自治区人民政府联合向国务院呈报的"关于稳定和加快发展西藏气象工作的报告"，这个报告在充分肯定新中国成立以来西藏气象工作取得很大成绩和经验的基础上，实事求是的分析了制约西藏气象事业发展的主要原因，有针对性地提出了加快发展西藏气象工作的具体措施，其中包括进一步加强西藏的气象现代化建设，提高气象服务的能力和水平；尽快建立起援藏干部进出西藏的良性循环机制，继续保持藏、汉及其他少数民族职工在西藏气象队伍中的合理比例；切实加大对西藏气象部门的投入，加快《西藏气象台站综合改善方案》的实施；加强西藏的气象科学研究，继续坚持抓好藏族干部的培养。

这次会议的主要成果之二，是讨论审定了《中国气象局关于加强和支援西藏气象工作的决定》，其中明确了气象援藏工作的指导思想，是把全国气象部门的支援帮助与西藏各级气象台站的自身努力相结合，把国家对西藏实行特殊优惠政策的优势、西藏气候资源的优势与内地气象部门人才、技术和管理经验等优势相结合，启动西藏气象部门自我发展的活力和动力，促进西藏气象事业进入持续、快速、健康发展的轨道。基本原则是尽量采用适用的高技术，适当超前并高起点发展西藏气象事业，支援要突出重点，加强协调，讲求实效。在这一指导思想和基本原则的基础上，《决定》中还列出了支持西藏气象事业现代化的一系列建设项目，并就加大财政支持力度，实行经费分配上的倾斜政策等提出了明确要求。在干部援藏上，提出了实行"分片负责，对口支援，定期轮换"的办法，并对在藏干部的内返

综述

安置也有明确要求。为了全面落实援藏工作任务，《决定》中还明确提出，中国气象局要成立援藏工作协调机构，加强援藏工作的落实与协调。

这次会议的主要成果之三，是制定了《全国气象部门对口援藏方案》，明确了对口支援的方式，对口支援的要求，对口支援的主要任务，对口支援的分工，援藏干部的管理等具体内容。

全国气象部门援藏工作会议，是一次至关重要的会议。会议精神的落实，无论在人力、财力，还是现代化建设项目上，都是实实在在的帮助。对推动20世纪90年代后期以至进入新世纪西藏气象事业发展，都具有十分重要的意义。

我第三次进藏，主要任务是主持援藏工作会议，虽没安排时间专门对西藏的气象工作进行调研，但是，在会议期间，同与会代表一起，出席了"西藏自治区气象实时业务系统验收庆典仪式"，当我看到自治区气象局大院高楼林立，环境整洁，特别是现代化气象业务上了一个新台阶，感到由衷的高兴。

2003年7月16日至21日，我带领全国政协人口资源环境委员会调研组进藏，就"西藏天然草原的保护与建设"进行调研，这是我第四次进藏。虽然这次进藏的任务与组织接待工作，都不是气象部门。但是，我仍然利用调研工作之余的时间，到西藏自治区气象局和林芝地区气象局进行了考察。

2003年，作者在林芝地区气象台考察。

我进藏的第二天上午，利用调研组的休整时间，来到自治区气象局，听取了刘光轩书记和索郎多吉局长的全面介绍，参观了区气象台的现代化业务系统，考察了区气象研究所的科研项目，了解到西藏气象科技队伍中，藏族气象科技人员的比例已经超过70%，大学本科生的比例也有了大幅度提升，特别可喜的是有了藏族自己的气象硕士和气象博士。我还利用晚饭后的时间，在刘光轩和索郎多吉的陪同下，参观了区气象局刚建成不久气象科技人员入住的住宅小区。

　　在藏调研期间，我还到林芝地区气象局进行了考察，这与我第一次进藏时到日喀则地区气象局调研时的情况完全不同了，林芝地区的气象现代化建设上了一个新台阶，气象业务质量和服务水平有了很大提高，气象科技人员的办公环境和住宿条件也有了很大改善。陪同我来林芝地区气象局考察的刘光轩书记告诉我，西藏自治区基层气象台站的基础设施和气象现代化水平都上了一个新台阶，林芝地区气象局的面貌是西藏基层气象台站的一个缩影。"人逢喜事精神爽"，林芝地区气象局干部职工的精神面貌也与以前大不相同了，就在我到林芝的当晚，地区气象局的同志们还为我们全国政协调研组的同志，举办了一个别开生面的文艺晚会，他们在演出中释放出的热情、快乐和积极向上的精神，也从一个侧面，展示了西藏气象部门气象文化建设的成果。

　　第四次进藏，我所看到、听到的这些令人鼓舞的人和事，使我深深感到，中国气象局党组对西藏气象工作者寄予的厚望，全国气象部门对西藏气象部门的援助，已经开出了灿烂之花，结出了丰硕之果！

　　可以说我四次进藏，见证了西藏气象事业的巨变。但我每一次进藏都有不同的感受，第一次进藏，我是带着愧疚离开拉萨的；第二次、第三次进藏，我是带着责任离开拉萨的；第四次进藏，我是带着喜悦离开拉萨的。我深信，西藏气象部门有了人才资源这个发展事业的第一资源和气象科技的强力支撑，西藏气象事业发展的前景，一定会更加辉煌！

综述

坚守高原　书写辉煌
——西藏气象事业发展 60 年综述

■ 宋善允

1950 年，中国人民解放军第 18 军进藏，需要运送物资，需要开辟高原禁区的航线，需要气象为飞行安全提供保障。西南军区派出了气象人员随 18 军西进，从雅安开始建设气象站，西藏的气象事业就在这样的情况下开始了。

如今，60 年过去了，西藏的气象事业发生了翻天覆地的变化，让我们一道走向历史的深处，回眸那些艰辛而又难忘的岁月……

领导关怀，事业腾飞的有力翅膀

西藏气象事业发展 60 年以来，取得了辉煌的成就，在这些成就中，凝聚了中国气象局历代领导人的心血，西藏得到了他们的倍加关怀，倍加呵护，西藏广大干部职工感受到了来自中国气象局的温暖和帮助，回顾那些逝去的岁月，他们的心底深处还不时涌动着一股股暖流。

1980 年 8 月 5 日，时任中央气象局副局长邹竞蒙，为了贯彻中央第一次西藏工作座谈会精神，踏上了高原，开始调研工作，一直到 8 月 22 日离藏，历时 18 天时间，为西藏气象事业的发展奠定了里程碑式的基础。

当他进藏之前听到西藏正在搞人员大内调、机构大精减，人员思想比较混乱的情况时，在成都临时决定，在工作组中建立党小组。

踏上高原时，邹竞蒙所看到的，比他听到的还要严重，最突出的有 4 个

雪域风云路
西藏气象事业发展回忆文集

30

1980 年 8 月，时任中央气象局副局长邹竞蒙在拉萨考察。

问题：西藏内地干部出现大内调浪潮，人心浮动；管理体制与机构建制的关系不顺，使得西藏的监测和管理系统实际上处于半瘫痪状态；西藏工作、生活条件艰苦，高寒缺氧，房屋破旧，无取暖燃料，必需的维持条件严重缺乏；人员严重不足，业务技术骨干奇缺，有 42% 的台站的领导班子不健全。

看到这些，邹竞蒙坚决地说："西藏气象工作的战略地位太重要了，不但不能削弱、垮掉，而且还要巩固、加强、发展，当务之急是拿出解决这一系列问题的办法"。

调研工作开始了，在了解了基本情况后，邹竞蒙亲自找自治区气象局领导、中层干部和业务技术骨干一个一个谈话，先后召开了 7 个不同类型的座谈会，了解情况，听取意见，研究解决办法。经过 5 天时间的紧张工作，形势有了新的好转，一大批骨干纷纷表示，不把西藏气象工作搞上去，不把藏族气象人员培养起来，决不离开西藏。

在拉萨的工作告一段落之后，邹竞蒙又深入基层台站，掌握第一手材料，确定解决办法。邹竞蒙每到一个气象台站，都听取汇报、召开座谈会、找同志们个别谈心，仔细听取意见，共同探讨解决办法和未来发展。当一句句温暖的话语传递到干部职工的心头，当一项项切实解决问题的具体办法确定之后，职工们感动了，很多老同志一再表示要留下来工作，不能让西藏的气象事业受影响。

综述

10 月 23 日，中央气象局正式向国务院上报了《关于巩固加强西藏气象工作的请示报告》。

1981 年 1 月 28 日，国务院办公厅转发了中央气象局的请示报告，针对西藏气象工作存在的困难和问题，提出了 4 条重要措施：有计划、有步骤地安排汉族干部内调，今后进藏的大中专毕业生实行轮换制度；加速藏族气象技术干部的培养，在兰州、南京等气象院校举办西藏民族班；努力改善气象台站的生活和工作条件；实施管理体制改革。

正是这一文件，扭转了西藏气象部门的局面，保留了骨干，稳定了队伍，培养了大量的藏民族气象干部和技术人才，这些人现在已经成为了西藏气象事业发展的主力军。

1986 年 9 月，时任国家气象局副局长温克刚率工作组进藏检查指导工作。提出搞好气象工作必须坚持实事求是的思想路线，一切要从西藏的实际出发；必须重视建立一支以藏族为主体的藏汉结合的气象队伍；必须抓好现代化建设；必须积极推进改革；必须加强民族团结。正是这些要求和措施，使得西藏的发展有了一个更加明确的方向。

1989 年 9 月 5 日，《西藏气象事业发展规划》研讨会在拉萨召开，时任国家气象局副局长章基嘉主持会议。重点研究了 20 世纪 90 年代西藏气象事业发展战略的重大问题，审定《西藏气象事业发展规划》，并探讨西部边远地区气象现代化建设问题。

1994 年 9 月 27 日，全国气象部门援藏工作会议在拉萨召开，时任中国气象局副局长温克刚主持会议，中国气象局副局长李黄和各省（区、市）气象局局长参加了会议，拉开了气象部门援藏工作新的序幕。

2000 年 9 月 18 日，时任中国气象局副局长郑国光带队的赴藏调研组进藏，就未来五年西藏气象事业发展问题进行调研，帮助西藏气象部门论证《西藏气象事业发展第十个五年计划》，强调要注意反映西藏特色，抓住重点，紧密结合西藏气象工作实际、结合西部大开发做好文章。同时，开始着手西藏气象部门职工生活基地"两点式"建设，为干部职工生活条件的改善奠定了基础。

2001 年 8 月 12—18 日，时任中国气象局局长秦大河、刘英金副局长率有关职能司领导为贯彻落实中央第四次西藏工作座谈会精神，赴西藏调研。秦大河与时任自治区政府主席列确共同为西藏气象部门授予了"文明系统"

的牌匾，这是西藏建成的第一个文明系统。也正是这次调研，为西藏气象事业的发展迈上一个新台阶奠定了坚实的基础，"十一五"期间，西藏气象部门来自中央的财政投入达到 1.6 亿元，气象现代化、基层台站综合改善、职工生活基地建设等也在这一时段得到了飞速发展。

2009 年 5 月 4—8 日，中国气象局党组书记、局长郑国光一行在西藏深入基层开展调研。在藏期间，郑国光在西藏自治区政协礼堂作了《高度重视全球气候变化挑战 大力加强我国应对能力建设》的专题报告，西藏自治区党委、人大、政府、政协 29 位自治区领导和 500 多名机关干部参加了报告会，为西藏气象事业的发展做了一次大的宣传。郑国光对解决好新时期西藏气象事业发展的几个重大问题提出了要求，对制订好西藏气象事业"十二五"发展规划也做出了安排和部署。

中国气象局局长郑国光（右前）在西藏自治区气象局调研

2010 年 4 月 26 日，全国气象部门第五次西藏工作会议在四川成都开幕。中国气象局党组书记、局长郑国光，副局长王守荣、宇如聪出席会议。会议由党组副书记、副局长许小峰主持。会议总结 2001 年以来西藏气象事业发展取得的成绩和经验，分析西藏气象工作面临的形势，统一思想认识，把握总体要求，明确目标任务，大力推进西藏气象事业又好又快发展，对推动四川、云南、甘肃、青海省藏区气象事业实现更大发展做出部署。会

综述

后，连续下发了《中国气象局关于推动西藏气象事业又好又快发展的意见》、《中国气象局关于推进四川云南甘肃青海省藏区气象事业实现更大发展的意见》、《中国气象局关于做好干部援藏工作的意见》三份重要文件，为新时期西藏气象事业的发展指明了方向。

近几年时间，中国气象局许小峰、王守荣、宇如聪、张文建、沈晓农等局领导也多次进藏考察、调研、工作、慰问，对西藏气象事业的发展，提出新的要求，实施具体指导，切实解决困难和问题，付出了很大的心血。

每当在西藏气象事业发展面临问题和困难的时候，每当在西藏气象事业发展的关键时期，总能见到中国气象局领导在西藏忙碌的身影，他们为西藏气象事业的发展呕心沥血，倾注了很大的精力和时间，让雪域气象插上了腾飞的翅膀。

气象机构，事业发展的根本基础

西藏和平解放后，在中国共产党的领导下，随着西藏气象事业的发展壮大，气象管理体制和管理机构逐步健全，到20世纪80年代，经过多次调整充实和完善，建立起基本适应西藏气象事业发展的区、地、县三级管理机构，形成了以部门管理为主、地方管理为辅的管理体制。

然而，西藏气象部门的机构经过了一个历史发展的过程。

西藏的气象工作是随着18军进藏应运而生的，自然在开始的时候属于军队领导，是部队的一个组成部分。1950年8月—1952年11月，西藏的气象台站（含空投场的观测站点）归属西南军区气象处领导。1952年11月—1956年8月，归属西藏军区司令部办公室和气象科领导，西南行政委员会气象处和中央气象局负责业务指导。各站的行政领导、生活供应及气象经费代领代报等由当地驻军（警备区、兵站、边防团等）负责。

1956年7月24日，国务院电告西藏工委、西藏军区，同意将西藏军区气象科及所属11个台站划归西藏自治区筹备委员会领导。8月，345名官兵转业到地方工作，11个气象台站纳入地方管理。9月30日，全西藏的转建工作全部结束。

气象部门转地方建制后，气象处工作直属西藏工委领导，后划归计划局和西藏工委财政经济部领导。1958年至1959年，归西藏工委办公厅领导，1960年归西藏工委工交部领导，1961年，归西藏工委农牧处领导，中央气象局在业务、技术上给予指导。1968年，归西藏自治区农牧厅领导。

1971年，西藏气象部门实行西藏军区、军分区、县人民武装部和地方各级革委会双重领导，以军事部门领导为主。部队负责人事、党政工作，革委会负责气象基本建设、经费物资。气象业务由气象部门逐级领导。1973年7月5日，自治区、地、县各级气象部门，建制划归同级革命委员会，挂靠当地农牧部门管理，在各级气象部门工作的军队干部，视地方干部配备情况逐步调回。西藏气象部门执行以地方党政领导为主的管理体制，为农牧部门的一级机构。

经过了军队领导，地方领导，军队和地方双重领导之后，最终，西藏气象部门走入了部门领导的轨道，也就是现在的中直部门。1981年6月中旬，西藏气象局开始对地、县气象部门进行体制接收工作。至11月中旬，除阿里地区外，其余地区改变气象部门管理体制的工作均已完成。1982年6月，又完成了阿里地区气象部门的接收工作。1983年9月，完成自治区气象局管理体制的上划工作。至此，西藏各级气象部门全部实行了气象部门与当地政府双重领导并以气象部门领导为主的管理体制。各级气象部门既是上级业务部门的下属单位，又是同级政府的一个工作部门。西藏气象局由农牧厅下属局升格为自治区一级局，正厅级单位。气象部门的业务工作、机构设置、人员编制、干部管理、劳动工资、事业经费、基本建设计划投资、气象专用仪器装备供应等由气象部门负责；政治思想、党团组织、生产服务和生活、基建施工仍由当地党政部门领导负责。

气象站点，事业生存的基本战线

1950年，西藏有了气象站，在一些空投场地的附近。为了飞行航线的需要，为了西藏和平解放的需要，设立了气象站点。

这些气象站点的建设，大多是应急的，临时的，建后没有多久，在完成任务之后就基本上撤销了。

1951年西藏和平解放。昌都、拉萨、黑河、日喀则、察隅、丁青等正规气象站陆续建成。

1956年，国务院发出了做好西藏通航气象保证的指示，西藏的气象站

综述

点才较大面积地开始建设。

就这样增加一些，又撤销几个。一直到了 1980 年，西藏气象站点的格局基本上确定，39 个气象站，其中有 32 个在县上，7 个在地市所在地。这样的站点建设基本上能够满足开展业务的需要。

这样就满足了吗？

不，因为西藏幅员有 120 万平方千米，平均 3 万平方千米才有一个气象站。

不，因为西藏有 74 个县，还有 30 多个县连气象站都没有。

20 世纪 50 年代，江孜县最早建立的地面气象观测站。

一位预报员说："站点稀少，资料欠缺，是制约西藏天气预报准确率的最大瓶颈，也是难以搞清高原气象成因和原理的瓶颈。"

一位那曲地委的领导说："双湖、尼玛两个县，30 万平方千米，没有一个气象站，到了冬天，说是下雪了，到底下了多大，外面的人进不去，里面的人出不来，真是焦心啊！"

是的，随着社会的发展，国家的强大，西藏的气象站点还要建设，因为这是西藏气象事业的基石。

2008 年，《西藏自治区人民政府办公厅关于加快区域气象灾害监测站网建设的通知》（藏政办发〔2008〕3 号）下发，西藏自治区人民政府提出了"县县有气象站"的目标。经过努力，两年时间里，新建和改建无人自动气象站 86 个，新建风塔自动气象观测站 3 座。全区的气象观测站总数达到了 135 个，全区气象观测站密度提高到平均每 1 万平方千米 1 个，大大提高了对全区气象灾害监测的能力。

气象站建成了，新的问题又出现了，这些新建的自动气象站，如何保障设备的正常运转、资料的正常传输、对灾害的及时防范呢？

经过西藏气象部门的积极协商和沟通，2010 年 9 月 1 日，西藏自治区政府办公厅下发了《关于落实县级气象防灾减灾政府管理职能的通知》（藏政办发〔2010〕111 号）。10 月 8 日，经过各相关县人民政府对文件的落

实，各地（市）行署（人民政府）报送，新设立 42 个县级气象主管机构，确定 99 人为新的气象管理和工作人员，至此，西藏的站网建设和气象防灾减灾体系建设才上了一个崭新的台阶。

西藏气象站点的建设任务完成了吗？没有！在这条道路上，气象人继续努力着，他们需要更多的数据支撑，以期对高原气象有一个更加深入的了解。

气象业务，事业发展的温暖摇篮

观测站点建设得到了加强，气象业务也得到了不断的拓展，这是事业的摇篮，一切资料都是为了业务发展的需要。

20 世纪 70—80 年代拉萨安装的测雨雷达

西藏和平解放以后，由于国防建设的需要，由于地方经济和社会发展的需要，西藏的气象业务也发生了根本性的变化，并逐步得到了完善。

就气象探测而言，和平解放初期，为了保障航空，所探测的资料也多以服务航空为主，但是西藏的经济要发展，也需要气象，于是探测的要素、时次、项目都发生了很大的变化。除了地面观测，西藏还建立了高空探测、小球测风、新一代天气雷达等，随着科技的发展，气象探测的自动化程度也在不断提升，现在的气象站都能够达到自动观测、自动传输气象数据。为了丰富气象资料，1972 年，西藏开始接受气象卫星资料，在一定程度上弥补了高原气象资料欠缺的问题；为了拓展业务的需要，1994 年，西藏气象部门开始卫星遥感应用的研究，不断开发卫星遥感的价值，服务地方经济建设；为了气象资料能够实现自动化，2006 年 12 月 31 日，西藏气象部门的地面观测实现了从人工到自动的切换……

综述

气象资料观测到手，需要传送出去，否则，它就无法实现自身的价值。在西藏工作过的气象人，对于西藏的气象通信有着很深刻的印象：和平解放初期，所观测到的气象资料是用电台进行发送的，就是我们在电影中看到的那种"滴滴答答"的发报机，为了接受资料，就只有手抄；1971年开始，西藏的部分气象通信换成了电传机，效率比人工手抄提高了3倍；1993年，投入215万元，西藏的气象通信换成了短波单边带数据通信系统，这一业务系统投入使用，减少报务员、调配员、摇机员等71人，极大地减少了人力投入；2000年，西藏气象卫星综合应用业务系统（9210工程）建成，提升了气象部门内部的数据传输和通话联系；2007年7月，西藏气象部门全部采用GPRS无线通信系统传输气象资料，有效地提高了传输的时效和质量，真正实现气象资料传输的快捷、便利和自动化。

1956年10月，西藏有了第一份天气预报，但只是在内部发布，1957年5月，西藏各条战线"大收缩"，预报组撤销。就是这样的预报业务，也停了下来。1959年西藏气象科学研究所成立，增设预报组。6月，《西藏日报》上正式刊登拉萨地区的天气预报；1960年1月1日，西藏人民广播电台每天17时开始发布天气预报；1988年，西藏电视台在春节、藏历年期间，利用藏汉两种语言播出全区的天气预报……到现在，广播、电视、报纸、网络、电子显示屏等手段适时地发布天气预报和气象灾害预警信息，而且还根据不同的受众，使用藏汉两种语言，天气预报成为了西藏人民生活和生产的好伙伴、好朋友。除了短期天气预报，1959年开始，西藏逐步有了中期预报，并于1988年11月成立了中期预报组；1978年开始，自治区气象台成立了长期天气预报组，正式开始制作长期天气预报；1982年开始，西藏每年召开两次短期气候预测，分别对汛期和冬春季节的短期气候趋势进行预测。

气候和气候变化成为了当今人们关注的焦点，1983年，西藏开始有了气候分析机构。自此之后，干旱监测、风能资源分析及区划、农业气候资源调查与区划、太阳能资源分布及区划、西藏气候图集、气候影响评价等有关气候方面的科研和业务不断开展，取得了可喜的成就。

西藏是一个非常特殊的地区，有农业，有牧业，也有林业，于是针对农牧林业所开展的气温、降水、土壤温度、土壤湿度、林区湿度、农作物生长状况、草场生长状况的观测、试验和业务也得到了不断地发展，工作

雪域风云路

西藏气象事业发展回忆文集

人员深入到田间，走进温室大棚，了解作物和蔬菜生长，调查出现的灾情，积极为当地的农牧业发展提供有效的服务信息。

气象服务，事业发展的根本所在

西藏和平解放后，气象部门就开展了服务工作，但基本上以为军事提供服务为主。1960 年以后，气象服务开始转向了农牧业和地方经济建设。

1997 年 9 月，在那曲地区气象局的短期气候趋势预测会上，专家们得出了一个不太乐观的结论："前冬藏北各县降水量偏多，月平均气温偏低，会有中等以上的雪灾。"这一结论也震惊了那曲地委行署，开始积极部署防灾抗灾工作。9—12 月，藏北出现了历史上罕见的特大雪灾，连续性降雪过程达 15 次以上，连续性降雪日数最大达 15 天。那是一个提起来就让人感到心悸的冬天，在那样的一个冬天里，天气预报，天气实况，短期、中期、长期预报滚动发布，气象人度过了一个又一个难熬的夜晚，提供了一份又一份气象报告，与牧民的心贴得很紧，情融得很深，共同抗击天灾。

2000 年 4 月 9 日，波密易贡乡发生历史上罕见的巨型山体崩塌，崩塌土方达到 4.5 亿立方米，形成了巨大的堰塞湖，威胁着 4000 多名下游群众的安全。林芝地区气象局将服务搬到了灾区现场，至此，形成了区—地—县—灾区的四级气象服务网络。这个时候，遥感监测也派上了极大的用场，适时地向抗灾指挥部报告湖体的面积，天气预报、实况的降水资料也成为了非常重要的决策参考，面对"世界级的滑坡"，气象人的坚守和执着，让这次天灾顺利度过。

2008 年 5 月 15 日，当奥运火炬在珠峰上点燃、传递的时候，这个消息震惊了世界，能够如此成功地完成这项任务，气象工作者付出了太多的心血。2007 年 5 月，气象部门首次在西藏珠峰地区建成立体气象自动观测系统，西藏还加强了聂拉木站的 GPS 探空观测数据与珠峰大本营的资料对比，在大本营进行加密探空观测。在分析了定日和聂拉木 2000—2006 年的气象资料后，得出了"珠峰地区 5 月上旬和中旬气温适宜，降水和风速都相对较小，适宜举行火炬展示活动"的结论。传递之前，西藏气象部门在预报服务、气象观测、技术装备与通信保障、后勤保障四个方面做好了人财物

综述

的准备，确保了火炬传递安全。

为奥运火炬珠峰传递设立的自动气象站

以上只是60年来西藏气象部门在为地方经济建设和社会发展、重大活动、重大工程提供气象服务保障的几个精彩的片段，回顾历史，这样的事例还很多很多，他们把气象服务作为检验工作的试金石，作为立业之本，兢兢业业，默默奉献，毫无怨言。

气象人才，事业成长的坚强后盾

1950年，随着18军进藏，一部分来自气象院校和西南军区气象处培训的人员也随之走进西藏，他们基本上都是汉族，以后随着气象的机构改制，逐步转到地方工作，他们成为了西藏气象部门的第一批人才，也是西藏气象事业的开拓者。

随着事业的发展，人才成为了制约发展的瓶颈，尽管从内地毕业的学生中分配了一些毕业生充实队伍，但还是捉襟见肘。

1970年，西藏气象部门就地开办了两期气象专业短训班，163人成为了测报和通信业务人员，至此，当地民族干部和技术人才的培养拉开了序幕。1973年，在区内招收了90名学生，他们多数是藏族，到内地学习气象业务。1975年，又以定向培养的方式在内地招生，为西藏培养了一批人才。

1981年开始，西藏气象人才队伍建设发生了一个很大的转折，国务院转发了中央气象局关于巩固西藏气象工作的请示报告，明确提出了加速藏族科技干部的培训。在这之后，南京气象学院、成都气象学院、兰州气象学校等大专院校开始设立了短期轮训班、民族班等多种形式，为西藏集中培养了大批的藏族业务和技术骨干。到1990年底，实现了"藏族气象技术干部的比例将达到70%"的预期目标。

2000年，西藏自治区气象局启动"五·二〇·五〇"人才工程，力争到"十五"末动态拥有正研级专业技术职务任职资格人员5名、研究生20名、业务和管理骨干50名。并加强了政策支持和保障，成效显著。

2007年，西藏自治区气象局提出了"812"人才工程，即：8名以正研级高工和博士为主的在青藏高原大气科学研究方面有较高造诣的高层次人才，100名以副研级高工和处级领导干部为主的业务骨干和管理人才，200名一线业务高级专门人才。

欢迎西藏第一个藏族女博士卓嘎

多年来，通过学科带头人和青年新秀两个梯队建设，加强高层次人才培养；通过科技创新团队建设，进一步提高了专业技术人员的技能；通过"3+1"和"1+4"人才培养模式，加强民族青年专业人才的培养；通过上

综述

挂下派、援藏等方式，进一步促进在岗人员的管理和业务素质。

2010 年为止，共有正式职工 1010 人，其中藏族职工 680 人，占总数的 67.3%。博士 4 人，硕士 36 人，本科 341 人，大专 208 人，大专以上文化程度占正式职工总数的 58.3%。正研级高工 5 人，副研级高工 123 人。与 2006 年以前相比，职工学历层次总体提高了 46%，其中硕士以上提高了 48%，本科生提高了 44%；正研级高工比例提高了 45%。

气象科研，事业进步的强大动力

关于青藏高原的研究，在和平解放之前就已经开展了，1935 年，徐近之的《拉萨今年之雨季》应该算是开篇之作。

20 世纪 50—70 年代，气象学家叶笃正、陶诗言院士等对高原上的环流、天气、气候和影响做了大量研究，《西藏高原气象学》、《青藏高原气象学》、《西藏气候》等专著出版，西藏的大气科学研究才算是真正拉开了序幕。

无论是天气学，还是气候学，无论是做预报，还是做服务，科学研究都是推动工作进步的强大动力，不进行深入的研究，业务就只能停滞不前，西藏气象部门的业务人员深深懂得这个道理，也切身感受到了这一点。

1974 年，《西藏高原天气学讲义》完成之后，对于天气学和预报方法的研究，基本上就没有停止过，高原天气、高原雪灾、暴雨、孟加拉湾台风等就成为了从事天气研究的重点对象，并取得了不小的成果。改造升级了短时预报业务、短期预报业务、中期预报业务、决策气象服务业务、专业气象预报业务、预报会商 6 个平台，这些成果应用到业务当中，进一步促进了业务的发展。

气候和气候变化，成为了国际关注的焦点，而高原的气候更是世界瞩目，西藏的气象工作者在这方面的研究成果非常丰硕。西藏气候、气候图集、气候资源、气候区划、太阳能资源、风能资源、极端天气事件、应对气候变化等也都成为了他们钻研的重点，自治区、地区的很多项目立项，很多成果相继出台，极大地促进了西藏气候研究和应对的发展。

农业气象的研究自 20 世纪 60 年代就开始了，1978 年，《西藏气候的农业评价》完成。80 年代初，拉萨、山南、林芝、日喀则先后开展了农业气象预报情报服务，使研究业务化。在推进业务的同时，他们还加大了调查和研究，开展农牧业的区划研究，研究西藏作物的生长规律，针对不同的作物，提出不同生产建议。

气象卫星遥感的研究起步比较晚，但发展却比较快。1991年10月，"一江两河"中部流域综合开发遥感动态监测项目以大手笔、大动作进入研究领域，无论是接受卫星，还是在野外实地调查，科研人员都付出了很大的心血，也正是因为这个项目，锻炼和培养了一批遥感人才。在科研的带动下，1996年，利用卫星遥感技术开展的雪情、森林火点、牧草长势、高原水体的监测，投入日常的业务，丰富了气象服务手段和种类。

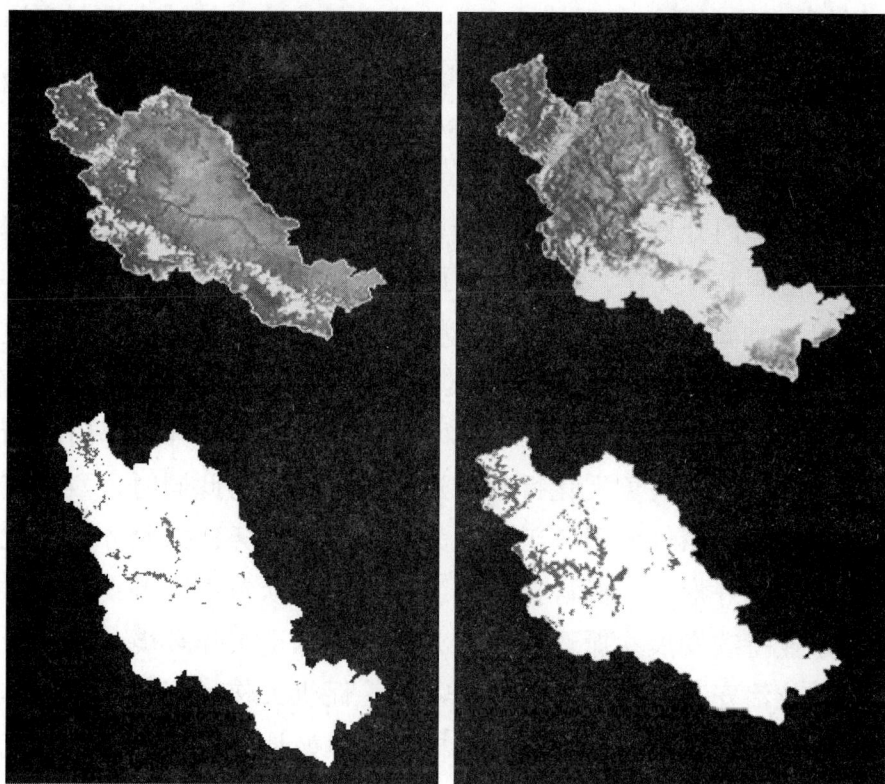

2004年6月14日NOAA-16　　　2004年8月10日NOAA-15

卫星遥感监测

说到西藏的气象科研，还有一件事必须提及，那就是青藏高原大气科学试验。1979年5—8月，中国气象局进行了第一次青藏高原大气科学试验，西藏26个常规地面气象站、高空站、太阳辐射站参加了试验的加密观测，并临时增加了5个观测站。1998年5月10日—8月10日，进行了第二次青藏高原大气科学试验，西藏7个探空站、8个地面站、4个太阳辐射站参加了加密观测，取得了非常珍贵的气象资料。

气象文化，拓展事业的丰富内涵

在西藏工作，是需要一点精神的。是什么精神支撑着他们在这样的条件下，依然乐观活泼，依然兢兢业业，依然无怨无悔呢？有人总结过这种精神，那就是"特别能吃苦、特别能忍耐、特别能战斗、特别能创业、特别能奉献"的老西藏精神，是的，这一点，西藏的气象人具备这样的精神。

在西藏的气象部门，还有一句话，"高海拔，高标准；缺氧气，不缺志气"，这被称作为高原气象人精神，并代代发扬，这一精神成为了高原气象人的一种支撑，一种动力，一种自觉的传承，一种自愿的行动。

这种精神并不是一朝一夕形成的，经历了一个长期的发展过程。

20世纪80年代，人才比较紧缺，发展高原气象队伍成为了一项重点工作，西藏气象部门开展了"保留骨干，稳定队伍，巩固台站，提高基础业务质量"的思想教育工作，培养造就了一批气象人才。

1996年，西藏气象部门积极推进精神文明建设，提出了在全区气象部门广大干部职工中广泛开展爱国主义、民族团结、艰苦奋斗、无私奉献、敬业爱岗、唯物史观、民主法制、党风党纪八大教育，气象部门的精神文明得到进一步推进，气象文化得到了进一步提升。与此同时，西藏气象部门狠抓八大工程：抓气象服务工程，为经济建设服务；抓业务现代化建设工程，树部门良好形象；抓科技扶贫工程，为群众致富服务；抓人才培训工程，保事业持续发展；抓环境美化工程，创舒适工作环境；抓综合治理工程，促单位治安工作；抓文明办公工程，促机关作风好转；抓文体活动工程，增强队伍凝聚力。正是通过这样大张旗鼓地推进精神文明和气象文化建设，西藏气象部门干部职工的凝聚力和战斗力进一步增强，"高海拔，高标准；缺氧气，不缺志气"的高原气象人精神也就是在这个时候逐步形成了。

西藏气象部门建成了西藏自治区第一个文明系统，第一个文明行业，全国气象部门第一个"全国民族团结进步模范集体"。全区气象部门45个单位全部被地方各级文明委授予"文明单位"称号，其中国家级文明单位9个，区级文明单位12个，地级文明单位20个，地级以上文明单位的比例达

职工文艺表演

了91%。

西藏气象部门先后被中国气象局和自治区人民政府多次授予"重大气象服务先进集体"荣誉称号；被中宣部和中国气象局确定为"文明示范单位"；被中央文明委授予"全国创建精神文明先进行业"；被区党委授予"先进基层党组织"；先后涌现出了"全国优秀共产党员"、第七届"中国十大杰出青年"、"全国先进工作者"、"全国五一劳动奖章"获得者、"西藏十大女杰"、"青年女科学家"等先进模范人物。

光阴荏苒，60年匆匆而过，但却留下了很多宝贵的财富，一摞摞珍贵的资料，一个个光彩的荣誉，一篇篇感人的故事，一幅幅鲜活的照片……60年太短暂，60年太丰富，60年太厚重。回顾这60年，西藏气象人将会继承前辈们光荣的传统，继续开拓前进，使西藏气象事业又好又快地发展。

援藏工作，成就事业的新鲜血液

西藏气象事业的发展，是中国气象局和自治区党委政府正确领导的结果，是西藏几代气象人不断努力的结果，也是全国各省区市气象部门援助的结果。援藏工作，为西藏气象事业的发展注入了新鲜的血液。

综述

45

长期以来，中国气象局根据西藏气象事业发展的需要，制定了一系列支持和促动援藏工作的政策，使援藏工作得以顺利进行。

　　1985年1月4日，国家气象局下发了《关于选派第二批气象专业技术干部支援西藏的通知》。这次的援藏力度比较大，而且有了明确的文件规定，使援藏工作有了明确的方向。

　　1994年7月，中共中央、国务院召开了第三次西藏工作座谈会，从战略全局的高度制定了加快西藏发展，维护社会稳定的一系列方针政策，做出了全国长期支援西藏的决定。

　　1994年9月25日至27日，为了全面贯彻落实中央第三次西藏工作座谈会精神，中国气象局在拉萨召开了全国气象部门援藏工作会议。会议形成了《中国气象局关于加强和支持西藏气象工作的决定》、《全国气象部门对口援藏方案》和《关于加强气象教育援藏的工作方案》三个文件。《全国气象部门对口援藏方案》中明确了新一轮干部援藏的政策、措施，提出了"分片负责、对口支援、定期轮换"的援藏原则，使干部援藏工作步入制度化、经常化的轨道。输血还要造血，也正是这一系列政策，西藏一批又一批民族干部也迅速成长起来，并最终成为了建设西藏、发展西藏气象事业的主力军。

1994年9月，全国气象部门援藏工作会议在拉萨召开。

1997 年 6 月 18 日，中国气象局在对口支援的基础上，根据新一轮第一批援藏干部在藏工作情况，制定了《全国气象部门选派支援西藏气象工作人员的暂行办法》，从选派对象及条件、定期轮换时间、援藏人员的待遇、选派工作程序、援藏人员进藏前的培训等五个方面作了具体规定，保证了干部援藏工作的顺利进行。这一带有部门规章性质的制度，让援藏成为了气象行业的一种行为规范。

1999 年 11 月 2 日，中国气象局下发了《中国气象局关于加强援藏干部管理工作的意见》，提出把好入口关，认真选派西藏气象部门急需的高素质人才，加强援藏干部的培训、教育工作及管理工作，逐步建立和完善对援藏干部管理的规章制度和自我约束机制，逐步做到管理工作有章可循，照章管理、依法管理，使管理工作经常化、制度化、科学化。

2010 年 4 月 26 日，全国气象部门第五次西藏工作会议在四川成都召开。最终出台了三个文件，使新时期的援藏工作有了更明确的方向，有了更强大的政策支持。

正是中国气象局的一系列政策支持，正是中国气象局长期以来无微不至地关怀，让气象部门的援藏工作如火如荼地开展了起来。

自上世纪 70 年代末开始，气象部门的援藏工作就开始了，40 多年的时间，为西藏输送了大量的业务和管理骨干，并带动和影响了西藏气象人才队伍的成长，促进了西藏气象事业又好又快地发展。

1979 年，中央开始组织干部援藏，响应中央的号召，当时的中央气象局从局机关和有关省市第一次选派 15 名技术骨干援藏，时间为 3 年，拉开了援藏工作的序幕。

气象部门成批的选送援藏干部始于 1981 年。当时由于大批进藏干部内调，西藏气象部门基础业务岗位出现人才匮乏现象，国家气象局及时从 24 个省（区、市）气象部门抽调了 40 名地面测报人员援藏，时间为 3 年。

1985 年，国家气象局从 15 个省（市）气象部门选派第二批专业技术干部 45 名支援西藏。

1988 年 9 月，根据西藏气象工作的需要，西藏自治区气象局经请示国家气象局，决定从浙江省气象部门返聘已内调的陈金水、朱宝维、陈士博 3 人援助西藏气象工作，时间为 3 年。

1993 年 7 月，为了进一步加强西藏气象部门管理骨干和业务骨干的培

综述

养，中国气象局派出第三批援藏干部支援西藏气象工作。第三批援藏干部来自中国气象局和15个省（市）气象部门共18名。

1995年8月12日，经精心挑选的新一轮第一批21名援藏干部到达拉萨。他们来自21个省（区、市）气象部门，其中处级干部13人，专业技术人员8人，分布在7个地市气象局和自治区气象局大院6个单位。

1998年8月1日，气象部门第二批援藏干部共15人到达拉萨。这批援藏干部来自11个省（区、市）气象部门和中国气象局机关、直属事业单位。其中有3人为短期援藏（时间为4个月），主要是参与自治区气象局机关处室的管理工作，帮助提高科学管理水平。

2007年，第五批援藏干部来到了西藏，与以往不同的是，这批援藏干部打破了以往以3年为期限的模式，而是根据业务、项目的需要合理地选派援藏干部，大批干部和技术人员进藏工作。

2010年，第六批援藏干部进藏，与以往不同，这批干部纳入到了中组部的统一管理当中，使气象部门的援藏与全国的援藏实现了统一。

目前为止，气象部门援藏干部达到122人（次），他们在高原上默默奉献，践行着自己援藏的承诺，为西藏气象事业的发展付出了他们的辛勤与汗水。

除了干部援藏，全国各兄弟省市还通过技术援藏、项目援藏、资金援藏等多种方式，确保了援藏能够取得实效。就拿最近10年来说吧，2001—2010年，援助西藏的资金达到2498.38万元，兄弟省（市）局的真情得到了很好的表达。

除了资金，根据业务的需要，从内地引进了预报、服务、影视、防雷、人影等多项业务系统和平台，并进行了属地化的改进，极大地促进了西藏气象业务和服务的发展。在科研方面，通过项目和传帮带的方式，促使西藏的科技人才的能力和水平得到了一定程度的提升。

援藏还在继续，这种民族兄弟情深的篇章继续在谱写，援藏力度地加大，将会进一步促进西藏气象事业又好又快地发展。

气象事业的发展，是在一代又一代气象人不断努力的基础上进行的，我们将会秉承老一代西藏气象人的优良作风，继往开来，让气象事业在雪域高原绽放出美丽的色彩。

雪域风云路

西藏气象事业发展回忆文集

创业篇

西藏气象机构的建立与领导关系

■ 王明山　杨德昌

20 世纪 50 年代，气象部门是一个业务比较特殊的部门，领导关系经常发生变动。

1950 年至 1954 年初，进军西藏的十八军司令部组建了气象科，并根据当时进藏部队的需要，先后在太昭建立了前方司令部气象科，在甘孜建立了后方司令部气象科。气象科的任务是在有空投任务的地方设立气象观测点，给空投部队提供气象情报，以及为剿匪、修路等提供天气服务。气象工作由十八军司令部领导，

1954 年 2 月 1 日，西藏军区气象科成立，气象工作由司令部参谋长直接领导。

1956 年 6 月，西藏军区司令部气象科与西藏工委秘书处联系西藏军区气象科转地方建制问题，7 月 7 日转建意见呈国务院。7 月 24 日，国务院电告西藏工委、西藏军区：同意将西藏军区气象科集体转制到地方，建立西藏工委气象处。负责转建工作的有郭锡兰、柴洪泉、王明山。气象处刚成立时，受西藏工委办公厅领导。时任工委副书记的范明在气象处刚成立时说："气象处是个大处，职工比较多，有些工作由我直接过问。"说明当时工委领导对气象工作的重视。

由于西藏地区的特殊历史情况，西藏气象部门由军队转制地方，从全国来说是最晚的一个省（区）。在自治区筹委成立前后的较短时间里，工委办公厅、计划局、农牧部门等部门都先后领导过气象处的工作。气象处的名称也曾多次更改，即西藏工委气象处、西藏筹委气象处、西藏气象处、西藏气象局、筹委农牧处气象局、自治区农牧厅气象局等。其中西藏气象

处、西藏气象局名称用的时间最长。其他部门在筹委领导期间经历了多次建、分、撤、合，但气象处一直单独存在，只是领导关系和单位名称在不断发生变动。

1971年，根据国务院、中央军委1970年9月22日批转总参谋部《全国气象战备工作经验交流会议纪要》精神，西藏气象部门实行西藏军区、军分区、县人民武装部和地方各级革命委员会双重领导，以军事部门领导为主的管理体制。部队负责人事、党政工作，革委会负责气象基本建设、经费、物资，气象业务由气象部门逐级领导。1973年7月5日，西藏自治区革委会、西藏军区根据国务院、中央军委《关于调整气象部门体制的通知》，以藏革发〔1973〕47号文件决定自治区、地、县各级气象部门建制划归同级革委会，挂靠当地农牧部门管理，执行以地方党政领导为主的管理体制。

1981年4月，西藏自治区人民政府以藏政发〔1981〕21号文件批准农牧厅《关于改变气象部门管理体制的报告》。6月中旬，西藏气象局开始对地、县气象部门进行体制接收工作。西藏地、县气象部门实行自治区气象局与当地政府双重领导，以自治区气象部门领导为主的管理体制。

1983年8月，根据1982年国务院办公厅批准实施的气象部门第二步体制改革方案，西藏气象部门于9月完成了现行的西藏自治区气象局管理体制。至此，西藏各级气象部门全部实行气象部门与当地政府双重领导以气象部门领导为主的管理体制。各级气象部门既是上级业务部门的下属单位，又是同级政府的一个工作部门。

理顺管理体制后，西藏自治区气象局从县级升格为地厅级，内部机制从科室升格为处、室，设立了局办公室、政治部、业务处、计财处、科教处、通讯处。

1959 年气象处参加拉萨平叛

王明山

50 多年前，西藏拉萨发生的震惊中外的叛乱事件，是新中国成立以来，发生的一场最严重、最残酷的事件。是西藏噶厦政府在帝国主义和外国反动派的支持下，西藏上层反动集团公开撕毁和平解放西藏协定，有组织、有预谋的叛乱，他们的最终目的是想把西藏从祖国分裂出去，妄图搞"西藏独立"。

1959 年 3 月 20 日凌晨 3 时 45 分，盘踞在罗布林卡南侧的叛乱武装，首先向拉萨河南岸牛尾山下然巴渡口执行任务的小分队开枪，随即全市叛乱武装向拉萨市党、政、军机关和企事业单位发起全面进攻。一时拉萨上空乌云密布，叛乱分子的枪声响彻拉萨的大街小巷，整个拉萨一片混乱，广大市民的生命财产遭受严重损失。

当时气象处住在木如寺后面一个四合院三层楼房里，距工委、筹委、军区都较远，是比较孤立的一个单位。发生叛乱时，叛乱分子首先是冲击党政机关和企事业单位，气象处也不例外，不少叛乱分子都集中在气象处附近一带，对气象处形成了包围，最近的只有一墙之隔。当时气象处、煤田队和水文站三家 80 多人为一个民兵连，从食品、武器弹药、通讯器材、车辆用油都作好了充分准备，并在大门口和楼房后面修建了两个碉堡，24 小时站岗。在叛乱分子包围期间，叛匪不时向气象处放冷枪，并多次从南面和西面向气象处发起进攻，都被我们击退。有一次，叛乱分子企图从气象处一间平房外挖地道攻进来，被我民兵发现后，我们也组织人员向外挖，叛匪知道后反而被吓跑了。在叛匪包围的第三天，住在南面的叛匪用小钢炮向气象处打了 20 多发炮弹，随即又发起进攻，我们立即组织反击，并用

创业篇

报话机向工委报告战斗情况，工委立即调来一个营的兵力增援气象处，部队按我们提供的叛匪位置连打几炮，一时叛匪乱了阵营，四处逃窜，部队迅速从气象处北面直攻木如寺叛匪，不到两小时就把木如寺附近的叛乱分子全部击溃。在整个平叛斗争中，全体气象人员积极投入这场分裂与反分裂的战斗。在生与死、血与火的战斗中，全体气象人员和广大军民团结一致，同仇敌忾，英勇战斗，取得了平叛的彻底胜利！

战斗结束后，我们在气象处住地周围进行了战地清理，缴获长短枪十多支，整箱子弹、大洋、一辆英制吉普车、一辆摩托车和照相机手表等物品。除一辆吉普车留在气象处使用外，其他物品一律上交工委。

在党的领导下茁壮成长

1950 年的元旦刚过，部队就开始传达毛主席和朱总司令的命令：让十八军继续西进去解放西藏。

3 月份在四川乐山全军召开了誓师大会，部队就开始西进。当时过了雅安就没有公路了，部队就开始步行，翻过多座高山，在高原缺氧又缺粮的情况下长途跋涉向金沙江挺进，准备打昌都战役。根据敌情，部队采取了大迂回大包围的战术，于 10 月中旬一举全歼了达赖在金沙江一线及昌都的守敌，解放了西藏东部的重镇昌都，随即又占领了昌都所属的各宗（县）。这时，达赖和噶厦（原西藏地方政府）才同意和解放军进行和平谈判。于 1951 年 5 月西藏得到和平解放，解放军开始进驻西藏各地，同时党中央在拉萨也成立了中国共产党西藏工作委员会。西藏虽然解放了，可是中央决定对西藏的社会制度暂不进行改革，西藏仍维持原来的封建农奴制度，政权仍掌握在达赖和噶厦的手里。西藏工委和解放军的任务主要是驱逐帝国主义势力出西藏，维护祖国领土主权的完整，牢牢保卫西南国防，同时要对西藏上层爱国人士做好统一战线工作，对群众做好政治影响工作。所以，当时西藏的社会政治情况是非常特殊非常复杂又非常不稳定的。再加上西藏的自然条件艰苦，海拔高（平均在 4000 米以上），氧气少（比内地平原少 30% 以上），农产品单一，蔬菜和水果奇缺，交通条件太差，运输线又长，所以给西藏的工作和生活造成很大的困难。可是国家的各项急需任务又不能等待，困难再大也得积极努力地去开拓，气象工作就是在这种情况下开始建设发展的。

从 1950 年开始，为了解决进藏部队的急需供应，人民空军要飞越天险

55

进行空投，空军有任务就需要气象保障，气象人员便身背仪器徒步行军在各空投场建立观测服务点。然而，气象工作的时间性很强，它既要有实时性更要有超前性和广阔性。

根据我们国家长期和现实的需要，从 1951 年开始，西藏就陆续按国家统一标准建立了一定数量的气象台站，其中有地面观测站、高空观测站、制作天气预报的气象台、农业气象站、气象卫星接收站、气象通信台和人工影响天气的专业机构等。为了建设气象台站，国家投入了大量的人力物力财力以及可靠的政治安全保障。仅后勤供应方面，公路没通车前，在数千千米的运输线上只能靠人背畜驮和必要的空投。通车后，每四名在藏工作人员就需要一辆卡车不停的运送补给品。为了建设西藏，在西藏工作的每个职工也付出了很大的代价。如个人的健康，家庭子女和婚姻等都存在很多实际问题。由于气象工作的特点和西藏的地理环境，不少气象站都建在了 4000 米以上的地区，有的建在了 4700、4800 米的高处。当时因没有建房条件，多年来同志们也只能住在帐篷里。冬季气温降至 −30℃ 以下也无取暖设备，夜间在室外操作仪器，手脚冻得难以忍受，早晨起床被头和头发可以冻在一起。因为高原沸点低，饭难以做熟，同志们只有吃夹生饭。同时燃料也非常缺乏，牛粪（常用燃料）是保证不了供应的，大家就抽空拣牛粪、兽骨及一些能作燃料的东西用来烧水做饭和制氢气的用水。同志们的家庭问题也很具体，没结婚的难找对象，结了婚的要长期分居，双职工有了孩子送内地不容易安置寄养，不少子女对父母的感情都非常淡薄，有的孩子让别人寄养时有病不能及时治疗甚至发生非正常死亡。由于社会不够稳定，同志们的人身安全也受到影响，有事外出时会挨石头砸和辱骂，夜间常有冷枪乱射，夜间工作时都需要携带武器进行自卫。

在平息叛乱前，有些台站曾被叛乱分子包围过几天、十几天和几十天，这时同志们一边战斗，一边在掩体内坚持工作，保证了气象记录的连续性及气象电报和航空报的及时拍发。在战斗中有的同志受了伤，有的牺牲在叛乱分子的枪口下，有的还牺牲在敌人的屠刀之下。那时西藏的环境虽然艰险，可是有党组织的坚强领导，党团员和全体同志团结一致互相关心互相勉励，同志们的革命情绪非常高涨，自觉地把各种艰难困苦当成锻炼提高自己的机遇，顽强地战胜了一个个困难，愉快地投入到各种工作和生活中去，使气象台站网在西藏牢牢地站稳了脚跟，为今后气象事业的发展打下了良好的基础。

1959年开始全面平息叛乱后，各县逐步建立了党的领导机关和人民政府，从而气象台站在当地也就有了依靠。这时，自然条件虽仍然艰苦，但社会已比较安定，工作和生活条件也在开始改善。帐篷逐步换成了干打垒，土坯房，最基本的生活必需品也有了保障，人们可以把更多的精力用到钻研业务和工作中去了。即使当时还有"左"的东西不断干扰，气象事业还是有了一定的发展。就是在"文革"动乱的年代，气象工作也基本上保持了它的连贯性。

粉碎了"四人帮"，特别是党的十一届三中全会以后开始改革开放，使西藏的气象事业又迈上了一个新的发展阶段。中央对西藏的气象事业更加关怀，为解决西藏的气象人才短缺问题，专门在南京气象学院和兰州气象学校开办了本科和中专专业的少数民族班级，还从内地派干部援藏，调拨经费大力支持西藏搞好气象业务现代化建设，同时帮助气象部门显著地改善了工作和生活条件，有力地推动了西藏气象事业又好又快地发展。

我于1984年调离西藏后，西藏的气象事业在自治区党委、政府和中国气象局的领导关怀下又有了显著的进步，各方面都取得了跨越式的发展，在国内和国外都获得了很高的荣誉。此刻也很容易使我们很自然地联想到旧中国西藏气象工作的情景。在解放时，西藏没有一个我们国家的气象台站。据历史资料记载，在20世纪30、40年代，国民党政府在西藏拉萨和昌都也曾建立过两个气象站（当时称测候所），可是由于国民党政府的腐败无能，昌都气象站只维持了两年多的时间就垮掉了，拉萨气象站于1949年达赖和噶厦驱汉时也被赶出了西藏。

通过对新旧社会西藏气象事业有着天壤之别的这一事实来看，使人们更加坚信了一条最科学的真理和最实在的结论，那就是：只有在中国共产党的领导下，有了优越的社会主义制度，有了各民族的大团结，才有了西藏气象事业美好的今天。

创业篇

雪域气象生涯

■ 马添龙

1958 年北京大学气象专业毕业分配，当我和马济普得知已被批准进藏的申请时，感到无比荣幸：我们就要到世界屋脊青藏高原，到祖国最需要的地方工作去了！办离校手续的老师在明确我们进藏工作为期三年之后说：西藏情况复杂，川藏线不通车，你们先到兰州西藏办事处报到，找车走青藏线进藏吧。

进藏路上

1958 年 10 月初，我俩兴冲冲来到兰州报到。一等个把月，就是找不到进藏车辆。忽然听说西藏气象处有一辆大修车，已从成都到达兰州，准备进藏，正好可以同行。老司机石超凡大家都叫他"石头"，不但车开得稳，待人热诚，故事也多。路过青海湖我们都特别开心，石头一会儿说青海湖浩如烟海，是和东海相通的，东海有的东西这儿都有。一会儿又说文成公主进藏时带着一面宝镜，可以随时见到父母，但也不免悲切难行。文成公主来到此地，为唐蕃和亲大业，坚定进藏决心，毅然抛开宝镜，刹那间宝镜变成青海湖，镜架成了日月山……大修车问题多，兰州开出几十千米就又返回，修理了一次。再上路仍常有故障，开开修修，幸好石头修车也有一套。记得我们过了香日德，爬山途中，车又坏了。地处荒山野岭，远处有几个背枪的骑马人。我们两个学生娃，手无寸铁，只有石头带着一把小手枪。石头虽是老兵出身，见多识广，但毕竟是单车跑长途，出现意外情况不免有几分紧张。他只能抓紧修车，并嘱咐我们注意观察骑马人的动向。

一个多小时过去后，车修好了，总算有惊无险。到了格尔木，车实在开不动了，又得进厂好好修整。有石头帮忙总算找到了进藏的军车。军车是车队集体行动，车上有战士荷枪站岗，很安全，但走得很慢，到拉萨已是12月份了。

值得一提的是，在兰州等车期间，经西藏气象处同意，我俩有幸作为西藏代表参加"青藏高原气象科学研讨会"。会上交流的高原气象科研成果，尤其是聆听陶诗言先生讲他的《西藏高原天气学》初稿，让我们增长了知识，开阔了视野。在建设新西藏的满怀激情中，又增添了探索高原天气奥秘的强烈愿望！

探索高原天气奥秘

发射台老杨拉着小板车来到拉萨市招待所。初次见老杨，倍感亲切，装上我俩行李，说说笑笑走路来到了拉萨气象站。那时气象站和业务科在一起，由朱品科长统一领导。一早起来民兵训练，每周都安排有集体劳动和政治学习，晚饭后轮流帮伙房劈柴火。我俩是新兵，发的是三八步枪，参加夜间巡逻。随着斗争形势日趋严峻，气象站也抓紧挖战壕修地堡，经常干到深夜。我俩工作住宿都安排在一间木板和铁皮搭建而成的活动房子里，虽然四处通风，很冷，却非常安静。高原气压低，那时又没有高压锅，米饭、面条不容易煮熟，菜肴也很单调。但都是年青人在一起，紧张而又快乐。我们很快就适应并喜欢上了这里的一切。

我们的任务是先上拉萨单站预报，筹建西藏天气预报和气象服务工作。气象站有地面、探空和转报三个业务组，没有收报填图。我和马济普按照任务要求，静下心来着手统计气象资料，了解西藏各地气候特点；点绘定时观测的拉萨地面和探空综合时间剖面图，分析压、温、湿、风、雨之间的相互关系和变化规律；为充分利用区内转报的定时气象观测资料，业务科方祖斌油印制作了西藏中东部"天气底图"，我们自填自绘，制作西藏区域地面天气图或地面高空综合天气图，居然也能逐渐摸索到一些影响西藏天气变化的天气系统及其演变规律。虽然开始屡遭失败，在领导的鼓励支持下，三个业务组也派有经验的同志参加会商，准确率逐步提高，站内挂牌的单站预报终于得到同行认可。

1959年3月，拉萨平叛胜利结束。但昌都地区的索县、丁青，山南地区和那曲西部，战斗仍在激烈进行。为保证飞行安全，空军要求我们提供航空报和航线预报服务。领导同意先上国内500百帕天气图。此时马济普出差在外，"收（报）填（图）合一"也只有曾宪泽一个人能行，任务自然就落到我们俩头上。特别是老曾同志天天大夜班，一干就是好几个月，真不愧是老革命，特别能战斗。空军驻拉萨气象代表邱慎言经常反馈胜利执行飞行任务的消息，我们心里高兴，再累也情愿。

6月，《西藏日报》开始刊登拉萨短期天气预报，并首次向政府部门发布长期天气预报。预报开始面向社会。

1959年8月9日，中央气象局从全国各地抽调戴武杰等30名技术人员抵达拉萨。随后工委组织部批复成立西藏气象科学研究所。增设预报组（含填图）、收报组、填图组。1960年底，中央气象局预报工程师胡长康进藏。1961至1963年，又有屠荣秀、寿宗难、朱宝维、眭新川、陈秀云、毛如柏、许天符、胡绪寿、燕子杰、李忠、薛智等南京大学、北京大学、北京气象学院优秀毕业生，陆续进藏从事天气预报工作。1962年潘多、穷达也从民院毕业返回西藏，成了第一代藏族预报员。这时的拉萨天气预报服务，可以说是机构齐备，兵强马壮了。

西藏的天气预报和气象服务，从一开始就紧紧地围绕着国防建设和经济建设逐步展开的，尤其是对农牧业生产和交通运输有重大影响的灾害性、转折性天气也从一开始就紧紧地围绕着具有高原特色的天气气候研究逐步展开的。如高空急流南移北撤与西藏风季雨季的关系；确立雨季期间500毫巴低涡切变线、西藏高压、西太平洋高压三种基本天气模式，结合欧亚环流分型，研

1962年，预报员合影。从左至右：毛如柏、戴武杰、屠荣秀、许天符、朱宝维、马添龙、马济普。

究它们持续演变的特点和规律；发现一些貌似弱小的如"南疆小高压"、"林芝小高压"，却往往对切变线或局部地区的天气变化，有明显的指示作用等。1962年汛期，拉萨出现历年最大的强降雨，年雨量达796.6毫米。8月雨量238.2毫米，接近常年两倍，拉萨河河水猛涨。记得那天周美光处长到预报组听取会商，告诉我们说：河水已接近拉萨大桥（注：川藏公路唯一过河通道）桥面，如果雨继续这样下下去，领导准备将木质桥面拆掉，以防冲垮大桥，还准备在西郊决口泄洪。预报员深感责任重大。在仔细分析天气形势和相应的预报指标后，果断作出高原上空即将转为"西藏高压"控制，拉萨河流域降水过程也即将结束的准确预报。政府采纳了预报意见，避免了损失。

1963年，拉萨气象台预报组。前排左起：李光贞、马添龙、毛如柏、燕子杰、廖常碧、陈秀云，后排左起：薛智、马济普、眭新川、屠荣秀、戴武杰、袁其贵、朱宝维、李忠、寿宗难、许天符。

　　西藏气象资料时间短、站点少，长期天气预报更是起步晚、难度大。而天气的长期变化趋势，又往往是指导农牧业生产和军事活动所需要了解的。西藏农牧区流行许多谚语，反映着不同季节天气现象之间可能存在的相关或韵律关系。那时的长期天气预报，我们通常是在充分了解西藏气候特征的基础上，按照"以农谚为线索，以资料为依据"的基本思路，用统计方法制作完成。1962年中印自卫反击战中，战区气象台在没有气象资料的情况下，就是采取深入走访当地农牧民群众和驻军、政府工作人员，并参照帕里等邻近气象站资料，作出"雪封山"预报的。这次长期预报与实况居然相当一致，军区有关部门相当满意。

　　1972年5月，拉萨开始接收卫星云图，高原及其附近地区云系的特征和变化，一目了然。弥补了高原气象站点较少的不足，监测能力明显提升。1977 年，南京气象学院 30 名预报班学员毕业进藏，1979 年各地区气象站又升格为气象局（县级），相继建立预报组，开展地区分片天气预报。县气象站则进行解释预报服务。西藏预报服务全面铺开。

在天气预报和气象服务工作中，预报员积累了宝贵的实践经验，推动了富有高原特色的气象科学研究并取得成果。1964 年马济普完成《西藏天气气候分区及雨季转换的气候特点》，1974 年戴武杰完成《孟加拉湾台风对西藏的影响》，我和薛智主编的《西藏天气学讲义》从应用研究角度对高原天气预报的思路和方法进行了系统总结……西藏气象学会把这批科研成果，集中刊登在内部刊物《西藏高原气象论文选编》（1979）和《西藏气象》上。1980 年，自治区首次评审科技进步奖，西藏气象系统九项成果获奖。

抓住机遇

1980 年，西藏开始组织大批汉族干部回内地工作。虽然气象部门培养民族干部起步较早，索朗多吉、格桑曲珍、尼玛单增、普布卓玛、欧珠又在北大、南气院、云大学习毕业后，有的已走上重要领导岗位，有的正成为技术骨干。但藏族职工比例依然偏低，仅为 26.7%。此时气象部门仍属地方管理体制，由于内调比例过大，骨干内调过多，部分气象站陷于半瘫痪状态，形势十分严峻。8 月，中央气象局副局长邹竞蒙率工作组进藏调研。就有关内调安排、加速藏族干部培训、改善工作生活条件、改革管理体制等重大问题，作出战略部署。国务院办公厅以国办发〔1981〕6 号文批准了中央气象局《关于巩固西藏气象工作的请示报告》。西藏气象局积极组织贯彻落实 6 号文件精神。面临汉族干部大批内调的严峻挑战，采取果断措施，加强干部队伍建设。

重新审定内调名单，适当保留技术管理骨干或推迟内调时间。原已确定二、三批内调的朱品、毛如柏、马添龙、薛智、黄际元、曾宪泽、谢肇光、颜克文、屠荣秀、杨天德、欧阳祖平、龙建修……也都留藏工作。

内地各省（市）选派四批业务技术骨干援藏工作，定期三年。

从有关气象院校陆续选拔动员优秀毕业生权循刚等同志进藏工作，八年轮换。权循刚、高建峰、杨晋辉、赵一平、周厚荣、吴文荣……同志进藏后很快成为业务技术管理骨干。

组织、鼓励西藏在职人员离职进修培训或在岗自学成才。次仁巴桑、次仁顿珠……等培训返藏之后，纷纷挑起了管理重任。

1982年起南京气象学院、兰州气象学校开办民族班。遵照邹竞蒙局长指示，也开始安排研究生、博士生的培养教育。

在人员紧缺、困难重重的情况下，由于采取了控制总量、动态平衡、调整结构、提高素质、培养骨干等有力措施，西藏气象局把面临的挑战转变成为稳定队伍、增强事业发展后劲的一次机遇，迎接西藏气象事业的跨越式发展。

跨上新台阶

1981年4月，经自治区人民政府批准，西藏气象部门实行气象部门与当地政府双重领导并以气象部门领导为主的管理体制。1983年3月，自治区气象局由自治区农牧厅下属局升格为自治区一级局，正厅级单位。5月，自治区党委任命朱品任党组书记，毛如柏任党组副书记、局长，索郎多吉、马添龙为党组成员、副局长。9月，国家气象局副局长骆继宾进藏，就西藏气象部门管理体制同自治区人民政府及有关部门协商。管理体制改革是西

1985年9月，中央代表团成员、国家气象局副局长章基嘉赴藏参加自治区成立20周年大庆活动。

创业篇

藏气象事业健康快速发展的重要前提。

1984年3月召开的全区气象工作会议上，毛如柏在会议总结报告中强调：开创西藏气象工作的新局面，指导思想上必须实行"两个转变"，即：一是把气象工作的重点转变到以提高经济效益和社会效益的气象服务上来，二是把气象事业的建设重点转变到气象事业现代化建设上来。

围绕振兴西藏地方经济这个大目标，气象服务有了新的进展：采取加强监测、会商联防等各种措施，努力提高灾害性天气预报准确率，服务主动及时；积极稳妥开展人工局部增雨、消雹、防霜的科学实验；组织力量完成西藏太阳能、风能资源分析与区划；完成"一江两河"流域和昌都、那曲地区等五项农牧业气候资源调查与区划，并提出合理利用气候资源优势发展地方经济的建议，为各级领导指挥农牧业生产和新能源开发提供科学依据。

在改革开放的实践中，西藏气象局认识到，西藏气象事业现代化建设要少走弯路健康发展，制订一个既有科学预见性又有现实可行性的《西藏气象事业发展规划》，是非常必要的。1984年，自治区气象局提出发展规划的初步设想和思路。国家气象局对西藏气象工作一直十分关心。国家气象局副局长章基嘉、温克刚分别于1985年、1986年进藏调研指导工作。1988年章基嘉又进藏主持召开"教育援藏工作会议"。在国家气象局和有关气象

1988年8月，国家气象局副局长章基嘉在拉萨召开"教育援藏工作会议"。前排左起7、8、9、10为自治区政府副主席龚达希、自治区党委副书记单增、章基嘉、自治区政府常务副主席毛如柏。

雪域风云路

西藏气象事业发展回忆文集

专家的指导帮助下，经过5年反复调研论证，形成20世纪90年代《西藏气象事业发展规划》（第九稿）。1989年9月，章嘉基副局长第三次进藏，在拉萨主持召开"西藏气象事业发展研讨会"，从更高层次、更深入的角度，对规划的整体结构和主要内容进行研讨审议。自治区政府常务副主席毛如柏称赞《西藏气象事业发展规划》紧密地扣住了西藏社会经济发展，特别是"一江两河"区域开发的需要，是一个很好的规划，也是一个地方性的规划。自治区人民政府采纳了国家气象局的建议，决定把"气象服务"作为单独一项，列入开发"一江两河"的规划。10月18日和11月9日，自治区政府办公厅和国家气象局分别批准《西藏气象事业发展规划》。西藏气象局突出重点，争取立项，落实资金，组织力量，逐步实施。

规划实施的组织领导由副局长索朗多吉承担，尼玛丹增协助；系统设计开发、项目技术引进则由副总工权循刚负责，高建峰协助（1994年权循刚、高建峰内调，技术工作改由副局长王达文负责）。经过十年努力而产生了明显变化的西藏气象队伍，则为现代化建设提供了牢靠的人才支撑：到1990年底，藏族职工比例达到70.6%，实现了以藏族为主的转变；1986年开始，民族班本科生陆续学成归来，队伍的稳定性和智力结构显著提升。

西藏气象现代化建设实施的四项重点工程：

1990年报请国家气象局批准实施短波单边带数据通信系统建设，到1993年7月，系统建设完成投入业务运行，投入资金215万元。

1992年7月，自治区人民政府批准立项、从国家卫星气象中心引进的西部静止卫星图像资料接收处理系统建成投入业务使用，投资45万元。

1993年3月，从北京气象中心引进的自治区区级气象实时业务系统建成，开始业务试运行，投资214.5万元。

1991年10月，西藏"一江两河"中部流域综合开发遥感动态监测项目立项实施，由西藏自治区和中科院遥感应用研究所共同承担。1994年投入运行，投资380万元。

"遥感动态监测"作为自治区"一江两河"开发项目的气象服务，多次得到郭金龙、杨传堂等自治区领导的赞扬。1998年1月8日，"自治区遥感应用研究中心"挂牌，自治区党政领导巴桑、徐明阳等出席揭牌仪式。该中心与"自治区高原大气环境科学研究所"合署办公。

上述四项重点工程，按照"起点要高，适当超前"的要求，直接从国

创业篇

家气象业务中心和中科院引进、吸收、应用其成熟的先进装备和适用的高新技术。系统建成之后，改变了气象卫星接收和气象通信的落后面貌，开拓了卫星遥感动态监测新领域，形成了以气象卫星及计算机网络为依托的新业务流程。西藏气象事业现代化建设和气象服务跨上了一个新台阶。区级气象实时业务系统是《西藏气象事业发展规划》的主体工程，1994年9月，通过国家气象局、西藏自治区组成的验收委员会验收，一致认为该系统达到了全国的中上水平，其计算机网络系统达到了全国省级气象部门的先进水平和西藏自治区区内的领先水平。1995年该系统获自治区科技进步一等奖。同时，系统的建设也锻炼了队伍，培养了人才。自治区副书记热地赞扬气象部门的现代化建设和藏族科技干部的培养是非常了不起的事情，给全区做出了表率。西藏气象队伍人才辈出，西藏气象事业日新月异，成为我们心中的骄傲。

　　1994年9月，中国气象局副局长温克刚第三次进藏，在拉萨主持召开全国气象部门援藏工作会议。李黄副局长、各职能司和全国各省市自治区气象局领导参加会议，揭开了西藏气象工作新的一页。

唐古拉上测风云

■ 陈金水

我是 1956 年到西藏山南地区泽当气象站工作的。这一年是西藏大发展的一年，很多调干和学校的毕业生来西藏工作。我们气象站和山南分工委所在的院子有很多援藏人员。

参与斗争，捍卫气象

西藏的民主改革是国家出钱，把三大领主（噶厦、寺庙、贵族）的财产买过来，再分配给当地的老百姓。

到 1957 年初，情况有所变化。因改革条件不成熟，三大领主的财产不愿意卖给国家了，所以民主改革被迫停下来。在第一个五年计划之内不改革，第二个五年计划期间是否改革还要看情况。民主改革停下来后，大批援藏人员留藏压力很大，部分人员返回内地。泽当气象站的科技人员都留下来了，山南地区只留下 60 名干部职工。内返人员走后，进藏人员更少了。农奴主阶级想要长期维护封建农奴制度社会，因而，留下来的人成为他们的眼中钉、肉中刺。1957 年以后，社会治安恶化，农奴主阶级试图破坏民族团结、祖国统一，从局部武装叛乱发展到全面叛乱。打死、打伤人民解放军和机关工作人员，泽当气象站先后遭到三次袭击。我们在忍无可忍的情况下，只能拿起武器进行自卫。

无论情况如何危险，我们始终克制忍让，做到骂不还口、打不还手，不开第一枪。为了减少摩擦，我们没有特殊情况不到 100 米以外的地方去。为了保卫阵地，保护气象站，我们只能拿起武器进行自卫。我们被迫拿起武器练兵、修工事，时刻备战。在与敌人战斗的同时，我们仍然坚持工作，希望尽快恢复气象工作，为西藏建设做贡献。由于社会制度、气候、环境的影响，西藏的发展条件与内地差距很大。改变社会制度是建设西藏的关键，改革成为双方斗争的焦点。封建农奴主阶级不断挑起反革命武装叛乱，试图阻止改革。

由于气象工作的特殊性，牺牲的可能性最大，但在生死关头，气象工作者从未迟疑。叛匪从局部叛乱发展到全面叛乱，大批叛匪向气象站这一带集中。为了守住阵地，我们一边工作，一边战斗，夜以继日地备战。但西藏的形势却越来越紧张，特别是在产粮重地的山南地区，常常成为叛匪进攻的重点。

作者在山南烈士陵园祭奠在 1958 年平叛中牺牲的陈启厚烈士

1959 年 1 月 25 日，叛匪围困了我们，他们吸取了之前失败的教训，发动更为猛烈地战斗。从 25 日这天开始，叛匪每天晚上向我们进攻数次。我们所在战斗岗位是阵地的最前沿，离叛匪的工事只有 30 米左右。1959 年除夕之夜，叛匪经过精心策划，在这天向我们开展了猛烈攻击。这天后半夜，叛匪向我们猛冲过来，用超量（60 斤①一箱）炸药，炸毁了我们的工事，

———————————

① 1 斤 = 0.5 千克，下同。

雪域风云路

西藏气象事业发展回忆文集

集中火力突破我们的阵地。最终我们在第三道防线内把敌人打了出去。但是，第一、二道防线的同志全部被埋在了下面，受重伤的同志悲惨的声音刺痛着我们的心。由于敌人占领了制高点，我们组织抢救的难度很大，只能趴在地上，用双手当工具使用，双手挖得鲜血淋漓也不知疼痛。但遗憾的是到我们到达第二道防线时，发现所有同志都牺牲了。我们忍着巨大的悲痛向第一道防线前进，所幸第一道防线还有同志幸存。

半年多来，我们先后经历四次战斗，伤亡很大，部队和地方职工共牺牲了200多人，部队的团长、营长和分工委的三个部长也都牺牲了。敌人的猖狂更加坚定了我们战斗的决心，我们把个人生死安危置之度外，誓死保卫阵地。

敌人每天晚上都要发起冲锋，从地面进攻没有得逞，就改挖地道向我们进攻，想炸毁我们的重要碉堡。3月20日拉萨开始平叛，3月22日战斗结束，3月28日中华人民共和国国务院下达平叛命令。4月8日上午，共和国的战斗机来了，机关炮直向敌人开炮。大部队强渡雅鲁藏布江，来到泽当，经过几个小时的战斗，泽当的叛乱被平息了。我们与叛匪战斗了74天，终于从地堡里走了出来。

气象站的同志们为了推翻封建农奴制度社会，长期与叛匪战斗，有的同志甚至献出了宝贵的生命。1959年3月是西藏黑暗与光明、被压迫与当家作主人的分界线。

艰苦奋斗，搭建站点

平叛胜利后，西藏百废待兴，各行各业都要发展。要发展，首先要解决人员、物资短缺的问题，物资要解决运输问题，单靠汽车运输不能解决问题，必须修铁路。修建青藏铁路国家已经有计划，但是，这条线路之内气象站点少，铁路部门要求在唐古拉山南面的安多建站。这个任务落在了我的身上。1965年9月我带着两顶帐篷和仪器前往安多。当时安多已进入严冬，给建站造成了很大困难。除了天寒地冻还要克服严重缺氧，困难虽然大，但建站任务还是按时完成了。

开展工作以后，困难接踵而至：全站大小事项均由我一人承担，我不分昼夜地工作，连春节也忘记了；天气太冷，年平均气温 -3℃，一年四季都是冬天。当地唯一的燃料是牛粪，可是没有引火的的废报纸和柴火，火柴常因缺氧而无法点燃。牛粪比粮食还紧缺，我们常常处于寒冷状态，导致很多同志受寒生病，但他们坚持带病工作。为了买牛粪，我常常在海拔5000多米的路上走上百里路。在安多吃菜难是普遍的问题，吃上新鲜蔬菜十分不易，我们只能长期吃咸菜、豆腐乳。有一年春天，我的妻子生病了，想吃青菜汤，可是安多买不到，最后我从垃圾堆里捡了菠菜老叶子和根，才做了碗汤。吃饭也是个大问题，一是气压低饭烧不熟，只能吃夹生饭，第一次进藏期间我都是吃夹生饭的。二是由于缺氧，消化功能差导致食欲下降，但为了身体必需强迫自己吃饭。高原上多8级以上的大风天气，风越大沙尘暴就越强，遮天蔽日，白天似黑夜，破坏力也很强，有时把整个铁皮屋顶都掀了。这对我们气象工作增加了难度。

原安多气象站从我一人壮大到18人，人手增加了，住宿、吃饭等问题也随之而来。恰逢文革，我们只能自己想办法来解决。把18个人分成两个组，一个业务组，首先要确保业务工作，其他人员是劳动组。有的业务组同志工作完成后还积极参与劳动。靠着一把铁锤一双手，经过三年的艰苦劳动，我们建起了十六间房子，基本解决了工作、生活用房。饮水问题就更难解决了，但凭借艰苦奋斗的精神，我们硬是在冻土中开凿出一口深14米的水井。

在造房子、打水井的同时，我们的业务工作从未掉队：我们先后几次参加全国的先进会议，全西藏第一个百班无错出在安多，西藏气象部门实行奖罚制度，安多首先制订并实行。

1980年8月初，中国气象局副局长邹竞蒙来西藏调研，还特地到安多来看望我们，充分肯定了安多站艰苦奋斗的创业精神。1996年1月，江泽民总书记到中国气象局调研时，邹竞蒙局长汇报到气象部门精神文明建设时，又汇报了安多站艰苦奋斗的主人翁精神。

安多县在当时全自治区70多个县中是海拔最高的艰苦

作者在观测气温

雪域风云路

西藏气象事业发展回忆文集

县，工作、生活等条件也很艰苦，县里的部、委、办、局办公和生活用房只有四排很简陋的平房，总共有20多间。为了改善工作、生活条件，也为搞建设作准备，我们开始建造房屋。但是当时木材指标少，县领导把这个难题交给我去完成。为了完成任务，我跑这跑那，费了不少口舌，终于拿到了一个较为可观的批条。指标拿到以后，运输又成了问题。我就天天到四个车队去，上找队长，下找驾驶员、修理工和调度室。用几个月时间拉回木材200多立方米，最多的一天有14辆车把木材拉到安多，一年中有这么多木材运到安多，还是有史以来第一次。

为了先解决开大会、放电影的群众利益，县里决定先造一个大礼堂，又由我负责。因为安多施工期短，为了抓紧时间，只能边设计边施工，经过几个月的施工，一个县级第一流的大礼堂落成了，减轻了群众开大会、看电影的风寒之苦。

青藏铁路的建设早就纳入国家的计划，这条铁路对经济、国防建设和民族团结都有重要意义。为了铁路设计的需要，设立了临时气象科考点，我是这个队的副职。考察的重点是唐古拉山区和铁路的制高点的低温、大风和缺氧情况。考察期间，我们记录了温度、降水、地温、冻土、气压、风向、风速重要数据。现在火车通进拉萨，结束了省级无铁路的历史，为西藏建设插上腾飞的翅膀。

西藏的腹地还有大片无人区，为了揭开那里大自然的秘密，由国家三部门牵头，组织一支综合性的科考队深入高原腹地进行科考。因没有队长，一份急电把在浙江临安休假期的我催了回去。因时间紧迫，我们加快安装仪器，提前10天开展工作。在第一个工作日，遭遇强沙尘暴，四个自记仪器有三个发生故障，我及时修复，风速仪记录了10分钟的平均风速是73米/秒，瞬间最大可达100米/秒左右，这个记录非常宝贵，我在西藏工作30多年，首次记录了这项风速的极值。

搞探空的人员，在内地只要一个人拿球，在那里要4～5个人合抱一个大气球，小心翼翼才能把球放出去。因缺氧，发电机难以发动，工作人员常常摇得呼吸困难眼睛发黑。艰苦的工作、生活条件并没有影响我们的工作进度。在工作之余，我们还积极开展体育活动，调整精神状态。虽然气候恶劣，但是大家都表示不完成任务决不离开科考队。经过大家的团结协作，在无人区首次收集了宝贵的气象资料，圆满完成了组织上交给我们的任务。

创业篇

为国奉献，为党奋斗

我在西藏的 30 多年时间里，家庭、亲情始终让我无限牵挂。我时刻牵挂着年迈的老母，年幼的子女和身患疾病的妻子。在西藏工作，路途遥远，不可能做到"忠、孝"两全。但在这种情况下，作为一名共产党员，我从未后悔过自己的选择。

我母亲是农村妇女，我在父亲不幸去世 18 天后出生，她含辛茹苦地将我养育成人。我去西藏工作后，由于通信不畅，她日夜牵挂我。特别是平叛期间，母亲更加担心我的安危。母亲常常去寺庙里求神拜佛，有次她求了支下签，和尚解释说，这根签不好，说明你儿子不在人世了。母亲信以为真，整日以泪洗面，茶饭不思，寝食难安。我寄给她的信，她也认为是组织上寄来安慰她的。盼儿子回来的心死了，她只能每年给我做祭饭，烧冥币寄托她的哀思。后来，单位里有了照相机，我拍了照片寄回来，她才相信儿子还活着。离家 13 年后，我休假回来，还带回来她未见过面的儿媳妇，这对母亲来说是天大的惊喜。当我再次援藏时，她没有豪言壮语，只是对我说：你是国家的人，要听毛主席的话，为国家好好工作。我完成三次援藏任务回来后，一家三代共享天伦之乐，这是母亲一生中最幸福的时候。母亲晚年生活愉快，精神好，高寿到 99 岁。

我的妻子刘晓云，曾经是我的同事，长期在高海拔的安多工作。头几年气象站人员少，工作条件差，住的是帐篷。我又经常下乡，她一个人担当起站里的全部工作。在荒芜人烟的草原上，晚上坏人、狼、熊随时可能出现。由于气候恶劣，工作艰苦，生活清苦，没过几年她的身体被搞垮了。为了工作，有了病以后，只能大病当小病，小病当无病来坚持工作。有一年春天，妻子怀孕了，我又下乡去了，她每天还要干十多个小时的工作。一天她到山坡下去挑水，挑回到帐篷时，倒在了火炉子边，火烧焦了她的衣服，烫到了皮肉才醒过来，不久就流产了。两个月后，我回到站上，才得知这一情况。在她最困难的时候，作为丈夫没有帮她一把，我心里感到有愧。但她没有怪组织，也没有怪我。她克服了常人难以想象的困难。在气候条件和身体方面都达到了人生的极限的时候，仍以高度的责任感坚持工作。因为妻子身体多病而内调回家乡工作，在我第二次、第三次援藏期间，她仍带病坚持工作，还担起了家务的重担。

一双儿女长在家乡，年幼时缺乏父母的呵护，身心健康和成长都受到了影响。

在30多年的援藏期间，我的母亲，妻子，子女和亲人给了我很大的支持。我常常感到内疚。在母亲面前我不是孝子，在妻子面前我不是好丈夫，在子女面前我不是好父亲。但是，作为一名共产党员，为国家事业奋斗终身，我无怨无悔。

农奴翻身，建设西藏

旧西藏用政教合一的方法统治劳动人民，就是用地方政府和宗教双重统治。这种统治是很残酷的，劳动人民不但要供应他们生活物资，还要提供各种服务。他们残害人民的手段很残酷：加查县大喇嘛庙长年失修，一部分倒塌了，统治阶级抓来一对童男关在庙里，童男多次逃跑被抓，直到1959年4月解放军来了，才把他们救了出来；山南扎郎县有个妇女生了三胞胎，宗教人员说：这不是人，是妖魔，将三个孩子活活残害致死；那曲地区有个人民代表，因给解放军带过路，被挖去了双眼；原西藏展览馆内，还有用人的头盖骨做成的碗。民主改革前，拉萨街头乞丐成群，面黄肌瘦，衣衫褴褛，简直是人间地狱的真实写照。

民主改革后，西藏发展很快。首先是同人民生活关系密切的农业生产发生了变化，生产力提高很快，由原来的缺粮自治区，变为产粮重地。人民生活也有所提高，百姓丰衣足食，我从贡嘎机场到拉萨，一路都是藏式新房，有的门前还停着汽车。现在，安多县一年四季新鲜蔬菜供应不断；拉萨的城市建设飞快，交通便捷，通电、通信工程建设迅速。当地民族干部队伍也不断壮大，原来气象部门没有民族干部，现在占70%以上，还有自己的高级干部、高级知识分子。

社会主义的新西藏欣欣向荣，蒸蒸日上。

创业篇

坚守在安多

■ 陈金水

安多气象站海拔 4800 米，是世界上海拔最高的有人值守气象站，这个站在唐古拉山南麓的安多县，离唐古拉山口 90 千米，西部是无人区。当时建站的目的是为青藏铁路设计积累气象资料。由于海拔高，气候很恶劣，条件很艰苦。国外的探险家认为在海拔 4500 米以上的地区为生命禁区，我们的气象工作者们为了国家建设的需要，克服了常人难以想象的困难，较好地完成了任务。

1959 年西藏民主改革以后，各项建设事业在加快，各种进藏物资靠汽车运输已经满足不了建设的需要，因此，青藏铁路建设迫在眉睫，但是在铁路建设设计中少不了气象资料。因为唐古拉山区的气候很复杂，而且气象网点又少，从青海省的沱沱河到西藏的那曲有 400 多千米，中间没有气象站，也没有达到气象网密度的要求。

在铁路设计中，气象资料很重要，它关系到铁路施工的技术措施、施工工期、资金预算等诸多方面。

安多气象站建好以后，还不能满足铁路设计的需要，又从西藏、青海、四川、云南、贵州和中国气象局气科所抽调科技人员，组成科考队，对铁路沿线进行科考，弥补气象资料的不足。

自治区气象局给我们的任务是在 1965 年 11 月 1 日正式开展工作。我和滕建民同志在拉萨作好建站的准备，于 10 月初前往安多，这时拉萨的天气是秋高气爽、气候宜人，而安多已是北风呼啸、天寒地冻，仅仅是一天的行程，两地不同天，相差一个季节。

我们到了安多以后克服了气候不适应的困难，马上投入到建站工作中，

雪域风云路

西藏气象事业发展回忆文集

安多气象站职工合影。前排：王飞鹏、巴桑、何展蓉、刘晓云、多尔采。中排：次仁加措、次旦益西、单巴、比那达、布穷。后排：孔斌、比、陈金水、王小毛、石义全、张弘。

选好站址后就支起两顶帐篷（工作、生活各一顶），然后开始平整场地、挖坑安装仪器，用十字镐挖冻土，一镐下去只是一个白点，有时还冒出火星。挖了几镐心里就憋得喘不过气来，只好柱着镐把大口大口地呼吸，这才真正体会到缺氧的滋味，等缓过气来又继续劳动。为了加快进度，雇了几个当地民工，他们不熟悉工具的使用，还是我们自己动手，既当指挥员，又当战斗员。

这里建一个站要比气候好的地区多花一倍的时间，但是我们还是提前10天建好站开始工作。当第一天值班、第一次记录气象数据时，心情是多么激动啊！安多，从此结束了无气象记录的历史！

站建好以后，协助工作的同志回拉萨去了，站里只有笔者一个人，日复一日、月复一月地工作着，哪里还有节假日。那曲站也派来"援兵"，解决缺人的燃眉之急。

每年从10月到次年5月，地上见不到一点绿色，几乎天天刮8级以上的大风，气温降到﹣30℃左右，这段时间的工作是最艰苦的，缺氧、大风、

创业篇

低温三只"老虎"同时袭来。其他单位可以关起门来上班，而气象部门观测时间一到，就要按时出去观测，每观测一次都要做到充分准备。平时要随时注意沙尘暴、大风的变化，并记录下来。有时大风、强沙尘暴同时袭来，白天似黑夜，胆小的女同志吓得不敢出去观测，只能男同志去代劳。每个月用手工抄录的4份气表—1难度很大，因为值班室的帐篷里冬天温度很低，钢笔水抄不了几个字就冻住了，用火炉子烤化了又抄。抄一份报表也记不清这样重复多少次。

社会上有人把安多的气候编成顺口溜："安多四季冬，天天刮大风，风吹石头跑，四季穿棉袄，氧气吃不饱。"气候虽然恶劣，同志们都认真负责地记录每个数据，值好每个班，做好每一份报表……

每遇到复杂恶劣天气时大家都主动来到值班室，帮助值班人员做些工作，有时因天气原因编好的气象电报发不出去。这时总有技术好一点的同志出面帮助，人多了集思广益，工作质量也提高了。

文革十年，全县只有气象站没有停止工作，取得了资料的连续性。

在安多，因气候原因疾病也多，多数同志带病坚持工作。如心脏病、高血压、多血症、胃病……有的应住院治疗，还在坚持工作。有一次，张弘同志病危（多血症），县医院只有一名医生也下乡去了，我们就到运输站借来一瓶氧气，吸氧后他的病就大有好转。刘晓云同志是站里体质最差的一个，1967年冬，站里其他同志都被县里抽去搞牧区群众工作了，站里只有她一人工作，有一次，她去山坡下挑水，回到帐篷里时晕倒在火炉边，火烧着了她的裤子，她才醒过来，不多时，已怀孕几个月的孩子流产了，她收拾一下，忍着病痛又去工作了，一直坚持了两个多月。有的同志得病几天不吃不喝还在坚持工作。同志们把工作看得比自己的身体还重要。

气象工作天天与10个数字打交道，这些数字如果搞错了，可能涉及人的生命和财产安全。有一次，一位同志在发航空报时，把温度与湿度颠倒了，造成成都到拉萨的飞机本来9点多返航的到13点多还未返航，后来我们纠正错误后飞机才起飞。这次教训给我们留下了深刻的印象，我们一直引以为戒。这不是技术水平问题，而是工作责任心问题。为了加强责任性，提高工作质量，经过全站同志讨论，制定了奖罚制度，与工资挂钩，效果很好。

在安多，生活上的困难很多。在内地有些是平常事，在那里有可能是

20 世纪 60 年代作者夫妇在安多气象站

大问题，因为海拔高、气压低，有米吃不到熟饭，高寒地区不能种粮食、蔬菜，有钱买不到新鲜蔬菜，常年吃的是咸菜、豆腐乳等，一年也吃不到多少新鲜菜，有时弄到一点或是六月份打到一些鱼或去山上打到野味了，大家欢聚在一起，吃上一顿美餐。

安多站最大的家产是两顶帐篷起家的，一直住了 7 年，建站后不到半年就开始了文化大革命，党、政领导干部被打倒，成了走资派，没有了权。夺权的造反派在领导工作方面是盲区，我们基层单位只能以气象工作的要求来安排工作、生活，从早到晚安排的满满的。

在帐篷里工作、生活太艰苦了，冬天被头、褥子经常是结冰的，有时温度达到零下 27℃，穷则思变，后来自己动手挖半地窖住，太潮湿了，棉絮都烂掉了。安多站的同志在文革中，大家心没乱，还在默默无闻、有条不紊地工作着，这实际上是对同志们工作责任心的考核，当然，考核的结果应该是优秀的。

文革后期，站里人员增加到 18 人，人多了，业务面也扩大了，原来是单一为铁路设计积累资料，后来发展到为经济建设服务。

人多是好事，增加了新生力量，但是，困难也随之而来，这么多人住到

创业篇

哪里去？看当时的情形，必须靠自力更生，经过大家讨论，意见比较一致，女同志和身体较差的男同志上业务班，其他的同志都参加造房子劳动，打土坯、垒墙都是自己干。大家的干劲很高，效率要比县里的民工高一倍以上。

经过四年的艰苦奋斗，建起了16间房子，解决了工作、生活用房。这些房子看起来很简陋，但是，在当时安多县委、县府的房子也是这样的质量。我们认为，从住帐篷到住房子是个飞跃，条件要好多了。

第二年我们计划要解决吃水难得问题，山坡上能打出水来吗？能！我们早就做了调查研究，也有科学依据，不能盲目行事。

造房子的工具是县里借来的一根钢钎、一把铁锤、一把十字镐、一把铁锹，打水井也是这套工具，另加一根绳子。说干就干，从1979年5月13日开工到7月12日完工，水井深达14米，这61天里大家没有休息过一天，每天日出而作、日落而息，这期间的苦，只有参加的人才知道。

造房子、打水井都是强体力劳动，通过劳动，对每一个同志都是一次考验，同时也增强了战斗力和凝聚力，也扩大了气象站的知名度。

1980年8月初，中央气象局邹竞蒙副局长来安多调研时指出：组织上要求你们把工作做好就可以了，你们完成工作以后还要造房子、打水井，这些没有哪级组织、领导要求你们去做，你们是自觉去做的。同时，这些项目应该由国家投资来办的，你们没有化国家的钱，把事情办了，你们这种精神值得宣传，我回去以后要宣传你们的精神。

有位和邹局长一起来的领导问我：你们18个人全部到齐了，是有意的还是经常的？我说：经常的！平时站长一年到拉萨开一次会，其余时间都在安多，还有正常休假和县里抽去搞中心工作的人员，其余人员365天都在工作岗位上，有的3～5年没有休假的同志就3～5年都在站上工作，连去一次拉萨的机会都没有。

他又问：领导来了，全部人员没有提出要求调离安多，去气候好的地区，你们事先是否做过工作？如果有这种要求也是正常、正当的。我的回答是：没有做过工作。

在这么艰苦的地方要安下心搞好工作，而且还自找重体力劳动干，都是为后来人着想，自己能住多久。这是人生观、价值观的体现。平时注重政治学习，政治就是精神，在艰苦的地方不能倒，自然空气稀薄，政治空气要浓厚。大家是这样想的，也是这样做的。

西藏气象通信业务的变迁

■ 陈家稻　冯登明

据冯登明同志回忆，1952年初，原18军后方司令部气象科（在甘孜），在中央军委气象局指示、西南空军气象处协助下，根据西藏的实际需要，计划、组织建立气象、通信台站，收集、传递气象情报。其专业人员，除少数报务员由18军内抽调外，多数通讯报务员和气象业务人员由中南、西北、西南、华东军区通讯学校和中央军委气象局干部训练班、长春的通测班中调集入藏组建气象台站。由于西藏地区的特殊性，气象站都自设电台，使用比较落后的"再生式哈特莱"15瓦收发报机，西藏高寒缺氧，天气变化无常，夏天雷雨多，冬天大风多，且通讯距离远，造成通讯联络不畅，影响电报传递失效。

1954年以后，川藏、青藏路陆续通车，西藏各方面情况有所好转，气象电台设备也逐步更新成八一型55B型15瓦电台，并配有备份，确保通信工作不中断。

新中国成立初期，全国气象系统属军队建制，后来国家进行大规模经济建设，从1954年起，将全国气象系统从中央到基层全部改建为地方管理，西藏地区由于多种原因和其特殊性，到1956年7月26日政务院发布命令，西藏气象部门才由军事系统建制转为地方建制。

转建后，西藏气象工作着重点有了很大变化，主要为西藏经济建设和国防建设服务。

1960年为国家登山队登珠峰和1962年中印边界自卫队反击战提供准确的气象保证。1960年国家登山队胜利登顶任务完成后，还给定日气象站每人发给一枚登山纪念章。

据陈家稻同志回忆，1955年7月，在中央气象局长春气象通讯干部学校毕业后，被分配到西藏军区司令部气象科。进藏时从成都出发经康藏公路历时一个月零两天到达拉萨。由于没有房子住，我们一行十几个同学分别住在临时搭建的两顶帐篷里，没有床，只能睡在铺上干草的地上。不久，我被临时分配到西藏军区通信枢纽部收报集中台，跟班见习通信工作，由于自己的努力，刻苦学习，很快便完成见习工作正式上班，因为收发报技术良好，台领导还让我当过一段时间领班。

1956年4月，陈家稻调往西藏军区昌都警备区邦达气象站（即军区第四气象站）任报务员。邦达站海拔4100米，天气寒冷，七八月份仍有如小雪般的霜冻覆盖地面，生活较为艰苦，除警备区不定期送来大米、面粉、油盐、罐头等给养外，工作之余，站上自己种菜，磨豆浆或到河沟拉网捕鱼，生活得有滋有味，苦中有乐。当年年轻气盛，工作热情高，觉得只当报务员不甘心，还想负担气象观测员工作，所以主动提出申请，军区气象科批复同意兼观测员工作。1956年下半年，陈家稻成为西藏气象"通测合一"第一人。

1957年6月，邦达气象站撤销，陈家稻调往海拔4040米的江孜站，没有房子，连值班室一共5顶帐篷，这里是有名的风口，冬天风沙特别大，经常四五米开外看不见人，外面大风沙，帐篷里小风沙，床铺桌子厚厚一层沙子，吃水要到几百米外的年楚河挑，为了做好气象服务工作，还要经常下乡收集农谚，拾粪积肥种菜。1958年1月1日，经批准成为西藏"通测合一"第一站。

1959年平叛以后，随着民主改革的开展，天气预报工作也紧跟大好形势逐步发展起来，为满足天气预报所需的气象资料，成立了收报组，负责抄收成都、北京等台莫尔斯地面、高空气象广播。由于受到各种困难影响，不时出现错、漏、缺报现象，怎么办？大家动脑筋想办法克服困难，不断进行摸索，并参考有关技术资料，决定试用"异频分集"法接收广播，实践证明，这种办法有效提高抗干扰和抗衰落能力，从而在一定程度上保证了抄收质量，其次是为了防止突然停电影响工作，创造了用交直流收信机供电、信号半自动连接，减少了因停电造成的缺漏报，这些改进创新在实践中起到了较好的作用。

开展"通测合一"工作，是当时西藏气象站的发展方向，既节省人力、物力，一个人能完成观测和通信两项工作，为此，在上世纪60年代至80年代分别举办过几次训练班。培养不少这方面的人才，最有代表性的分别是1965年和1970年。据冯登明回忆，1965年下半年气象局决定，从各台站抽调一名到局参加"通测合一"训练班，主要学习通信收发报及简单机务常识，毕业后回台站开展互教互学，为实现"通测合一"打下了良好的基础。另一次主要培养藏族干部，1970年在拉萨中学招收了一批初中毕业生，多数为藏族，少量汉族。举办一次气象、通讯训练班，由局抽调有"通测合一"经验的专业干部和无线电技师任教。先学通信收发报，后学气象观测，掌握一定的专业知识后，再学习电台使用和简单故障排除技术。开始学习时，部分藏族学生有些困难，但他们学习决心大，能吃苦，勤学苦练，战胜困难。这批藏族学生毕业后分配到基层气象站，在老同志的帮助下很快就胜任业务工作了。这批培养的藏族干部已成为西藏气象系统的主要技术骨干，有的进入大学深造后来成为西藏气象局长、副局长、高级工程师、处长、地区局长等等。他们为西藏气象事业的建设、发展做出了很多的成绩和贡献。（冯登明同志于1973年3月调回武汉工作）

无线移频电传接收工作始于70年代初，这项工作的开展始终贯彻自力更生，白手起家的精神，当时一无设备，二无技术，靠的是齐心协力，不

1965年，西藏自治区农牧厅气象局干训班合影。

怕困难，努力钻研，请教学习而逐步掌握发展起来的。初期，首先要解决的是设备器材。我们不厌其烦多次向西藏邮电管理局有关部门说明开展无线电传接收气象情报的重要性，也许是我们对气象通信工作的认真、执着精神感染了他们，先后调拨了 6 部 55 型电传打字机、两部 WS423 型高级收信机给我局，加上后来中央气象局下拨的 6610 移频附加器及 6511 移频终端机，构成一套完整的移频电传接收系统（后来又从区外调拨了一台旧的 808 型而重空间分集大型移频接收机）。满足了当时的工作需要。然而接收工作并非一帆风顺，有时因为干扰信号不好，也会造成大面积缺、错、漏报，不得不从莫尔斯广播台手抄尽量补回，但有时因时间错过而无法补回，对预报分析造成影响。为摆脱这种局面，经研究在现有条件下，想法提高接收信噪比是有可能的，采用前些时候摸索出来的"异频分集"收信制可行，这是我们多年工作经验和根据气象广播多频制的特点提出的，实践证明，收信时采用一副天线，甲、乙两台收信机接收不同的频率，通过分集信号叠加，使有用信号电平相应得到提升，从而提高了信噪比，减少了错、漏报比例。

　　无线电移频电报的接收是被动式的，最大的问题就是出现了错、漏、缺报无法让对方重复。解决的办法只有一个，即开通对成都或兰州电传电路，我们的想法得到局领导重视和支持。不但派同志前往北京联系，毛如

1970 年，西藏气象局训练班合影。

柏副局长还亲自带领我到北京，向中央气象局领导汇报，邹竞蒙局长认真听取了我们的要求和想法，并责成有关部门尽量考虑逐步解决。

1974年初，经我局建议，中央气象局协商四川省气象局后批准，决定建立成都—拉萨单边带点对点电传电路，以解决西藏气象资料需要和传递问题。在筹建中，我们在一无技术，二无检修人员，三未增加人员的情况下，先后依靠自己的力量解决了报房收发线路的设计和安装，单边带电传通报、传报、维护等一系列技术问题。据回忆，当时在试验与四川成都中心台联络工作中，大家下定不试通畅誓不罢休的决心，克服了人少（只有4人，除本人外，还有刘淑花、唐其态、吴为）值班工作忙的困难，一个心眼扑在试机上，从早到晚长达十几个小时，眼熬红了，人累瘦了（有的同志在试机中体重竟减轻了六七斤！）病了仍然坚持工作，终于在1974年10月1日迎来了我国气象部门第一条单边带成都—拉萨电路正式开通工作，为此，1978年5月，在西藏自治区召开的科学大会上"单边带双路电传电路的应用"获得科技成果奖三等奖。

1968年，架设"分支角笼"形天线的情况，至今仍记忆忧新，这副天线为我们提供工作频率范围、方向，接收距离等参数，由拉萨邮电局工程师设计，协助架设，该天线架高约24米，3根主杆分别为24.5米，两个笼形振子水平呈90°。属于无方向性天线，接收地点不固定，时而北京、成都、兰州或印度，甚至远及欧洲。天线工程初期劳动强度最大，最费力的是将9根各8米多长的木杆接成3根主杆，每根主杆3层9根铜绞线拉线，共计27根拉线需用手工捆扎隔电子近百只，铜绞线比较硬，不易弯曲，捆扎十分吃力，时间稍长，则手酸软无力，加之缺氧，感觉很累，但大家说能坚持，干劲还很大。两个月后，按要求高质量地完成了全部前期工程，立杆的那天，虽然准备工作做得很充分，分工明确，各负其责，但还是出了一点意外。由于电力部门施工设备技术操作失误，使杆子立到离地面约50°的时候，将固定在杆下面的固定钢丝绳硬生生被拉断！致使这根24米高的杆子直接摔下，断成两截。事故虽然没有造成其他损失，却拖延了天线架设的时间。经研究，除了重新加工一根立杆外，决定请有丰富经验的邮电部门架线班帮助完成立杆、天线的架设工作。天线架好了，通过验收，符合技术要求，对接收国内外电传广播有较大提高，同时用这幅天线接收到我国第一颗人造地球卫星发出非常清晰的东方红乐曲。

创业篇

另一项重大工程是拉萨北部气象发射台恢复重建工作。原气象发射台位于气科院内，后拉萨电信部门在我所大院东面旁修建电信大楼，为避免干扰电信局通信工作，经协商，将气象发射台搬迁至电信局发射台合并工作，人员、设备仍属我局，后因气象业务迅速发展，发射台不能满足需要，经气象局建议，西藏人民政府批准，（藏政发〔1981年〕17号，本人日记查证）恢复设置拉萨气象发射台，在筹备恢复设置拉萨气象发射台工作中，了解到原邮电局北部203发射台（密台）撤销，局领导指派我和周祖耀副所长到邮电局协商转让203台址事宜，经多次讨论协商后，同意转让，并共同清点，检查该台的机房、房屋、丈量土地等工作，1981年7月1日，最终于与拉萨市邮电局就转让203台址问题达成协议，财产合计共18540.80元，按7.5折优惠计算为139052.10元，于次年（1982年）第一季度内付清，同年8月，203台的附属设备价格问题同邮电局齐局长协商，经双方同意，发射天线单菱形一副，笼形二副和普通偶极天线5~6副等设备共计一万元，当月付清（以上材料均为本人日记查证）。尔后，毛如柏副局长多次在专门会上强调，要求尽快筹建恢复发射台的各项工作，所缺少的设备和器材及时向中气局反映，并得到支持，从中气局和各省市气象中心分别调拨了800瓦，1.6千瓦单边带发射机及部分短波发射机，加上原发射台的设备，一个初具规模的完整的气象发射台设备基本上配齐了。剩下的工作，主要是安装、调试发射机和机房线路、发射天线的调配。前203台移交时，已将机房的附属设施基本上全部撤走，因此，机房电源、地沟线槽、控制台及线路等都需要我们自己动手去制作完成。据回忆为了方便筹建工作，局领导专门购买了一辆750N型三轮车（8750元），每天早上把我们送去，下午再接回。可见领导非常重视和关心。

北郊203台距离气象局有6千米左右路程，遥控线的架设比较麻烦，因为从局机房到区人民医院路口约2千米没有遥控线，需要架设，从医院路口至203台4千米原邮电局为203台架设的几对遥控线没有撤除，可以租用（付租用架线款16386.12元），另外缺的几副遥控线（连同局机房至医院路口）临时用被复线借卦在沿途电线杆上解决。后因被复线使用中不时出现电传变字，被3JDD-4无线接力机所代替。经过近一年艰苦努力，于1982年7月1日气象发射台正式试机并投入工作。

1984年，我怀着恋恋不舍的心情，离开了我曾生活了30年的这片热土。

西藏三十年

■ 李文策

我于 1951 年 7 月在上海市参加军干校，1952 年毕业于西南军区气象处气象干部学校，1952 年 6 月 6 日进藏工作，时年 20 岁。1982 年 6 月 19 日离藏，时年 50 岁。当年步行进藏 6 个月，建立林芝气象站，并先后在邦达，江孜、羊八井、当雄、帕里等气象站，从事气象观测工作，其中在海拔 4300 米地区工作了 26 年，帕里气象站工作 18 年。

我在帕里主要做了三件事，一是把帕里气象站建成全国先进台站，这是全站人员共同努力的结果，也是与局、台等各级领导的关怀分不开的。二是两次建房，气象站刚建时一直住在过去奴隶所住平房和马棚上面的几间破房内，有一次抬头看到房梁歪了，担心房子塌下来砸伤人，给地区计经委打了报告，批了五万元建房款，修了值班室和宿舍，气象站终于有了自己的房。1976 年粉碎"四人帮"以后，国家气象局向全国各地艰苦边远台站拨款，用于改善工作和生活用房，西藏气象局又拨款五万元，为此，我站又修建了值班室、会议室、仓库、食堂和宿舍，大大改善了工作和生活用房。三是帕里地处高寒山区，无霜期短，为保证农业丰收，每到秋天，必须开展防霜工作，气象站人员和群众一起防霜，得到了群众的好评。自治区科委听了我站工作汇报后，拨给科研经费一万元，我站用三分之一经费，购置硝

1978 年冬，西藏帕里气象站，作者指导藏族观测员卓玛观测温度表。

创业篇

酸铵，发给群众用于防霜，取得了良好的效果。三分之一经费，建立了上亚东、亚东、康布三个群众气象哨。还有三分之一征用了10亩土地，修建130米围墙和大门，扩大了气象站发展空间。

西藏交通当时主要靠公路，由于山高路险，易发生交通事故。一次去亚东路上，汽车突然离开公路向小河边开去，我正在犹疑时，汽车撞向河边一棵小树，把驾驶员撞醒了，幸好未出人员伤亡事故。有一次休假，汽车快到拉萨，突然驶离公路，陷在沙土里，动弹不得，一直等到后面来车，才将汽车拉到公路上。还有一次是休假回来，在快到帕里山上时，驾驶员感到车子不稳，下来检查时，发现后轮胎上八个螺丝剩了两颗，总算有惊无险。

帕里由于高寒缺氧，缺少蔬菜供应，有一次无意间拉下一把头发，但不知什么原因，调回内地后才想明白，原来头发需要氧气和营养供应，头发离心脏远，是缺氧的反应。

帕里气象站，每天是两次小球测风，冬季早晨气温常在零下20度，经纬仪又架在房顶平台上，气球放上去以后，受到阳光反射，观测得更清楚，气球在经过高空西风急流带时，飞得更快，为了不丢球，我就将皮手套脱下，这样操作可以灵活些，但碰到冰凉的经纬仪时常把手指皮撕下来，当时由于寒冷麻木，不觉得疼痛直至回值班室整理资料时，才发现手指表皮被经纬仪黏走了。有一次小球测风，我观测了将近两小时，结果眼睛被寒冷的天气冻坏了，不知不觉中常流泪。

帕里吃水很困难，冬天只有山沟中流下来一小股水，由于杂质和矿物质多，慢慢地形成胆结石，在西藏时还感觉不到，调回内地后，发作时疼痛难受，1983年初动了手术，才真正解决病痛。

我在西藏从事30年气象工作，

1978年冬，西藏帕里气象站，作者指导藏族观测员卓玛观云测天。

做出了一点成绩，但党和人民给予我最大的荣誉，三次代表西藏气象系统，出席四川会议、杭州会议和全国气象系统双学代表大会，受到党和国家领导人亲切接见，让我感到无上光荣，终身难忘。

我的成长是毛泽东时代教育的结果，是党和人民培养的结果，西藏永远是我的第二故乡。为西藏人民所做的一切，为西藏气象事业，贡献出了我的青春和幸福，我无怨无悔。相信西藏明天会更美好，祝愿西藏人民扎西德勒！

创业篇

短暂而难忘的西藏岁月

■ 王玉珍

我是 1954 年从南京考入北京气象学校,当去南京北极阁气象台报到时,才知北京气象学校校舍尚未完工,要暂去丹阳等待,在那里进行军事训练和文化学习,年底时才从丹阳乘火车去北京。

新建的北京气象学校范围很大,全校共分 14 个班,其中两个女生班。经过半年多的气象专业的学习,于 1955 年 8 月毕业分配工作,毕业典礼晚会就餐时宣布分配名单,当宣布去西藏的名单时,大会特别强调去西藏:一是属于部队,二是乘坐飞机。吃完晚饭,大家即刻回宿舍整理行装,连夜出发。第二天只留下去西藏的同学等飞机,而我当时是分配到中央气象台机动组。过了几天,其中有一个分配到西藏的上海同学,家长不同意女儿去西藏,我知道后向班主任王世娟老师说,我愿意去西藏,如果我不是分配在北京的话,我也会连夜离开学校,也不会有机会去西藏了。大概在北京等飞机没有希望后(实际上多少年后飞机才通拉萨),我们从北京乘火车去武汉,从武汉乘军用汽车去重庆,重庆乘火车去成都,成都乘军用汽车,沿着康藏公路,翻越二郎山。由于路段经常塌方,近两个月才到达拉萨,先在拉萨实习,后分配到则拉宗气象站(林芝)。生活条件虽然十分艰苦,住的是帐篷,天天是土豆、大白菜(自己种的),但生活在部队这个革命大家庭里,不怕苦、不怕累,工作认真、负责、积极向上,同志间真诚、友善,亲如兄弟姐妹,没有任何私心杂念,这是我最为怀念、永远牢记的当年的生活情景。

1957 年,由于西藏叛乱,上半年主要的任务就是"备战",运输中断,大米饭也吃不到了,顿顿馒头。随着形势的变化,中央下达"六年不改,适当收缩"的批示。下半年大批援藏干部内撤，沿康藏公路的气象站许多被撤，回内地工作。自己也是内撤的人员之一，这对我是一个沉重的打击，从思想上，我是做好在西藏长期工作的打算，然而这么快就要离开西藏，感到遗憾。五十年代的西藏，是一个黑暗的封建农奴社会，藏族人民过着惨无人道的悲惨、穷苦生活。而我们内地人民在以毛泽东同志为首的中国共产党的领导下，过着自由幸福的生活。为了百万农奴的翻身解放，我们来帮助他们这是多么光荣的使命，对自己也是一个极好的教育和锻炼。

从 1955 年至 1957 年在西藏工作期间，虽然时间短暂，但感受一生。艰苦、快乐的生活，努力积极的工作，我得到了回报。1956 年工资改革时加了两级工资，对我工作、生活帮助很大，1975 年后我又一次加一级工资，39 年工龄虽然只加过这两次工资，但我还是无怨无悔，始终坚持在气象测报岗位上努力、积极、勤奋地工作了几十年。

可喜的是，伟大的社会主义祖国在中国共产党的英明领导下，特别是改革开放三十年，如今西藏发生了翻天覆地的巨大变化，藏族人民过上了美满幸福的生活。

创业篇

"老西藏"精神的真实写照

■ 张祖仁

在轰轰烈烈的抗美援朝运动中，1951年，我积极响应党的号召，报名参军进入华东军区司令部青年干部学校，通过近一年紧张而严格的军政训练后，又转入华东军区气象干部学校学习气象专业，经过八个月的速成培训，成为"新中国气象事业开拓者"。毕业后我被分配到西南军区司令部气象处工作。

1953年，为了建设新西藏，发展气象事业，在前藏要建立气象站。到西藏去，到最困难、最艰苦、祖国最需要的地方去工作、去创业。经组织批准，我们佩戴大红花在5月下旬，从成都出发，经雅安，翻过二郎山，过泸定桥、康定到达甘孜西藏军区后方司令部气象科报到。

在甘孜休整一段时间，主要是集中学习民族政策和熟悉藏族人民的民俗风情，同时积极准备建站用的气象仪器，行军用的帐篷粮食和武器等等。一切准备就绪，我们兵分两路进军，一路走中路，可以乘坐一段汽车，翻雀儿山进入前藏；另一路走北路，徒步行军，路较平坦，便于运输，但海拔高度平均都在4000米以上。

我与其他同志走北路，由于我们走北路行军路线不太熟悉，因此，上级决定我们与军区后勤部藏民运输大队一起走北路进入前藏。在行军中由于我个子较高，除去背冲锋枪、背包外，还背上一支气压表，我又懂得几句藏话，所以兼做临时事务长。8月2日从甘孜出发，经竹庆、石渠，穿过玉树，10月上旬渡过通天河，过沼泽地进入青海大草地，这片草地不见一棵树木，茫茫一片荒凉，没有人烟，没有生气，我们缓慢地进入无人知晓的地区，在地图上也难以找到我们的行踪。草地的气候变化无常，一忽儿烈日，一忽儿冰雹，时而下雨，时而大雾，时而雨雪交加，狂风怒吼，严重影响我们行军的速度。有时候，黎明时，天气还是好好的，红艳艳的太阳钻出地平线照耀着草地，可是到了九点后天气就突然变暗，乌云聚集起来，开始下起蒙蒙细雨，接着大雨和着狂风倾盆而下，瞬间又是雨雪交加，没有多久，纷飞的鹅毛大雪就遮盖了道路，草地和山峦，到处白茫茫一片，我们只得就地宿营，找一个背风的地方，搭帐篷铺雨布，天还在下雪，无法煮饭，无处生火，也没有牛粪，只能吃糌粑面，没有开水，只得用雪团解渴。有时候到达宿营地。由于海拔高，气压低，水虽然是开的，但实际上仅有 70～80℃，无法煮成熟饭，往往煮成夹生饭来充饥。有时候狂风怒吼，帐篷无法搭建，只好在野地宿营，夜里气温降到零下 30 多度，早晨起来被头上结满了银霜。10 月下旬虽然走出了大草地，但前面仍是青藏高原，气候恶劣，无牧民据点，也没有路标，靠藏民运输大队边走边探索，因此，行军速度较慢，每天天不亮就起来行军，一天只能走 70～80 里[①]，经常还要涉过几条激流，两只脚上的鞋总是湿湿的。到了冬天，两脚冻伤的裂口很深，甚至可以放入六七粒米，走起路来很疼，又没有冻伤膏药，只好用酥油代替，坚持行军。

1954 年摄于拉萨气象站观测场

---

① 1 里 = 0.5 千米，下同。

一次过海子山，坡度虽然不大，但海拔高度在 5000 米以上，山上空气稀薄，格外难受，头晕目眩，浑身无力，走一步就停下来喘一口气，越走越慢，到了山顶，有人想坐下来休息，有人传话山顶不能停留，一旦休息，就会站不起来，可能会丧命，必须尽快翻过山顶，下到海拔较低的高度上去休息。由于几个月不理发，不洗澡，加上太阳晒，雨雪淋，个个身上都长了虱子，我们吃的是一日两餐，一餐干粮（糌粑），一餐是用面粉做的面疙瘩或夹生米饭，菜是四川辣酱，烧的是牛粪，一到宿营地每人任务就是漫山遍野的去拾一袋干牛粪，如果没有牛粪，就无法烧饭、烧开水和烤火，大家吃干粮，喝生水，为了防止中毒，生水中放入几片消毒片，到了十一月中旬才翻过唐古拉山，到达藏北黑河兵站（那曲），有部分同志就留下来筹建黑河气象站，我们休整几天后，继续行军，12 月 29 日才到达目的地——拉萨，到西藏军区前方司令部气象科报到。

我们徒步行军走了 5 个月，历时 150 天，近万里，在这次长途徒步行军中，我们十几个人克服强烈的高原反应，艰苦的生活环境，恶劣的气候变化等困难，过草地，穿激流，登险峰。坚持越过千山万水，穿过三个省份，终于从甘孜到达了拉萨。沿途没有一个人掉队，没有一个叫苦，叫累，大家都是以苦为荣。

到达拉萨之后，由于拉萨气象站原来只有两名气象人员在工作，观测场地和仪器安装不规范，站上没有规章制度，气象观测时间比较随意，给气象资料的正确、可靠性带来不少问题。因此，我们就着手整顿气象站，首先是调整人员，其次是重新安装气象仪器，建立规章制度，组织气象技术人员认真学习新规范，为 1954 年开始执行新规范打下基础。第二年还扩建高空测风观测，把拉萨气象站真正建成前藏第一个国家基本发报站。

一年多后，为了中印通航，我又奉命到帕里建立帕里气象站，我带领一名观测员、两名通测员、四名摇机员、两部电台、两支短枪、几支步枪和冲锋枪，以及气象仪器和 3000 元银元建站经费，乘坐两辆军车走了 5 天，才到达帕里兵站。

帕里海拔高度在 4300 米以上，是世界第一高城，地理位置也比较复杂，东面与不丹王国一山之隔，南面与锡金国接壤，离锡金甘托克，印度噶伦堡 1~2 天路程，西面离尼泊尔王国仅 2~3 天路程，是一个边境重镇。气候

1956 年 2 月建成西藏帕里气象站，海拔高度为 4300 米。左三为作者。

也很恶劣，它位于喜马拉雅山脉七峰之一的珠穆拉热峰脚下，一块高原平地，一年四季只有 7、8 两月不下雪，饮水基本上靠冰雪融化，副食品由亚东驻军 154 团团部后勤处一个月负责供应一次。

我们到达帕里第二天就着手勘测站址，马上采购从不丹国运过来的木材，积极找木工，做围栏和办公桌。当时，正好是腊月天气，气温低于零下 20 多度，冻土层达 1 米多深，要安装围栏、百叶箱、风向杆是相当困难的，我们发动全站同志，硬是用铁钎、铁锹，一点一点挖下去，大家手上起泡，带上手套继续深挖，经过 20 多天的共同努力，终于把所有的气象仪器安装好。1956 年 2 月 1 日正式开始观测，提前一个多月完成建站任务。6 月 1 日开始发出第一份天气电报，第二年 5 月又扩建高空测风观测。由于我们出色完成建站任务，我被批准加入中国共产党，成为一名光荣的共产党员，并受到部队嘉奖，观测员王小军同志参加全国气象系统先进工作者大会，受到毛主席、朱德等党和国家领导人的接见，这也是我们帕里气象站的集体荣耀。

流水如年，往事如烟，如今半个世纪过去了，回顾自己的一生，已经把青春年华全部奉献给了祖国气象事业，问心无愧！现在虽然已步入耄耋

1956 年 7 月，作者为藏族同胞讲解气象知识。

之年，成了古稀老人，但仍要继续发扬"老西藏"的精神（即特别能吃苦，特别能战斗，特别能忍耐，特别能团结，特别能奉献），教育好下一代，平平安安地度过晚年生活。

进 军 黑 河

林淑君

西藏和平解放前，在西藏高原 120 万平方千米的土地上，还是一个封建的农奴制社会，自然条件差，海拔高，空气稀薄，冰天雪地，高山大川，大漠荒原，人烟稀少，道路不通，没有一寸公路，在航空史上号称"空中禁区"。在这种情况下，不用说，像样的气象站是没有的。

西藏和平解放，共产党派中国人民解放军第十八军进藏，同时选派一批年轻的气象员随军陆续进藏，探索这"世界屋脊"上大气的奥秘，填补西藏气象事业的空白。

1953 年 7 月，我从西藏江达航空站调回十八军后方司令部（驻甘孜）被任命为黑河（后来更名为那曲）气象站业务组长。8 月 1 日，我们这支 16 人的队伍（站长，观测员、报务员、机要员、通讯员等）手提冲锋枪，身背背包，带着建站器材，由郭凤翔站长带队，从甘孜前去黑河建站。我们取道北路，途经玉隆、石渠、称多，渡通天河，登唐古拉山等地，全程两千多千米，海拔都是 4000 米以上的无人地带，没有道路，估计步行要花两个半月左右，路途之艰险是可想而知的。

一路上踏着荒山觅路前进，不是爬山就是趟冰河，藏北八月的河水，其寒冷一点也不亚于南极的冰河。行数百里路才偶尔看见一两个游牧帐篷。过了几天，我们进入了青海东南部的称多地区，这里已是另外一个世界。古老的通天河畔没有树木，没有人烟，空气中水汽很少；而天气却变化无常，一日之间华晕虹霓、曙光山霞、电闪雷鸣、狂风暴雪相间出现，冰雹给风雪助威，像千万条无情的银鞭抽打着大地，果真是"胡天八月即飞雪"，地上迅速积起厚厚的冰雪，我们只得停止前进，就地宿营。在这白茫

创业篇

茫湿漉漉的荒原上，大家扒开冰雪，脱下身上的"方块雨衣"（一块方形防雨衣，驻扎时两块合一，在两头支起杆便是人字形可容三人宿营的小帐篷），就在这万里风雪的世界中搭起了一个个小小的帐篷，接着打开背包，铺下被褥，这便是我们的"安乐窝"。但在这辽阔的草原上，即使跑断腿，也找不出一块干牛粪作燃料。大家花了好大的力气，才勉强烧了点开水举行气象战士的"草地晚餐"——吃糌粑。天天都是行军，每日只有两餐，此时大家都饥肠辘辘，疲乏万分。我们拿起瓷缸，抓两把糌粑，丢下几颗盐冲上开水，用筷子一搅，就狼吞虎咽起来。在当时，这些食物，你要说多香，就有多香，这就是千里行军途中经常享用的美餐！

我们的战斗是行军，整天就是走路，经过近三个月的行军，终于到了唐古拉山口。这里海拔5700多米，水煮到80℃就沸腾，自然环境异常恶劣，空气十分稀薄，是所谓的"不毛之地"。外国探险家称这里是"生命禁区"，断言"人类根本无法在这些地方生存"。历史上没有哪个军队能越过唐古拉山，举个例子：国民党马步芳的部队两次在唐古拉山全军覆没。我们所处的险境是无法形容的。而且祸不单行，我们出发时只领了两个半月的干粮，如今已过了三个多月，很长一段时间，每天就只靠两餐面糊或糌粑来维持半饥半饱的身体。前面还有多远？要走多久？谁都无从知道。如此疲弱的身体要翻越唐古拉山，谈何容易。我们不得不猎野羊来度过缺粮的难关。

登唐古拉山每挪一步都要付出很大的代价，就连那号称"高原之舟"的牦牛，有时立于雪地，怎么也动不了，最后只能被冻僵而死去（18军独立支队和班禅进藏，在唐古拉山死去的军马、骆驼、牦牛不计其数，人员也有坐下休息之后，再也没有起来的）。有时一天只能走几里路，有时爬了半天，抬头一看，山顶上白云缭绕，天哪，我们

1954年11月作者摄于拉萨

几乎用尽了全身的力气，才爬到了半山腰哩！在缺氧、奇寒、大风的折磨下，同志们全都病了。有病也得走，不然死神就要来敲门了！在此生死攸关的时刻，党支部始终鼓舞和教育着同志们，使大家认识到：当前的困难比朝鲜战场，比二万五千里长征又算得了什么？党号召每个党员、团员、革命战士拿出最大的勇气和毅力来战胜眼前的困难。党的鼓舞就是力量，大家纷纷表示：一定要发扬"红军不怕远征难"的大无畏精神，翻越唐古拉山，进军黑河。

前进！前进！一轮红日从晨雾中升起！一些土房子和帐篷展现在眼前。啊！到了！我们终于到了！经过四个半月的艰苦跋涉，我们终于胜利到达了藏北重镇——黑河。大家激动地拥抱在一起。黑河驻军政委慈祥的眼里闪烁着泪花关切地说："同志们辛苦了！欢迎你们！从电报中知道你们十月中旬可到，可是一等再等，我几次派骑兵远寻都杳无音讯，照计算你们已断粮两个月了。真以为你们革命到底，见马克思去了。但你们与死神搏斗，战胜了难以想象的困难，完完整整地站在我面前，真是奇迹，奇迹啊！你们不愧是人民的子弟兵。"接着，崔政委马上派理发员给大家剪掉那垂肩的长发。在谈笑的同时，同志们身上无数的虱子，也被放进了开水锅里，一命呜呼。不久，大家就鼾声如雷地进入梦乡，这是我有生以来最香最甜的一梦。

5月的黑河春风未度，仍然是天寒地冻；但全站的同志已迫不及待地修整值班室，平整观测场。地冻如石，十字镐刨下去只留下一个白点，臂酸麻了，手打起了血泡；但大家不把这些放在眼里。经过一个多月的艰苦努力，一座崭新的气象站终于屹立在祖国西藏北部重镇——黑河。

从行军到完成建站，恰巧是一年。1954 年 7 月 1 日 02 时，凝聚着我们无数艰辛、也是当时全球海拔最高的气象站——黑河站建成了。同时，无数的电报飞向成都，传到祖国的首都北京。这藏北高原第一份气象情报是多么来之不易啊！同志们激动的心情难以用语言来表达，胜利驱除了一切艰苦和疲劳。

黑河站是国家基本站，昼夜守班（有航危报）。我们三个人日日夜夜抗击着高原缺氧的威胁和风雪的干扰，送黑夜迎朝阳，为奉献祖国造福人民，年复一年地把我们壮丽的青春献给美好的社会主义气象事业，还有一些战友献出了宝贵的生命。

创业篇

抛 锚 班 戈

■ 林淑君

　　1961 年元旦过后，正是西藏泼水成冰时节，上级派我去藏北"无人区"边缘的班戈县气象站协助技术检查等工作。我与农牧厅两位进藏不久的畜牧技术员和司机，坐一辆南京牌越野汽车，载数百斤萝卜和包心菜向目的地进发。我们四人都是头一次去班戈县，出发前我久久地站在地图前观察着它的地理位置，以便心中有数。

　　汽车从拉萨出发后，沿途积雪越来越厚，走了两天既看不到树木，也看不见飞鸟，晚上住宿在唐古拉山南麓海拔 4800 多米的安多，从这里往西往北便是"无人区"了，连那原始游牧的藏胞也难得一见。第三天吃过早饭后，汽车在雪地上摇摇晃晃颠簸着前进，由于道路坎坷和气候恶劣，汽车出了毛病。好不容易排除了故障，匆匆赶路，结果一不小心汽车又翻进一个坑中，所幸无一伤亡。

　　"无人区"是高原中的高原，空气稀薄，寒气逼人，极目所见，全是伸向天边的冰雪之地。而我们几条大汉已在车上颠簸了八九个小时还没有吃上一口饭，喝上一口水。此时正饥肠辘辘，可是车上除了冻成石头般的萝卜、白菜外，没有半点可下肚充饥的食物。这时天色已晚，这一夜怎么度过？四人心中都没有底。迟疑中有人提议：四人挤进驾驶室，等待过往的车救援。另两人也认为，事到如今也只能如此了。

　　据以往的经验，我不同意他们的意见——因为以往在干线上汽车抛锚，乘客挤进驾驶室而冻死者已不止一起。如今在这"无人区"，积雪达数十厘米，气温在摄氏零下 30 多度，我们已饿了一天，如果当夜没车来，那么我们四人一定会变成"冰棍"——冻死在车中。另外，从安多到班戈距离在

1974年5月，林淑君、陈碧娇、谭正谷摄于拉萨。

200千米以内，估计已走了四分之三以上的路程，与其坐以待毙，不如下决心往前走，把生的希望寄托在前进的运动中。众人同意这个看法，因此暂时放弃包括汽车在内的一切东西，只带一支"五四"式冲锋枪便起程了。

天黑了，万籁俱寂，星星在夜空中闪烁。我们顶着寒风，上气不接下气地往前挪……口干了顺手抓点积雪往嘴里送，寒冷、饥饿、缺氧、疲劳一齐袭来，内心不禁平添了几分恐惧——但是我们仍在顽强地往前移。

深夜时分，来到一个"V"形路口，倘若走对了，那么我们离班戈肯定不远了；如果走错了，恐怕我们就将成为天外天的"长留客"了。大家坐下来，要我这个"老西藏"出主意。在这茫茫雪原，应该向何处走？真是一个生死攸关的难题。良久，我根据地图上班戈在安多的西南方，再根据北极星的位置，果断决定往正西方向走。

我们走走停停，停停又走走，每分钟都在和死神搏斗，此时，只要有一点"算了吧"的思想掠过，也许再也不能生还了。但我们热爱美好的人生，我们有战胜艰难险阻的勇气，绝境又算什么？大家互相支持，互相鼓励，无畏地一步一步向班戈走去……大家极其艰难地在这无边的冰雪荒原中，顽强地挣扎，再挣扎。信心和毅力使我们战胜了难以想象的困难……

天亮了，太阳从地平线上升起来了，阳光照耀着皑皑的白雪。阳光照在冰雪上，反射出令人目眩的银光。站在这世界屋脊上看日出，令人心旷神怡。最令人激动的是，班戈气象站那饱经风霜的风向杆，已进入我们的视野，我们的目的地终于到了。

创业篇

峡谷惊魂

■ 林淑君

在"深挖洞，广积粮"的备战声中，1964 年 9 月 12 日，西藏自治区气象局任命我为西藏自治区"三线"建设指挥部（对外称 101 指挥部）气象站站长，去西藏东南部雅鲁藏布江大拐弯北面横断山系的深山峡谷中踏勘并建设一个战时气象基地。虽说在西藏的荒山野岭创业很艰难，往往是每一步几乎都是以生命为代价向前迈进的——但这是组织的信任，我能为祖国西藏气象事业贡献一点微力，内心觉得很荣耀，也就不考虑什么艰苦和安危了，坦然背起行装踏上征途。

9 月 16 日，作为"三线"建设的先行兵，气象、水文、地质、建筑各派一名技术员，以及为调查冰川、泥石流情况的登山营四位同志，五个单位共八人乘一辆大卡车，各人以自己的行李为座椅，大家戏称为"软卧"，从拉萨出发了。翻过几座大山，第三天进入杳无人烟的波密色季拉森林地带，重重险峰的悬崖陡壁上，到处长满树干笔直，两人合抱不拢的参天古树。当晚，我们住在鲁朗食宿站。

次日，车开出鲁朗不远，突然大地颤动着，前面传来山崩地裂的轰鸣声，如同千军万马在咆哮，原来是冰川崩塌，只见深谷中一条黄色"巨龙"。由巨石断树堆起十多米高的"龙头"正居高临下以排山倒海之势呼啸着倾泻而下，巨石和一段段树木撞击着，翻滚着，那些巨石古树竟像水中的火柴棒飘飘荡荡在上面，随波逐浪冲出谷口，极为神奇壮观，令人惊叹大自然的神秘奥妙！泥石流的密度到底有多大？不得而知。

"黄龙"过处，谷口的公路已不知去向，我们的汽车只得驶回鲁朗。集中了各方面的力量，经过一周的苦战，终于清理出一条便道来，在抢修公路期间陆续又来了几辆汽车，其中有一辆车，坐着从西安民族学院刚毕业的七名藏族女学生和八名藏族男学生共十五人，他们是分配到昌都地区工作的，由一名副科长带队，大家一起修路，等待通车。

作者在尼木站给观测员讲云状

当时，"三线"建设是压倒一切的政治任务，所以我们决定等公路修通后，我们这辆车作为第一个先行。可是次日，那坐着15人的汽车，由于青年人要参加革命建设的心情太迫切，就抢先行动了。我们的车只能紧随其后。在这举目尽是莽莽苍苍的深山密林中，却有一座奇特的，陡峭而又松散的大石山，整座大石山寸草不生，满山乱石像狼牙，像野兽摇摇欲坠，仰望之，令人晕眩胆寒，它不时也滚下些石头来，时断时续，也许永远也滚不完，这就是人称"天险"的拉月排龙地区，公路就从山腰穿过，下临万丈深渊，深渊下面的排龙河奔腾呼啸而来，声势逼人，吼声震耳。

汽车到达此处时，有一些小石头挡路，所以第一辆汽车的司机不得不下车将挡路的小石头挪开，小点的搬掉了，可是有几块大石头，像是固定在原地似的，怎么也搬不动。情急之下，司机就请副科长下来帮忙。但又有一些小石头故意跟他们作对，不断地从巨石上滚下来，这时，司机自己往前冲出"石雨"，副科长则躲到汽车临江的那面避"石雨"。突然，一块

创业篇

巨石，像是神鬼突然出现似的，又如流星，如闪电，从天而降，刹那间，汽车和大半边公路像是流星闪过一般，消失得无影无踪。等我们回过神来，回头去望汹涌奔腾的江水时，只见一个白点在水中翻滚一下，立即被急流卷走，也许是一件行李吧，别的什么也看不见。大家目瞪口呆，紧接着，悲痛的泪水噙满双眼。多么可惜呀！这群风华正茂的青年还没来得及踏上工作岗位，一眨眼就这样永远从世界上消失了。悲伤的同时，大家心里默默地悼念着他们，虽然他们已经离去，但他们的灵魂是不朽的。

在这里过往汽车遭灭顶之灾的并不少见，成群结队的汽车更甚。不久前一支测量队全体队员只瞬间便被埋没。1965 年夏季，"三线"指挥部夏书记在这一带视察工作时，突然祸从天降——半空中无声无息飞来核桃大的一块小石头，击中他的头部要害处，书记哼都没哼一声，即刻倒地牺牲。有时，在此抢修公路的军民被埋。在这里，人显得很渺小，却又是非常的崇高伟大。

征途是坎坷的，大家不时停下来参加修路，中秋和国庆佳节，我们所有的旅客都在这里做"山大王"。

走走停停，好不容易在 10 月 5 日到达"三线"指挥部。建设基地就分布在前后左右几条狭长的峡谷里。我在这里一面用战备仪器测量气压、气温、湿度、风向、风速、云量、云状等气象资料，一面实地踏勘站址。11 月中旬，剩下的巴玉沟和铁山方面等几个远距离点，谷深林密，人迹罕至，往返都在 10 千米以上，同时 08，14，20 时还要实测记录，因此我向指挥部借了一匹马代步。这是一匹高大健壮的枣红色烈马，我的左脚踩上去时，它已小跑起来。山势陡峭，崖旁小道岌岌可危，稍不留神摔下深涧，定是粉身碎骨，尸骨难寻。因此，我勒紧缰绳，要它慢走，不料它却猛地伸长脖子，疾奔起来。此时我的心里怦怦直跳，害怕一不小心连人带马一起摔下深涧，急忙再次用力勒紧缰绳，这回马竖起鬃毛，喷着白沫飞驰起来，我已是骑马难下，无奈只好硬着头皮死命贴在马背上任其飞奔，结果它一口气跑了 20 多千米，来到一片林中草地，一松手，马突然站住，人也从鞍上摔了个四脚朝天。幸运的是我摔在了草地上，软绵绵的，没有伤到筋骨。心想既然能骑来，就能骑回去，顿时，我翻身一个箭步又骑上去，还好它只是撒撒娇而已。原来这匹马是缴获叛匪的战马，我没有被他送上天堂，而留下终身记忆倒也是一得。

踏勘完毕，将结果画成草图送西藏气象局和"三线"指挥部批准后，1965 年 4 月 22 日西藏气象局再派李定淼、邓永浩两位同志带十卷油毛毡，几桶铁钉，几把斧头来建站。我们再雇五名民工共八人，天天上山伐木，难免起早摸黑，风里来雨里去，风餐露宿，披荆斩棘，一个多月盖起了三间木板房，一间安装气压表并作工作室，一间住三个快乐的单身汉。接着建立观测场安装仪器。6 月 1 日正式工作了。这是"三线"指挥部直属单位中最先建好家园开展工作的单位，受到胡宗林指挥长在大会上表扬。几个月的艰险劳苦，换来了胜利的喜悦！

信心驱除了种种的难阻，信心升华为无穷的喜乐。

创业篇

从成都到察隅

陈树根

1952 年 4 月 5 日，我在西南空军气象干校毕业。分配到西藏工作，同批前往的共有八位同学。从成都某机场起飞，经过一个多小时的飞行，到达原西康省甘孜空军机场，同机的同学高原反应严重，气喘，行动困难，唯我不受其影响。

住在甘孜机场，一边实习跟班，观测气象，一边学习藏文藏语和民族政策——《和平解放西藏十七条协议》（1951 年 5 月 23 日签订）。

部队领导为了这些刚从学校毕业的年轻学生能够适应高原生活，安排了早上跑步，去山上扛木头等锻炼活动。部队还特意安排我们吃糌粑，喝酥油茶，吃牛羊肉。记得第一次喝酥油茶，闻到味道就想吐。部队领导用心良苦，让我们大家站好队，每人一碗酥油茶，一匙白糖，强制喝下。要长期扎根西藏工作，在当时困难的运输条件下，不吃当地的食物我们就站不住脚。

经过两个多月的训练，我们于 1952 年 6 月 21 日分站出发（倾多站、丁青站、邦达站和嘉黎站）。当时十八军委派副营级干部管连学同志任倾多气象站站长，共计 12 人。我们坐部队美式大卡车出发，因为这条公路刚修路基，坑坑洼洼，一路颠簸难受。第二天要爬海拔 4000 多米的雀儿山（雀儿山主峰 6168 米），到了垭口，遇到公路塌方，汽车走不了，心理焦急。这时战士杨大海（贵州籍）高原反应发作，气喘严重，脸色发青。我和另一名战士便徒步下山去找筑路部队的医生，刚走不远就遇到冰雹，被打得鼻青脸肿。下山的路更难走，摔倒爬起来，坚持走到部队营地，请来了医生。杨大海同志经治疗后病情好转，天亮后，汽车下了山。

20 世纪 50 年代的西藏察隅气象站。左起：张其伦、胡廷芳、李维恒、陈树根、刘富庭

第二天，汽车到金沙江畔——岗拖，过江时没有木船，我们雇西藏同胞用几张牛皮缝成大碗状作成牛皮筏，可以坐 4 个人，中间放器材和行李，用牛皮绳绑好，三个人手抓着绳，不能乱动。在江中漂下，遇到江水汹涌，浪头过来，全身淋湿。半小时后，我们到达对岸。过江后就开始徒步行军，我们雇了几匹马来拖行李、器材和粮食袋。站长为了节省运费开支，也怕银元丢失（那时西藏不用人民币，要用银元），就将上级发的银元化整为零，每人一个小布袋，内装银元 200 元，绑在腰间，还要背一支长枪，带 20 发子弹，加上干粮，有几十斤重。爬山越岭徒步行军，对于年轻的学生而言，负担是蛮重的，开始还可以跟上，但是越走越感觉疲惫，第一天就有人掉队。经过几天的锻炼，我们不但不掉队，到宿营地时还主动搭帐篷、拾柴火、帮助煮饭，夜间轮流站岗。记得有一天夜里下雪，把帐篷压塌（所谓帐篷，只是用四张单人雨衣拿绳子绑起来），大家笑着说："老天爷给我们送来了白花花的厚棉被。"

我们去波密倾多，走的不是康藏公路。那时部队正在筑路，我们走老百姓踩出来的山路，几天后，粮食不够了。这天晌午，站长安排我们就地宿营，让我和他一起去附近老百姓家里买糌粑、牛羊肉。我们走了 2 个多小时，终于看到了几户民房，于是我们和头人联系，记得当初我刚学藏语，就当了翻译。头人很客气，请我们喝酥油茶，吃糌粑，还拿出鲜红的牛肉

创业篇

索县气象站天气预报栏，藏汉文两版。

招待我们。开始我不敢吃，但站长说要尊重民族风俗，一定要吃，于是我只好硬着头皮吞下去。临走时还买了糌粑，我们带去的袋子很小，站长就叫我将外单裤脱下，把两边裤腿绑紧，装上糌粑，背着就走。到驻地时已经天黑，同志们看到我们回来，非常感动。这就是"糌粑与裤子"的真实故事。因为要爬过雪山，必须赶过 30 多里路程，就在当地雇了几匹马，大家骑马赶路，其中有一匹马比较高大，大家都不敢骑，就让我骑。气象器材中有一个量雨器外套，是直径一米的钢筋圆圈，不能变形，变形后量雨不准确，我背在身上。走了两天，途中突然遇到牦牛群，马匹受惊，猛跳起来，我从马背上摔下来，钢筋圈套在马脖上，马跑得更快。为了不让钢圈损坏，我死死地抓着缰绳，在草地上被拖了 300 多米远，背上被踢两次，幸好脸没有被踩着。后来，当地老百姓赶到抓着马，钢圈完好。这是我一生中最危险的考验。

从 6 月 21 日离开甘孜机场，一路风吹雨打，克服艰难困苦，终于在国庆三周年，即 1952 年 10 月 1 日中午到达目的地——西藏波密警备区。这103 天里，坐牛皮筏、骑马、徒步行军、爬过三座雪山，同志们克服了饥饿、寒冷、气喘、高原反应等困难。三个多月以来，头发长得像女人，脸黑脱皮、衣服破烂、鞋子开了口。到波密警备区，苗司令接见我们时，心疼地夸我们是红军长征的继承人，并马上叫来后勤部门，让我们破例换上新军装、新鞋子，理发洗澡，吩咐食堂煮米饭并加菜。那时他们平时很少吃大米饭，这是因为运输困难，口粮都是从内地用马、牦牛驮的，他们平时都吃糌粑。有一次，我们看见苗司令吃糌粑时，他的牙齿掉了下来，当时我们年轻不懂得，后来才知道，原来苗司令在抗日战争时期嘴部受过伤，现在用的是假牙，糌粑黏的连假牙都被黏掉了。

1953年冬天，大雪封山，运输队来不了，三个多月断了大米、面粉和腊肉，连盐巴也没有。以前运来的是黄土矿盐，平时泡在桶里，吃盐水，剩下的黄土就倒掉，后来没盐了，只好又从地里挖来泡一泡，有股淡淡的盐味。天天吃白煮牛羊肉，也不知道是什么味。但苗司令和我们同甘共苦，我们没有理由叫苦。天寒地冻，零下十几度，但气象工作者一定要坚守岗位，把气象信息传达到北京气象中心。我们每个人的手都被冻坏，还是坚持工作，直到完成任务。

组织群众参观察偶气象站，观看测风仪，进行气象科普宣传。

1954年8月间，我从倾多气象站调去察隅筹建气象站，到昌都地区集中，由张其伦同志（十八军干部）任站长经过7天骑马步行，爬山涉水，过原始森林，树木高大阴森，顺着小溪边缘走，根本没有路，如果没有老百姓做向导，我们是走不出茂密辽阔的森林带的。到晌午后，就要开始找宿营地，在多年前被雷电击倒的枯干大树边，设厨，其乐融融。大家说：

创业篇

107

"以后，就在大树上搭架为屋，真是住着仙人住的'琼楼玉宇'哩。"到了察隅才知道，察隅高山上有个僜人部落，他们真的在大树上搭架为屋，既可防野兽，夏天又清凉，山上僜人只有几百人，他们过着刀耕火种的生活，用一把火将坡地烧平，将青稞种撒下，用刀一耙就算耕作了，到了收成时，再回来收割，山上山鸡和野菜遍地，气候温和宜人，是西藏的"好江南"。

气象站建在山坡上，场地自己动手平整，仪器自己动手安装。没有房屋，就向当地僜人购买，木柱木板是用刀劈的，所以厚薄不均，大小不齐，搭上屋架，木板墙用旧被单撕成带，捆绑起来，并压上了棕布。这30多平方米的简陋房屋既是办公室，又是卧室，用小木棍搭架，铺上干草，就是床铺，这样的环境大家都很高兴，开始我们在部队搭伙用餐，生活上不用操心。1955年夏天，上级通知，气象系统转建，改为地方编制，站长张其伦从部队转业回河南，由我接任站长。问题很多：要另起炉灶，轮流上山砍柴种菜到山下桑昂曲县（即后来的察隅县城）购买粮食等生活用品，要做好同志们的思想工作，坚持作好气象观测发报工作。因为党员关系转到地方县委机关，1956年11月作为察隅县党代表之一，我出席了昌都地区第三次党代会。

平息索县叛乱

■ 陈树根

1957 年 10 月，几个气象工作者拉着气象仪器，从黑河（现在的那曲地区）爬山越岭，经过几天的行军，到索宗（索县）。县城坐落在群山环绕的平坝上，海拔 4000 米。县城实际只有几十户农牧民（当时是奴隶），人口不过百余人，除了几户大户（头人），其他都是半农半牧的农奴。这里的人都以种地、养殖牛羊为生。土地是地主和寺庙的，他们要为寺庙服役，上缴糌粑、酥油、牛羊肉、柴火及干牛粪等物资给寺庙。他们住的是用草皮、土坯叠成墙，搭上小木棍，上面压土为顶，既简陋又低矮，屋里烧着牛粪，被熏得漆黑的小屋，生活非常艰苦。气象站建在离民房不远的草坝上，房屋也是请当地的农民帮忙，自己动手挖草皮，做土坯叠墙，盖了两间办公室和宿舍。11 月我们就正式开始工作，国家又多了一个气象站。

1959 年春夏间，拉萨平息叛乱的硝烟还没散尽，索县一带已经战云密布。上级指示，做好战备，挖工事战壕、地下通道，各房屋打洞通行，备粮食、盐巴、牛羊肉、腊肉，大油桶里装水。水最困难，要到山下河里挑，来回一个小时多。

当时县城驻有黑（河）昌（都）公路段、军管会、气象站加上养路段，共计百余人。

7 月 9 日早上，发现叛匪占领四周山头，打着"白色圣军"的旗号，纠集丁青、巴青、索县一带叛匪及部分喇嘛，公开发动叛乱。指挥部指示进入战备状态。中午，有个上海裁缝在返回原驻地的途中被打伤。气象站和附近两座房屋都处于前沿位置，位于敌人射程内。有一天，我去检查战备时，刚好到养路段的驻地，有一个人被冷枪打中，我赶过去时，他倒在我

创业篇

出席全国第三次气象工作会议，西藏代表团代表合影。

身上，血染全身。我和另一个工人把他从楼上抬到楼下，他就牺牲了。如果早几秒钟，牺牲的可能就是我，在那恐怖的时期，随时都有可能。

我们气象工作，每天8次定时观测，必须到观测场。这里是个开阔地，没有任何掩护，测温百叶箱已经被打出好几个孔，我们为了气象记录而从不中断。有一天晚8时观测，我到百叶箱测温度，手电筒一亮，就被发现，子弹打中百叶箱，我被震倒在地，幸好没有受伤，大家也为我的幸运而感到高兴。索县从7月9日被围困，到8月18日，解放军部队歼灭叛匪，索县重新解放。当时，索县老百姓被叛匪强行拉到山上，在索县平定后，他们又陆续回家。有一天，我在路上遇到原来的房东老太太，她看到我就跪在我面前，讲了什么我听不懂，翻译说，她一家人被叛匪强迫拉到山上，不准与汉人来往。有一天傍晚，有个叛匪说，他打死一个气象站"本布"（当官的），得奖金银元300元，还讲打死更大"本布"还可以得500元，她听了哭起来，还挨了打。平定后，各地把抓的俘虏集中轮训，巴青县集训队里有个叛匪交代，他打死索县气象站的一个"本布"得奖金300银元，并把银元交给军管会。巴青县军管会把材料转送索县军管会，材料内容与老太太所说一致，我算是"死"了一次。

赞丹寺位于索县城南边小山头上，它的地理位置十分重要，是县城的制高点，城里所驻单位都在它的射程之内。指挥部决定派一支小分队占领寺庙。小分队由十几人组成，其中气象站警卫班长带领五名战士参加。攻到寺庙时遭到了叛匪和喇嘛的反抗，小分队在地面火力高压下占领寺庙顶层，取得控制权，几天后，叛匪要把寺庙大堂柱子锯掉，不久顶楼就要倒塌，小分队身处险境。在危机时刻，有丰富经验的班长叫大家把被单撕成带，拧成一根粗绳，在黄昏时用汉语代号向指挥部喊话，指挥部用机枪掩护，佯攻敌人正面，转移了敌人的视线。天刚黑，小分队从寺庙背后山墙援绳而下，安全撤回指挥部。第二天，空军飞机来索县投了几颗炸弹，并没有炸了寺庙，只是威慑而已，而叛匪在寺顶大喊是国民党派来的飞机炸汉族的，非常猖狂。第四天，解放军大部队来了，叛匪小部分投降，大部分已经溃不成军自行逃亡。整个围困历时41天，终于重新解放。

1957 年，作者被评为全国气象先进工作者。

创业篇

冒 死 观 测

■ 沈锦水

从 1956 年 7 月到 1999 年 3 月退休，我在气象部门工作了 44 年。其中在西藏工作的 24 年，是我终身难以忘怀的。虽然离开西藏已经 26 年了，但是，在西藏从事气象工作的情景，与藏族同胞的感情，以及在高原生活的件件往事，还时时在脑海里浮现。其中，1959 年平定西藏叛乱前后的那一段时间的风风雨雨，就是我在西藏从事气象工作中难以忘怀的一幕。

1958 年 2 月，组织决定调我到西藏气象局从事高空气象管理工作。经过近半年的实习后，于 1958 年 8 月带领 5 名中专毕业生前往西藏，经过 1 个多月的奔波，到达西藏拉萨。考虑到我从学校调来，缺乏高空气象探测的实际工作经验，领导让我先到拉萨气象站探空组工作一段时间。

1959 年春节前后，形势骤然紧张起米。西藏极少数反动的上层分子违背十七条协议，紧锣密鼓地密谋把西藏从祖国分裂出去的叛乱活动，他们胁迫不明真相的僧俗群众，干了大量破坏民族关系、污蔑人民解放军和进藏干部的丑事。同时，他们公然打出西藏独立的旗帜，召开违法的"人民会议"，动用噶厦政府武装，向 16 岁至 60 岁的藏族僧俗群众发放枪支，叫嚣把汉民赶出西藏去。

面对当时的情况，上级要求我们继续坚持党的民族政策，密切注意事态的发展，防止形势进一步恶化，并且尽快加强单位的保卫工作，警惕武装叛乱的发生。当时，拉萨气象站有地面组、探空组、预报组、转报台、发报台等约 30 多人，组成一个排，每人都配备了枪支，我配备的是一挺捷克式轻机枪、一支驳壳枪，100 发子弹和两颗手榴弹。我们的任务是除了坚持气象业务外，不值班的同志全部参加挖战壕、盖地堡，并在地堡里 24 小时放哨，监视敌情。

1959年3月10日，西藏地方反动上层分子在罗布林卡召开"伪人民会议"，裹胁群众上街游行，打死爱国头人，叫嚣把汉人赶出西藏去，形势更加紧张了，拉萨城内不时响起枪声，武装叛乱随时有可能发生。上级要求我们保持高度警惕，全站人员除了值班者外，都做好了自卫反击的准备。在这样紧张的气氛中，我们丝毫没有放松气象测报、转报、预报工作，为国家特别是为军事提供准确的气象资料和天气预报服务。在防止西藏反动上层分子发动武装叛乱的备战工作中，上级对非军事单位的要求是组织力量保卫本单位的安全。对于气象站来讲，要完成这个任务是十分困难的。因为气象站位于拉萨城北边缘，紧靠林廓北路，占地约25亩，仅用铁丝网围住。林廓北路（约5米宽）的南面，是参与叛乱的四品官的一幢石头结构的三层楼房，气象站的所有活动在它面前暴露无遗。气象站的东、西、北三面是麦地和沼泽地。而更为麻烦的是，距离气象站约300米的西南方，是叛乱分子集结地——小昭寺。上级经过认真研究后，决定气象站立即撤离到市内的气象局大院里去，继续坚持为军事气象服务的测报、转报工作。决定下达后，大家立即行动起来，在10—11日，我们一方面坚持原地气象业务工作，另一方面到气象局大院楼顶进行测量方位、压温湿比较观测工作和转报、发报设备、线路的安装，做好搬迁的准备。

3月12日上午，完成08时高空、地面气象观测后，全体人员都紧张地参与了搬迁工作，男同志搬运发电机、发报机、收报机、氢气缸等笨重设备，女同志搬运资料、档案、轻便仪器和其他操作用品。装上解放牌汽车后，我在车厢顶上架起轻机枪，加上3~5名荷枪实弹的男同志护卫着开往气象局大院。这样往返多次，在当天完成了气象业务用品和个人生活必须品的搬迁，并在当天开始在气象局大院楼顶的气象要素观测。由于条件限制，我们只能收集气压、温度、湿度、云、能见度、天气现象和高空、地面风向风速等基本气象要素，拍发航空报，地面报一小时一次，高空风观测每天01、07、19时共3次，必要时随时加测。从气象站搬迁到气象局大院的过程中，没有间断过一次。

到达气象局大院后，虽然条件比气象站稍微好一点，但仍然很危险。大院为四合院式结构，正北是三层主楼，东、西、南为与主楼连通的二层裙楼，中间有200多平方米的天井，正中有一口水井。四合院正南是一条长

创业篇

约15米、宽约6米带有围墙和边房的通道，在主楼口、四合院口、通道口有三座大门，整个院子比较严紧。但不利的是大院西面大约30米处的木隆寺也是叛乱分子集结点，而且比我们的院子高，可以压制我们的火力，而且它的大门与我们的大门在同一条街上，很容易对我们发起冲锋；西南方约300米处是噶厦政府一个警察代本（团）的驻地，对我们也是一个威胁。为此，我们构筑了三道防线：第一道在大门口挖一个坚固的地堡，控制街道，防止敌人冲锋；第二、三道在四合院口和主楼口，垒起带有枪眼的泥墙；在主楼南面、西面对外的窗户都改装成各类枪眼，三道防线的联络通道都从室内挖通，还储存了大量主副食。这些工作都是在短短的三天时间里完成的。

在气象局大院楼顶进行的气象要素观测虽然简单，但却很危险。楼顶四周有1米高的围墙，敌人在西面的木隆寺楼顶上仍然能清楚地看到我们在楼顶的活动。开始，我们用通风干湿表观测温度、湿度和云能天，他们不知道我们在干什么，也没有干扰。到19时我们用经纬仪观测带有灯笼的测风气球时，他们马上警觉了，对我们打冷枪。好在我们早有准备，楼顶上没有一点灯光，用包了红布的手电筒读数，在不丢球的前提下，尽量放低姿势，尽可能多地获取资料。最危险的是白天观测，我们在楼顶上的活动，被他们看得清清楚楚，我们只能倚靠楼顶围墙的掩护猫着腰观测云能天，把上好弦的通风干湿表飞快地挂在事先竖好的杆子上，2分钟后，再飞快地上去观测。就是在这个环节上，有一个同志被冷枪子弹擦破头皮，连骨头都看到了。但是在敌人没有正式武装叛乱前，上级不允许我们开枪掩护，我们只能冒着生命危险坚持工作。

1959年3月20日凌晨3时45分，拉萨市内突然枪声大作，木隆寺楼顶和各楼层的枪眼里也向我们射出子弹。上级很快发来通报：西藏反动的上层分子已经发动了武装叛乱，向外事处、西郊运输站、建工处等单位发起了冲锋，我们要坚决予以还击，守好自己单位，防止人员伤亡，等待解放军出击。接到通报后，我们立即组织力量对木隆寺叛乱分子予以还击。大约在凌晨5时许，叛乱分子向我们前大门发动冲锋，我们门前的地堡发挥了极大的作用，我们用机枪、冲锋枪把道路封锁得严严实实，敌人根本无法靠近。后来敌人用迫击炮弹打我们地堡，有几发炮弹打在我们地堡顶上，也没有把地堡打坏。他们冲了几次，丢下一些尸体，也只好作罢了。

3 月 20 日上午 10 时，解放军正式开始反击，我们的炮兵把炮弹准确地射向敌人据点，并且向药王山叛军司令部等地发动冲锋，很快把敌人打垮。然后在拉萨市内逐个收拾敌人据点，敌人逃跑的逃跑，投降的投降，到 21 日基本解决战斗。我们在 19—21 日 3 天里继续守卫本单位，连续 3 天我没有合过一次眼。22 日，上级要求我们抽出部分人员走出单位，分区打扫战场，整理市容，整个拉萨市逐渐恢复了平静。23 日，我们开始了气象站的回迁工作，25 日，恢复了气象站的全部气象业务。

拉萨市平叛告一段落后，解放军继续在全西藏开展平定叛乱斗争，并在全西藏开展民主改革，西藏的农奴、贫苦农牧民、贫苦喇嘛得到了彻底的翻身解放。从此，西藏在党中央、国务院的领导和全体西藏人民的共同努力下，走上了和平民主发展的康庄大道。

创业篇

我把青春献西藏

■ 李文策

每当听到韩红演唱"天路"的时候，我的心情总是十分激动。想起 30 年前，我在西藏工作情景，我为我把自己的青春献给了党和西藏人民而自豪。

1951 年 7 月，在抗美援朝、保家卫国的热潮中，我在上海市报名参加了军干校，从此走上了革命的道路。参军后来到四川成都，在西南军区空军司令部气象处气象干部训练班学习。当时 300 多位同学，分别来自上海和福建两地，我们是第二期，因此也简称"西南气象二期"。

1952 年 4 月毕业，同学们纷纷表决心要到祖国最需要、最艰苦的地方去。我被分配到西藏去工作，心中无比兴奋，也感到十分光荣。能去开创西藏气象事业，贡献自己的青春年华而骄傲。我先后在林芝、邦达、江孜、羊八井、当雄、帕里等地工作，度过了我 30 个春秋年华，其中在海拔 4300

1952 年春，林芝气象站全体同志开荒生产，自力更生。

米地区工作了 26 年，在 3600 米地区工作 4 年（林芝 2 年，江孜 2 年）。

1980 年，中央召开西藏工作会议，决定全国各省对口支援西藏，以加强西藏建设的步伐，同时决定长期支援西藏的老同志，分三批内调，我作为第二批内调干部，于 1982 年 7 月回到无锡市，结束了我在西藏工作三十年的革命生涯。西藏的山山水水养育了我，勤劳朴实的西藏人民教育了我，西藏成为我心中不可磨灭的第二故乡。

进军西藏

为了保证部队顺利进军西藏，完成青藏、康藏的修路任务，党中央考虑必须开辟"空中航线"，以实施空投物资，保证及时补充部队给养。以前，在这个被称为"世界屋脊"的高原上空，被列为"空中禁区"，经过人民空军的多次试飞，"禁区"终于被突破了。但由于缺少地面气象保障，常常因天气条件恶劣而造成"返航"，这不仅浪费油料，还影响空投物资任务完成。为了保证飞行安全，当务之急必须在航线上增加气象台站网，由于那时对西藏的情况一无所知，就在地图上按当时航线需要指定四个点，即后来建成的嘉黎、林芝、倾多、那达四个气象站。

1955 年夏，西藏邦达气象站，作者在维修风向风速仪。

汽车把我们送到金沙江畔的德格，这里是去西藏公路的终点，过河全靠藏胞特有的牛皮筏子，它是用两张牛皮制成，中间有一木框。每次最多载四人，靠水的自然流向过河，接下来的是徒步行军。起初，每天走二三十千米便感到气喘吁吁，后来慢慢适应了，也能走四五十千米。经过 210 天行军，终于来到目的地——林芝，林芝是个好地方，素有小江南之称，随处可见旱柳和高高的核桃树。

创业篇

117

当时，西藏还是封建农奴制度，农奴过着衣不遮体，食不饱腹的艰难生活，有一天早晨，我去井中打水，看到有一位妇女抱着婴儿，在屋檐下晒太阳，冻得全身发抖，我就将身上一件绒衣脱下包在小孩身上，感动得妇女连伸大拇指说："金珠妈咪亚古都（解放军好）"。

经受考验

首先是气候不适应，青藏高原紫外线强，加上空气干燥，我们的脸由白变红。再由红变黑，脸上一层层脱皮，嘴唇开裂也不能笑，大家只能把头扭过去，忍住笑。

吃是最大的困难，由于公路没有修通，物资运不进来，只能逼迫吃酥油糌粑，为了革命，大家千方百计改善生活，创造了糌粑团子、炒糌粑，想尽种种办法克服生活难题，每年只有过年才能弄来一点大米，美滋滋地饱餐一顿算是最好的改善伙食。1954 年春天，青藏、康藏公路终于通车了。从此结束了酥油糌粑的日子，吃上了四川运来的大米、花生、榨菜和腊肉。

1978 年 10 月，出席全国气象系统"双学"代表大会的西藏代表团。

西藏缺医少药是平常事，小病还能找到一些常用药，如感冒片、黄连素等，遇到重病和需开刀就无药可救了。幸好当时大家年轻，有病挺一下也就过去了。在邦达站工作时，有一次全站得了流感全部病倒，眼看 08 时观测时间快到，我强迫自己爬起来去接班。由于全站人员努力，不仅战胜疾病，而且较好完成邦达站各项任务，受到西藏气象处通报表扬。

党的阳光

记得刚参军时，对气象是干什么的也搞不清楚，当走进西南气象处大院时，看到一排排百叶箱，还认为是养鸽子的笼子。1951年八一建军节来到的时候，我们终于穿上了绿军装、蓝裤子，胸前佩戴上中国人民解放军徽标，成为空军中一名气象战士。同学们纷纷上街到照相馆去照相，把相片寄到远方日夜思念的父母和亲朋好友手中。

作者于1981年在拉萨留影

在气象干部班学习时，第一课是树立革命人生观教育，集体英雄主义的教育，学校发给每个人一只搪瓷杯子，上面印着"为人民服务"，从此为人民服务深深印在我的脑海中，成为革命一生的座右铭。

我在平凡的工作岗位上取得一点成绩，是党的培养和教育的结果，是西藏人民养育、关心的结果，也是在革命人熔炉、人家庭中锻炼成长的结果，这将永远激励自己，使我终身难忘。

今日的西藏，幸福的天路通向了北京，各地航班四通八达，神秘的西藏变成了世界各国的旅游胜地，人民过上幸福的小康生活。在庆祝西藏和平解放60周年之际，祝愿我的第二故乡，西藏人民扎西德勒。

创业篇

隆子的艰苦岁月

■ 蔡泽生

1959 年 4 月上旬，我接受支援西藏气象事业的调令，从天津海洋气象台调西藏隆子气象站工作，直到 1972 年元月，一直从事测报、服务等工作，现回忆当时那些事情，仍回味无穷。

自己动手，建设隆子站

隆子站位于西藏自治区山南专区南部，西巴霞曲河南岸的松巴乡松巴村，海拔 3900 米。1959 年 3 月底平叛接近尾声，由吕允三、廖述德和李成芳 3 个同志带着器材奔向隆子边防建站，后薛华权、罗运发到站。我是 1959 年 6 月到站的，后又分配来两人（成都气校毕业），陈彦清（女）和赵长治。

雪域高原，奇寒缺氧，4 月初，大地冻土层厚达 30 厘米。三天两头不是大雪就是大风。河谷沙暴频繁。为了尽快建成平叛后第一个测风地面站（自设电站），薛华权多次向县领导（当时还未土改，是山南派出的县工作组）汇报请示，得到县领导的支持，批给一块沙石地建观测场，拨一间逃跑代理人留下的土房做测报值班室。薛站长身先士卒凡是危险难办的事都自己干，四个同志也非常积极，能吃得苦。在建设观测场时，安装 12 米高的两根风向杆和两个百叶箱最难。冻土深，挖坑、立桩最费力，又必须按规范要求，准确无误。一天下来，五个人的手、脚都有伤，大血泡、皮肤划破的事很常见。当时 5 个同志在县工作组搭伙，但大部分时间在工地（观测场），中午晚上均与两个摇机员一起以糌粑或炒面充饥。两个摇机员均是农奴出身，一个叫达娃，一个叫卡到奇，年龄都是 30 开外的本份人。她们常常从家里带来牛粪供站上取暖，带来酥油茶给大家喝。她们和汉族同志相处得很融洽、团结，把这些远离家乡、父母来到高原"管天"建设新西藏的青年看作自己的弟弟，从不叫什么"本布"！

　　劳动活一起干，必要时还能以手代口充当半个"通司"（翻译）。当时，用作气象站的房屋很小，大约只有 12～13 平方米。薛站长带领大家做土坯，在该小房砌起一堵墙后，隔出约有 3 平方米的值班室（气压表挂在里面），其余的就作寝室兼放些器材。隆子站是小球测风站，制氢气的气缸和原料放哪儿呢？大家四处找寻石料（片石）砌个围墙，再用小树条和木板作顶棚，简单的盖成了一间临时制氢室。经过 5～6 天的辛勤紧张忘我的劳动，测报工作准备就绪，隆子气象站诞生了。1959 年 5 月 1 日 2 时，我们用自设电站向拉萨、北京发送了第一份地面气象观测资料。建站伊始，同志们除了白班、夜班的业务工作，还要参加县里安排的种菜种青稞劳动。每年分配站上人每人交 500 斤菜，200 斤青稞任务，到 1962 年每年都完成了任务。

　　当时的值班室在观测场的西南面 60 米外，地面测报工作以分秒记，这严重制约工作时效和质量，特别是气压表置于值班室离座椅不到一米，很不合规范要求。1959 年 8 月中旬，经请示县里领导同意，由自治区气象处拨款 1500 元新建值班室和宿舍。地址选在观测场的北面 20 米处。当时县里说："钱有限，房子建大建小自己干。"全站同志表示："我们长期建藏，热爱气象，把心拴在高原，再苦再累也要把房子建好！"除了业务工作，全站分工运木料、石料，打土坯、砌墙、平地，决定在 1959 年 11 月 1 日前建成。县里调来 3 个木工，又经驻军 159 团首长批准，每天派 5 个藏兵俘虏当小工，真有点悬！时间紧迫，困难重重，每人每天都有任务，大家要咬紧牙关，不顾伤痛，藏汉同志团结一心，于 10 月下旬终于搬进了基本符合要求的地面、高空值班室和 4 间宿舍。

　　这里我还记得一件小事。建房开始的一天清晨，刚下过大雨，西巴霞曲河涨水了。我、李成芳、赵长治三人带着两个藏兵俘虏，驾着一匹马车（向驻地解放军借的）头顶烈日到 20 千米外的列麦乡拉木料和盖房顶的石板。路不好走，还要淌过 60 多米宽又在涨水，湍急浑浊的西巴霞曲河，河水深及大腿，冰凉刺骨，赤脚踩在鹅卵石上打滑。大家手挽手，小心翼翼

创业篇

地围在马车两边一齐过河。经过一上午，我们从山上庙里扛下 8 根约 4 米长0.2 米粗的木料（刺松），100 多块片石板，马车装得满满地往回走。沿河滩的公路凹凸不平，马拉得很吃力，遇着上坡，费力推着慢行。我们带的馒头和水中午就吃完了（还分些给俘虏吃），走到下午 4 点多，真是又饥又渴，人困马乏。好不容易，总算来到离站 4 千米的河边。河水平了些，但又湍急又刺骨，既怕马车出事，又怕藏兵俘虏散失，我们 5 人手扶着木料，牵着马刚淌到河中心，糟了，马车陷进河坑里了，动弹不得，木料开始上浮。淹至大腿的水使我们来不及想别的，冲走人冲走木料都不行，大家不顾河水刺骨，乱石扎脚，赶快搬木料。两人扛一根，费了多少力气来回折腾搬动，先把木料全部抬到河边，又返回推拉马车。两个藏兵俘虏佩服我们的干劲儿，干活也卖力，毫不懈怠。就这样，我们强打精神，说些笑话，忘记衣服湿啦，手脚划破了，肚子饿了，但人员安全，马车和木料、石料在天近黑时运回到站上，总算完成了任务。

艰苦创业，开展气象服务

隆子县是农牧兼有，以农业为主的大县，是西藏粮仓——山南地区产粮重地。民主改革后，翻身的农牧民当家作主人，农牧业年年丰收，到1962 年粮食总产仅次于乃东县。县领导十分重视气象与农牧业的关系，县委王建平书记、朱子焕副书记亲自到新建成的观测室看望全站同志，离开时，对薛站长和我说："你们管天的不能只做每天的黑板预报（1962 年自卫反击战开始，我们就在县里饭堂黑板上公布当天的天气预报），预报的时间能再长一点就好了！"1962 年底，区气象局朱品局长来站检查工作，肯定了我们抓好测报工作的同时，积极开展气象服务的工作。还指示我们摸索土办法，特别要抓好灾害天气预报服务。

像预报工作一样，隆子气象站的气象服务从无到有，边学边干，从短期逐渐扩大到中长期预报，灾害性天气预报和防霜预报服务。全县 6 个区（两个边防区），隆子河谷周围以农业为主，县北部主要为高寒地区，以牧业为主。河谷地带无霜期为 140～170 天，大风、雪、冰雹为主要灾害天气。以我离站的 1972 年前 10 年回顾，我们开展气象预报服务还是有成效的，主要特点是：

坚持气象预报服务，做好农牧业生产的参谋，做农牧业生产的好助手。

春播和秋收定时做天气预报并将预报结果送达区政府和县有关部门，还积极做好预报效果的收集。

中长期预报坚持农谚、资料和区气象局长期预报综合分析，集体讨论通过再发布。

站上资料短，又无预报员，只有定期走访农牧民，收集农谚，去粗存精，逐条验证使用。

站上测报工作必须保证，在人少事多的1966—1968年间我们克服没有翻译人员的困难，带着站里藏族摇机员走访群众，多是步行。有时候收集农谚多些，有时一天跑一乡毫无收获。这个工作是个苦差事，语言不通。和藏族摇机员口手并用，与群众对话困难，加之又累又饿，回站还要接着值夜班。遇着恶劣天气（像春季每天均有风沙）更是苦不堪言。经过无数的农谚调查，我们将其中有用的近40余条谚语，按风、雨、雷、电、干、湿分别立档，对照使用。像"三九冷冰冰，来年喜人心"。对照旧历，大约是冬至以后第一个9日至第三个9日这段时间比往年冷，且雪大，来年不会春旱，对青稞播种有利。

做好预报，防灾减灾

从1959年到1962年，隆子县产粮食620万斤到1000万斤，可见翻身农牧民的生产热情多高。县委在1962年底的农牧业总结大会上对气象站提出了更高的要求：做好霜冻预报，促进粮食丰收。我们站资料短，从走访群众得知，隆了河谷二个乡（松巴、口当、新巴）初霜多在9月上旬出现。而处在县北面半农半牧的雪沙区的雪沙、扎色、彭珠三个乡，初霜来得早，给农作物的威胁大，有的年份造成青稞大面积冻害，颗粒无收。我们还收集到个别地方用淹地（霜冻出现前2小时放水）或点火熏烟的防霜办法。我站于1963年秋收春播预报中，向县政府和6个区送去秋收初霜预报和群众防霜经验，并决定到时派员下乡和群众一道防霜（1972年前共派4次）

我曾三次参加秋收防霜服务，均是到高寒的雪沙区。印象最深的是1963年在彭珠乡的搭果村（当时是彭珠公社的第六组）连续三天的防霜，保住了庄稼。当时薛华权已调走，蔡和忠即将到站。我安排好站上的业务，根据当年预报初霜的特点于 8 月下旬到雪沙区，向区领导汇报后，会同次仁顿珠区长到各乡作防霜经验介绍，组织群众防霜。我们经过好几天的奔波，彭珠、扎色两个乡的农民都准备了足够的燃料放在青稞地边。并安排专人负责每天 4 时早上看天，及时通知起床点火熏烟。

彭珠乡的搭果村在乡的最北面 10 余千米处。有 20 来个农牧民，这里有 100 多克（亩）青稞地参差不齐的摆在一条由北向南小河的两面，海拔近 4500 米，霜冻常年使庄稼减产。当群众知道"郎门喜勒空"（气象站）和他们一起防霜，心里非常高兴。由乡长扎西顿珠布置在每块青稞地（大的有 2 克左右）在北面和南面都堆放牛粪，爬地柏枝、青草。大概是 9 月 4 日乡长到别的村组去了，留我一人在搭果村。是夜，天空繁星满目，无风，但凉气袭人。我将一支最低温度表置于离住房较远的约半克（半亩）大小的青稞地上。当时地温大约是 9 摄氏度左右。我身披大衣和一个组长守夜，组长带来一壶酥油茶，我们俩边喝边往火堆里丢牛粪烤火，又冷又静的。由于语言不通，我不知不觉打起盹儿来。突然听到牛角号声，急促的跑步声把我惊醒。我赶忙去看地温表，呀！到 2 摄氏度了！正欲叫大家点火，见小河旁的青稞地冒起大片烟雾，时间是 6 时 10 分（当地时间），群众开始熏烟了。因为无风，地里冒出的烟很快在 2～3 米高处平衍开来，虽然有些地段浓些，有些地块淡些，但全村主要庄稼地上都罩上了一层烟雾，这次青稞没有受到冻害。清晨时分，吼声和笑声此起彼伏，一直到朝阳的晨晖洒满这块高原福地。

创办气象哨

根据气象局的指示，为了更好地为农牧业生产服务，摸索群众自己办气象的路子。1969 年初夏我们征得县领导同意拟在远离隆子县府 55 千米的雪沙区建一个气象哨。器材，仪表，培训由我们负责，场地和人员由区里决定和选派。站上决定让我负责这个事。当时文革闹得很凶，没有教材，没有翻译。站上日常测报 8 人的工作由 5 个人干（休假走了 3 人），困难是明摆着的，我只好硬着头皮干吧！

区里送来学气象的是个 30 多岁的妇女，名叫单增卓玛，翻身农奴，藏文一字不识，但是肯学，记性也好。白天，一面让她学写 1、2、3……阿拉伯字和观测簿内温度最高最低的气温记法，一面让她跟着值班同志看仪表，记录雪、雷、雹的符号。我们让藏族摇机员当通司（翻译），加上自己少许会几句藏语，就像带徒弟的培训。经过一个半月的培训，卓玛学习得不错，基本能记录每天早晚（天亮后和天黑前）各一次温、霜、雪等观测结果。培训结束，结束走时，我记得站上拿出100元补贴给她，还给了10本观测簿和一些铅笔让她先回家去。

大概是8月底，建哨的百叶箱、雨量器、温度表等器材由休假回站的同志带到县。我和摇机员班登费了两天的精力，好不容易运到了卓玛家所在地——雪沙乡塘都村（海拔4200米）。塘都村是以牧业为主的半农半牧村，翻身农牧民看到我们来建哨，又惊奇又欢喜连呼"朗门喜勒空亚古教"（气象站好得很）！5个牧民帮助我们平整出一块约15平方米的坡地，安装上百叶箱，第二天卓玛就开始观测，记录地温、气温，我因有防霜任务，建好哨就到别的乡去了。据区里反映，这个气象哨记录维持约半年，因种种原因而夭折了，使我们非常惋惜（主要原因据说是误工补贴停止——原来是乡里给的少许工资没有啦），但万里高原办的第一个群众气象哨总是一个开端。

快乐生活

平叛后的西藏，土改、清匪、建乡、县政权热火朝天地发生在我们身边。1972年前的隆子站先后有11个同志（其中有两个是女同志），他们来自四川、贵州、山东、广东、山西、浙江、广西、湖南（1971年初又分配两个藏族女观测员）等省区。最大的40岁，最小的才18岁，远离家乡，远离父母，来到雪域高原。不同的语言，相同的信念；不同的性格，相同的事业，把大家长期连在一起，克服困难，艰苦奋斗，搞好气象工作。由于物资缺乏，1962年前，全站办公费是每月15元，但是买点煤油灯的煤油就花去三分之一（当时晚上值班，寝室照明均是煤油灯，1963年后才用上蜡烛），早上7点换班下来不是忙着到县府伙食团吃饭，而是先用湿毛巾清洗两个鼻孔！否则两个被煤油灯熏的黑鼻孔会让你难受一天！我们站海拔3900米，寒冷缺氧难不倒同志们，但缺少蔬菜是个大事。刚建站时，县里规定粮食以当地青稞，藏小麦为主食。我们每天的伙食是一餐藏馒头，一

创业篇

餐糌粑酥油茶，一餐米饭。由于缺少蔬菜，伙食单调，有的同志几天解不出大便。薛站长把县里分配的种菜、种青稞任务按站人员定量定品种，完成任务的可以提前休假。由于任务完成得好他得了个"大萝卜"，我得了个"小白菜"的雅号。观测业务白班、夜班、小夜班，三班倒，下班后常常要去参加县里的政治学习或劳动。做报表只有抽晚上的时间，根本没有休息的概念。劳累、紧张的生活让我们见缝插针抽空活跃生活。玩扑克、钓鱼、打猎那是难得的成为放松精神的首选。

1963 年秋收后的一天，天气晴朗，我值白班交班后，独自一人带着树枝鱼竿，背着英式步枪到离站 2 千米处钓鱼。很扫兴，下午 5 点多了，一条鱼也没钓上来，我只好强打精神回站。刚走到离一条水渠边 100 处，3 只藏犬吠着朝我追来。突如其来的危险让我恐惧，15 米、10 米、8 米……越逼越近，大有咬我的劲头，任我鱼竿、步枪左挡右摆，驱赶无效，我边退边蹲，鱼竿断了，一刹那间，我端着步枪站着不动，3 条狗光是狂吠不敢向前咬，待我反身想走，他们又猛追咬过来，我只得边退边停，举枪防备。如此僵持数次仍摆脱不了凶犬。天黑了怎么办？我豁出去了，瞄准中间那只大的，砰的一枪！咳！我的天，真巧，把他的前爪打断了，它爬着不动，但仍然不停地吼叫，另外两条藏犬在它旁边围着，也是光吼叫，不敢向前。好了，没有打死它，危险也解脱了。我赶紧跳过一米宽的水渠，回到站上。第二天同志们听说此事后，都为我捏了把汗！

艰苦而充实的申扎岁月

■ 文若谷

1959 年达赖叛逃，西藏发生反革命武装叛乱。部分叛匪逃窜到羌塘大草原（军队叫 3 号地区），特别是在申扎县辖区，叛匪活动猖獗。1960 年初，为了配合部队平息叛乱，尤其是保障空军飞行，按照西藏军区的要求，西藏气象局决定在申扎等地建立气象站。当时组织上从羊八井抽调文若谷，从日喀则抽调陈松同志（担任站长），援藏干部杨玉庆前往申扎建站。

三人在拉萨集中，准备了观测、通讯等器材。由西藏军区作战处配发了冲锋枪、手枪、手榴弹和数百发子弹以及两部八一型无线电台，还带了一麻袋粉条，一麻袋鲁迅文集、邹韬奋文集。在被拉萨老百姓叫做"一九冻水，二九冻木、三九冻钢铁"的酷寒里，我们 2 月从拉萨出发经羊八井、当雄到黑河（那曲）。一路西行，海拔越来越高，气温也越来越低，坐在下面堆放建站器材的敞篷车里，三人只有配发的一件工作皮大衣，顶着刺骨寒风，冻得瑟瑟发抖，缩成一团。到达黑河站，虽然受到站上同志的热情接待，但人早已冻麻木，说不出话来，只会傻笑了。第二天凌晨黑河早餐后，车队继续西行，经纳木错、班戈，茫茫大草原，没有公路，荒无人烟，成群的野马和野羊敢和汽车赛跑，毫不惊慌，车队沿着前车车辙摸索行驶，在班戈湖到申扎的半路又有一辆车出故障，夜色中抢修，同志们下车冻得直跺脚，肚子又饿，饥寒交迫，天黑时分才到达申扎县委门口。那时冷得连腿都迈不开，连傻笑都不会了。说是县委，其实也是刚刚组建的，各个职能部门也只有一个人，连县委组织部、宣传部也只有部长一人。气象站来了三个人，算是申扎的大单位了。

到申扎以后，县委安排给我们的住处是老百姓的冬季羊圈，并划了一块地，三人就开始建站了。二月的藏北，正值寒冬。申扎海拔 4670 米，二月的平均气温为零下 8.7℃，极端最低温度为零下 31.1℃（取自 1961—1970 年全国气候整编资料）。大家高原反应严重，普遍头昏，头痛、气短、乏力，甚至厌食、失眠，再加上天寒地冻，十字镐砸下去，手震得发疼，地面上只留下一点点白印，根本没办法挖坑埋桩。没办法，只好在白印上烧牛粪，解冻一点挖一点，反反复复搞了数日。此时县委多次催促说：部队已经出发了，你们什么时候能观测、发报。情急之下，只好先刨出浅坑，埋上百叶箱、竖起十多米高的风向标，架天线及浅埋观察站四周围栏，然后浇水让它冻住，有了工作条件，终于可以开始观测和发报了。因为人手少，上级只要求发航空报，申扎站主动承担了所有地面业务，还开展了高空测风工作，但不巧电台又发生故障。我们改用备份机开展工作，为保证今后工作的正常运行，站长前往拉萨修理故障电台，因此每天 24 小时航空报、每天两次小球测风、4 次定时观测就由杨玉庆和文若谷两人完成。这样连轴转坚持了十多天，基本上没有延误工作。同年 3 月，经省局业务科检查验收，包括仪器安装在内的所有工作全都合格。1960 年 4 月，申扎气象记录正式载入西藏气象史册。

申扎除了低温、大风、缺氧的恶劣自然环境外，治安状况差，常发生叛匪躲在暗处对着手电筒开黑枪的事情。夜间既要防叛匪还要防备藏獒的袭击。观测场旁边住了一家藏民，他家里有头又黑又亮、凶猛异常的藏獒。白天主人用铁链拴住牠，虽然常对我们狂吠不止，倒也没什么可怕的。可到了晚上，这家伙对着月亮昂头长啸，声音像狼嚎一般，真叫人毛骨悚然。每当夜晚观测时，必须腰间别上手枪，一手拿观测簿，一手拿棍子，胳膊下还要夹着手电筒。有时牠会挣脱铁链冲过来，围着观测场狂叫不止，此时就得挥舞棍子，给自己壮胆。还好，气象站的同志没人被咬过，也没有因此耽误过工作。

第二年，申扎站又调来了高国梁同志。为了交通方便（雨季到来，加上夏天上游冰雪融化，河水泛滥，汽车和人都无法过河），县委决定整体搬迁到河对面。为了这次搬迁，领导决定在河水尚未完全解冻时，由文若谷陪同邮电局的报务员先去对岸选择天线位置，不幸文若谷掉进了冰窟窿里。冰水一下淹到胸部，挣扎爬到冰面上，下半身全部打湿了，雨鞋也灌满了冰水，勉强走到目的地，裤子鞋袜全被冻住，双脚无法从雨鞋中拔出来。

还好，附近有老百姓的帐篷，蹒跚挪着两块冰坨子进了老乡的帐篷，老牧民赶紧燃起牛粪取暖，半天才缓过神来，总算人安然无恙，真幸运。

到了夏季，气象站也要过河选址。当时，正值雨季，河水泛滥，河床变得很宽，只能骑马过河。有经验的当地人知道什么地方有深沟，什么地方水浅，一般采取迂回的方式前进。我们到县委借了两匹马（马鞍是藏式的，镶金镀银，相当漂亮），文若谷和高国梁毫无经验的就骑着马就对直过河。到了河中央，只听"扑通"一声，文若谷所乘的坐骑一脚踏空，掉进了深沟。刹时，湍急的河水一下就将人和马卷走了。据岸上的人讲，人脑袋和马在水中一沉一浮，被河水飞快冲向下游，任凭他们怎样叫喊都无济于事。高国梁幸好及时勒住缰绳，掉转了马头，才免遭此劫。文若谷人虽掉进水里，但始终保持着清醒的意识，加上年轻，也不知道害怕。当时鞋被马蹬卡住了，于是胡乱挣扎一番，光脚从马上挣脱下来，同时双手紧紧抓住马尾，随河水顺流而下。慢慢地，水深从头顶降到胸部，脚下也有了着地的感觉，隐约中还看到岸上飞舞手臂的人群，等感觉到水只有齐腰深时，双手松开了马尾巴，站住了。马可能早就呛死了，当手一松，马就像箭一样被水冲走了。这时顺流赶来的藏族同志牵来另一匹马将人救上了岸。人没事，可马却死了。第二天文若谷怀着不安的心情去县委做检讨，表示愿意赔偿马匹。县委领导说能保住小命就不错了，还谈什么赔不赔的，找人去把马鞍子取回来就行了。过了两三天，等水稍微退去一些，站长陈松游进冰凉的河水，在下游十几千米处，从死马身上取回了马鞍（据说那漂亮的马鞍当时值500元）。

比起2月的建站，此次迁址就顺利多了，人员增至4人，又避开了冬季。我们挖草坯垒起一间值班室和制氢室，驻军支援了一顶棉帐篷，三个小伙子挤在帐篷里，因为申扎风多、风大，大风经常把帐篷吹倒，小伙子们总是要半夜爬起来，顶着刺骨寒风重搭帐篷。文若谷则要步行一段和县里的女同志搭伴住一间草坯房，晚上藏獒围着叫，还会吐着舌头，爬到肩上来，真让人提心吊胆。尽管如此，中扎站总算是正式安定下来了。这时县委对我们的要求也高了许多，提出要我们提供预报服务。因为申扎地处西藏西部，接近无人区。山高路险，天气气候十分复杂，冬天气温最低降至零下30℃以下，全年平均有60多天会刮8级以上的大风，最多的时候可达99天，在山口地带肯定还不止这个数。申扎的天说变就变，哪怕在夏季，

创业篇

一会儿晴，一会儿雨，一阵风过来，雷电冰雹就会从天而降。一个县的面积有浙江省那么大，从县里出发到最西端，骑马要走 15 天。气候多变，土地广袤，了解天气变化，自然是党政部门开展工作的首要前提。可当时刚刚开展工作，资料极其有限，四个人都是观测员和报务员出身，预报怎么做？的确有困难，但绝不可以不做。于是站长陈松发动大家，根据平常积累的经验，结合现有的资料，和从班戈站抄来的历史资料，进行分析，分头来找指标，经过大家的努力，每人基本上都能找到 2~3 条。其中共同发现的规律指标就有：根据小球测风资料，根据能量下传原理，总结出当 500 百帕高度风速≥20 米/秒以上时，第二天必有大风出现。根据系统由西向东的原理，发现当阿里地区的噶尔站出现降雪时，结合申扎由盛行的西风转吹其他风向时，在一两天后也会降雪。以后用这几条给县委作预报基本准确，受到了县委领导的好评。

申扎的风真大，风沙来临的时候，西边远处辽阔的草原上沙尘暴遮天蔽日，滚滚而来，气势汹汹，惊心动魄，凡遇风沙天，迎风行进是很困难的。常言道：飞沙走石，而那里可是飞石满天，小石头打在脸上生疼。为了准时作好观测，没办法，只好用皮大衣包住头，弯腰向前，小石头打在皮大衣上蓬蓬作响。狂风停了，沙石堆积有墙一般高。有时放球，风太大，灌了气的球被狂风拉得很长，人也吹得东倒西歪，直到气球被活生生吹断，只有气球颈部留在手上。因为风大，电台常无法通讯，由于沙尘，值班室大白天也要点上煤油灯或蜡烛才可以工作。

没有风沙的申扎天又特别透明，当高压控制时，低温、晴朗、无风。小球测风可放 60 多分钟。在那滴水成冰的天气里，再冷，放球时也不能戴手套口罩，戴了手套，不方便操作经纬仪，戴口罩，口中哈出的热气会影响镜头，无法观测。每当此时，只有用绳子从腰间捆住皮大衣，大衣里放一热水袋，观测时，伸出被温暖的手进行观测，可嘴巴和眼睛就没那么幸运了，裸露在外，受尽冷冻，哈出的气，让头发睫毛和胡子都结上了一层霜。

除了完成气象站的日常工作，时时提高警惕，防备残匪的袭击。站上还抽人到县委，参加深入牧区搞民主改革运动。

申扎地处高寒，没有蔬菜。刚去的那几个月，就靠从拉萨带去的那一麻袋粉条，除了油盐，没有任何调料。偶尔有好心的同志从拉萨带来一些蔬菜，我们如获至宝，格外珍惜。莲花白的老叶子及茎部自然能吃，就连大葱，也是先吃叶，再吃茎，就连葱须，那也是舍不得丢掉的。为了改善生活，我们用大头针弯成鱼钩去钓鱼，试着在牛羊粪堆积较厚的土层上种菜。

业余时间，拉萨带来的鲁迅、邹韬奋文集成了最美好的精神食粮。生活艰苦，但年轻人积极乐观，所以那段岁月十分充实，为我留下了许多弥足珍贵的经历，永世难忘的美好回忆。

创业篇

青春的激情在川藏线上飞扬

■ 文若谷

　　1956 年 8 月，原中央气象局成都气象干部学校 55 级学员毕业了。"到祖国最需要的地方去"、"到最艰苦的地方去"成了广大毕业生的最高理想，写申请、表决心，群情激奋，全校一片沸腾。分配的时刻终于到了，当校长公布分配到内蒙古、新疆、青海、西藏等艰苦地方同学的名单时，会场响起一片掌声和欢呼声。听到通测班（当时全校只有十二班和十三班两个班，同时学习观测和通信）有 19 位同学被分配到西藏时，大家高兴得跳起来，女同学们还相互拥抱着。19 个人（4 位女生，15 位男生），都沉浸在无比的喜悦之中，觉得自己是世界上最幸福的人。服从祖国的需要，能到艰苦的地方去磨练自己，经受考验，是组织的信任，人生最大的光荣。

　　按照通知，19 位同学离校，并搬进西藏军区驻成都招待所。当被告知西藏气象处属于部队编制（当时全国各地气象部门均已转入地方），我们要坐军车入藏时，又一次激起一片欢呼！啊！要进藏了，属部队了，多么振奋人心。在欢乐的气氛中，非常自豪地写信告诉父母，自己被分配到西藏工作，并将仅有的几件衣服寄回家里，只留下被子作为路上住宿用。招待所给大家发放了旧的棉军服，以便抵御路途上的寒冷。

　　8 月 15 日，我们一行人从成都出发了。坐敞篷汽车，背包就是凳子。一辆敞篷车挤挤挨挨坐四十个人，目标就是西藏。年轻人的心，除了兴奋，还是兴奋，一路上不是笑就是唱，这让返藏同行的老兵烦透了。说："别看你们现在高兴，到时候就等着哭鼻子吧！""绝对不可能！"这就是当时我们内心的回答。事实证明，精神的力量是无穷的，在以后 31 天艰苦行程中，不管遇到什么困难，没有一位同学有掉眼泪的。

从成都出发，经雅安，天黑时到天全。狭小的街道摸不清方向，车队其他人纷纷去找旅馆，而我们19个人，却傻眼了，在黑茫茫的夜幕中不知所措。还好，车队的一位班长领我们住进一家小旅馆。踏上狭窄的楼梯，走进吱吱作响的楼板房，经过一天劳顿的年轻人，稀里糊涂地就进入了梦乡。以后车队一路西行，翻越二郎山。歌中唱到，"二呀么二郎山，高呀么高万丈"，二郎山何止是高万丈，它可是险峻异常呀！狭窄的简易公路沿着陡峭的山体弯曲爬升，公路一面靠山，一面就是万丈深渊，看看前面的车，竟有半个车轮悬在外边，有时车会在一块巨石或者瀑布下面穿过，真是惊险万分，让人不由自主的发出惊叫。每到这个时候，同车的老同志就吩咐我们保持安静，以保证驾驶员能集中思想开车。又走了很久，到了泸定，一行人下车休整，我们买了像个小枕头一样大小的干馒头，吃了从未见过的仙人果（仙人掌上结的果子），看到了当年红军越过大渡河时的泸定桥。一行人爬上桥头去体验当年红军过桥的艰险。桥下大渡河水奔腾咆哮，吊桥摇摇晃晃，当走到桥心，淘气的男同学摇晃桥索，胆小的人于是寸步难行。想想当年红军在枪林弹雨下，又没有桥板，强行渡河是何等的英勇顽强，年轻的心受到洗礼。

下一站就是康定了。康定是个小县城，并没有康定情歌中唱得那么浪漫。出了康定城，就是翻越折多山。折多山是进藏路上弯道最多的山。一道一道横亘在山腰，到底有多少弯，听说没人数得清。于是每过一道弯，我们就大声喊着数数，后来弯越来越多，数着数着就数不清了，人也累了，晕了，不喊了。车队翻过折多山，经过道孚、炉霍，记不清走了几天，来到甘孜。甘孜是个大地方，下车整休，闲不住的年轻人见到久违的球场，手痒痒，跑进球场，打起了篮球。甘孜已是高海拔地区，虽然看不出山有多高，但打球时会上气不接下气，很累。甘孜缺氧，让我们第一次领略到了高原的威力。过了甘孜，车队从冰天雪地的雀儿山顺势直下，就是德格。到了马尼干果，原地休息一下。马尼干果是一片草地，到处是老鼠洞。同行的老同志告诉好奇的我们，当年修路时，由于给养供应困难，战士们就挖地老鼠充饥。比起那些走路进藏的战士们，如今我们能坐车进藏真是幸运。老同志告诉我们，过了德格，跨过金沙江就正式进入西藏了（当时甘孜已属四川省）。正说着，汽车经过路边一所房子前（也许是当地气象站），我们竟然看见同期分到四川的12班的同学李敦禄，在进藏的路上与这位同学的巧遇，让大家激动了好一阵子，大家在行驶的汽车上拼命叫他的名字。

以后沿金沙江一路西行，车队伴随着公路边咆哮的河水，经过江达，终于到达昌都。昌都是西藏东部的最大城市，附近酉西有一处温泉，从出发到酉西，我们终于有条件洗澡了。在昌都休息了一天，我们换乘另一部汽车，继续向拉萨前进。这一路基本是沿江从原始森林边穿行。过了安久拉，便是然乌。这是个风景十分秀美的地方，与九寨沟相比，绝不逊色。天然的湖泊，泛着绿光，湖水平静如镜，两边树木参天，青翠欲滴，大自然的美景，深深地震撼着我们年轻人的心。驾驶员体察到我们的心情，让我们下车领略了一次这永生难忘的高原美景。

接下来到扎木，我们再次换车，由小嘎斯车换回到十轮卡，王伯伦同学又回到我们19人中来（因为小嘎斯车只能坐18人，王伯伦同学顾全大局，主动去坐别的车）。十轮卡将我们拉到通麦。这是个泥石流高发区，大概是为了等待最佳的行车时间，我们的车队在此休息了许久。听说山上有木瓜，一群人好奇地去攀摘。谁知山上蚂蟥极多，有人就被蚂蟥叮咬了，吓得拼命拍打。通麦往前，有一处大滑坡，是泥石流造成的。为了安全，我们全体下车，步行缓缓通过，空车小心的慢慢开过来。还好，没有惊动疏松的山体，车队终于通过。（西藏区委夏副书记就被飞石砸中，牺牲于此）。当时正值雨季，道路泥泞不堪，当车开到离鲁朗只有10多千米处时，路被冲垮了，不能继续前行。车队就只能在山上露营过夜。在敞篷车上大家挤成一团，又困又饿的熬过了那一夜。老兵们建议，步行去兵站吃早饭，于是一行人跟着老兵前往。不想年纪最小的廖述德同学（当时还未满17岁）却因为头一天只吃了一顿饭，走了两步就晕倒了。此时老兵伸出援助之手，干馒头、饼干等从老兵们简简单单的行囊中找出来，救醒了小弟弟，也温暖了我们19个人的心。

当我们快到林芝时，又遇到山体滑坡，山上滑下的稀泥掩盖了车轮，任凭驾驶员怎么刨也无济于事。没办法，只好叫大家下车。先跳下车的，稀泥还只齐小腿，而后面跳下去的，稀泥就埋没过了大腿，要经大家帮忙才能挣脱出来，真是生死在一瞬间呀！这一路，路况极差，天天穿行于茂密的森林之中，路上还不安全，车队必须集体行动，每辆车前面都配有机枪，车队保持固定距离缓缓前进。有时一天才走几十千米。我们早早的出

雪域风云路

西藏气象事业发展回忆文集

发，天黑才能赶到兵站。一路上看到许多的烈士墓地和纪念碑。老兵告诉我们，修康藏路基本上是一千米牺牲一个人。这一路，车上少了刚开始时的嘻嘻哈哈，大家的脸上多了几分凝重肃穆的神情。

出了原始森林，经过工布江达、墨竹工卡、达孜，经过31天，行程2400多千米，我们于9月15日终于到达了目的地拉萨。在西藏军区大院内，一群老兵围上来，指手划脚地猜：这群孩子肯定是文工团招来的。迎接我们的是气象处的方祖斌同志。他告诉我们西藏气象处已经转入地方建制。没想到，我们离开学校，进入部队，行程一个月，身份又回到了地方，短短一个月真是有点沧海桑田的感觉。

这次进藏行军，大部分人都挺住了。只有广西籍同学孙严立严重晕车。开始还只是呕吐，到后来就不能进食了。偶尔中午到站吃午饭时，他只能单独留在车上，双手抱住随身的小书包，作短暂的休息。我们吃过饭后，到伙房讨要点锅巴之类的食物给他充饥。经过31天的晕车，从此形成了他条件反射地怕坐车。出差，休假，无论乘人力三轮车还是火车都会晕车，而且往往提前一天就开始晕。

1956年我们进藏时，康藏公路（现在叫川藏公路）刚刚通车不久。沿途兵站只提供饮食，晚上睡觉只能在一间大房子里搭地铺，一个车队的人挤在一间房里。这个时候，男同学铺开草席，一字排开抢占一块靠墙的角落，铺上每人仅有的一床被子（这中间欧阳祖平最积极）。4个女生的铺被安排靠墙，为了和男生区别开，就用书包在中间堆成一个隔离带，就算男女寝室分开了。可是年轻人睡觉不老实，脚常常会踢开书包，钻进别人的被窝。第二天私下告诉同伴，大家一笑了之。31天的患难相处，19个人已亲如一家。当然在20世纪50年代，封建思想的残余也还是有的。比如，在路途中我们背靠背，脸对脸的坐久了，加上汽车的颠簸摇晃，人很容易疲劳困乏，有人会迷糊中将手搭在别人身上，甚至脑袋也耷拉到对面人的大腿上，有个别人也会介意，叫对方赶紧挪开，但条件如此，也没办法。等刹车或停车后，大家又很快纠正好坐姿，努力"正襟危坐"，不抱怨，也不多想。最痛苦的是那双被挤得肿胀发麻的双腿，得相互帮忙，才能挪动并站起来。

记得当时的伙食费是由13班的班长陈顺发（后改名李夷峰）负责。一路上，19个人的吃饭问题都由他去安排处理。想想也真不容易，毕竟那时

创业篇

大家也都只有十七八岁。

青春年少的我们，怀着建设祖国的赤诚之心离开学校，在 31 天奔赴青藏高原的路途中，经受大自然的考验和革命英雄主义的洗礼，从此开始了我们开创雪域高原气象事业的壮丽人生。

西藏气候资料工作始建追记

■ 吕生良

从纯专业角度考虑，西藏气候资料工作应从筹建初期开始，其重要性逐步显现出来。因为西藏各气象台站，大都是在1951年和平解放后逐步建立并发展壮大的，过去基本上是一片空白，致使对西藏气候变幻莫测有一种神秘色彩。随着保卫巩固边疆和建设新西藏发展的不同需要，逐渐视西藏各地气候资料为重要参数和无价之宝。

1960年3月。西藏气候资料组成立，立即着手搜集、整编、利用西藏各气象站的气象观测资料，当时中央气象局气候资料室，曾征召一些省市的气象工作者，到北京进行气象年月报整编的培训，我曾被西藏气象局指派。那时侯，资料以手工汇总为主，主要设备为改装后的英文打字机，其任务是按全国统一格式打印气象报表，交付印刷厂胶印出版，以提供服务、利用。

此后，随着工作业务量的增加，西藏气象局将原资料组扩编成气候资料室，先后调入李成方、邓永浩、刘香菊、赵素霞、钟素华、黄玉琼等，着手对西藏各气象台站的观测资料，按照各气象要素分类整理、编排，列出时值、总量、平均值、极端值和频数、频率等。先后交付杭州新华印刷厂、林芝印刷厂等，铅印出版了1951—1960年《西藏基本气候资料》、1951—1970年西藏《地面气候资料》。为更好地满足西藏地区巩固边防和经济建设的需要，还整理出版了1951—1965年《逐日气温资料》、《逐日降水量资料》以及1951—1975年《逐日气候资料》等。

记得一段时间，我因患肝胆总管阻塞疾病，误诊为重症肝炎，入住杭州市传染病医院隔离治疗数月。病情转愈，我曾与西藏气候资料室的成员

创业篇

初创期资料审核组成员合影（1961年10月）

自左至右前排：戚国英、卢冠英、吕生艮；后排：邓永浩、麦毓江、林淑君、钱鼎元；摄影：李成方

密切联系，带病继续搞资料印刷出版工作。需要派人到杭州印刷厂进行稿样校对时，曾就地雇佣两名高中毕业生，在我指导下，进行专业稿样校对。

由于气候资料工作纯粹跟数据打交道，不免有枯燥乏味、繁琐重复之感，但又必须确保质量，不容出任何差错。故全体资料工作人员在抄录、统计、核算、校对分析时，总能一遍又一遍地做到任劳任怨、一丝不苟。以正确无误的数据资料满足国防、经济建设各行业的需要，受到了各有关部门的广泛好评。

此外，气候资料的日常接待服务工作量也很大，经常有空军当雄场站，兰州冰川冻土研究所和建筑勘察设计院等，派人前来抄录、统计相关台站的气象报表资料。此时全室人员均能主动地不厌其烦地热情接待，包括提供原始报表资料，相应的整编统计成果等，且能做出必要的讲解说明。有时一天下来，忙忙碌碌累得够呛还总结不出什么工作成果，只能自我安慰，甘当无名英雄罢了。

当时的气候资料工作，并不仅限于室内资料整编服务，还得走出去、主动上门，更深入地开展气候情报资料的收集整理和对外服务。

1966年5—7月，为配合中国科学院综考队对藏东南地区进行综合考察工作，局里曾派我前去参与，我曾带上可拆卸的铝合金百叶箱，还有风速仪、温湿度自计仪器等，背上轻便的鸭绒睡袋，转战穿梭在林芝、波密、易贡、昌都等部分地区的高山密林、农牧草甸之间，进行选择性的多点实地气候考查探测，除收集积累了一些宝贵的原始气象资料外，还撰写了《有关林芝、波密地区气候概况和农作物熟制》等专题考察报告。

为提高《中华人民共和国气候图集》的出版质量，中央气象局气候资料室非常重视有关省（区）局的基层第一线人员的意见和经验，曾于1976年5月征召西南川、青、藏地区气候工作者参与气候图稿的审定工作，并于1979年3月由地图出版社正式出版。这对我来说，既是一种领导对我工作的信任，也是一次到中央向专家学习提高气候分析理论的良好机遇。

我们曾根据现有各气象站所积累的西藏气候资料，结合搜集到的藏区牧业谚语和一些考察资料，征询并听取预报组和有关部门的宝贵意见，开展气候分析工作，撰写了《西藏气候概况》一书，于1979年交由西藏人民出版社出版发行。

另外，我们还通过投约稿等方式，不定期地向《西藏日报》、西藏人民广播电台选送稿件。主要结合西藏的实际情况，开展气象气候资料的分析和科普宣传工作，我以"根子"署名被录用的稿件主要有《风和风季》、《西藏的雨季》、《冬春大雪的利弊》、《预防早霜冻》、《为什么下冰雹》等等。

我是1958年北京气象学校的首届中专毕业生，开始分配到西藏那曲担当测报员，后来调拉萨从事气候资料工作。历经1959年平叛、改革，1962年中印边境自卫反击战和后来的文化大革命，于1980年12月内调回老家杭州，在藏工龄为二十三年半。回杭当时因身体，"编制"等客观因素被气象部门拒收，未能如愿归队续搞本行气候专业工作，尔后，被杭州市农经委安插到农口企业，改行从事社会经济统计和企业经营管理核算工作。但是功夫不负有心人，因为客观事物中的触类旁通现象，使我在改变工作环境后，完全用得上原在西藏时搞气候资料统计整编、分析利用时，所获得的

创业篇

那一套理论和实践知识，曾于 1989 年被浙江省统计高评委评上高级统计师，还被杭州市统计局选聘为杭州市统计学会副秘书长等职。虽由于国家对退休人员工资实行双轨制，本人企业退休现工资仅两千多元，不及行政、事业单位同行的一半，但吃用够了，知足常乐，身心很愉快。今年 73 岁，还被杭州半山区镇评为年度共产党员积极分子。

至今，我仍然很怀念在西藏从事气候资料工作时的激情岁月，对气象局领导和一起工作过的同事、战友记忆犹新，仿佛历历在目。

今年 5 月，西藏退休老同志在北京欢聚，我还是献书画贺作一整幅，"年少戍边测风云，鬓霜聚京话友情；庆藏解放六十年，颂党喜迎九旬辰。"我还利用晚年在杭州老年大学所学摄影技术，主动替与会老战友摄影。会上，还放声高唱藏歌《哈达》、《呀拉索》、《我祝祖国三杯酒》，畅叙情怀，不亦乐乎！

多年来，自豪以乐观心情对待人生，多做好事，知足常乐，保养好身体，辛勤耕耘终不悔！

藏 东 往 事

■ 王德欣

上世纪 50 年代初期，我有幸在西藏基层气象台站工作了 4 年多。这段时间在人生的长河中虽然很短暂，却深深印在了我的脑海中，成为永恒的记忆，影响我的一生。

为保障空军支援 18 军进藏，上级决定组建西藏邦达、嘉黎、倾多、龙勒（后改在则拉宗，又迁至真巴村附近定名林芝）4 个气象站。气象仪器、观测员、机要（译电）员由西南军区气象处调配，其他人员（站长、指导员、报务员、摇机员、司务长、炊事员）以及电台、枪枝弹药生活供应等由 18 军负责。18 军抽调 50 多人，气象处共挑选 15 人。1952 年 6 月，从甘孜出发，风餐露宿，艰难拔涉，经过半年多的行军，先后到达目的地，按规定于 1953 年 3 月 1 日正式观测发报。

气象站布局分散，独处藏区，不仅面对严寒缺氧，语言不通，还要平整场地，安装仪器，架设天线，搭建帐逢，上山打柴以及安全保卫等繁重的劳动。技术人员中，除一名机要员外，观测员和报务员仅有 1～2 人。任务重，人员少，可见一斑。

由于台站急需业务人员，军委气象局干训班专门开办了一期通信、观测培训班。西北、中南通信学校毕业后分配来的 60 多名学员，再次进行气象观测的培训，使他们成为既会发报又会观测的双技能人员。这批人员 1952 年 10 月毕业后，被分配到西北、西南、东北三大军区的边远艰苦气象站。到西南的十几人中黄高生、冯登民、林笃芳、廖绍明和我 5 人被分到了西藏。到 1957 年 6 月，我先后在邦达、林芝、拉萨工作，见证了气象工作者那段艰苦奋斗的岁月。

创业篇

141

邦达站设在镇东北角上，是一个传统藏式建筑的小院。观测场就建在院外的高坡上，南边紧靠喇嘛庙。在这里除了我们20几个军人外，偶尔有茶马古道过往的马帮和商人，再就是当地的藏民和喇嘛。邦达平地海拔4300米，每年取暖季节长达8个月。高寒缺氧，物资匮乏，生活困难。但同志们工作认真，精神振奋，克难攻坚，决心为建设西藏贡献自己的青春。当时使用的电台，是解放战争中从国民党手里缴获的旧器材。年久失修，性能低下。以15瓦的功率联络上千千米之外的成都，常常力不从心。摇机员经常累得满头大汗，但从无怨言，直到把电报发出去。

为了生存，我们经常组织上山打柴。由于山高，附近不长树木，打柴要到八九里以外对面山上的背风处寻找，来回都要趟河，特别是回来时每人要扛80~120斤以上的木头，脚下是无路的山坡和河滩。中间休息时，只能用撬扛顶着，人站着休息。若把木头放到地上，将无力再扛起来。指导员操着他的山东话打趣道："唉呀，我的肋巴扇都压到腔里了！"

在邦达的老照片，只有两张人物照，一张是全体合影（图1，缺站长），另一张是战友送的纪念照（图2），都是在观测场内拍摄的，集体照的背景就是喇嘛庙，可见是当时最靓丽的风景了。

图1　邦达站全体人员合影

图 2 背景是邦达东边玉曲河坝，照片下方，是我们用带刺的灌木做成的观测场围栏。

我调往林芝是 1954 年 7 月，川藏公路已修到扎木。林芝站已从则拉宗迁至真巴村西南的河坝上，后来的川藏公路就在北边几十米的地方通过。年底，川藏、青藏公路同时通车。从此，气象站发生了很大变化。人员、器材得到了补充和更新。观测场围栏换成了铁丝网，收发报机换成了新生产的八一型电台，生活也有了很大改善，不仅粮食保证供应，副食品种也多了。脱水白菜、全蛋粉、腊肉也能吃到。站长司新旺，又带领大家开荒种菜，收获颇丰。他还带领大家修建了篮球场和单双杠。又在河坝里找了一棵枯死的大柳树，中间掏空，两头堵上，做成了一个洗澡盆，活像一口大棺材，这恐怕是高原上独一无二的澡盆了。

图 2　战友纪念照

气象事业的发展变化，与西藏的发展变化息息相关，密不可分。林芝站原归波密警备司令部领导，52 师 156 团改编后进驻林芝，我们又归 156 团领导；西藏工委塔工分工委成立，我们又归了分工委领导。他们都对气象工作非常重视，对我们都很关心、照顾，解决了不少问题。因而，不管隶属关系怎样变化，业务工作始终如一，认真负责，一丝不苟，按时准点观测发报，从没误过一次。

除紧张的业务工作和繁重的体力劳动外，思想政治工作和业务学习抓的都很紧。出现了许多好人好事，有 3 位业务人员入了党。用跟班带徒弟的方法，把一位战士培养成一名观测员（后来调国家气象局工作）。按统一部署，电台进行的报改（由英文通报改为俄文通报），也是一边工作一边学习，用师傅带徒的方法完成的。

林芝气象站

工作室兼宿舍

站上种的菜

用大树做成的露天浴池

由于时间太长，林芝的老照片多已遗失。仅找到几张，还能从画面上读到一些信息。

图3拍摄于1956年9月14日，看闹钟应是当天中午12点多。中间点亮的蜡烛，应是作秀的摆设，也可能试图说明当时没有电，或者想改善局部光线的不足。蜡烛下面，是用1号干电池焊接起来作为接收机专用电池不足的补充，这也是电台工作人员因地制宜的小"创造"。右下角桌子上铺的是塑料布。因为桌子做得很粗糙，更别提油漆了。他们在流动商人那里发现，一种从印度运过来的塑料布，表面光滑印有鲜艳的图案，就买来铺在桌面上，既美观又实用。这张照片是用爱克发皮腔相机拍摄的，光圈、速

图3 新配备的八一型电台

度、焦距都要靠经验设定。后期加工，（冲洗胶卷、洗印照片）要到晚上在帐篷内进行，烟头就是安全灯，手电筒就是曝光光源。这种简陋的条件下，能留下这张照片也算不易。

这球场，这球架，都是站长领着大家干出来的。

后排右1为后方司令部气象科科长王明山（后为西藏气象处长），右2是率领大家创建林芝站的带头人、站长司新旺；后排右5是原邦达站站长李昭（当时已调气象科）。

站上几位同志打篮球的情形

创业篇

气象科迁往拉萨途中与林芝站同志合影

塔工分工委文工团的同志到林芝站参观留影

1956 年归塔工分工委领导后，气象站与警卫连编成了一个党支部，与分工委各机关的联系增多，关系融洽。照片中前景是从山上移栽的野花，背景是值班室兼宿舍，房顶是帐篷，墙是用树枝编成的。

图4　当时拉萨收报台工作室

1956 年冬天，我调到拉萨西藏气象处。此时西藏气象工作已得到了很大发展，新建了许多气象站。日喀则、黑河、定日、帕里都有了气象站。拉萨增加了探空、预报、报表审核等业务。通信建有 1 个收报台，2 个转报台，1 个发射台。处机关设有办公、财务、人事、业务、器材、行政等科室以及车队等。

气象处在小昭寺附近的郊外，孤零零一个单位。建有两排简易平房，用作办公，人员都住在账篷里。现在已成拉萨市繁华的林廓路了。

图4 这张照片拍摄于1957 年。机房虽然简陋，但是被整理得有条不紊。它给我们的信息：（1）设备大大改善，已使用性能较好的交流高级接收机；（2）已使用电灯照明，虽然是发射台，小型汽油发电机发的电，也仅限机房工作时使用；（3）凳子可是进口货，内地好像当时不生产这种凳子。当时在拉萨，有些东西买进口的比买内地的还方便；（4）屋内墙壁无粉刷，同志们找来旧报纸一糊，照样很漂亮。

1957 年 6 月，西藏贯彻中央"六年不改"精神，大力合并机构，大批人员内撤。我随内撤洪流离开了西藏，但心却永远留在了雪域高原……

创业篇

147

高压锅的故事

■ 李书贤

凡到过西藏的人都知道，西藏大部分地区海拔高，气压低，沸点低，饭做不熟，在藏北开水只有70℃左右。记得我们1956年刚到拉萨时，米饭难吃，开始以为是偶然没做好，但时间长了，发现天天如此，顿顿吃的是半生不熟的夹生饭。我们去找事务长问原因，这才知道米饭夹生是由于高原气压低造成的。

1957年我调到那曲班戈湖气象站，这里海拔更高——4200多米。米饭更夹生，大家见了米饭都头痛，好在我们站有个炊事员是河南人，会做馒头，虽然馒头也蒸不太熟，但只要拿到牛粪火上烤一下就很香了。

1960年我调往西藏阿里地区建第一个气象站。那时我们站只有四个人，在地委食堂搭伙，吃夹生饭已经习惯了。那个时代我们国家科学技术还很落后，做饭炒菜用的是铁锅和铝锅。

1959年印度政府和国际反华势力支持西藏上层反动集团发动的武装叛乱被平息之后，他们并不甘心失败，在边界多次挑起武装冲突，打死打伤边防战士。1962午11月18号凌晨，我军西线主力部队奉命反击，他们冒着零下40℃的严寒，顶风冒雪，翻越海拔5200米的冰大版，一股作气摧毁了印军46个地堡和据点。担负配合作战任务的阿里边防军向班公湖其他入侵据点发起猛烈反击，19号夜全歼了未来得及撤逃的入侵印军。打扫战场，缴获了不少战利品，其中就有高压锅。

1964年军分区的战士来我们气象站。他无意中说起高压锅做的饭很好吃。我们很好奇，因为从来没有听说过还有高压锅，更没有见过了。我说能拿过来我们看看吗？该同志说行。锅拿来了，我和余绍周同志看了又看，我们认为并不复杂，只是厚一些，盖子里面还有个橡皮圈，我们用它试做了一顿饭，用高压锅做的饭确实好吃极了。但我们国内市场上没有卖的呀！我寻思着，要我们国家能制造就好了。我找小余商量，并建议他到军分区去借一个高压锅来给制造锅的厂邮去。第二天，小余真的去办了，他到军分区跟阿里部队首长说明了来意，讲明了道理，并保证到时一定奉还，首长满口答应了。高压锅拿回来了，我们俩一起装钉包装，拿到邮局直接邮寄给了天津某铝锅制造厂。同时还附了一封信，讲明了我们高原地区因为空气稀薄，气压低，饭做不熟，我们高原人长期吃的是半生不熟的夹生饭，希望他们能利用这个高压锅研究开发，制造出我们国家自己的高压锅来，以解决我们高原人的吃饭难题。

过了几个月，我们收到了回执，说明他们厂收到了我们邮寄去的锅了，但是很不巧的是文化大革命运动开始了，我们失去了和铝锅制造厂的联系。幸运的是没过多久，市场上有高压锅了，我们高原人从此结束了吃半生不熟的夹生饭的历史。

余绍周同志赔了邮资费，可算是费神又费力，虽然没有能奉还部队一个高压锅，但是让高压锅在中国市场上出现，这应该是件好事吧。

创业篇

建立西藏第一个日射观测站

■ 徐盛源

一个意想不到的机遇使我和气象事业结下终生之缘。1955 年 7 月我 16 岁初中毕业前夕，班主任老师庄荣海（教数学，曾留学日本）通知我：班上准备保送我去气象学校学习，校址在北京，也可能是成都。当时我的老师对气象工作也不甚了解，谈话中常把气象与天文混为一体，并说：这是一门新兴的学科，你数学好，只要努力，将来会有所成就。远方的城市，特别是伟大祖国的首都令人向往（她在我们那一代青少年心中有着非同寻常的意义），神秘的气象工作使我充满幻想，当时我就同意了。这次在长春市各中学招收气象学员是吉林省气象局承办的。后来听说，他们原以为这批学员学成后能回省工作，所以录取条件相当严格。我的好朋友班上团支部书记贾绍增第二次体检未能通过。

1955 年 8 月我跨进了气象行业的大门。吉林省气象局派人把我们送到北京气象学校，我被编入一年制地面气象观测的一个班。1956 年 7 月结业后又被派到中央气象局干部轮训班，8—9 月在此学习日射（太阳辐射）观测。当时只有北京和武汉两地有这项业务。日射班结业时，我和胡校训、邵吉昌、陶海云、马世明、裘全保六个同学被派往西藏建立日射观测站。

从北京出发，终于踏上了历时 120 多天的征途。1956 年 10 月 8 日 20 时 40 分我们乘坐北京至西安的 45 次直达旅客快车离开北京。经西安转车来到宝鸡，在此乘汽车至阳平关（宝成铁路尚未正常通车）。到达后，一艘木船把我们送到嘉陵江对面，然后再乘火车前往成都，14 日 9 时到达。当时正值西藏准备进行民主改革，中央组织部从各省调给西藏的干部 2000 多人陆续进藏，位于成都北门大桥外刚建好的西藏驻成都办事处招待所容纳不下进藏人员，我们被安置在离招待所不算太远的金华街背后的一个茅草房里。这里只有木板临时搭成的通铺，上面放了些稻草，隔着一间堂屋，对面房间住着十几个女娃娃（西藏塔工文工团在四川招收的学员）。我们共用一个茅厕。早上，一旦她们抢先，她们便进去一个，才出来一个，急得我们苦不堪言。后来我们也以其人之道还治其人之身。没多久，办事处就给我们换了住处。

因为四川巴塘一带藏族头人叛乱，川藏路上时常发生进藏人员被杀害事件，大批进藏人员改由青藏路进藏。11 月 3 日我们离开成都，由原路返回宝鸡。当时成都火车站还很简陋，上车时进站口十分拥挤。为了保护随身携带的两套日射仪器，我们便在僻静处翻窗进了站台。在成都期间我们曾到西南气象物资站（和气象台在一起，位于现在成都气象学院所在地）开箱对这些仪器进行了检查。这些仪器中的微安（电）表转轴是一根像头发丝一样的金属悬丝，极易损坏，所以一路上我们倍加小心。

11 月 9 日我们到达兰州。西藏驻兰州办事处接待条件更差。进藏人员被分别安置在市内各小旅馆里。不知是公路原因还是车子问题，我们在这里一直等到 1957 年 1 月上旬还不能成行。

1957 年 1 月 13 日我们终于启程了。由六辆苏联吉斯卡车（我国最早的解放牌汽车即仿造此车）组成的车队颇为浩荡地驶出了兰州城。在帆布车篷的封闭下，车箱内装沙丁鱼似的坐了 4 排人。我们的行李，顺车箱排成 3 排，中间行李上坐两排人。途中筑路工人曾以为这是一个向西藏运送过年（春节）物资的车队。因为车子破旧不仅行进速度慢而且还时常出毛病。为了防备叛乱分子袭击，车队必须保持集体行动，一个车抛锚，其他车都得停下来，所以我们是走走停停。本以为可以赶到拉萨过春节，然而元月 30 日大年初一那天我们恰好住在唐古拉山上，海拔 4900 米的温泉运输站——这里是一望无边的冰雪世界。晚上人们有些想家，我也很想念我的妈妈。2 月 1 日凌晨两点我们行进到黑河（那曲），在这里住了 5 天。黑河海拔 4500 米，且正值隆冬季节，其寒冷程度可想而知。但运输站里没有床铺，我们只好一个挨着一个地把被褥铺在室内光溜溜的泥土地上。早上，褥子下面紧贴地面的油布（包行李用的）湿了好大一片。我们进藏期间，青藏路才通车不久，沿途运输站尚在筹建，设施很不完善，有的地方还没有运输站，只有到兵站（军队的运输站）食宿。加之我们这次人数众多，所以每到一地都得从车上御下行李，自己想办法解决睡觉问题。一路上席地而睡的事是常有的，但这一次连续时间最长。在黑河我初次领教了痔疮的滋味。

　　1957年2月7日我们的车队迎着灿烂的朝阳驶进了铺满金色阳光的拉萨河谷。中午进入拉萨城。建成西藏第一个日射观测站。到拉萨之后，胡校训、马世明、裘全保被派往昌都。我和邵吉昌、陶海云留在西藏气象处拉萨气象站。当时这里只有三排铁皮屋顶的土坯房，除了几间是处、科领导的住房，其余全部用于办公和业务值班室。一般职工均住帐篷。处里为我们支起了一个尖顶而四周很低的军用帐篷，一半供我们住宿，一半作为我们的值班室。我们在这里制作了日射观测用的各种图表和查算表格。2月底仪器安装完毕。因为我们是第一次做这项工作，又无前人指导，为了保证观测记录质量，3月1日起我们先实习一个月。1957年4月1日起正式进行观测和记录——一个新的气象观测项目就从这天起出现在西藏高原上。

枪林弹雨中观测

■ 徐盛源

　　1951 年西藏和平解放之后仍保留着政教合一的地方政权。1956 年成立自治区筹备委员会，准备实行民主改革。反动的农奴主预感末日来临，一再掀起局部叛乱。1959 年 3 月上旬西藏上层反动集团发动全面武装叛乱的迹象已十分明显，西藏工委要求各机关做好自卫准备。3 月 12 日傍晚气象站全体人员和仪器设备转移到气象处驻地。气象处在一个藏式楼房里，我们在这儿重新架设电台，保持与专、县联系。气象观测也继续进行。在屋顶平台上安装了通风干湿表和轻便风速计。

　　3 月 20 日凌晨 3 时轮到我去屋顶平台上站岗。3 时 47 分西郊突然出观一片火光，接着就响起了激烈的枪声。此情此景，就是西藏上层反动集团全面武装叛乱的最初情形，我亲眼看到了这历史的一幕。黎明前城内还比较平静，天亮以后我们驻地附近也响起了枪声。一串很近的枪声响过之后，正在屋顶站岗的林淑君（男同志，原地面观测组组长，带我实习地面观测的老师，当时任审核员）倒在了平台边的矮墙下，头上流着血。事后分析可能是子弹打飞墙上的石块划破的。他负伤以后，屋顶上的岗哨撤了，人们被分派到楼内各战斗岗位（那些朝向外界的窗户，已全部用土坯封死，只留有枪眼）。在和周围楼房里的敌人对射中我们又有两人负伤——参加过抗美援朝的驾驶员徐忠臣被西边几十米处木隆寺打来的冷枪击中肩窝；修筑过川藏公路的炊事班长彭正民被北面射来的子弹擦伤头部，他的机枪也被打坏了。最危险最重要的部位是我们大门前的碉堡。它不仅守卫着我们驻地的门户，而且面临大街，又阻断了叛匪活动的一条通道，所以不断遭到攻击。匪徒们在它前面丢下了很多尸体，有的还保持着向碉堡射击的姿势。

碉堡和楼房之间隔着一个狭长的小院，其东面有一排平房，我们把各房间之间的墙壁凿通，形成一条暗道。平时则通过电话互相联系。一次炮击电话线被击断，有位年青姑娘郭华琴（1958年才从北京气象学校分来的探空员），奉命回楼里报告前面情况。正在她通过暗道时又落下几发炮弹，她从硝烟中钻出，来到楼内，身上满是尘土，头上挂着碎木片，脸色苍白，可能是吃了大大的一惊，她是碉堡里唯一的女性。

20日早晨分给我的任务是坚持地面气象观测。平叛开始后，空军要求每小时提供一次航空报，后来增加到半小时一次。当天中午，我们的民兵排长——处办公室秘书方祖斌见我还上屋顶，一急之下朝我怒吼："你是怎么搞的，怎么还上屋顶""我去观测"他踌躇片刻说："上面太危险，撤到小天井观测"。小天井是主楼中二、三两层的房间围成的。撤到这里以后的第二天上午，我们地面观测组的女同志顾筱梅接替了我的工作。

有一只20响手枪时常向我们发出连射，不知他在什么地方开枪，居然能把子弹打在我们大天井（由东、西、南三面的两层楼房和北面的主楼围成）的地面上，油机就在此院东北角，害得我们不能开油机，只好用手摇发电机进行通讯工作。去食堂要通过大天井，我们不能按时就餐，而是趁敌人不注意时分散地去。炊事班的宋占岐师傅随时都给我们准备有热饭热菜。

3月21日晚上平叛战斗基本结束。几天之后，我们返回气象站，一排宿舍已被烧掉，值班室的外墙上弹痕累累，观测场内一个直径5厘米的风杆竟被子弹射穿二十几处。

4月1日我们恢复了正常工作。

雪域风云路

西藏气象事业发展回忆文集

惊心动魄的进藏路

卢冠英

1956 年 8 月我们从北京气象学校毕业分配到西藏。有的到 8 月 7 日才离开。先坐火车到宝鸡。在那住了一夜，第二天乘汽车离开宝鸡。开始在盘山道上翻越秦岭，一会云在头上，一会儿云又在我们脚下。当时火车还没通，我们看到了很多正在建设的隧道。汽车行到嘉陵江边，我们就乘船过江，到阳平关我们又坐上了火车到成都，到成都后又走不了啦。

1956 年，简易制氢房小帐篷和大气球

到西藏去，当时叫去前线。因为那里经常有小股土匪活动，单车不敢走，要等车队一起走。我们在成都住了大约有一个多月，于 9 月 21 日才离开成都。坐的是军用卡车。我们的行李在车上摆成三排，中间一排是双行，两侧每排坐 8 个人，中间那排背靠背坐 16 人，一车 32 人。有军人、军人家属和我们 21 个学生。我们的脸盆拴在篷布的铁架子上，一路上晓行夜宿。吃饭住宿都是在兵站。晚饭后把食堂扫一下，把行李搬下来铺地上就睡觉，第二天一早起来打背包装车再走。有时没有饭堂睡，女同学挤到一个角落里睡，有一次一张行军床睡两个人。男同学只好睡在汽车里或地上。

从成都出发经雅安，往前走没走多久就翻二郎山。看到山下有翻下去的汽车躺在山谷里，有点吓人。过了康定，到达折多山口再往甘孜方向前行。在道浮就看到了被土匪烧毁的兵站。越往前走越荒凉。我们车队刚到金沙江边，土匪就打信号弹联络。金沙江没有桥，我们坐牛皮筏子过江。等船的空隙，部分同学到江边洗脸、洗脚。过了江到岗托兵站，房子因为土匪焚烧都没了屋顶。带队的同志把我们八个女同学安排在三面有布的破帐篷里，男同学睡在露天地里。不管外面发生什么事，叫我们都不要乱动。夜里土匪果然来袭击了，枪声比较激烈，我们在帐篷里一动未动。男同学躲到汽车里去了。解放军把土匪打跑了，我们平安无事。有时车队行到半山腰就会停下来。我们在后面也不知怎么回事。遇到有雪的地方还打雪仗玩呢。后来才知道是遇到有匪情停的车。我们只想快点到工作岗位，好投入到第一个五年计划的建设当中去。翻过打马拉山就快到昌都了。下山时已是晚上，车队行驶在盘山公路上，点点车

1957 年，帐篷制氢房。

1957 年春，作者与同事合影。

雪域风云路

西藏气象事业发展回忆文集

156

灯就像一座小城市那样美丽。

到昌都后汽车另有任务，又把我们留在昌都了。安排在一座破庙里住下了。男女同学都挤在一个台子上。在这里住了有十来天，才有车拉上我们前行。这次是单车行动。做好了与土匪打仗的准备。路过一个叫大松林口的地方，领队告诉我们这里很危险，经常有土匪出没，不要出声。天不亮我们就悄悄地出发了。靠近汽车头的地方是留给解放军坐的，在车头上架上了机枪。车上安静得很，我们平安地过了大松林口。到了林芝，老天爷下起了雨夹雪，我们没地方住了。最后把我们女同学安排在粮食仓库里，睡在高低不平的麻袋上。男同学就苦了，只好挤在汽车里或是睡在汽车底下，再往前走就离拉萨不远了。

1956 年，作者在西藏所住帐篷前留影。

1958 年初，探空员在观测场合影。

创业篇

157

1956 年 10 月 19 日我们终于到了拉萨，总算到家了。拉萨气象处院子里有很多帐篷，我们 8 个女同学安排在食堂里。把食堂的三分之一用方木料隔开，里面还给铺了些草，感到很温暖。住了一段时间就分开了。我们三个搞探空的女同学住进了一个小行军帐篷。除门以外的三面放了三张牛皮床。冬天帐篷里结了霜，我们称是住在水晶宫里了，很开心。1956 年西藏大发展，进了很多人，1957 年大收缩，大部分同志都内调了。我们就搬到房子里了。

1956 年 12 月下旬我们 8 个探空员和 1955 年进藏的 4 个探空员，自己开始试放探空气球。到 1957 年的 1 月 1 日，拉萨的小球测风站扩建成探空站。我正式投入到工作中了。制氢房是简易的帐篷。虽然从北京气象学校到拉萨气象处，我们走走停停经过了两个月零 12 天。没有老同志带我们实习，也把探空气球放上了天，收到了高空压温湿和风的记录，感到很欣慰。

战斗在雪域高原的日日夜夜

汤德昌

回顾西藏六十年，在中国共产党的领导下，西藏的社会、经济发生了翻天覆地的变化，作为新中国第一代战斗在西藏气象战线上的一名老同志，回忆起在雪域高原的日日夜夜，至今仍是心潮澎湃，思绪万千、难以忘怀。

奔赴雪域高原

1953年初冬，我奉西南军区气象处人事科的命令，调西藏工作，此时为适应国家社会主义经济建设服务需要，全国气象系统自上而下建制由部队转归地方，我们冬装已换发了蓝制服，时年风华正茂十八岁的我进藏是件十分光荣的事，西南气象处有个不成文的规矩，凡是到艰苦和边疆、高山台站工作的同志，组织十分重视。大会宣布，照相公示，处长政委设宴欢送，所在科组同样热情话别，使我热血沸腾，赴边疆，到艰苦地方去工作的光荣感油然而生。组织的重视，领导的关怀，同志们羡慕的眼光和美好的祝词，更坚定了我进藏的决心。10月下旬，我随一位从西藏出差的老兵启程赴藏，1953年到拉萨的川藏公路已经通车，虽然公路路面勉强可以交汇，且是砂石路面，许多路段是沿山开辟而成，仅能容一辆车通行，弯路多而急，塌方、落石随时可能发生，可以想象这样的初级路面行车速度怎能快得起来，但毕竟有汽车可坐，无论如何比步行骑马要快和舒服得多。我们坐的车队是部队的汽车，汽车是原苏联造的三吨戛斯车，这种车平路跑起来"飞快"，山路上坡车子直哼哼，爬不了坡，且易发热熄火，一个车队只要有一辆车抛锚，全队汽车都要停下等待修理。这时大家下车方能观

创业篇

赏一下高原风光。戛斯车整个用帆布围起来了，坐的是自己的行李，行车途中遇到沟坑，行李和人一起上下跳动，左右摇晃，到宿营地每个人满头满脸满身都是灰尘，犹如一个泥人。这样的车况路况一天坐下来精力旺盛的年轻人亦感到辛苦和疲劳，支撑我们的是革命的信念和意志。从成都到昌都，一路上经松潘、雅安、甘孜、康定，翻越二郎山，跨过大渡河（泸定桥），吃住都在沿路的兵站，就这样日行夜宿约一个星期，到西藏军区后方司令部报到。

战斗在昌都

西藏军区后方司令部在昌都，设有气象科，负责昌都地区气象行政业务的领导工作，我被分配到昌都警备区气象站，气象站担负着每天 24 小时观测记录，资料整理统计和绘制天气图，以及每天 11 点和 23 点两次小球测风观测编发报，这些电报通过加密发送给指定的集中台，同时气象站还担负着定时、预约航危报。昌都气象站当时有业务员 5 人，陈永明、郑成均、王克俭、刘福庭和我，业务由陈永明负责。1954 年陈永明调回内地，组织宣布由我任组长，负责业务，此前由部队调来李孝溪任站主任，并调入一名上士兼炊事员，自此气象站自己办伙食了。人少任务繁重，1954 年分配来陈昌周和陈心中两位同志，1955 年又分配来王月华和赵凝香两位同志，随着气象事业的发展，也有的同志转入新的岗位，郑成均去了当雄机场，王克俭和刘福庭调离了气象部门，继续为西藏的社会主义革命事业和建设

1957 年作者摄于拉萨

雪域风云路
西藏气象事业发展回忆文集

而服务。

留在昌都气象站的同志们凭着对革命信念，全心全意、毫不计较个人得失的使命感，每天都要值班。那时一天安排有 5 个班，另外还有许多班外的工作，如资料统计、抄校报表、评分、政治学习等等。除了工作之外，年轻人还是比较喜欢玩，我们有一张乒乓桌，开饭是饭桌，平时还可以打打乒乓球。气象站办公、宿舍、值班室（地面值班和高空测风绘图）和气压室总共只有 100 平方米，此外，我们还参加篮球、排球等活动。在气象站自己起灶开伙，为改善伙食，大家利用屋前到观测场之间的空地种植蔬菜，当年的条件和水平，只能是利用 5—10 月间的气候条件种植少数耐寒蔬菜，如菠菜、萝卜等等。种的菜不多，但花的劳力却不少，因为地是砂砾地，留下砂土捡掉石子就花去不少时间，这样的地不能贮水，只有大量的浇上水方能满足植物生长的需要，种菜的水源在 500 米以外，取水坡陡坡长，提水工具是装蛋黄腊的白铁桶改装的。每人两个桶亦要来回跑多次，高原空气稀薄，空手爬坡嘴鼻一起呼吸还嫌不够，何况负重爬坡呢？一分付出一分收获，大家吃到了自己种植的菠菜和萝卜，特别是夜班煮的面条，放几棵自己种的菠菜，真是色香味俱佳。

几年战斗工作在雪域高原，同志相处亲如兄弟，许多往事难以忘怀，记得 1954 年中央电影纪录片厂为拍摄川藏公路给西藏带来的变化，曾到气象站拍了两天电影。昌都是川藏公路进藏的必经之路，气象工作者进藏都要在昌都休整换车，记得 1954 年、1955 年有成都和北京气象学校毕业分配到西藏的同学，都曾在昌都气象站跟班实习，所以气象站受委托每次都要精心安排，虽实习时间不长，但由于这是凭生第一次在高原艰苦环境中接触气象工作，可以想象接受过跟班实习的同志一定是受益不少。

受命索县建站

西藏和平解放 5 年所建站点不多，远不能满足各项事业对气象的需求，同时亦不能满足气象部门自身业务发展的需求。为此，国家从全国各地支援大量业务干部，经数月的努力筹备，决定在西藏的一些县筹建一批气象站，站站海拔都在 3000 米以上。1956 年夏，组织决定，让我到索县建立新站。当时的索县正在筹建公路，交通工具是人骑马、牛驮物。途径那曲到索县都在 4000 米左右，大约要行走 10 天左右，再加上那时的西藏既有政治上的敌人还有经济土匪，要想将筹建人员、物资、器材安全抵达索县，艰难、危险的程度可想而知。组织上考虑到这个情况，为我们 16 个人配备了16 支枪，其中，机枪 1 挺，冲锋枪 4 支，其余为步枪，每支配 120 发子弹，每人 4 颗手榴弹。当时年龄最大的观测组长 25 岁，大部分是军人出身，但都未打过仗，摇机班是战斗部队转业，战斗力最强。机枪、冲锋枪由摇机班配置，这是基本情况。根据这个形势和任务我想必须加强纪律并妥善安排，周密部署方能保证任务很好的完成。我们从拉萨出发坐两天汽车到那曲，装车时将电台、发电机和生活物资装一车，并由摇机班和报务组押车，其余气象仪器、百叶箱、制氢放球的仪器和物资装一个车，由观测组和我押车，报务主任和观测组长每人负责一辆车。车是气象处联系好的，同时交给了两封介绍信，到那曲后请求帮助解决困难和需求，两天后到那曲，我们住在车站等待租赁牛马方能出发。

在休息等待期间召开了组长会议，认真研究了具体的纪律要求和分工，同时将所有物资物件分包成牦牛所能忍受的大小和重量，并要求大家把配备的武器擦拭一遍，由摇机班同志给予指导。根据人员和物资数量，我们共租用马 20 匹，牛 105 头，如何保证人和物资在途中的安全，出发前召集了全站会议，宣布了会议研究的纪律和编队。要求观测组长负责带领一队走在前面，有摇机班 3 人，报务员 1 人，气象员 2 人共 7 人组成，机枪 1挺，冲锋枪 2 支，步枪 4 支，押上食物（米、面、油、菜）和部分物资（约 40 头牛驮子），有一位藏族同胞领路照顾牛马先行，到中午和傍晚适合支灶烧饭和支帐篷的地方歇脚，其他人员由报务主任负责带领，运送气象仪器、电台等物资。约 60 余匹牦牛驮子，相隔一刻钟作第二梯队。前后相互呼应并负责收集掉队的牦牛，晚上八点到次日早上六点还需放哨站岗，以保证大家的安全，二人一班，每班两小时，组长和我负责查岗，各负其责，平安到达目的地。这是关键的第一步，是最重要亦是最艰巨的一步，大家要团结一致努力去完成。第二步是安装仪器和架设电台。第三步是试观测和编发报，及时向西藏气象处报告，并按排正式投入气象站所担负的工作。

经过几天的联系准备，马牛及捆梆用的牦牛毛绳等物都已齐备，我们从那曲出发向索县行进，天气真是帮忙，没发生记忆深刻的天气状况，九

雪域风云路
西藏气象事业发展回忆文集

月的高原景色美丽宜人，空气十分澄朗，牧草丰茂，溪水清澈，远处山头仍有皑皑白雪，大自然的美丽风光，使人心旷神怡，我们的队伍都是年轻人，除观测组长老张年龄稍大外，其余均在二十出头。年轻人缺乏经验，但热情，不知疲倦，好奇胆大不怕艰难困苦，真有一股勇往直前的精神。一路行来我们个个意气奋发，人人奋不顾身，中午歇脚，抢着帮着卸驮，挖坑支灶，捡拾牛粪生火做饭，傍晚还多个支撑帐篷的活，大家情绪很高都积极地抢着干，一般都能较快地完成，从牛背上卸下的驮子，沿帐篷四周码放。帐篷门对门形成似两个人造工事，便于管理，对安全和预防不测能起到一定作用。就这样我们日行夜宿走了4天到达一个地方，地名已记不起来了，这个地方有一条河，清澈的河水不深，河面架有一座桥梁，人和牲畜均可以从桥上通过，在桥头的不远处有一幢土木结构的藏式民房，民房前是一片较平坦宽广的草地，我们就在距民房约200米的平地支起了帐篷，赶牲口的藏族牧民（当时还是奴隶）告诉我们这里以河为界已不是我主人的地方了，因此我们的马牛只能送到这里，主人的牛马是不能吃这里牧场的草的，所以卸下驮子后我们还要把牛马赶到对岸去，这个情况事先不知道会这样，语言不通，怎么办？经过比手划脚方知道距驻地不远处有个头人，从这里到索县都是他的牧区，因此，所需牛马应同他们联系解决，这样我们不得不在这个地方停留几天，经与观测组长和报务主任商量，第二天由我、组长和摇机班长三人一起去头人驻地联系。

四天的行程，一路上都未遇到过什么人，最多在远远的山脚下能见到一群群羊群和零星的牦牛、帐篷。但奇怪的事发生了，这天刚吃过晚饭，天还未黑，有一位汉族同志来驻地拜访，并有一位牧民提了2只羊送给我们，来人说他是那曲分工委的兽医，出来到牧区已3个月了，听说大路上来了一队汉人，今夜就歇在那边，他们告诉这个情况，我立即买了2只羊，宰杀后，登门拜访送给你们换换胃口，这是我的一片心意，我能在草原上见到汉族老乡心里十分开心。我说，你一个人在这里几个月为牛羊治病，为牧区服务实在是不容易，我们要向你学习，在这草原的深处见到自己人我们亦很高兴。我们很短暂的商量了一下，从伙食里匀出2筒猪肉罐头（每筒一千克），2斤香肠给这位同志换换口味，这样的革命情谊，我至今难忘，可惜姓什么我都未能记牢，他的年龄如今要超过80岁了吧，我祝他健康长寿。同志们知道有羊肉吃都很感激，对大家鼓舞教育亦很大。关于换骑的

创业篇

事我们在交谈中亦提起了，他说正因为你们要换骑，且一定会在河对岸停下，所以我们才能赶上和大家见见面，你们放心，那个头人肯定已经知道你们来了，亦知道你们会来找他们。果然如此，第二天我们去到那头人处他早已知晓，问题很快解决，2天后准定满足要求，如数赶来牛马，把我们送到索县，于是安排休整养足精神继续上路。

人是停下来休息了，脑子未曾停下，前段出发到此地一共走了4天，好像计算下来每天走的路并不多，这似乎对负重的大群牛马的管理，实在是没有办法，路边丰美的牧草无法阻止对牲畜的诱惑，即使赶亦无法快起来，只能是适当地催赶不能强求，因为安全了那就是快了，数日负重行走，任何牲口都是吃不消的。

记得有一天近中午走到一条河边，准备给马喝点水再继续前进，我正要下马，哪知鞋被马蹬子夹住无法抽出来，好在缰绳在我手里攥着，马听话地在原地踏步，可我的脚始终抽不出，于是我两只手同时拔脚，马在坡上我在坡下，马稍微移走，我就在一边一跳一跳惊动了马，为快点从马蹬中抽出脚，我犯个致命的错误，把控制马的僵绳放下了，这下可不得了，脱僵的马吓得跑起来了，这脱僵之马一下就把我拉倒，一只脚还挂在马蹬子里，倒挂着把我从河这边一下拉到河那边，幸而过了河是个小山坡，马儿水未喝到，却把主人拉着过了一条小河。大概马亦累了，站在那里好像吓坏了，我还算清醒，瞬间用右脚拼命地蹬左脚的鞋子，总算被我挣脱了下来，我在坡上趟了一会儿，发现这次事件并未造成骨骼损伤，只是少许擦破点皮，帽子脱落，衣服和头发湿了，这不幸中的大幸，真是教训深刻。另外，在行军途中我们见到许多野生动物，如鹿、黄羊、狼、野马等，特别是狼群，远远望去不下50只，野马大约有百头以上，蔚蔚壮观。

休整的第三天，牛、马按数到了驻地，大约还要走4天，第4天到目的地应该比较早，最后一天主要是要翻座山，山不高但很陡，坡度很大，到处是山石，可以说没有路，因此建议我们制氢筒暂不要随队运索县，因为物资太多，难以照顾得过来，同时不久将可初通汽车，我们同意了这个建议，把制氢筒寄放在藏民那儿，我们装驮出发。实际上第一天只是半天路程，停下来知道这就是提供牛马的头人住地，这位头人没来，我在出差时把他护送到拉萨去自治区政府报到，听说是管财政的二把手。第4天只要翻过一座山就可以到索县了，大家精神大振，情绪高涨，这座山坡度很大，骑马上山根本不可以，告诉大家上山时拉着马尾跟着上去，好在山不高不大，大约爬了一个小时就到山顶，远眺山下有一个小村，那边小山上有个喇嘛寺，十分显目，这就是我们这次要到的目的地——索宗。

到索县我们找到党代表驻地，将我们安排住在驻地的办公室，这是幢藏式的房屋，半间堆放物资，半间打上地铺睡眠，我们的到来给党代表带来两个想不到，第一是想不到一个气象站来了16位同志，第二是想不到不仅是要建气象观测站还要建立一个自主独立的无线电台，还有一个既是警卫员又是摇机员的一个班组。之前上级组织曾发来一份电报要求给物色选择一块约1700平方米的平坦空地，并在其附近需有房子值班观测，接电报后党代表立即选好了地点和二间小屋，这块地的大小与周围环境地形要求在当时应该说可以的，问题是党代表不了解人数多少，更不知道如何开展工作，所以联系的住所实在无法安排。经商量又在那块地的南面找了几间房子，用作住宿二间，值班室一间（马厩改造），大门右侧小间为制氢室。另外在原来联系好的屋对面又商量租用了二间，一间伙房，一间为宿舍，那二间屋当电台工作和宿舍所用，因此，观测值班、睡觉与电台工作宿舍不在一个院子里，相隔大约50米左右，之间我们架设了专用电话，以用来传递气象电报，问题是这给当时形势下的安全保卫工作带来不少麻烦，这是需要以后研究解决的。

房子、场地已解决，须立即动手整理清扫安排搬家，经研究由报务主任带领摇机员架设天线、电台和内部电话，架设好后抽几个人帮助安装气象仪器。电台架设和电话架设还算顺利，问题是气象仪器的安装困难重重，主要是这里的土质是砂砾地，一边往下挖一边塌，一个不深的洞亦要挖得很大，特别是风向杆的垂直较难处理，因为极少有大的块

1954年秋同事合影。刘福庭、参谋长、边文华、陈永明、陈心中；后排左起：郑成均、李孝溪、汤德昌、王克俭，其余二人名字记不清了。

石，更没有水泥，完全靠铁丝牵拉校正，困难最大的是直管地温表的安装，3米多深的洞径几乎达到2米，五六个人忙了一天，总算把曲管、直管地温表安装好。整个仪器的安装用去了5天时间，经检查调试一切正常后，开始试运行，第二阶段的建站任务宣告完成。

我们及时将这里的情况和观测数据编发成电文报告给气象处，并报告10月1日国庆节正式投入各项业务工作。业务工作一切投入正常之后，为保证工作人员的安全。继续做好如下工作：

加强安全教育，提高警惕，防止坏人对气象事业的破坏。

警卫人员每晚7时到清晨7时站岗放哨，每岗4个小时，上岗时不得睡觉，主要保护地面值班的安全。巡视仪器和观测时，警卫人员必须与值班员一道担任警卫，但要注意隐蔽。

爱护好、保管好、使用好枪弹，每旬擦一次枪，摇机班指导。

报务摇机组和观测组要相互支援，在形势紧张时，全体集中到观测组这边大院子里，集中兵力，以便统一指挥，以应付随时可能发生的不测，根据县里统一研究决定：原则上是坚守阵地，只要能坚守3天，定能得到部队的支援解救，各单位要相互支援，以坚守求胜，这是会议的决定结果，实际当时索县除一个排的部队驻军，其他邮电、贸易、卫生不到10个人。因此气象站自己保卫自己，搞好团结，以利保证完成业务工作。

后来西藏的形势日益紧张，索县同样不例外，每天都传来周边有小股土匪活动的消息，为保证气象业务工作的顺利开展，在20世纪50年代中后期，不得不一手拿笔一手拿枪，时而进行了实弹射击，增强了士气，增强了胆量，这是当时的形势所迫，同志们不仅要在艰苦的环境中慢慢地适应恶劣天气和气候的侵袭，甚至必须为西藏社会主义气象的存在、发展而随时贡献生命，就是怀着这种精神，使气象事业建立于雪域高原并不断得到进步和壮大。

背着气压表走进西藏

彭彦才

1953年5月1日，根据西南军区气象处的命令，我们护送着气象仪器及物资，从四川成都启程向西藏进发；7月29日，我背着气压表随队从甘孜玉隆草原走向西藏，历时5个月155天抵达西藏首府拉萨。虽然已经过去了58年，但进藏途中翻越二郎山、穿越海拔4千多米的石渠扎溪卡大草原、走过三江源等所经历的一幕幕，不时浮现在眼前……

受命向拉萨进发

刚解放时，四川、西藏及西南区的气象工作由军队接管。1953年4月中旬，西南军区召开川藏区域军事气象工作会，传达中央军委关于贯彻党中央、毛主席要求开辟康藏高原禁区航线，保卫西南边疆的指示精神。西南军区司令员刘伯承、政委邓小平，西南空军司令员余非要求西南军区气象处以最快的速度、最佳的安排，迅速完善甘孜飞机场气象站和拉萨气象站，新组建昌都、巴塘、林芝、丁青、邦达、黑河、江孜、日喀则、香沙、定日、亚东、冈底斯、噶大克（阿里地区）等气象站。按照西南军区首长的命令，西藏军区前方司令部张国华司令员和西藏军区后方司令部陈明义司令员共商后决定，派出我等一批从事气象测报的战士随同军区运输大队护送气象仪器进入藏区，并要求我们在月底前做好动身准备。

5月1日早晨，西藏军区后方司令部承运汽车连的9辆军车一字排开停在军营内，各类物资、器材装了满满的6车。车队中有一辆体积最大的车名叫大道奇，满载着稀缺贵重的气象器材等，需要专人坐在车顶押运，这任

创业篇

务落实给我和江西老表小蒋担任。于是，我和小蒋坐在大道奇车顶，与其他几十位同志一道，在热烈的欢送声中起程。

二郎山遇塌方险坠崖

第二天一早，车队从雅安兵站出发，经过天全县城不久，就开始沿着蜿蜒曲折的简易公路向二郎山攀登。

二郎山最高峰海拔 3437 米，既是地理环境的天然屏障，也是高原与内陆气候的分水岭。我和小蒋坐在车顶，随着车队在盘山道上的千回百转、不断上行，我们进入了峰峦叠翠的二郎山腹地。不时进入眼帘的那茫茫林海、幽深峡谷、飞瀑、流泉、熔岩，在盛开着红、蓝、紫、白的各色大小杜鹃花朵的交相辉映下，再加上不时飞来飞去的高原彩蝶，使二郎山显得更加绚丽多彩。当我们正陶醉在二郎山的神奇美景中时，突然轰隆一声巨响，随即汽车剧烈颠簸，瞬间小蒋和我被抛甩在公路边。我本能地猛跃而起一看，发现我们乘坐的车遭遇塌方，汽车被卡在塌石间不能动弹，小蒋满脸是血卧倒在地、不知死活，再看行驶在前面体积较小的八辆嘎斯车已无踪影。我当时唯一想到的就是赶快向前面的车呼救，于是就沿公路向上飞跑，猛追前面的车队。当跑过 100 多米的拐弯处，见到车队就高声吼叫停车。同志们听到我的呼救声就立刻停车，随即与我飞奔而下，看到大道奇卡车被垮塌石头卡住，但后轮的外胎已脱离公路吊在公路外的悬岩上，驾驶员一手握方向盘、一手抱刹车，脸色铁青、大汗淋漓，两眼直盯着窗外不到 30 厘米的千米悬崖，仿佛成了一尊雕塑。同志们迅速将头部受伤的小蒋和左腿流血的我扶上车，由汽车连的连长急送往泸定县医院，由汽车连的指导员在后处理悬在崖边上的卡车。

车子载着我们颠簸半个小时爬上了 2900 余米的垭口（公路的最高点）后，下行 20 多分钟终于走出雾区，呈现在眼前的是一片晴空万里。向前看，美丽的贡嘎雪山呈现在眼前，放眼山下是蜿蜒的大渡河和盘山公路。回头再看刚走过的二郎山峰，一片流动的云雾覆盖在山峦之上，如瀑布般往山下飘移，云雾缭绕的二郎山格外美丽，大自然的鬼斧神工让二郎山显得如此的雄伟。沿着蜿蜒的盘山公路下行约一个小时，终于到达了红军长征飞夺泸定桥所在地的泸定县医院。经检查小蒋头上有 10 多厘米长的人字型伤口、流血不止；查看我左小腿有 4 厘米宽、10 多厘米长的皮肤脱落，也正在流血。医院要我们住院治疗，我不愿住院，医生为我包扎后，第二天我就随队出发了。

扎溪卡大草原遭罕见冰雹袭击

在甘孜兵站休整时，队伍中有 3 名队员去甘孜飞机场气象站工作，部分队员和器材分往甘孜和昌都及周边地区新建气象站。这时，前后方司令部共同商定了我们的进军路线是车队将我们送到当时川藏公路的终点——玉隆草原，物资器材改用牦牛驮运，经石渠县进入青海省称多县，渡过通天河，向西北沿三江发源地的巴颜喀拉山南侧，经过唐古拉山与三江源头之间的风雪高寒地带，翻越唐古拉山口经那曲（黑河）直到前方司令部所在地拉萨。

7 月 29 日，我们到达玉隆草原，后方司令部已在那里准备好一千多头牦牛等待运送物资器材，其中用两百头驮运器材和生活用品，其余千多头牦牛驮运前方急需的银元，布匹罐头等军用物资。当地进步藏族头人夏格刀登带领 40 多位藏胞承运。在气象仪器中，有一支十分精密、稀少、贵重的水银气压表，它可远比林黛玉娇气得多，运送过程中不能震动、不能倒置、不能斜放、不能受潮受热，不能用牦牛驮运它，要求具有高度责任心和耐心的人，小心翼翼地背着它翻山涉水步行数千里，万无一失地送到拉萨。这在当时是一个大难题，大家都顾虑万一不小心弄坏了交不了差，不敢接受此任务。最后，带队领导将这一重要任务交给我和上海籍战士承担。

8 月 1 日，我们从玉隆草原出发时，是一支拥有 100 余人（其中有藏胞及家属约 80 人）、100 多匹马、1000 多头牦牛、供路途食用的一百多头羊、70 余条驱赶牛马羊群的牧犬和 50 条甚富野性、凶猛且颇通人性的藏獒所组成的庞大混合队伍。行动时连绵数里，场面十分壮观，我和 18 名战友带着 30 多支步枪、冲锋枪进行监护和武装押运。

我们每天黎明起程，根据地形中午前后停下解驮，放牛马羊群饮水、吃草，人们则搭帐篷、拾牛粪找柴火、煮饭餐饮、休息。行军 400 余千米，经过了四川地处海拔 4200 米的石渠县城后，一天中午队伍正行进在扎溪卡大草原中，碧蓝的天空突然飘来大片翻滚的乌云，刚到头顶就狂风大作，状如米粒、豌豆、鹌鹑蛋、乒乓球般大小不等的冰雹就密集地向我们的队伍袭来。我背着气压表赶紧双手抱头原地站立、任凭冰雹砸打，队伍中的牛马羊狗随即被打得狂奔乱跳、怒吼吠叫，大部分驮子被抛落在方圆好几里的草地山岗。大约20分钟时间就雹停风歇，但有的地面已堆积起厚达10余厘米的冰雹。经冰雹这么一袭击，整个队伍只好停下来、搬驮子、寻牲畜、找失物，足足忙了一个多小时。当找回大部分驮子、牲畜、失物后还顾不上休息，忽然冰雹犹如洪流暴发直冲堆放的驮子而来，大家又投入了转移驮子的战斗。

告一段落后，大家这才你看看我、我瞧瞧你，发现一个个都被冰雹打得鼻青脸肿、血迹斑斑，人畜都不同程度地受伤。我的双手也被冰雹砸伤、鲜血直流，经检查幸好水银气压表未受损。这时，太阳正在落山，大家赶紧搭帐篷、艰难地将牛粪拾回后，队伍因疲劳至极，多数同志不吃不喝就进入了梦乡。次日，队伍又出动寻牛羊、找失物，结果一头牦牛失踪，一些零星物品无法找回。经此一劫，一些驮子破损不堪，更为严重的是随队携带的电台被损坏不能使用，自此与前后方司令部失掉联系。由于一些牛马羊狗被击伤成跛子，不得已队伍只好再休整了一天又继续前行。类似情况在后面的行程中仍时有发生，虽不如第一次严重，但严重地影响行军速度。

费时七天渡过通天河

随行的1000多头牛马羊群每天要吃掉过万斤草料，经常将驻地周围数里的鲜草干草一啃而光，往往仍未填饱肚子。牲畜有一共同特性是在雪地中自动去寻水找草，天黑前藏胞们就得骑马带狗四出奔跑十到二十里将牛马羊寻找归队。行进中，几乎每遇有水有草有盐岩的地段，牛马羊多自动聚集前去饮水啃草舔岩盐，甚难驱赶，也不忍心过于吼打。在大队人马的行军中，往往遇到一条小河或小谷竟要绕行二三天，才能找到人畜易于横穿的地段迂回到原本近在咫尺的对岸。最难忘的曾遇千米深谷，大队人马竟辗转绕行走了十天才到达对岸。

进入青海省称多县后，沿途河流网布，河床落差大。走了大约50余千米，一条宽约百米、波涛汹涌的河流横在队伍的面前，我们到达了《西游

雪域风云路

西藏气象事业发展回忆文集

记》中孙悟空大战的通天河边。通天河两岸多间断性悬岩，沿河不见桥梁，也不见船舟，用河水洗手，寒透筋骨，同志们戏称："我们都是孙悟空了，要过通天河，看谁道法高？"承运的藏胞经过两天奔波，终于寻得 7 只面积各约 3 平方米，可容约 1 立方米的圆形牛皮船，于是我们组织部分人员和生活品开始过河。在渡河过程中，首先遇到的是船在河中打转、难以靠岸，坐在船上和岸上的人干着急用不上劲，好不容易费了九牛二虎之力方得靠岸；而有的船在河中船体漏水，水位将达船沿，眼看着就要沉船，经船上岸上齐努力，好不容易才避免了沉船。全部牛马和大部分狗羊都是泅渡过河。在渡河期间，聚集了当地众多的藏族男女老幼，像朝山拜佛般光临两岸观看，他们称："从未见过如此多的人畜驮子和牛皮船集中渡河。"全队人马前后经过七天的努力，才全员渡过河，幸好人财物无一损失，藏族同胞伸着舌头认为是佛神保佑我们安全过河的。

过河后休整了一天，队伍出发向巴颜喀拉山攀登，突然发现在大队方阵中，多了一块方阵。于是迅速查其来历，乃是藏胞黑水一家六口，携带当地政府证明及一百多头牛马羊狗和两支枪到拉萨朝拜，因虑途中不安全，故跟随我们大队同行。在长时间同行中，黑水一家与混合大队藏胞们一样，与我们彼此建立了深厚感情，互相帮助，直到拉萨。

穿越三江源腹地

渡过通天河后，大队人马在草原经过几天的行程，先后穿过土墙区、账篷区后进入青海三江源区。三江源区地处青藏高原腹心地带，是长江、黄河、澜沧江三大河流的发源地。进入三江源区腹地后，除了不时映入眼睑的丰美水草、星罗棋布的湖泊、从未见过的野生动物等使我们感到新奇外，前行没有方向感难以选择线路，恶劣的气候给我们造成行军困难。

进入三江源地区后，我们就失去了方向感，造成大队人马蹒跚前行。行军中，前面是什么情况不得而知，选择路线常成难题，主要靠指南针和太阳方位向西行。一天，大队人马沿山沟进发，行进约 10 千米，牛群突然自动停止前进。一看，前面是约百米的深谷，已无去路，而牛群逐渐聚集，拥塞不堪，十分混乱，险情百出，费了很大力气才将畜群疏导倒退到早晨出发地的附近。次日改道围绕沼泽地前进，走了半天，竟然又走到昨晨的

创业篇

出发地。在沿途所面临的严重问题是草荒，牲畜受饿，人遭株连。

过三江源，恶劣的气候让我们倍受煎熬。三江源腹地都是高寒地带，在高山峡谷中越攀登，气候越恶劣。因空气稀薄，气压很低，队伍中常出现气喘、心跳加快、头昏呕吐，然而我竟无任何不适之感。遇到风雪交加的天气更令人尴尬，白天内穿毛衣绒衣、外穿棉衣加皮大衣，再罩雨衣，用绳捆紧衣服及裤足，头戴几顶帽，颈围毛皮巾，足穿几双袜套大毛皮鞋。晚上先捆紧被褥一端，将四肢紧缩成一砣，御寒效果较好，这是向藏胞学来的，名曰"睡秤砣觉"。

常遭遇10级以上大风狂风的困扰。每天中午前后，多有大风光顾，往往吹得人们前仰后翻，有时牦牛都难于前进，迫使四足又开头顶来风不动；搭帐篷常成大难题，费尽大力气搭好，又被风吹翻刮跑，最后只好用重驮子密压蓬足才比较成功。一次，狂风将一位新兵吹倒，随之又将他背的枪吹下悬崖，全队被迫停下，找了一天才把枪找到。在澜沧江源头处，突然遭遇十一二级大风，当大家正围观源头时，一位贵州籍小战士去俯视源头窟流，一不小心，毛皮帽被风吹跑，酷似踢出的足球，飞滚而去，转眼间就不见了踪影。该同志只好用红色绒裤包头御寒。大家戏称他变成了一位藏族大姑娘了，逗的人们捧腹大笑，令人记忆犹新，永远难忘。

遭遇尴尬生活的困扰。行军到三江源腹地，主要赖以煮饭烧水的牛粪奇缺，不得不四出割枯草或砍柴。这比拾牛粪难多了，堆积如山的枯草还不够煮一餐饭。由于地冻深厚，挖灶坑甚为辣手，很多同志手被打起泡，疼痛甚至溃脓。更经常出现缺水，只好寻找积雪或冰块代水。雪好取用，但取冰必先破冰，而破冰工具是卵石或块石，但因冰冻三尺极难找到，往往无可奈何得发呆。无法破冰时，只好忍渴挨饿。满锅冰雪熔化后不到半锅水，烧一锅冰雪水要用烧两锅以上普通水的燃料和时间。生火煮饭常被弄的焦头烂额，或火柴难燃，或星火入眼，或燃着的牛粪柴火被风吹得乱飞。每用开水泡茶，其茶叶久泡不开，所煮的饭菜经常是半生半熟，只好天天吃夹生饭菜。

前行到澜沧江源头扎曲河顶端遇到一奇观。在一座高大、积雪深厚的冰山腰间，一股寒流从冰窟中流出，时而冒着薄薄的雾气，向东南流去到百米外的悬岩下变成难望边际的冰坝。人畜如误踏上这类冰坝，则会飞速滑向又远又深的溪谷，一命呜呼。曾见到一条有数十米深的泥岩冲积沟，看到土质多乌黑肥沃，沟内静静无声，突然一阵降水后，只几分钟沟内就洪声轰鸣，不能过沟。但雨停后不久，沟内又恢复了宁静。行进在三江源区，常见到有大小不同的沼泽、泥潭，藏胞称为海子，特别是被冰雪遮盖着的地段，如人畜一旦误入，则多陷死于污泥浮物之中。

当年亲临了澜沧江源头，遗憾的是虽临近了长江与怒江源头，但错失一睹两江源头真面目的良机。穿越三江源区，原始的自然生态风貌令人流连忘返，仿藏族同胞并与战友共同取名的鸟兽动物有野鸡、山鸠、巨鹰、大斑奔、野天鹅、棕鸥、斑花雁、水鸪鸪、黄莺、雪猪、藏羚羊、斑马、野牦牛、野骆驼、野鹿、野驴、长条鱼、冰窟鱼、裂腹鱼、无鳞鱼、野山羊、花白雀、无尾鼠等等，它们自由安祥地生活在那片辽阔的净土上。

胜利到达拉萨

甘孜出发时，后方司令部为队伍配备了3个月的粮油盐菜（干）。但3个月后还行进在中途，此时已粮尽、油光、盐完、菜无。不得已向同行藏胞购买牛羊肉，连续吃几天后，新问题又来了，一些同志出现口腔红肿、起泡、溃烂，苦不堪言，于是就挖野菜或违俗拦沟捉鱼维持生活，同时学吃生牛羊肉，偶尔向同行藏胞买点糌粑。这样连拖带饿达一个月有余。

跨过三江源后，全队人马用尽了九牛二虎的力气，总算翻越了"吞食"不少人命的唐古拉山口，到达向往已久的、海拔4500米的黑河兵站。这时，我们这支与前后方司令部完全失掉联系长达四个月之久的队伍，在长期强烈的太阳光辐射下，个个已经成了非洲黑人，加上长期不理发、未修面，大家犹如一群原始人。到兵站，大家就像回到娘家一样互相祝贺，欢呼畅饮。兵站领导介绍说："前后方司令部首长多次追问混合大队的消息，据称我们途经区域曾有能在马背上打迫击炮的白俄土匪，首长虽命令兵站三次派出加强排寻找，但偌大的风雪高原，哪里寻找得到啊？每次都无功而返。焦急等待了四个月的前后方司令部专门致电："获悉你们安全抵达黑河后，我们大大地松了一口气，悬着心终于落地了。特向同志们表示亲切的慰问！"

我们已经四个多月没有洗过澡，也没有理过发了，兵站安排大家理了发。当获知黑河五里外有优质的温泉可供洗澡后，大家带着换洗衣服前往洗澡，当走到面积约 60 平方米、冒着热气的温泉边时，忽见一群藏族姑娘正赤身裸体在泉池里洗澡。于是大伙扭头就跑，跑掉了衣服也不敢找，只好乖乖地跑回兵站蒙头睡大觉了！

1953 年 12 月 30 日，经过五个月艰苦步行，我们 15 名队员（黑河留下了 4 人）胜利到达西藏首府拉萨，受到军区首长和同志们的热烈欢迎。我和上海籍战友背了五个月的、第一支到达拉萨的水银气压表，也完好无损地交给了前方司令部通讯处首长手中，被安置在了拉萨气象站。

1954 年元旦的黎明，全员数千战士集合进行元旦团拜！元旦后，我与 3 名战友被分配到位于布达拉宫前面的前方司令部通讯处（后为拉萨气象站），我任观测组长。和我一齐背气压表的上海籍战友等 11 人，被分配到各地建气象站去了。拉萨气象站新增四位主力后，氢气球天天升空探测高空气象要素的变化；水银气压表、温度仪所测气象数据，被定时发往西南军区气象处，用于分析预报万里高原的风云变幻，为年轻的人民空军征服世界上海拔最高、面积最大的空中禁区发挥着引路作用。

风云变幻的 1957

朱宝维

  1956 年初，我从西藏拉萨气象站调到藏东波密地区倾多气象站（西藏军区第七气象站）工作。该站离川藏公路线上的扎木（波密县委所在地）还有 15 千米，需骑马进去，气象站建在一个居民点的边上，离当地喇嘛庙很近。当年 7 月，因改善气象站的环境条件，迁移到河对岸的平坝子中间，那里地势开阔，四面多是青稞地，平坝子的西部是当地一个头人的庄园，拥有大片的土地和牛羊，还有上百名奴隶。四周围山上森林茂密，山沟深处都是原始森林，降水丰沛，农牧兴旺，是西藏的江南。当时藏族群众对我们非常友好，特别到秋季桃子很多，我们到群众家去，都拿桃子招待我们，吃后把桃核留下（桃仁制作酥油要用）。每到藏族的节日，我们都要请当地上层人士和寺庙喇嘛来气象站开茶话会，给贫苦群众送点食品，因此我们和当地群众相处得很好。

  但好景不长，1957 年初，当时西康省（现已撤销）的巴塘和理塘二地，在反动上层的策划下，挑拨民族关系，组织叛乱活动，在寺庙里还打出叛乱旗号，叛乱分子还血洗了当地政府部门（包括当地的巴塘气象站）。于是党中央决定派解放军平息叛乱，在平叛过程中，有部分叛乱分子向西流窜，沿川藏线从藏东地区到拉萨，与当地反动头人和上层喇嘛勾结一起，进行叛乱活动。广大藏族群众在叛匪和反动头人的威胁和挑唆下，藏汉民族矛盾被激化，和谐安定的社会环境变得硝烟四起，藏族群众也不敢接近我们了。反动头人还不断制造事端。为了保卫气象站的安全，我们也只有武装起来，以应付复杂的环境，全站人员都配备了枪支弹药，修建了防御工事。随着形势的不断恶化，在 7 月中旬的一天晚上，当地反动头人蔡道 5 兄弟以

创业篇

175

喝酒为名，绑架了派驻当地的五名工作组成员，在这关键时刻，工作组通讯员跳窗逃到气象站求救，气象站领导立即派出全副武装小分队前往解救。通过喊话、谈判，到次日上午被绑的工作组人员才获释放，一起撤到气象站。经过这一事件，我们的处境更是危险，叛乱分子公开的在气象站周围活动，不断向气象站开枪，我们也全副武装日夜坚守，这样坚守将近一个月。根据西藏自治区党委的部署，川藏公路的昌都到拉萨段将暂停运行，因此，该路段沿线的 4 个气象站亦即撤销（邦达、然乌、倾多、林芝等四站），我们得到撤站命令时，心中非常难过。一是我们亲手建立起来的气象站就这样被迫放弃，十分遗憾。二是藏族群众对我们是有感情的，当她们得知气象站要撤走时，晚上纷纷跑来看望我们，表示留恋之情。撤离时我们将许多生活用品、家俱、食品等都送给她们，藏族群众也拿了煮熟的鸡蛋和酥油送给我们，真是情深意切。8 月下旬在部队的支援下，我们撤离了倾多，来到扎木。按气象局的命令，我和薛华权同志调回拉萨，其他同志都按政策内调，大家依依惜别。在扎木我们又遇到了从然乌撤站回拉萨的曾宪泽和从昌都回拉萨的寿宗难两位同志，数日后我们一行 4 人，带着气象资料和器材随着昌都到拉萨的最后一个运输车队回到了拉萨。

进 藏 琐 记

陈 松

1956 年 5 月，浙江省气象局调我们几个小伙子去西藏，从杭州乘火车前往成都，到了成都火车站有西藏军区的同志来接我们到西藏军区招待所报到。当时我看到从我国海、陆、空三军调来的年轻气象工作者和西藏军区的人，大约一百多人，经体检后准备进藏（他们叫上前方）。由于当时的西康省内叛匪猖獗，巴塘气象站被叛匪包围，全体同志都壮烈牺牲了，所以我们进藏是全副武装的，每人发一支三棱步枪和手榴弹，组成班、排、连，由西藏军区参谋边文华同志带队，要求把行李包当凳子坐军队的嘎斯卡车（见下图）进藏，一辆嘎斯车坐 20 人左右，挤得脚都伸不开。就这样十多辆军车沿着当年十八军修路进藏的路线从成都向西出发，途经雅安、泸定、康定、甘孜、玛尼干戈、江达到昌都，再由昌都到邦达，经波密、林芝到拉萨。途中翻过二郎山、雀儿山等十多座拔海 5000 米以上的险峻高山，坐在车上亲眼见到沿途的天气瞬息万变，一会儿浓雾，一会儿下雨，

嘎斯卡车

创业篇

177

修路进藏

一会儿下雪，一会儿晴天。山的迎风坡倾盆大雨，而山的背风坡则晴空万里。地形复杂、地势险峻、高山深谷、峭壁悬崖，沿途见到多处翻车事故，有的翻到深沟里，有的翻到江水里，有的汽车挂在深谷的陡坡上面。嘎斯车厢浅，汽车急拐弯时手就得抓住车厢的木板条，否则会被甩出车外，特别是坐在后面的同志胆颤心惊，必须随时保持警惕。雨天路滑，年轻的部队驾驶员就用铁链套在车轮上，以防滑下深谷。曾经见到前面的车通过泥泞险路时一个轮子居然悬空而过，现在想起来真叫人毛骨悚然。幸好当时年轻，不了解危险的程度，因而也能坦然面对。

川藏公路于 1954 年建成，我们 1956 年走这条路，路面狭窄，土质疏松，沿途还会遇到泥石流、山体滑坡、塌方等险境。记得有一次车队连夜赶路，开到怒江支流时，由于沿江边的一侧土质疏松，我坐的一辆军车侧翻江里，岸上同志用手电筒照着找人，边参谋吹哨子喊集合，幸好江边的水不太深，人只是侧倒在江边，爬上岸的同志有的哭喊叫痛，有的骂街。经点名人数不缺，但有几位同志胳膊腿摔断了，其中几个是报务员。受伤的同志连夜送到最近的兵站去做临时的包扎。我没有受伤，但冷得直哆嗦，又有高山反应，身体觉得不适。翻到江边的车，拖上来后继续走了几天，终于到达拉萨。之后我病了几天。我们从全国各兵种调来的同志集中学习党的民族政策，总的精神是争取西藏上层集团，顺应民意进行民主改革，

雪域风云路

西藏气象事业发展回忆文集

解放百万农奴。学习的文件现在有很多都记不清了，只记得规定我们骂不还口、打不还手、坚决不打第一枪。还宣布几条纪律，其中一条就是上街必须三个人以上。我们的人上街就常常被推到臭水沟里都不敢还手。

民族政策学习结束后，我被分配到日喀则气象站。当时日喀则气象站站长邢纪章同志在拉萨开会，领了一车消耗器材，我和一起进藏的沈世德同志坐在器材上面。车在去日喀则的路上行驶，到了麻江，过江时车在江中熄火了，发动不了；当时正是午后气温最高时段，上游冰雪融化最快，江水猛涨，已进入车厢了，如果不想办法，我们就会泡在冰水里过夜了。邢站长问我："小鬼！你会游泳吗？"我说会。他让我先游到对岸，然后扔过绳子让他们手抓绳子过来，于是我就朝着对岸游去，没想到却被江水冲到很远的江边，小腿被随水流下来的石头碰伤了，上岸后车上同志扔过来一条粗绳子，先将我的衣服顺绳子滑过来，本想让他们手抓粗绳子过来，可是我的力量不够，怎么办？邢站长手指不远处的一顶帐篷，叫我去找藏胞，我忐忑不安地走过去，由于不会说藏话，我简直变成哑巴了，用手比划指着江中的车，他们明白了，过来几个身体壮实的藏胞，邢站长指挥我，让把绳子交给他们，他们拽着绳子，车上的同志才上岸了。随后我们回头一看，江水已淹到车顶了。这件事使我第一次深深地感觉到西藏老百姓非常朴实、忠厚、善良。他们请我们进帐篷烤火喝茶，邢站长带着一口袋干粮分给他们吃，大家在一起边喝茶边吃干粮边烤火。邢站长是军人穿军装还会几句藏语，我听不懂，只听到老百姓说："金珠玛咪呀古都。"我问站长他们说什么？"他们说解放军好"。后来我才知道军队进藏后做了大量群众工作。第二天早晨，上游山上的冰雪冻结了，所以下游的江水很浅，经过一番抢修，汽车可以发动了，几个藏族同胞推车上岸，我们向他们告别。我想对他们说几句话可是不会说，心里想感谢你们啊，藏族同胞！司机边开车边寻路，我在车上心里胡诌一首小诗：

> 离别麻江岸，车开疑无路，
>
> 藏胞回归去，相逢在何处。

到了日喀则，汽车驶入日喀则农业试验场，原来是借农场的房子、场地建立的气象站。不久，邢站长召集我们开会讨论迁站问题，我们都认为在这里没发展空间，所以我去后不久就开始迁站。花了几千块银元，在贵族的青稞地上圈了一块很大的青稞地建站。值班室、宿舍都是军用帐篷，

创业篇

160 团营地就在过了马路的西北方向，站长邢纪章是 160 团的连长，摇机员也是 160 团的班长。邢站长不懂业务但他只抓观测组长，抓大事。迁站后不久，西藏气象部门就转归地方领导，邢站长归队，我真舍不得他走。新站长先是肖佑清同志，后是范中云同志。没想到邢站长当年买下的这块地，会为后来日喀则气象事业提供了发展空间。1959 年西藏上层反动集团在发动武装叛乱之前向西藏工委递交了战书，还进行了示威游行、吹号、敲鼓，全副武装的藏军手舞足蹈地通过西藏工委、西藏军区的大院门前，他们过高估计自己的力量，自以为有把握把我们消灭。我们接到通知也挖了工事，垒起沙袋，准备战斗，但仍然坚持不打第一枪。由于部队迅速平息了拉萨和日喀则等地的叛乱，大部分的叛匪逃到藏北大草原。宜将剩勇追穷寇，西藏军区决定进剿藏北叛匪。在一望无际的藏北大草原上剿匪，需要空军配合，西藏气象局调我随部队去藏北草原申扎县建立气象站，任务是做好为空军飞行的气象保障工作。而建站条件之艰苦，物资之匮乏，环境之恶劣，但人的精神之高昂，至今想起来仍历历在目。

爱 洒 黑 河

■ 徐长丰

1951 年 5 月 23 日，中央人民政府和原西藏地方政府在北京签订了《关于和平解放西藏办法的协议》，正式宣告西藏和平解放。这是西藏走向现代文明的伟大转折，是西藏各族人民获得新生的历史起点，也是帝国主义势力在西藏的历史终结点。

西藏和平解放已经 60 年了。60 年来，西藏在党的领导下，在祖国的怀抱里，取得了举世瞩目的成就，发生了翻天覆地的变化。如今，百万农奴打破人间地狱，建起了"幸福家园"，又将扬帆远航，走向辉煌。同样，新西藏气象事业的成就也是有目共睹的，举世公认的。多少代气象工作者本着对国家、对人民、对事业的热爱，艰苦奋斗，有不少同志付出了生命。

进 藏

我于 1935 年出生在"鱼米之乡"的南京，1956 年毕业于北京气象学校。毕业后，怀着建设边疆、发展祖国气象事业的豪情壮志，毫无条件地服从组织分配，离开祖国首都北京、离开家乡南京和亲人，奔向云南腾冲气象站。

1962 年底，组织上让我回家探亲，并通知我说："中共云南省委决定：支援西藏。"

我真是舍不得离开腾冲这个美丽的地方。但是，当我想到自己是一名共产党员，又毫不犹豫地告别了腾冲这个美丽的第二故乡，奔赴西藏最艰

创业篇

苦的那曲，去奉献青春和锦绣年华。

西藏人说"远在阿里，险在昌都，苦在那曲"，医学称之为"生命的禁区"。作为老西藏之妻的李希惠很了解那曲的艰苦，深知长期在"生命禁区"工作对人体机能的严重损害。1970年，也服从组织决定，离开两个孩子、离开了工作多年的腾冲，离开山川秀美、四季如春的云南，支援西藏。1974年，两个几岁的孩子徐八林、徐九林无处寄养，但她考虑到那曲的工作离开不了她，只好冒着极大的风险带到西藏那曲（经组织批准），这样一来，全家四口人都进藏了。进京赶考、进藏，从古至今，去某一个地方一旦用"进"字，都是最艰险的征途，进藏，不仅仅只是艰苦的跋涉，还要面临生死考验。

考 验

那曲是西藏最艰苦的地区。位于唐古拉山南麓，夏季飞雪，冬季气温可达零下40℃左右，年平均气温在零下2℃左右，八级以上大风一年当中要刮180多天，最大风速可达40米/秒以上，如遇沙尘暴天气，白天都得点煤油灯或酥油灯照明。这里海拔4520米以上，空气含氧量不到内地的一半，医学检测，即便人处于静止不动的状态，其心脏负荷也相当于在内地负重20千克行走，心动过速、胸闷、心慌、肝脾肿大、失眠、头痛，口腔、鼻腔、耳道出血，时有夺去援藏人员生命的现象出现。

那曲中心气象站1959年前由那曲兵站代管，1962年后由那曲农牧局代管，"文化大革命"中由那曲军分区通讯处代管，后来不久又由那曲农牧局分管。西藏是全国最艰苦的地区，西藏气象部门又是西藏最清苦、最艰苦、最辛苦的部门，必须是真正热爱气象事业、热爱西藏才能干下去，必须"不怕苦、不怕死"，付出很多的心血、汗水、艰辛才能干好。

我所在的那曲中心气象站建站时间不长，生活和工作条件极差，职工住的是牛羊圈和活动棚，由于气压很低，饭菜煮不熟，所以吃的是生食和半生食，终年吃不上蔬菜。做饭、烤火、工作用的唯一燃料是干牛粪。有些单位有钱有物资，牧民们把牛粪送到门口，而气象部门什么都没有，牛粪奇缺，工作、生活无法正常运转，只好发动下班需要休息的职工背着麻袋步行几十里到草原和山野捡牛粪，饿了吃一口糌粑面，渴了到河边弄一块冰，有时还得以大地为床，蓝天为被，在零下 10～20℃的天气情况下露宿过夜。

1963 年，作者在新建的那曲气象站。

当时的那曲中心气象站仅有 14 名男职工，他们都是热血青年，为了气象事业，告别了北京、天津、哈尔滨、南京、浙江、山东等各自美丽的家乡，离开了父母，离开了妻儿，来到了极为艰苦、称之为"生命禁区"的那曲（原黑河），他们平均年龄仅有 22 岁，最大的 33 岁，最小的只有 18 岁。因为缺氧，生活、工作条件和医疗条件极差，多年来，内脏出血等多种高山疾病先后夺走了黄昌信、张太俊、列尔格 3 名同志年轻的生命，一名同志倒在土匪的枪下，病倒和身体难以坚持工作的 2 人，坚持工作的仅有刘树范、胡耀明、杨天德、郭积荣等 7～8 位同志，他们参与了平息叛乱，保卫了气象站，他们都是了不起的钢铁气象员，他们吃了无数的苦，他们熬过了多少个寂寞、冰冷的夜晚，坚守岗位，监视着天气的变化，时时刻刻给军事（包括 1962 年中印自卫反击战）、登山、科考、农牧业提供气象情报、资料、预报等服务。他们在特殊的自然环境中，面对尖锐复杂的斗争形势，一手抓平叛、一手抓工作，克服了种种难以想象的困难，创造了"特别能吃苦、特别能战斗、特别能团结、特别能忍耐、特别能奉献"的老西藏精神，为西藏各族人民的幸福做出了贡献。他们把美丽的青春和宝贵的生命献给了藏北雪山、献给了羌塘大草原。

但是，仅靠这七八个人要想完成高空、地面、日射、通讯、牧业气象观测、天气预报等工作以及做好世界气象情报、资料交换和航空、军事、登山、科考等服务工作，困难很大。在人员少、条件差、任务重的情况下，作为站上唯一的一名共产党员，我协助刘树范同志（后调往拉萨）、薛华权同志（后内调）挑起了所有的重担，和同志们一起努力奋斗。

1965年，那曲中心气象站有了发展，人员已增至近30名，那曲各单位人员极少，所以气象站可以说是人员较多的大单位了，但是，单位大、人员多在那曲也不一定是好事，工作任务相对好完成，而生活和各种条件又会带来压力。

当时的气象部门系双重领导，以地方为主，人、财、物等均属地方管，业务属于垂直领导，这样的体制对气象事业的发展很不利。气象站的经费支出都要经农牧局批准，财经局核销，气象站是报销单位，大小开支都要经过批准，这样，经费既得不到保证物资又不能及时供给，经常影响工作。就连气象站地面、日射、大气探测等业务需用大批量的铅笔都要请示批准。他们认为这是办公用品，控制得很严。值班的同志经常将铅笔用到1~2厘米长都舍不得丢弃，还用两个手指捏着继续使用。由于工作时间大部分都在户外，那曲风大又寒冷，常常捏不住铅笔头，影响了气象记录质量，多次受到上级业务部门的批评。

1963—1964年的"小四清"和"四清"运动，"小四清"主要内容是采取了清工、清帐、清财、清物的做法，这时的"四清"只清经济，叫"小四清"。"四清"运动就是"清政治、清经济、清思想、清组织"。我们气象站的气象业务电报自己发，农牧局认为气象站有电台，属于机要部门，人员要严密控制，对气象队伍进行"整顿"，于是农牧局副局长万瑛同志挂帅，组成五人工作组进驻气象站。这次"小四清"、"四清"运动，整了好多同志，还把刘万金、芦明运两位专业人员清理出了气象部门，我也挨了整。重点是我，他们说：我是唯一的一名党员（很长一段时期党的大门是关着的，停止发展党员），来到那曲后，不抓阶级斗争，鼓动大家埋头专搞业务，走"白专道路"；挖井、打土坯、盖房子、造马车、建温室……这是走资本主义道路。同时，因为我爱人家庭出身不好，说我"丧失阶级立场，认贼作父，认敌为友……"停职反省，隔离审查，白天批斗，晚上派人

雪域风云路

西藏气象事业发展回忆文集

"陪着"我写检讨……真使我不能理解，无法接受！我挨斗，我无奈！我尴尬！直至中央下令那曲不准搞"四清"运动时才不了了之，我才得到解脱。这次运动，不仅伤害了我，无形中也伤害了许多好同志。

当然，"四清"工作组大部分同志和我们是同甘苦的战友，是好同志，在那样艰苦的条件下和环境里，也不忍心整我们，但他们不干不行。像万瑛副局长就是一名好同志，他平易近人、和蔼可亲、风趣幽默、宽厚可敬。他家庭出身很苦，十几岁就参了军，是个"红小鬼"，在部队屡立战功，做过重大贡献。西藏叛乱时他也挨过叛匪的子弹。当时，我们才二十八九岁，他已经四十多岁了。在那曲是个岁数大的老同志了，但同志们仍然称他为"陕西小伙子"。他工作作风朴实，深入关心下级单位和牧民，经常深入基层，深入"部落"牧民家中，同他们打成一片。灾年，他邀约着我们下基层和牧民们同吃同住同抗灾。他分管那曲气象站工作，经常深入到站内，对气象工作还比较熟悉。

那曲夏日飞雪，冬季气温可达零下 40℃左右，这对于探空组常年累月在凌晨 1 时放小气球测量风向风速的同志来说，困难比较大。为了保证工作质量，在没有任何取暖的条件下，为了方便观测，只好把皮大衣脱了。在户外经纬仪观测场，尤其是高空风速很小时，气球就会在头顶上打转，观测的同志要用双手握住经纬仪的镜筒，经纬仪的镜筒是金属的，夜里温度又低，双手要不断调整仰角和方位角来跟踪气球，所以每当放球时，手就会经常被黏在镜筒上。如果戴手套，手就会很不灵活，这样就会丢球，重放球后的观测结果就会不准确。为了能准确记录观测结果，同志们都是用双手直接握住经纬仪进行观测，所以冻伤的事就经常发生，不少同志手皮被撕下，手指红肿得像鸡蛋一样大小，俗话说"十指连心"，这种痛可想而知！为了保证工作质量，把伤口简单处理一下，又继续投入工作中去了。

后来，工作组撤了，万副局长和通讯员留下"蹲点"。白天开会，晚上跟班，不仅跟地面班，还跟探空班，有空时还找我们谈心。最可怜的是他，由于工作过度劳累，身体机能损耗特大，他病倒了。病中他多次想吃一口白菜煮面汤，却办不到。白菜煮面汤在内地恐怕没有人稀罕，可是到了这种环境之下可就成了宝物了。我和同志们分别把站上和那曲镇几十户人家都找遍了，最终连一根面条和一片白菜叶子都没有找到……送回内地后，据说是因为严重高山反应，内脏出血离开了人世。

创业篇

那曲气象站的人员不断增加，文娱和体育等很多活动要开展，大部分的器材都是同志们自己掏钱从内地买了带来的。一次，一位同志请他开汽车的同乡从林芝带来一根木材，用捆绑探空仪器箱子的废铁丝拧在一起，做成一个篮球架和篮筐。热心的兼职会计张传忠同志见只有简陋的球架和篮筐，没有篮球，去农牧局请示主管那曲气象经费报销的那曲地区财经局会计科的郭士林同志，郭同志不但不同意，反而狠狠批评张传忠同志。20几岁的张传忠同志年轻气盛，于是发生了口角，最后打了起来。就是这点小事，张传忠同志受到了那曲共青团工委的严厉处分。

奋　斗

多年来，我和同志们不分白天黑夜，学习、熟悉地面、日射、牧气、雷达观测、天气预报、报务和填图等业务工作，基本上做到哪个岗位缺人能上哪个岗位。因此，我多年除值探空全班外，还经常顶替上班，往往是白天值班，晚上又值夜班；白天参加会议，晚上又上班。在我的影响下，站（台）上的同志都成了一专多能的多面手，再也没有出现因为特殊情况的发生而影响或造成工作损失的情况。

部分同志家庭经济困难，除了给予他们福利补助外，每月发工资时，我总是省吃俭用将节约的一点钱悄悄以组织或他们个人的名义汇款至他们家中。为了解决一些同志家中后顾之忧，我总是利用休假和出差机会到同志们家中进行访问，帮助他们家中解决一些急需解决的困难。如帮助老人和在藏双职工家庭的孩子去医院看病、联系上幼儿园、上小学等。

有位同志家住四川省三台县农村，早年丧父，家中多病的母亲带着妹妹，生活十分困难。我和另外一位出差同志张家强冒着暴风雪步行了20多里泥泞的山路去看望她们，主动帮助去砍柴、修理破漏的房屋，解决了部分困难，他母亲很感激。

一名同志休假两年未归，组织上准备开除他的公职，我利用一次出差机会顺便去看望他，原来这位同志在那曲工作多年，因长期缺氧，劳累过度，导致肺组织纤维化，且有吐血症状，思想苦恼，行动吃力。那段时间，我多次搀扶着他进城看病，直至病情稳定好转，我才返回那曲，并向组织上作了汇报，进行了妥善处理。

气象台的黄昌信同志，早年丧父，老母和一个小妹妹在成都市以做小买卖维持生计，生活困难，老母亲常常思念儿子。为了安慰老人，我和那曲地区公安处的胡本荣同志利用休假路经四川成都之时，去看望了黄妈妈。当时，黄妈妈正生病，我们把黄妈妈送去医院看病，帮助把小妹妹安排上学。临别时，我和胡本荣同志凑了 50 元钱（那时我的工资只有 58 元 5 角）以黄昌信同志带给她的名义给她，安排好生活。她很感激我们，让我们告诉黄昌信家中一切都好，要好好工作。之后，我们才返回西藏。

同时，我们还动员气象站（台、局）同志回内地休假或出差时争取去附近的同志家，代表组织看望老人、爱人和孩子，力所能及地帮助解决一些实际困难，做好安慰工作，回来后要向领导和党支部汇报。我没想到的是：同志们更加热爱那曲气象台了，很多同志要求来那曲气象台工作。到 1983 年我内调时，那曲气象台不仅有自己动手盖的宿舍、温室、伙食团，还有三辆汽车，人员由七八人增加到 60 多人。

1976 年，作者的妻子李希惠在自己动手搭建的宿舍前留影。

为改善工作生活条件，我和同志们在冻土层达几米深的地上，以蚂蚁啃骨头的精神打了三口井，基本解决了工作和生活用水。我们还到藏南拉

创业篇

木材造马车拉牛粪解决燃料问题。打土坯盖房子，为了防风，用铁皮封顶，每隔一定距离还压上了大石头。为了解决吃不上蔬菜的问题，我们自己动手盖起了温室，在温室里种植蔬菜，虽然种出的黄瓜只有指头粗，蕃茄只有鸡蛋大，却结束了终年吃不上新鲜蔬菜的历史。从 1970 年开始我们轮换抽人常年在拉萨种菜。为改善生活，组织大家去河里钓鱼、炸鱼，一次在零下 20℃ 的天气，为了不使同志们冻伤，我亲自下到冰水里捞浮起的鱼，由于在水下时间过长，全身毛孔出血，当时便昏倒了。

随着藏族同志的增多，搞好藏、汉民族之间的团结极为重要。气象台的大部分同志都来自五湖四海，一人在那曲工作，家人全在内地。这些同志在性格、年龄、生活习惯……等方面都有差异，很容易产生矛盾，闹意见。有一次，地面组的桑旦同志（后任山南地区气象局局长、党组书记）和探空组的张轩（后任四川省气象局人事处副处长）同志打篮球时发生了语言上的误会，桑旦同志误认为侮辱他的人格，由于两人年龄较小，脾气火爆，打了起来。事后，针对这些情况，我们教育汉族同志要尊重藏族同志的生活习惯，帮助他们进步，也教育藏族同志要关心汉族同志。经常组织汉族同志学习藏语言，藏族同志学习汉语言，防止语言不通带来各种不便，阻碍思想情感交流。不断组织汉族同志到附近的藏族炊事员、摇机员、气象观测员等同志家，藏族同胞请大家喝青稞酒、吃糌粑、喝酥油茶、喝酸奶。

西藏的主食是糌粑，许多同志刚到西藏、刚到那曲时就不会吃糌粑，不会喝酥油茶，所以我们请藏族同胞教我们怎样抓糌粑，怎样喝酥油茶，怎样磨糌粑面，怎样打酥油茶等。我们也组织汉族同志教藏族同胞怎样做米饭，怎样炒菜。这样一来，大家都知道各自的优劣势，成了师生和战友的关系，互相关心、互相爱护。在那曲，夜间户外值班很冷，藏族同胞自己亲自做羊羔皮裤子、做狐狸皮的帽子、用羊毛拧成的毛线织毛衣、毛裤、毛袜给我们防寒保暖，预防冻伤。

一次，去扎娣同志家，扎娣是炊事员，是奴隶出身。当她看到我们时，激动得热泪盈眶、泪流满面，她说："旧社会我是一个农奴，从没有人把我当人看，也没有汉人到我家里来……如今，你们看得起我，到我家就是贵客！"她把大家请到屋里，用最高的礼节款待我们，完全不像两个不同的民族，就像一家人一样，其乐融融。过年过节，尤其是藏历新年，汉族同志

雪域风云路
西藏气象事业发展回忆文集

也请藏族同胞到家里做客，以增进感情。当藏族同胞到内地上学学习或出差时，请他们去家中看望父母和妻子儿女，到家中做客。日积月累，增强了藏汉同志之间的团结。

1978年，那曲气象台两位藏族同志因食用霉变的生肉，导致中毒病危，为了抢救这两位同志，我主动献了两次血。经过全台同志的共同努力，多年来我们单位的藏族与汉族同志共同努力，藏汉同志之间架起了一座心连心的桥梁，关系非常融洽，从未发生过大的纠纷，像兄弟姐妹一样相处，多次受到地委领导的赞扬和好评。

1963年以前，那曲中心气象站只有我是共产党员。为解决人才和党员较少的问题，1964年开始，先后采用办夜校、学习班和选择有一定文化的优秀藏族青年到气象业务岗位跟班学习，通过老同志传、帮、带，他们很快掌握了业务技术并能独立上岗。经过十几年的时间，我们培养20多名同志入了党，培养藏族干部和科技人员15名，1975年先后选送培养藏族大学生5名。1965年，那曲中心气象站第一次成立了党支部；1978年，那曲气象台（原那曲中心气象站发展扩建为气象台）第一次成立了党委。全台60多名人员中藏族占总人数的50%，藏族大学生5名。

为提高气象资料的准确性，1964年，我们在搬家到新的站址时，因时间紧、任务急，为了按期观测，抽出了部分同志昼夜值班。由于没有汽车，就连一辆手推车都没有，其余同志加班加点地搬资料、搬仪器、自己扛一百多斤重的制氢缸、风向杆，自己安装制氢缸、经纬仪，自己安装观测场的围栏、百叶箱、风杆……在四季冻土的那曲大地上打坑安仪器是何等艰难啊！大部分同志的手、虎口被十字镐柄震裂流出鲜血，一双双手皮肤粗糙、皲裂，他们忍着切肤之痛继续干，由于高寒缺氧，不少同志昏倒了，醒来后不休息，继续干。

那曲地区气象台的工作在主攻"三害"（大风、大雪、干旱）天气预报的同时，还大力组织气候资源的调查研究，开展牧业气象服务，参加了科考项目中对风能、太阳能的观测分析和登山的气象保障等的研究工作。同时，我们根据国家的要求，在工作十分繁忙的情况下，抽出李林国等人随科考队到唐古拉山和无人地区进行考察，由我站在海拔5000米以上的唐古拉山一线设立站点，为现今青藏铁路建设提供了许多科学依据。

为了摸清那曲的气候规律、天气特点以及牧业生产情况，我到那曲后

创业篇

就开始了以牧业气候普查为主的调查工作。那曲地区的交通极其落后，我们下乡全靠骑马和步行。冬季寒风凛冽，骑在马上没多久就冻得四肢麻木。因为地广人稀，有时走几天也见不到人烟，没吃没喝。有一次，我和一名年轻的藏族同志下乡调查气候和灾情，连续几天都是在雪窝中过夜。即便是在这样的情况下，我们仍走遍那曲，行程 10 多万里，总结出一套那曲地区"三害"天气指标，编制了那曲农业生产一览表，写出了《接羔育幼期间应注意什么》等文章。藏北草原的气候十分特殊，在 6—8 月的雨季，每天都有小雨雪。一旦有几天不下雨或雪，牧草就要枯黄，十几天不下雨或雪就要出现旱灾，随之而来的则是红头黑毛虫的猖獗。这种虫不仅破坏草场，而且牛羊吃了还会烂嘴、烂舌、得肠胃病，牛、羊踩到就会烂蹄子。在搞好干旱预报的同时，我们抽出潘昭文（气象台副台长、党委委员）、刘万泰、干丹群培（后调自治区气象局任处长）、朱凤山（后任自治区气象局纪检组副组长）、杜安太等同志先后深入到部落、牧场蹲点观测。经过几年的调查，摸清了红头黑毛虫的生长规律与气候条件的关系，为草原灭虫提供了气象依据，受到了行署和牧民的好评。

1978 年，我台被评为全国气象系统"红旗气象台"，我也同时受到了西藏自治区党委、西藏自治区、中国气象局、西藏自治区气象局的表彰。《人民日报》、《西藏日报》均刊登文章，对我和潘昭文给予表扬。1983 年 7 月国家民委、国家劳动人事部、中国科学技术协会授予我"在少数民族地区长期从事科技工作"的荣誉称号，并授予了荣誉证书。

无 悔

那曲虽然气候恶劣、环境艰苦。但也是一个很美丽的地方，有终年积雪的山峰构成巨大的雪的海洋，特有的藏羚羊、野牛、野马等等野生动物经常出现，成群结队悠闲地吃着草，撒着欢，飞奔着，星罗棋布的湖泊，连绵不断的雪山，一望无际的蓝天、白云……辽阔无垠的羌塘大草原上传来阵阵悠扬的牧歌声。

虽然我们已经离开为之倾心 20 年的西藏那曲气象台和朝夕相处的藏汉同志，但每当我饭后闲暇时，漫步在小道上时，常常情不自禁地想起那曲，那里是我从事气象工作的终点，那儿有过我最美好的人生时光，是我工作、学习的地方，也是最值得回忆的地方，是我魂牵梦绕的地方，为我留下了弥足珍贵的回忆。那里的每一个气象数据、每一件气象仪器的安装、每一点一滴的成绩，那里的每一条沙子小道，每一个石阶，每一间亲手盖的值班室和宿舍，不知有过多少那曲气象台（局）的老同志艰苦跋涉的足迹，流洒过多少艰苦创业的心血，做出了多少牺牲，他们为我国的气象事业、为那曲的进步，做出了卓越的贡献。

如今，我们时刻都关心着西藏的变化和发展，每天打开电视，总是寻找有关西藏的节目。今天，那曲牧民的新居遍布羌塘草原各处，80％的牧民结束了遇水而居的游牧生活，基本实现了从无房到有房、从游牧到定居的前所未有的跨越式发展。牧民不仅住上了新房，还看上了电视。这样翻天覆地的变化，使他们对未来充满信心……看到这一切，我们打心底里为藏族同胞感到由衷的高兴！

西藏，我们永远也忘不了的地方。

创业篇

唐古气象情结

■ 陈春山

我是成都气象学校 67 级毕业生，受文革的影响，直到 1968 年 10 月才毕业分配，在学校呆的时间长了，恨不得赶快奔赴工作岗位。

1968 年 10 月，我和班上几个同学被分到西藏的不同台站，离校时学校给每个学生补助 80 元路费，于是我和西安的几个同学约定，从西安到柳园经青藏线进藏。离开学校，离开父母，第一次出远门也来不及有更多的想法，只知道这一去是一次不平常的出门，而且去经历一条从未走过的人生之路，在这条路上或许充满希望，或许存有坎坷，但无论前进中遇到什么艰难险阻，选择进藏的路我将无怨无悔。

火车载着我们离开了喧闹的西安城，一路西进，从窗外看去，一望无垠的茫茫戈壁，时而阳光灿烂，时而雪雨飘飘，让人顿生几分寒意，蜿蜒崎岖的丝绸之路只见苍茫一线，雄伟的嘉峪关在黄沙的遮掩下显得苍老憔悴，让人怎么也想不到历史上这里曾有过的辉煌。

到了柳园，我们拿着介绍信找到有关部门，这里早已聚集了好几十个从全国各地分配进藏的大中专毕业生。负责接待的是一位军代表，听说我们是从成都气象学校来的，立即告诉我们说，西藏气象局已发来电报，我和另外 4 名同学分别分到当雄、林芝、唐古，我被分到唐古。当时唐古在什么地方，连军代表都不清楚，于是我们只好继续向拉萨方向进发。

1968 年正值文革时期，进出藏的车很不正常，几天找不到车心里非常着急，后来才在运输公司找到一辆解放牌汽车，经交涉后答应载我们进藏，与我们同车的还有其他院校的学生，人和行李挤在一个车厢里，每个人身上披着一件从柳园买来的皮大衣，不知是相互陌生，还是受车子的颠簸，车上没有人说话，由于整个青藏线都是土路，行车中灰尘很大，车上罩着严严实实的蓬布，整个车厢不见一丝光亮，只有休息吃饭的时候司机才让我们下车，说我们已经到了什么地方。大约走了五六天，我们终于到达拉萨，经过长途的旅行，身体虽很疲惫，但心情特别激动，因为我们顺利到达久已向往的拉萨，亲眼目睹了久负盛名的布达拉宫的雄姿，我默默地祈祷着，希望在这块神奇的土地上用自己的勤劳和智慧建设新西藏。

我要去的唐古气象站在林周县北面的一小区，听局里的同志讲，唐古站是为修建青藏铁路而建的，是当年祖秉乾和曹巽骑着马去建的，建成后由龚汉鸿、潘建敏夫妇负责气象观测工作，后来温德先、张效信也去工作过，但时间不是很长。

我从拉萨到林周，张效信同志热情接待了我，向我介绍了林周和站上的一些基本情况，并在他家住了好几天。直到12月中旬，他帮我雇了三匹马，请了一位牧民带路，一匹马驮着行李，我和牧民各骑一匹马登上了去林周的路。那是我有生以来第一次骑马，因为骑术不高，所以还有些害怕，生怕马受惊把我从马背上摔下来。

初冬的林周，山风带着几分寒意，有时风里还夹着颗颗雪花，尽管身上穿着皮大衣，但两只脚却早已冻得失去知觉，经过一天的颠簸，我们并没有到达唐古，而只到了半途的旁多，在旁多住了一晚，第二天继续上路，走了近5个小时才到了唐古气象站。

唐古四面环山，中间平坦，是个理想的天然牧场。气象站就建立在这块空旷的草原上，四周是用草坯垒起来的围墙，一个明显标志就是高高的风向杆和洁白的百叶箱。我们到站后，受到龚汉鸿夫妇的热情接待，他说："欢迎你，早就盼望你来了"。

气象站只有一栋用土砖砌成的平房，那天我被安排在靠西边的一间小房里，房间不大，住一个人到也宽敞。第二天，老龚就带我熟悉站上的工作情况并开始跟班。几天后，我就开始独立当班，老龚看到我很快就能胜任工作非常高兴，也许他知道我的到来给他带来了休假的希望，因为他们已有六七年没有休假了，爱人又有身孕，苦于没有人接班，迟迟不能休假。当我了解到他们的具体情况后，我主动承担了站上的全部工作，叫他们夫妻俩尽快安排休假。龚汉鸿夫妻的走，从感情上我很理解，但工作却落到了我一个人身上，虽然有初生牛犊不怕虎的勇气，但毕竟是刚出校园的新同志，业务还不是很熟悉，今后工作遇到难题怎么办？于是我给自己定了一个规矩，为了保险起见，每次观测前巡视仪器我都作一次模拟观测，需要做的工作预先写在纸上，以防在正式观测时出现缺漏项现象，有时就把观测规范和记录簿一起拿到观测场，对照观测每一个观测项目，实在搞不清楚的就找来以前的观测记录，看别人是怎么处理的，虽然有些照葫芦画瓢，但在没有人指点的情况下，也只能采用这种办法了。

唐古站是个气候站，一天观测3次，只要时间掌握好，按照规范程序观测，就不会出现大问题。平时除了正常工作外，其余时间就是翻业务书、看观测规范、看小说，有时写写日记。

唐古是个人烟稀少的地方，很有些与世隔绝、不食人间烟火的味道。在唐古东北大约一里路的地方有个村子叫唐古村，住着几十户人家，是唯一与气象站相邻的村子，这里原是热振寺活佛夏天居住的地方，门前的河就是拉萨河的上游，河道狭窄，水流湍急，平时要到对岸就坐牛皮船。文革期间热振寺没有喇嘛，是座空寺庙，听说喇嘛们都还俗回到村子里去了。

气象站的生活很单调，国家每月供应30斤粮，70%是糌粑，30%是大米和面粉，另外还有2斤酥油，其他什么也没有，平时吃饭很简单，一碗糌粑，一杯浓茶，再加几块牛肉，要么就是烙几个大饼，烧瓶开水，饿了就用开水下饼。在那些日子里吃不上任何蔬菜，有时县里同志到唐古来带一点蔬菜虽然都发黄了，但我也如获至宝，只要没有腐烂都要用来炒上一盘菜或烧上一碗汤，享一顿口福。

在一个人的世界里，最难过的莫过于生病。有一次我患了严重感冒，在床上躺了两天，生死未卜。高烧、头疼、嗓子直冒火，找不到一片药吃，没有办法只好整天躺在床上捂着被子忍耐，只有在观测的时候才起来，在那些日子里，没有人问候！没有人端茶递水，常常是几天吃不上饭。一场病后，人的身体显得格外虚弱。直到现在回想起来，那些日子真不知是怎样熬过来的。

在唐古工作一段时间后，和一些村民的接触多起来，他们经常请我喝酥油茶、青稞酒，还给我送奶渣、酸奶，我也给他们一些白糖、香烟等物以示谢意！时间长了，我还能从他们那里学说几句日常生活中的藏语，有时是连说带比划和他们作些交流。正是有了和他们的接触，才使我在后来的生活中没有了那种孤独感。

雪域风云路

西藏气象事业发展回忆文集

一天，从林周县来的同志告诉我，龚汉鸿同志已经回到了林周县，听到这个消息我非常兴奋，半年多了，总盼望自己的同事能早日回来，每天我都要向林周方向看几遍，希望他的身影能突然出现。

　　老龚他们回站后，给站上带来了欢乐，我自己也像有了依靠似的，精神负担小多了。他回站做的第一件事就是改变站上的生活状况，在他的带领下，在院子的西头开荒种了很多萝卜和土豆，后来又种了青稞，大部分拿来和牧民换牛、羊肉。夏天还到河对岸挖野菜、拾蘑菇、钓鱼、打猎。总之，他们回来后我们的生活变得丰富多彩了。

　　1972 年，修建青藏铁路的计划被取消，唐古站也因此而撤销，我们奉命撤回拉萨，离开了与我们朝夕相处三年多的唐古。

创业篇

叛匪围困索宗城

王 辉

1959 年 3 月 10 日西藏地方政府和上层反动集团公开撕毁西藏和平解放的十七条协议，在拉萨举行武装叛乱。1959 年 3 月 20 日，叛匪向人民解放军驻拉萨部队发动全面进攻。人民解放军西藏军区部队经过两天多的激烈战斗，彻底粉碎了拉萨市区的叛乱。但是，叛乱分子们不甘心自己的失败，一部分叛匪逃窜到"索宗城"，他们破坏公路，劫持车辆，残杀道班工人。以十倍的疯狂，百倍的挣扎，妄图把我们一口吃掉。他们到处扬言要杀掉"吃大米"的，赶走"穿黄衣服"的，极其猖狂。他们以两千多人的绝对多数对索宗城进行围困。

"索宗"城就是现在的索县。所谓"宗"，汉语意为"县"。当时还没有成立县党委和县人民政府，只有一个几人组成的工作组。唯一能使我们气象站依靠的是黑昌公路养护段，养护段仅在索宗城的人员就有 80 多个。我们气象站暂由他们领导。为了防备叛匪的突然袭击，我们成立了民兵指挥部，负责对战斗的部署。因为战备需要，我们每个人都配发了武器弹药，并且按照要求修筑了地堡和战壕。

那个时候的索宗城，不过是一个有 100 来户藏族居民的村庄。索宗山谷平坝上，中间有一座小山包，喇嘛寺就坐落在这个小山包上，群众住的土坯结构的房子，都建在喇嘛寺南侧脚下。惟独一座石头结构有玻璃窗的房子，就是藏政府宗本的房子。我们的指挥部就设在这里。为了集中力量和便于指挥，几个月前，经上级业务部门批准，气象站由原来的东南角搬到了西南角，即指挥部的正南方。

索县气象站是国家基本站。负责每天 8 次的绘图报、补充绘图报和早 7

时与晚19时的小球测风，还负责为军航提供航空报。气象站共有13人，其中6人是复员军人，负责站上的警卫工作。被叛匪围困后，指挥部便调集6名警卫人员组成了突击小分队。剩下我们7个人负责业务工作，我和董二合是报务员，小球测风和地面观测由我负责。站上原有的临时工（炊事员和摇机员）经不起叛匪的反动宣传、恫吓和威胁，与索宗城的其他群众一样躲避了起来，有些群众在被围困前就跑了。气象站的任务繁重又艰巨，既要保证业务工作，又要站岗放哨，特别是7个人要轮流负责摇机（15瓦电台马达）和烧饭。在被围困的日子里，吃水成了最大的问题。原来我们是到几千米以外的河里挑水回来，被围困后，叛匪阻断了挑水的路，站上的几个同志就是为了水，惨死在敌人的冷枪之下。天无绝人之路，连续几场雨，离站50米左右的山沟里我们找到了水源，借着黑夜，在几个同志的掩护下，抬上汽油桶，带上水瓢到水沟一瓢一瓢灌满汽油桶，再悄悄地抬回气象站。有几次被叛匪发现，向我们开火，我们一边还击，一边将盛水的汽油桶放倒推滚着将水运回站。

　　站里人虽少，但非常团结。尽管吃不好，睡不好，工作、战斗异常艰苦，站上的同志们却始终能以高亢的精神坚持做好业务工作，决心坚守住一方阵地，绝不让叛匪从气象站攻进来。只盼望着等把叛匪打跑以后，能安稳地睡上一觉。自从被叛匪围困以来，大家一直是高度战备状态，每天抱着枪和衣而躺，没有睡过一次囫囵觉，疲惫不堪，有的同志站在一个地方就能呼呼地睡着。

　　索县气象站的房子是个小四合院式的土坯房，观测场在房子的西南面。我们在观测场的西南角修筑了一个地堡。一出小四合院的门就可进入战壕直达地堡。我和董二合同志负责坚守这个地堡。有一天黎明时分，叛匪向我们气象站发起了猛攻。叛匪用不熟练的汉话喊着"'吃大米'的，'穿黄衣服'的，快投降，你们完蛋啦……"，他们边喊边向我们疯狂射击，似一窝蜂般的向我们扑来，我们用步枪、冲锋枪和手榴弹猛烈反击，连续打退了敌人的三次猛攻。叛匪妄想从我们气象站攻进来作为突破口的计划在我们的有力回击下破灭了。然而，也就是从那天开始，敌人的包围圈缩小了。他们在这以前的一个多月时间里，只是在索宗城四周的山上、山沟里活动，高声吆喝着，进行反动宣传，不时朝我们开枪，有时还袭击我们。这个时候，叛匪已经抢占了距离气象站100米左右的东南侧的一些房子，并且在房顶上垒起了掩体，监视气象站的动态，一看到我们的人就开枪射击。我们也时刻观察叛匪的动静，防止敌人偷袭，针锋相对地还击。然而，更严重的事情发生了，就在那天夜里，叛匪攻占了喇嘛寺。喇嘛寺是索宗城的制高点。从喇嘛寺的任何一个窗口，都可以看到索宗城的全景。坚守喇嘛寺的有十七八个同志。因为连日来的疲惫，岗哨疏于警惕，当叛匪已经攻进喇嘛寺院里时，方才发觉，慌乱中打着手电筒喊"谁呀！"，结果暴露了目标，被敌人杀害。这时，敌人已经抢占了喇嘛寺的底层。叛匪顺势一层一层向上攻，等到天亮时，已经攻到了喇嘛寺的顶层。剩余的几个同志在我们指挥部机枪的掩护下，从喇嘛寺后门撤离。

叛匪攻占喇嘛寺后，从喇嘛寺的窗口挂出很多旗帜，有英国旗、印度旗和国民党旗等等。喇嘛寺的失守，给我们的防守带来极大的困难。因为我们还要坚持观测，所以对气象站的威胁更大。原来在我们气象站小院里可以自由活动，现在不行了。不仅在小院里不能自由活动，就是在战壕里，也得弯着腰。因为从敌人占领的制高点喇嘛寺里看气象站，一切清清楚楚，并且在步枪的射程之内。叛匪不断地向气象站方向射击，我们根本无法抬起头来。为了保证气象资料的真实、准确，每一次观测都要经历生与死的考验。每一次观测都是一场战斗，一个人观测几个人用枪掩护，冒着极大的生命危险，在敌人的枪林弹雨下进行观测。地面观测时间短，最危险的是小球测风观测，每次观测，子弹就在经纬仪的周围横飞。面对这样的危险，站里的同志没有一个人胆怯退缩，顽强地接受着一次又一次生死考验。有一次，马春龙观测，球刚放出去就被敌人的枪打中爆炸，我们重新再放，直到观测成功。有一次我观测，敌人的子弹就在我的身边横飞，打的石屑溅到我身上，但我坚持把球放到消失。下来才发现，我的裤角被子弹穿了两个洞。大家风趣地说："这是给你的纪念。"我也笑侃："这叫什么纪念，要把大腿穿两个洞才能叫纪念哩"。

我们每天在敌人的枪林弹雨下坚持工作，日子非常艰难，而此时更为严重的是叛匪抢占了在气象站两边的一些房子，这里与观测场仅隔一条马路和一米多高的一道围墙。我们陷入了四面楚歌的境地。面对如此严峻的形势，我们决心与敌人决一死战。揣着鱼死网破的决心，我们决定：必须把叛匪从这里赶跑。经指挥部同意，同时也派来了突击小分队，乘叛匪不备，我们发起了猛攻，经过十多分钟的激战，打死 5 名叛匪，顺利地把叛匪

雪域风云路

西藏气象事业发展回忆文集

赶跑了。经过这次战斗，也让我们发现了敌人到目前为止还没有重武器，他们的装备大多是英式步枪，还有少量卡宾枪。这对我们正确分析敌人的战斗力起到了很好的作用。不容乐观的是疯狂的叛匪又卷土重来，对气象站的攻击更加猛烈了起来。指挥部为了更有力地打击猖狂的敌人，决定扫除障碍物。推倒了部分围墙，炸掉了一些房屋，扩大开阔地，以免敌人利用这些做掩体向我们逼近袭击。与此同时，指挥部向上级有关部门又一次发出紧急求救：要求以最快的速度派来增援部队。

我们处在生命攸关的境地，但是，站上的观测人员始终保持着高度的责任感和坚强的革命意志，在保证业务工作的同时，监视着叛匪的一举一动，决不让叛匪向我们阵地靠近一步。就在我们拼力坚持两天后的一个晚上，终于与接到指挥部的通知：增援部队已经出发，很快就可以赶到。明天要出动飞机轰炸叛匪，要求我们准备好两个红气球，等飞机飞到喇嘛寺的上空时就把气球放出去。站上的同志听到这个好消息，个个激动万分，有的同志兴奋的热泪夺眶而出。

第二天，天空晴朗，万里无云，阳光灿烂。上午九时许，增援轰炸飞机从青海省玉树机场起飞已经到了我们的上空，我们按照指挥部的要求及时放出了红气球。指挥部用报话机不断地与飞机上联系，指示轰炸的地点。指挥部与喇嘛寺相隔很近，加之索宗城的四周都是高山，飞机不能飞得太低，这样就给投弹的准确性带来一定的困难，把握不准就会将炸弹投到我们自己头上。所以每投一个弹，指挥部都要向飞机上报告一下弹落点的位置和命中目标的情况。飞机轰炸持续了三个上午，极大地压制了叛匪的嚣张气焰，考虑到要保护喇嘛寺，轰炸就此结束。炸弹的落点大多在喇嘛寺的周围，其中一颗炸弹落在距指挥部20米的一些房子里，所幸此时屋内无人，否则，后果不堪设想。

第三天夜里，叛匪在我们的轰炸下，悄悄地夹着尾巴逃跑了。历经45天的战斗，气象站除警卫班的两个同志负轻伤外，无其他人员伤亡。这次战斗最终以我们的胜利，叛匪的失败而告捷。

胜利的喜悦环绕着整个索宗城，群众手挥着哈达陆续返回了家园。三天以后，中国人民解放军派来一个营的剿匪增援部队，人们怀着胜利的喜悦心情与部队官兵召开了联欢会。

欢腾的舞蹈，嘹亮的歌声，响彻了索宗城的上空……

创业篇

忆我的战友陈启厚

■ 朱宝维

西藏山南地区烈士陵园，一座坟茔里长眠着我的战友陈启厚同志。他在西藏上层反动集团发动的武装叛乱中，将自己年轻的生命和人生最美好的年华都奉献给了西藏的和平统一、民族团结和自己热爱的气象事业。

岁月荏苒，他离开我们已经五十多年了。

陈启厚同志 1956 年 5 月至 1956 年 10 月在四川雅安干部训练班学习气象专业，1956 年 11 月，他怀着一颗赤子之心，自愿到西藏工作，被分配到日喀则地区定日县气象站从事建站工作。1957 年 6 月从定日气象站调那曲（黑河）气象站当观测员。1958 年 7 月调山南泽当气象站工作。

我与他结识是在 1957 年。当时，我由倾多气象站调到那曲气象站。我和他同组，又同宿舍。他待人诚恳、热情，从不计较个人得失，工作上埋头苦干，助人为乐，我们性情相投，成为工作上、生活上十分密切的战友和同事。1958 年，我去北京上学，他也即将调往泽当气象站工作。临别时，我与他在宿舍里以茶代酒，以糖果、饼干当菜举行了告别"宴会"，相互勉励，互道珍重。想不到 1958 年 10 月 22 日他在泽当平叛斗争中不幸牺牲！闻知噩耗，我悲痛万分，没有想到那曲匆匆一别竟成了永诀！

是独子，也要在西藏干革命

陈启厚同志是贵州人，家里原有三兄弟，他排行老三。但他的父亲和两个哥哥不幸先后病逝，留下年迈的老母亲和两个年幼的侄儿，经济上全靠他支撑。1958 年那曲的形势已十分紧张了。由于叛乱分子的猖獗活动，社会治安极差。一到夜间经常流弹横飞。有几次，叛乱分子已摸到气象站附近，幸亏被及时发现而没造成严重的流血事件。因此，我偶尔和陈启厚同志私下说："你这个独子要是牺牲了，家里咋办？你不该来西藏，太危险了！"但他却说："西藏工作艰苦，危险，谁牺牲了，家里都是难受的，我虽是'独子'，也要在西藏干革命。"陈启厚同志言行一致，工作总是勤勤恳恳，任劳任怨，谁有病他就代谁上班、站岗。在那十分紧张的环境下值班、站岗是很危险的，可他从不顾及个人安危。

陈启厚烈士

狂风中追抢记录本

有一天中午，气象站的王淑华同志值班，忽遇狂风，地面沙石滚滚，瞬间风速已达 30 米/秒。为准确及时地观测和记录气象要素，王淑华在观测场观测地温时，一不小心，观测簿被风刮走，王淑华几次扑抢都因风太大而没有抢着。这时观测簿已飞出了观测场。王淑华急得大声呼叫："快来人哪！记录本被风吹走啦！"我们闻声立即赶到观测场，只见观测簿在大风中时起时落，像断了线的风筝，有被大风吞噬的可能。只见跑在最前面的陈启厚同志，在迷眼的风沙中，一会儿卧地扑抢，一会儿跳跃摸抓，眼看就要抢到了，可是观测簿已经被大风吹散了，大家只好分头去追寻。这样追了近两个小时，才追回了吹散的部分记录。当我们顶着大风回到值班室，已是下午五点了。只见一个个都倒在地上，大口大口地喘着粗气，纷纷拿出追回的散页记录。陈启厚同志最后一个进来，他嘴角沾着劳累过度流出的口涎，眼泪直流，胸脯急促地一起一伏，连忙从怀中掏出三页记录，就累倒在地上。王淑华拿着这三页记录纸，看看累倒在地上的陈启厚同志，激动地哭了起来。

我来背

陈启厚同志不仅对工作认真负责、兢兢业业，而且对同志也是满腔热情。记得有一次，我值夜班。夜里因感冒而发高烧，人迷迷糊糊，吃了几次药也没退烧。当时，气象站没有交通工具，无法把我送进医院。陈启厚同志十分着急，只说了声："我来背!"不管我同不同意，就把我背在了他的背上，急急地向医院跑去。我在陈启厚同志的背上，听到他急促的喘息声，也感觉到了剧烈的心跳，心里非常过意不去，几次挣扎着要下来，可他把我背得更紧了，他迈着蹒跚的步子终于把我送到了医院，并在病床前整整守了我一天一夜。三天后，我出院时他又来接我，看得出他瘦了许多，气色很差。回到气象站后我才知道，为了不打乱班次，我住院期间的班都是他代上的，他常常小夜班连着大夜班，一干就是一个通宵。我感动得不知说什么好。陈启厚同志就是这样一个热心人。同他在一起工作，就会从心里感到温暖和友爱。

牺　牲

1958 年 7 月，山南地区发生武装叛乱，泽当气象站经常受到叛乱分子武装挑衅（全站被包围 70 多天），气象站的正常工作、生活受到严重影响，全站职工的生命安全失去保障。陈启厚同志积极加入了保卫泽当、保卫气象站的民兵组织，他每天巡逻于气象站周围，观察叛乱分子的行踪，随时提醒站上同志要注意生命安全，值班人员观测时，他作掩护。他多次奋起反击，打击了叛乱分子的嚣张气焰，用鲜血和生命保卫气象站，保卫全站

陈启厚烈士的墓碑

同志的生命安全，保证了气象观测资料的连续性。

10月22日，叛乱分子疯狂地对气象站发起进攻，全站同志同仇敌忾，积极投入保卫战。陈启厚同志面对十分嚣张的叛乱分子临危不惧，英勇善战，与廖树德等同志一道坚守阵地，打退了叛乱分子的多次进攻。失败的叛乱分子加强了兵力，用机枪封锁了气象站的楼房，并不断向陈启厚等人进行疯狂射击，突然一颗子弹击中了他的耳部，年仅19岁的陈启厚同志倒下了，站长谢肇光抱着他，呼喊着他的名字，可他再也没有醒来。

1963年，陈启厚同志被山南军分区追认为烈士。

林芝气象站建设之初

■ 杨逢甲

你是否知道，西藏曾有过龙勒气象站？据查《中国地面气候资料》全套六分册671站，其中没有龙勒站名。其实，龙勒——则拉宗——林芝，一站三名，这段鲜为人知的历史，正是西藏林芝气象站变化沿革的奏鸣曲。

"某站报道"

军委气象局出版的《天气月刊》1953年7月号，发表《康藏行军建站实际材料》的通讯，署名"某站报道"，这里的"某站"，就是往昔的龙勒站，今日的林芝站。这篇通讯报道，说起来真有些传奇色彩。1952年6月在西康甘孜决定组建龙勒气象站，组建人员当月出发，至1953年3月1日建成并开始发报，历时8个多月。1953年春节前，全站个个疲劳不堪，站长司新旺宣布休息两天，他强调说："身体休息，脑子不能休息。要利用金子般的时间，把半年多行军、建站中值得纪念的事说出来、记下来、写出来，寄给后方和内地的领导和同志们。"于是一致推选杨逢甲作会议记录，报务员王连溪和译电员杨逢甲共同执笔，写成了《行军建站总结》。一份寄给甘孜航空站，一份寄给西南军区气象处。当时，向内地寄信，部队邮局专人投递，往返至少半年以上。时隔一年，我们才看到西南军区司令部通报转发该文和刊有《通讯》的《天气月刊》。能受到通报表扬，事先谁也没有想到。这篇集体创作，由于当时强调"保密"，虽在读者中反响强烈，然而，"某站"究竟是谁？几十年来读者不得而知。

战友来自四面八方

为什么要建龙勒等站？说起来话长：1951年3月1日，中央军委决定成立空军13师，归西南空军建制，执行支援进军西藏任务。西南空司气象处和航空站气象部门的主要任务，就是做好西线试航、飞行、空投的气象保障。飞行部队突破"空中禁区"——世界屋脊，又试飞昌都空投成功，航线不断向西延伸……1952年，西藏发生飞行失事，表明现有的几个气象台站难以满足西藏国防和经济建设的需要。西南空司气象处命令组建邦达、嘉黎、波密、龙勒四个气象站。并与西藏军区有关部门商定：气象技术干部、仪器器材由气象处配备，站长、报务、摇机、炊事人员从进藏部队选调。兵贵神速。1952年6月7日，西南空司气象处大院及驻地成都小天竺街，彩旗飘扬、锣鼓齐鸣，处长彭平、政委姚国仕率全处干部、战士、学员数百人，列队欢送15名干部赴藏建站，他们都是多次申请被光荣批准进藏的。同期，从西藏部队选调人员，陆续到达甘孜航空站报到。6月19日，航空站政委冯韬宣布四站的人员分配、干部任命、出发及各站开始发报日期。6月20日，由六十余人组成的四支队伍出发。四站中龙勒路程最远，位于雅鲁藏布江南岸则拉宗以南。虽当时对龙勒一无所知，但命令一经下达，"我们是龙勒站的创建者"、"我是龙勒站光荣一员"的豪情就已深深印在每个人的心上！

为了安全自找苦吃

高原行军，由于环境特殊，语言不通，风俗不同，加上气象站是小部队单独行动，既要应付复杂的政治情况，又要防范狼虫虎豹袭击，给行军建站带来极大困难。更困难的是交通，从甘孜到龙勒本有中路南路可供选择，相比之下，中路条件较好。然而，修筑康藏公路大军，已在中路摆开。气象仪器器材，全凭牦牛与马匹驮运，牲畜听到开山放炮、惊恐难驭，一旦仪器损坏了，我们就成了无枪的战士，折翅的雄鹰，建站将成为空话。为此宁可舍近求远，放弃中路近道绕道南路前行。行军第一阶段从甘孜经昌都到倾多，第二阶段从倾多到龙勒，行军时间长达半年以上和绕道有很

创业篇

大关系。行军路上要翻越雪山峻岭，跨越大江小河，穿越原始森林和荒无人烟的草原，通过随时可能发生灭顶之灾的沼泽地带。再一个困难，就是部队得不到给养。除随带部分食物外，毫不夸张地说，沿途天上飞的、地上跑的、水里游的，凡能食用又能捕捉到的，都成了我们的"美味佳肴"。龙勒站共14人，20余头牦牛，行动起来，队伍拉得长长的，钻进不见天日的原始森林，队头看不见队尾。为了安全，14人配备了汤姆式冲锋枪2支、步枪6支、手枪1支。行军队形是尖兵组3人（负责侦察和探路）；押运组9人（前后联络保护器材）；收容组2人。宿营时设警卫组3人；帐篷组4人；炊事组7人，这个组人多任务重，负责挖灶、拾柴、采集野菜、烧火做饭。为了鼓舞士气，我们还创办了《行军小报》（实为白布一块），用以表彰好人好事。

为了及时向上级报告行军进程和情况，听取上级指示，行军途中电台每周与后方领导机关通报一次。到规定日期，不论白天多么劳累，宿营后报务员、摇机员立即架设天线，手摇发电、收发电报，译电员立即翻译，保证联络畅通。

严密的组织有两大好处：一是分工明确，各司其职，便于检查，充分发挥每个人的特长，充分调动每个人的积极性。二是行军中遇有突发事件，能及时妥善处理。记得有一天，一位摇机员患重感冒，清晨服药后他主动要求带病出发，以免全体人马停止前进。下午3时，他因发高烧昏倒路旁。收容组赶上来立即给他服药，并用冷水物理降温，效果甚微。站长决定抽出两人一马，护送他到附近某单位医治，其余人员继续前进，到预定宿营地休整等候。第4天，病员等3人赶上队伍。再一件事，乘木筏渡怒江前，多次遇到敌人挑衅，藏胞提醒我们注意土匪。渡江之后，天已很晚，哨兵发现几起身份不明的人在营地周围流动，行动可疑。站长命令准备战斗。明处留1人站岗，另派1人在账篷外佯装擦枪，其余人员荷枪实弹在账篷内埋伏。为什么这样部署？既不因麻痹吃亏，又尽可能避免在民族地区发生战斗，耽误建站。几天后，当我们前进到某上级单位时，上级告诉我们："据可靠情报，反动分子纠集一些人，想趁你们渡怒江精疲力尽时，把你们吃掉。当他们侦察得知你们配有自动武器，警惕性特别高，没敢动手。你们干得不错！"

国庆佳节重大决策

1952 年国庆节，是在完成第一阶段行军任务后在倾多度过的。中共波密分工委、波密警备区为气象人员举行盛大欢迎会，欢迎共同"建设西藏、巩固国防"。气象员们还与警备区文工队同台演出《气象舞》、《气象员之歌》、《滑稽》等自编自演的节目。会后收到许多慰问信和慰问品，气氛十分热烈。

直到这时，我们才知道，当初建龙勒站是根据天气预报和飞行需要确定的。但对龙勒实际情况难以搞清。分工委和警备区提出并征得业务主管部门同意，决定：1. 根据西藏当时具体情况，站址选择不能死搬规定和文件。首先要考虑有边防军驻扎、有后勤保证、有医疗条件三个前提，在此基础上，尽量满足"三性"要求；2. 龙勒不具备三个前提条件，取消龙勒站站名，改为则拉宗气象站，在则拉宗选址建站；3. 用一个月时间进行整训，内容有四：总结评模；深入了解当地情况，进一步学习民族政策；学习藏文藏语，派藏文教员讲授《藏语会话速成课本》；分工委、警备区有关部门协助气象站领导，详细制定第二阶段行军日程安排。为下一步行军建站做好思想上、组织上、物资上的充分准备。

建成则拉宗站

第二阶段行军途经原始森林、悬崖绝壁、滚滚急流，困难很多。由于事先根据沿途村庄、森林、人畜吃水牧草有无等条件，机动灵活安排行军日程，有时每天仅 50 里，有时因途中无水草一天强行军一百多里，因此，进展十分顺利。1953 年元旦，我们是在德木宗的河滩上举行篝火晚会、采集野味"会餐"度过的。新年过后，一鼓作气翻过德莫拉雪山，到达则拉宗。全体人员没有休息，立刻分兵几路普查站址。结果，符合观测场要求的地方，不具备三大前提；具备三大前提的地方，不符合观测场要求。领导权衡利弊，批准在边防军驻地附近、雅鲁藏布江北岸、尼洋河南岸的中古村建站。在我们进入则拉宗之前，附近曾发生强烈地震，我们的房东，楼房震塌，死得全家只剩母女二人。建站过程余震时有发生，同志们从未因恐慌影响工作。1953年3月1日，这一天终于来到了，气象电报的电波，带着则拉宗气象站全体人员的祝愿和喜悦，飞回内地，飞向首都北京！

1953年9月，我从则拉宗调往昌都，在西藏军区后方部队司令部气象科工作。当我手牵骏马，回头和战友告别时，真是思绪万千，"再见吧，亲爱的战友！再见吧，我们亲手修建的小木屋！"1954年，我从电报上看到，则拉宗气象站站址不适应需要，申请迁往尼洋河北岸林芝，气象科科长王明山批准迁站计划，1954年"五一"国际劳动节，第一份发自新址的气象电报，宣告林芝气象站的诞生！

龙勒——则拉宗——林芝，我终生难忘的小站啊！

机要员的青春年华

■ 杨逢甲

两次无悔的选择

人生能有几次重要的选择？

1950 年，我所在部队刚刚完成从北方进军大西南、改造国民党起义部队、剿匪征粮任务，师政治部按照上级规定，从众多"娃娃兵"中，个别座谈、书面考试，最后批准我一个人到西南军区司令部机要学校学习。对于年仅 15 岁的"小鬼"，多么高兴啊！半年毕业，分配西南空军机要处。从山区农村进了省城成都，从基层连队进了领导机关，又是多么大的变化！说实在的，心里乐滋滋的。1951 年 2 月，机要处领导征求我的意见："西南空军气象处急需要人，准备派你和另外两个同志一同前往，你有什么意见？"这是我有生以来第一次听到"气象"这个名词。出于对军队、对机要工作的热爱，我提出：（1）气象处是不是军队？脱不脱军装？（2）到气象处后是不是作机要工作？改不改行？领导作了明确答复。于是，一辆美制军用吉普车，把我们三人送到气象处机要科。事情的发展事先谁也难以预料。和我一起来的另外两个人，申请改行，调出气象部门；全国气象系统集体转业，我还是脱了军装；气象机要工作完成任务、宣布撤销，最终还是改了行。尽管如此，每当我看着 1956 年 6 月 1 日拍摄的《中央气象局成都中心气象台机要人员离别纪念》的大幅照片回首往事时，我坦然地说：这是一次无悔的选择。因为我和全国气象部门机要工作人员一道，完成了党和人民赋予我们的历史使命！

1952 年，西南气象处选派译电员进藏参加建站。本来，地市以下气象

创业篇

部门没有译电员编制。由于西藏地处边防、交通通信不便，为保持上下联络及时、迅速、准确、畅通，保证完成建站任务，各站派译电员一人，负责文电翻译。要求条件：各方面表现好，工作能力强，遇到危急情况，能够果断处置。更希望曾经参加过战斗的"老"同志主动报名。这对于我是第二次重要选择。记得离开连队时，营长、连指导员高兴地对我说："小杨，这回你掉进'保险洞'里了，今后不论再打什么仗，执行什么任务，你总在首长身边，多美呀！"今天，面对党和人民的特殊需要，如果申请报名，就要离开大城市、大机关和"首长身边"的优越条件，去西藏、去边防、去基层气象站工作。这需要无私和无畏。然而，这次与前次不同，是号召自愿报名，既是"自愿"，即"可报也可不报也"。我该怎么办呢？经过慎重考虑，我多次提出申请，终于获得批准光荣进藏。今天回首往事，虽然进藏历尽艰辛，落下了关节炎、胃病、支气管炎等病痛，尽管工作中还有不足，然而我可以自豪地说：西藏多年的考验，使我革命意志受到锻炼，使我更加热爱本职工作，对我一生影响深远。这是学校里、课本上学不到的东西。这是我第二次无悔的选择。今天，也许有人会说"傻瓜一个"，而我，却心甘情愿地当了时代造就的"傻瓜"！

旧厕所的新主人

我所在的西藏则拉宗（林芝）气象站，行军建站长达 8 个多月，沿途电台定期与上级保持联络。到达目的地后，第一个难题就是办公室。在大机关，机要办公室门上总是写着"机要重地、非请莫入"，庄严得很！这里连房子都没有。全站动手修建的几间"小木屋"，四处漏风、到处透亮，有"外边雨停屋里下，躺在床上望星星"之说，显然不可能作机要办公室。于是，我瞄准房主扔掉不用的旧厕所，借来改造为我的办公室。打扫干干净净，墙缝用旧报纸糊严，安上门，上了锁。厕所小得可怜，只能放下一条窄木板，这就是我的床。一个质量稍好的仪器箱，加锁后放在床头，这就是我的"保密柜"兼"办公桌"。在这块小天地里，我愉快地工作学习。每到夜深入静，只有手枪和"保密柜"与我做伴。我工作的地方虽没有蚊子，但臭虫特多。因为地处森林地带，房屋的墙和顶多为木质，天长日久，臭虫繁衍下来。多到什么程度？能够不时看到臭虫从房顶掉下来。当时无杀虫剂，到臭虫活动猖獗季节，全站同志为逃避臭虫，都到院里睡觉。因为地处边疆，加上机要人员的使命感和责任心，迫使我坚持睡在厕所里，任凭臭虫乱咬。半夜被咬醒，点着灯一看，墙上黑压压一片怎么能捉完呢？只好忍受。在这种恶劣条件下，我怀着激情，写下诗一首：

诗　谜

我有一个好朋友，

她和我永不分离。

行军时，肩并肩共同前进，

黑夜里，我们俩一起休息，

有敌情，我持抢将她保卫，

暴风雨，我为她穿上雨衣。

啊！朋友你要警惕，

有人想要抢走你！

只要心脏还在跳动，

我和你将永在一起！

谜底是什么？人们不难明白。不过，在我进藏途中创作的许多诗歌中，这一首第一次公开罢了！

当时任中央气象局台站管理处处长的蒋金涛，在一次全国台站工作会议《报告》中表扬：西藏某站一位机要员，为了保守机密，住进藏胞旧厕所中办公。她所说的这位机要员，就是我——旧厕所的新主人！

牺牲 7 天生还者

1953 年 9 月，我接到波密警备区命令，上调西藏军区后方部队司令部气象科工作。为安全起见，警备区派边防部队马连长和齐学彬排长"护送"我从则拉宗回警备区驻地倾多，然后再从警备区到"后司"报到。

这次调动是从气象站返回领导机关，与当初大队人马行军建站截然不同。我们三人三匹马，轻装行进。原定 9 月 30 日到达警备区，偏偏 29 日遇上麻烦。那天计划晚上住在索瓦卡大桥附近一个名叫"中村"的村庄，由于这一带常有乱石从山上突然向下滚动，按当地不知流传多久的习俗，马匹经过这里必须改换为藏胞民工背东西。午饭后上路不久，一小块从山上滚下的飞石击中一位民工腿部。于是马连长决定他和两位民工先走一步，到"中村"等候我们。我和齐排长为受伤民工处理伤口后，二人身背行李物品搀扶民工前进。因误时较长，当晚未能赶到"中村"，住进半路上一个荒山洞里过夜。夜半时分，一声震天的轰鸣，一阵地动山摇的震动，山谷发出强烈的撞击声，脸对脸说话也难听清。到底发生了什么事？我们三人顾不上考虑，带上武器和一个"上送待修"的乔唐式日照计，不顾一切向山顶跑去。当时气象仪器十分短缺，即使待修仪器在西藏也视为珍宝。而个人的被褥衣物、食品甚至银元（当地当时流通的货币）等，都扔在山洞里。那时不知道遇到了什么灾害，到警备区后听说是"冰川暴发"。直到1965年2月8日《人民日报》刊登《山区建设必须注意泥石流危害》一文，这时我才知道，那天晚上我们经历的是截至该文发表为止，世界有文字记载以来最大的一次冰川泥石流。我才知道"泥石流"这个学名。而我们，是这次泥石流暴发的目击者和幸存者。不久，彩色科教记录片《泥石流》在全国上映，那是中国科学院在12年后，对那次冰川泥石流现场进行科学考察时拍摄的，有人看后说"太恐怖了"！

其实，影片记录的场面平淡多了，与我们目睹现场相比，真可谓天壤之别。暴发的倾刻，泥石流涨满山谷，高数十米。天亮了，只见泥浆、岩石、树木混合一起，上下翻滚着轰轰隆隆地沿河谷向下倾泻。我们下山往前看，森林成片被冲毁，交通断绝，索瓦卡大桥不见了，大桥附近河滩上仅有的三个村庄——中村、古村、来村，全被泥石流淹没，一夜之间，再也见不到这里原有的风姿。从上游被泥石流搬运下来的巨石，像楼房一座，耸立山下。由此可见泥石流威力之巨大。我们住的山洞，距泥石流最高水位不到两米，再稍高点，我们牺牲的地点是永远不会有人知道的。这时，我们处在前进被阻、后退无路的困境。由于行军计划是最后一天，带的食品也只够吃一天，真是"路断粮绝"，只有靠野菜、野果度日，维持生命。不仅身体一天天虚弱，精神压力更难承受：我们望着被淹没的"中村"，默默悼念马连长和死难的藏族同胞！

再说马连长，此人作战勇敢，有点不拘小节，有关他的传奇颇多。当晚他迟迟不见我们到达，便与两个民工一起，到河对岸几里路外山坡上一个部队单位住宿。泥石流暴发第二天，他看到"中村"被泥石流淹没，认定我们三人已经牺牲。于是怀着悲痛、内疚、自责的心情，只身一人，翻山绕道，从上游没有受泥石流冲击的地方泅水渡河，赶到警备区首长那里报告："我没有完成任务，杨逢甲、齐学彬不幸牺牲于'中村'！"10月4日，我和齐排长等三人背着行装，冒险攀越悬崖绝壁，手拉绝壁上残留的树根一步步缓慢向前移动，到达距泥石流最近的地方。这里能够看到除山顶"泥石流形成区"以外的全貌——"峡谷通过区"和"下游堆积区"。直到这时，虽然 6 天过去，泥石流仍像巨龙奔腾。我们对泥石流暴发过程进行目测，计算两次暴发间的平均间隔时间，以此制定突围计划。终于在 1953 年 10 月 5 日凌晨，冒着随时可能被泥石流吞没的危险，胜利通过泥石流"峡谷通过区"。将我们一道共患难的民工做好安排后，迅速骑马到达警备区报到。

当马连长见到我们时，立刻前来与我们拥抱："你们早上了牺牲名单！走，快向首长报到去！"波密警备区司令员、中共波密分工委书记、原西藏自治区政协副主席苗丕一将军接见我们："欢迎你们！你们二人活着回来了！"稍事休整，我告别波密、告别马连长与齐排长。与新派的二位战友同行，踏上从波密到昌都的征途！

难忘的波密，难忘的首长和战友，难忘的藏族同胞，我终生难忘的7 天！

创业篇

夜奔绒布寺　百里走双骑

■ 刘清泉

这已经是 50 多年前的一段往事。

西藏定日气象站的全体人员，站在凛冽的寒风之中，以一种急切的心情，眺望着南方。一阵急促的马蹄声从远处传来，打破了小站的沉寂。两匹骏马像离了弦的箭，向气象站飞驰而来。人们欣喜若狂，兴奋高呼："回来了！回来了！"

那是 1958 年的冬天，正值西藏民主改革前夕，百年不遇的低温天气，恰逢此时出现。定日气象站的"海绵"地冻得棒棒硬，几间简易活动板房，被东倒西歪地固定在坚硬的地上。百叶箱中温度表的水银柱在急剧下降，眼看着就要接近液态水银的凝固点。气象仪器是气象观测员与天奋斗的"武器"，观测低温必须有低温表，由于 50 年代气象仪器主要从前苏联进口，所以温度表相当珍贵，全站同志翻遍了所有备份温度表的套筒，就是没有最低温度表。怎么办？能够眼巴巴地把将要出现的罕见低温值漏掉吗？不能！因为漏测就是失职，问题既简单又明了地摆在全站人员面前，大家个个心急如焚。向拉萨告急，已是远水救不了近火，从定日到拉萨必须经过日喀则，当时定日到日喀则的公路还没有修通，这段路程骑马至少得走 4 天，然后从日喀则到拉萨还要再乘两天卡车。这就是说由拉萨把温度表送到定日，最快也需要一个星期。年轻的冯站长低头沉思，突然，他眼前一亮，大声说道："对，去绒布寺！"

绒布寺，位于珠穆朗玛峰北侧山脚下，海拔 5000 米。那里有中国登山队（当时叫国家体委参观团）在 1958 年 10 月才建立起来的珠峰气象科学考察站，有 4 名科考队员留在那里，昼夜坚守在世界第三极，为我国首次成功地攀登珠峰，默默地做着奉献。1959 年春，西藏平叛后，在协格尔的一个叛匪巢穴里，发现了一张字条，上面写着："参观团刘、袁、胡、文"等字样，这刘姓便是指的我。原来我们 4 名科考队员已被叛匪列上黑名单。可见当时形势之严峻，处境之险恶。绒布寺距离定日大约有 100 千米，不算远。但当时要去绒布寺却并非易事。站长的话刚一出口，八面透风的活动板房里一时就开了锅，大家七嘴八舌，谈困难，想主意，热烈的气氛使人们忘记了寒冷，讨论一直进行到深夜。为了解救燃眉之急，不失时机地测得低温记录，大家一致认为必须立即派人去绒布寺求援。为完成这一特殊使命，人人争先恐后地向站长请战，最后站长决定由他自己和欧阳二人前往，连夜准备，拂晓启程。

没有高山装备，没有方便食品，没有可口饮料。一人一匹马，一人一支枪，他们明知征途艰险，却为了祖国的气象事业勇敢向前，一一告别战友，朝着珠峰的方向奔去。

路上，尽管他们心急似箭，但不能快马加鞭，因为脚下无路可走，只能寻着牦牛的足迹摸索前进，一旦走错方向，闯入雪山如海的喜马拉雅无人山区，将会有去无回。走了一段，绒布河水挡住了去路。为了找到过河的桥，他们只好下马，强忍着高山缺氧的痛苦，沿着河岸上的乱石坡，一步三喘地蹒跚而行。一座小桥出现在面前，这桥由于年久失修，已经摇摇欲坠，令人望而却步。冯站长见此情景停在桥头发楞，心想："只道自古华山一条路，怎知百里绒布一险桥。"就在他思忖着如何过桥的时候，欧阳已准备骑马飞渡了，冯站长立即将欧阳的马拦住，并对欧阳说："咱们还是爬过去吧，这样安全些。"他们握着枪，牵着马，屏住呼吸，轻手轻脚，在晃动的桥上匍匐前进，稍有不慎就会跌入冰冷的河中。终于爬到了对岸，两人不由自主地瘫坐在桥头，脑门上渗出了豆大的汗珠。尽管这里是无人区，可不时仍有叛匪出没，所以在此不能久留，他们检查了一下自己手中的武器，赶紧打马上路，继续前进。

太阳下山了，天越来越黑，路越来越险，在夜幕笼罩的高山峡谷之中，可怕的宁静，刺骨的寒风，冷得让人窒息，远处不时传来野狼的嗥叫声，更令人毛骨悚然，这种恐怖感使得两位 20 多岁的年轻人不敢大声喘气，更不能大声说话，只有绒布河水的流淌声，陪伴着夜行人。渐渐地，他们被湮没在深夜的群山雪峰之中。

创业篇

上了膛的驳壳枪揣在怀里像个大冰块，透心地凉，拉着马缰绳的手早已冻得失去了知觉，呵气使眉毛结上了一层厚厚的白霜。不知又走了多少时辰，正当人困马乏的时候，突然看见远处闪动着一丝光亮，使他俩顿时精神倍增。左前方寺庙轮廓已模糊可见，角铃被风吹得直响。欧阳惊喜地喊了出来："绒布寺！"冯站长欣然说："呵！到了。"他们催马直奔山门，放声高喊我的名字。我听到喊声，停下手头工作，急忙跑出值班室。啊，原来是我值班室的烛光迎来了两位战友，此时已快半夜一点了。

　　没有丰盛的佳肴，没有暖肚的琼浆。一把脱水菠菜，一碗普通面粉，再加上一撮青海湖的盐，做了锅面疙瘩汤，两位如吃山珍海味似的喝了个精光。人未入睡，马未卸鞍，大家围在牛粪火盆的周围，席地而坐，度过了一个难忘的通宵。

　　天亮了，我郑重地将低温表交到冯站长的手上，他们像得到了宝贝似的把它包装好，迎着高原的黎明又踏上了新的征程。

　　1958年冬，定日气象站出现的 –40℃ 的低温记录，被及时、准确地载入了气象史册。在这组简单的符号和数字中，包含着人们难以想象的一批年轻人曾为此而付出的无比艰辛。当年西藏气象事业的创业者们，凭着"一不怕苦，二不怕死"的奉献精神，在特殊的历史条件下，在艰苦的自然环境中，在平凡的工作岗位上，为了开拓新中国的气象事业，用血和汗书谱写了一首首可歌可泣的壮丽诗篇！

定日建站前后

■ 李定淼

1958 年 12 月上旬，帕里气象站站长张祖仁通知我工作调动，尽快动身。老同志兰万平当天赶到亚东县帮我办好一切调动手续。第二天我便告辞帕里气象站匆匆奔赴日喀则专署招待所报到。因是晚上八点钟到达，没有吃饭的地方了，我只好悄悄地饿睡一宿。

接受任务

次日一大早，站长冯登明到宿舍找我，带领我和其他几位同志吃完早餐，径直来到地委组织部，管组织工作的地委副书记早已在办公室等候我们了。他热情地跟我们握手后，示意我们坐下，一字一顿地讲道："把你们从各地抽来组织新的集体，要你们克服一切困难，在确保质量的前提下，以最快的速度建好定日气象站，为国家登山队从北麓登上珠穆朗玛峰，提供及时、准确的气候信息，做好气象服务，保证万无一失。同志们时间紧、要求严、任务重、困难多，你们有信心、有把握吗!?"

领导的话，言简意深，我们感到压力很大。进而一想我们的工作能为国家登山队直接服务，我们责无旁贷，也非常光荣。此刻大家情绪很激动，一致表示"保证圆满完成任务"。

进军定日

作了两天的准备，我们全站六人，有冯登明、孙硕仲、欧祖平、沈世

创业篇

德、刘亚平以及我，还配备了武器、弹药。由站长冯登明和（160团）张排长两人带队，骑马出发了。这支队伍除了坐骑，还有途中吃的主、副食、锅碗瓢勺、帐篷铁锹、钢钎重锤、气象仪器、电台马达、文具纸薄、办公座椅等所需工作及生活物资，捆成几十个坨子用牦牛驮着，加上张排长率领的一个加强班，还配上一位年轻、能干的藏族翻译与我们同吃同住，一同前行，遇事还要打仗。我们当中除了张排长和冯站长外，都是20岁左右的小伙子，大部分人没骑过马，加上这些马都是从老百姓家租来的，未受过坐骑训练。要是新骑手遇上调皮马，一路上只要听到"嘣咚"一声，就是人仰马翻，一声"哎呦"，摔得脸肿鼻青、手伤脚破。好在大家全然不当一回事，还你笑我"丑八怪"，我笑你"窝囊废"，歌声笑语此起彼伏，充满活力和朝气。当然冯站长的旅行药箱和加强班的卫生员派上了大用场。擦点药水或包扎一下就行了。

日喀则至定日300千米多一点的路程，幸好一路上没有遭遇明目张胆的土匪或坏人，于第六天下午我们安全抵达目的地。

全力建站

定日县委、县政府各家班子建立不久，都是住的民房，条件仍然很差。县委书记张国同志非常关心建站情况，还多次看望、指导，一再强调工作、生活上有何困难尽管去找他。

领导的关怀，给了我们极大鼓舞和力量，为了抢时间我们没有休息，立即着手选择站址、安装仪器、架设天线、沟通与拉萨转报台的联系……经过几天的顽强拼搏，定日气象站终于建成，并于1959年1月1日零时正式记录，承担每天8次基本观测及编发气象电报，并根据需要开展每小时一次的航危报任务。年底扩建成探空站。国家登山队抵达珠穆朗玛峰山下后，就直接与大本营进行定时或预约联系，及时传递天气信息，只等五星红旗在峰顶高高飘扬。

几点感受

建一个站并不难，但定日建站可不一般。一是时间紧，从调集人员筹

雪域风云路
西藏气象事业发展回忆文集

备物资，路途骑马，艰难建站，到正式观测、发报，不到一个月。二是季节冷。定日海拔 4300 米，山上光秃秃的，地上不长树，最低气温超过零下 30℃，冻土层一尺多深，挖地如挖石，火花四溅。安装雨量器、蒸发皿，日照计、百叶箱，50～320 厘米深插入式地温表，还有观测场 40 根围栏的木桩都必须打洞埋入地下，其难度确实较大。有人提出用火烧，把冻土层烤熔，主意不错，可是哪来这么多燃料呢？好主意无法实现。最后只能用笨拙的老办法：钢钎凿、十字镐挖、不仅进度非常慢，而且很费力，人也很难受，许多同志的双手虎口震裂，包上布继续挖，或轮换着挖。坚持不停地凿、不停地挖。硬是以蚂蚁啃骨头的精神啃掉的。三是风沙大，这里的冬天从早上九点钟开始，8 级以上的大风直刮到第二天天亮，几乎天天如此。刚安装好的维尔达风压板经常被大风吹翻，风速超过 12 级。到了飞沙走石、昏天黑地的时候，加上干燥、缺氧，我们这些小伙子有时也感到胸闷、气喘，劳动时感觉更厉害。有些同志嘴唇干裂，常流鼻血，脸上脱皮。四是生活差。这里海拔高，气压低，那时还没有高压锅，我们餐餐吃的是半生不熟的夹生饭。菜是内地运去的干货，如海带、黄豆、咸肉、干白菜、蛋黄粉等。调味品很少，所以多数人没有胃口。我们住帐篷里早上起床，被头、眉毛、胡须全是呼气结成的白霜，个个像"圣诞老人"。皮鞋冻在地上要用铁锤才能敲脱。至于文化娱乐生活那就更差了。半年难得收到一封家信，一年难得看上两次新电影，书籍和报纸已是内地同志们看过两三个月的历史资料了。

光彩照人

这里我要特别推荐一位长者。那是 1959 年 3 月彻底平息西藏叛乱不久的四五月间，中央气象局的朱秉乾同志，来站检查地面测报工作的感人事迹。从仪器安装、操作使用、记录处理以及目测项目等，他不仅非常认真，而且非常熟练。集体观测云状、云量时各人记录的肯定不完全相同。每次小结时他都有充分的理由和根据，而且言辞恳切，分析透彻，从不把自己的意见强加于人，叫我们这些年轻气盛的牛犊，也不得不心服口服。那时他该有 30 岁出头了吧，定日的生活、气候、工作条件对他来说都面临着严峻的考验，他的脸色很难看，可成天乐呵呵，从不知道疲倦和饥饿。每天从早忙到晚，似乎要把气象站所有的事情全部干完。特别使人过意不去，深受感动的是：他看到地表解冻后，大家如同住在沼泽地一样，脚一踩就陷下去，还冒水出来，过路极不方便。他就利用下班时间，把四周的小石子捡来铺成约 50 厘米宽的小路，把帐篷和帐篷，帐篷和值班室之间全部连通，不仅行走方便，而且非常美观。他硬是起早贪黑利用业余时间，用真情和汗水铺成的，可谓事小情重，平凡而崇高。

朱秉乾同志在定日住了 10 来天吧，他的举止言行给人们留下永久的回忆，对他的敬佩有口皆碑，也是我心中的偶像，教育影响着我的一生。我想，这就是大家常说的"真金放在任何地方都会闪光吧"。

如今我视力很差，双手发抖，很少写字了。但想起那激情燃烧的峥嵘岁月，似乎年轻了 10 来岁，情感奔放，才勉强完成了这篇拙作。

难忘西藏岁月

■ 曾宪泽

然乌建站

然乌气象站坐落在川藏公路然乌沟出口处，是八宿县与波密县、察隅县三县交界的地方，属八宿县管辖。此地有一个然乌湖，湖西长 18 千米，东长 15 千米左右，中间有断裂带约 5 千米全是平坝、灌木丛生的地方。这一带是川藏线上最危险、最艰苦的地段之一，平均海拔 4000 米以上

当时此处是航线必经之地，必需在此建站为航空提供气象情报。1956 年 9 月由刚进藏不久的曾宪泽带领 14 名气象战士一起进藏，他们中最大的 23 岁，最小的 19 岁。在气象处技术员钱鼎元同志的指导下选站，就在这三岔路口的下面距公路 500 米建站。这里前不着村，后不着店，在一片平坝建站。为了赶在 10 月 1 日正式工作，全体人员（除每三个人一班的站岗警卫）全部上山砍树伐木，特别是两根高达 10 米以上的风向杆，要在陡峭山顶悬崖上砍倒，拖到山脚非常不易，最后全体人出动才抬回来。经过一个多星期终于把站建立起来了，从 9 月 25 号开始试工作，全站分三个组，观测组组长陈振国，五个观测员。报务组组长贾敏亭，两个报务员。挖坑组组长罗德盖，下设两个挖坑组，一个炊事员。经过试运行，终于在 10 月 1 日正式工作。电台与成都联络每日发 7 次报，若有预约航空报则一小时一次。

工作条件非常差，全站没有一张桌子。只有两把椅子，供值班观测员、报务员上班用。办公桌是包装箱拼成的，全站五顶帐篷。值班室、伙房储藏粮食、器材各一个，14 个人分住两个帐篷，很挤不用说，连床板都没有，

每个人垫的都是树叶、柴、草。

当时社会很乱，叛匪很多，经常骚扰。帐篷内挖了一米多深，周围都是掩体，全站每个人都配有枪支弹药，还加 4 个手榴弹。其中轻机枪一挺，冲锋枪两支，其余都是步枪。每个人上班都是枪不离身，连晚饭时都带着枪，随时随地准备战斗。上山砍柴、下地捡牛粪都一样带武器。

长期见不着蔬菜，基本都是黄豆或豆瓣、粉条。偶尔能从老乡处买点元根（像萝卜一样）就很不错了。我们在这里工作虽然只有 9 个月（1956 年 9 月—

1957 年，气象工作者合影

1957 年 6 月），为了赶在严冬来临之前每个人能睡上床板，我们除留三个值班人员都上山伐木，抬回来锯成板子，做床板。但经历了漫长的冬天，这里几乎三分之二的时间都要烤火，一二月份最低气温一般在零下 30℃以下，平时也在零下 20℃。观测站离湖很近，空气潮湿，下雪也特别多，积雪厚度达一米多深。晚上为了帐篷不被雪压垮，一般要起来二三次清理帐篷积雪。那时没有高压锅，煮饭全是用部队的行军罗锅，饭根本煮不熟，经常是夹生饭。又没有什么菜，可以想象，白天没什么吃的，晚上除了正常值班还要轮流站岗、放哨，以防土匪袭击。到晚上经常能听到土匪的枪声和信号弹，确实令人提心吊胆。白天必须出去烧木炭和搞柴火，不然晚上冻得受不了。到早上起床时，放的皮鞋冻得挪都挪不动。稍不注意，皮肉碰到帐篷撑杆（铁柱）就会扯掉一大块皮。起床时眼睛、嘴巴都是白霜，生存条件很差，我们行政划归昌都科委会农牧处管，相距四五百千米，交通极为不便，从建站到撤站从来没人问津过。平时汇报找不到人，即使找到人家也不愿意管。只是隔几个月到那找会计领工资，除此之外再无事。党团组织更是无人过问，全站有两个党员，其余都是团员，成立了个党团支部隶属昌都团委，除了自己组织学习外，上面也无人过问。

尽管环境如此恶劣，生存条件如此之差，土匪之多连生命都朝不保夕。但同志们团结奋斗，没有缺测、漏测，保质保量地完成了任务。更为难忘的是5月接到撤站命令时，然乌突降暴雨，山洪暴发把整个气象站的地址，变成了一片汪洋，还算好。由于气象站的地址比较高，虽被淹没，水深只是六七十厘米。全站人员撤至山上，只留下我一个人，扛着机枪在那里了。三天三夜后，待水退走才搬至山下靠公路旁。

7月初，有三辆货车到然乌，我们全站把仪器、机器装上车，经过三天的路程到达昌都，按规定把设备移交给昌都气象站。原站上的同志们除曾宪泽被气象处指名留下调回拉萨，另外安排工作外，其余的都按内调办的规定回原籍由当地政府安排，以后再没有联系到任何人了。

笔者深有体会的是1956年的大发展确实有很大的盲目性，是完全错误的。气象部门那种大跃进，到处建站，而且不顾人员的生存条件，只是一味地强调观测场的代表性，把站建到荒无人烟的地方，或是远离领导单位数百千米，近则几十千米的地方，毫无生活条件、医疗条件的地方，缺乏科学规划。倾多和羊八井也属于这种情况。试问这种人员安全不能保证，起码的生存条件都没有了，再好的代表性又有何意义？幸好1957年的大收缩来得快，要不然损失更大。

但1957年平叛改革后的新建站仍是以前那种老框框，一味地强调观测场的代表性，上世纪60年代建站的较多，一直延续到朱品同志升任局长后，这种情况才得到改正。

大批人员进藏

1953年全国气象部门按毛泽东主席、周恩来总理关于各级气象机构转移建制领导关系的签发命令，进行转制，由部队转为地方。唯独西藏气象部门仍归军队管辖。

1956年4月2日，国务院发出西藏通航气象保证工作的指示，要求西藏军区于8月底前在指定地点新建18个气象站，并责令抽调20名海军和10名气象测报骨干参与建站。中央气象局及15个省的气象观测人员90名，由总参通信部调配。8名机务人员进藏工作。这些人员3月底在成都集中了160来人，住在军区招待所等待进藏。当时西藏军区派来接我们的是边文华同志，他是西藏气象科的参谋，都叫他边参谋。因为川藏线情况复杂，土匪很多，车少了不能走，要大车队前后有武装车才行。等到5月中旬进藏人员基本凑齐20～30个车子，同时李觉副司令员也一同进藏，一般由他的警卫排开路。我们气象人员当时分成五个排，每个排三个班，每个班12个人，设正副班长。一个排坐一部车。按李觉副司令员指示，在成都出发前每个班部分人配了武器，15发子弹。当时我是五个排中第三排的排长，我们排有三个女同志，她们是赵玉如、刘桂华、左梅英。因为她们是同行中极少的女性。各方面都不方便，我们处处尽最大努力照顾她们，比如晚上睡觉时把她们圈在中间。停车方便时选合适的位置，有人站岗。因为当时兵站很简陋，只是大站才有房子，多数只有几顶帐篷，只管吃饭，住宿任务自己想办法。不少时候只有露天露宿，不下雨还好，若遇下雨就只有撑伞坐着等天亮。

当时的路况很不好，经常边走边修路。经常塌方将路阻断，车子行进速度很慢。有时前面车子过去，后面的被阻断，过不去。食宿根本没有保证，赶不到兵站就没有饭吃，一天能吃两顿已很不错了。车队到昌都因要换成17团汽车，休息了两三天又上路。经过数天，当车行至怒江大桥，当时是中午，因前面塌方过不去，有工人在抢修。当路抢修通时，已是晚上十点以后，天黑路滑。

过了怒江大桥后，沿瓦达河边前行，路更艰险。上面是陡峭的山壁，不时有泥土滚下来阻断路面，下面是湍急的瓦达河，在距大桥约二三千米处路很窄，崩塌下来的泥土造成路面里高外低。车辆过时成三四十度的倾角，前面的车免强过去了。二排的车子后轮滑出路面摔入河中，但车头还在路边上挂着。车子已七八十度悬在河边，整个车上的人及行李全部倒入河中，河水湍急、冰冷刺骨。幸好人多抢救及时，虽然个个都成落汤鸡，但没有死亡，只有三个伤势较重，但也无生命危险，连夜送至扎木抢救，几天后又随车同行了。全车人的行李漂流得满河都是，在当时来说损失不算小。此事后来惊动中央气象局，到拉萨后发来慰问电，慰问金，重伤人员每人200银元。

自此以后，一碰到危险路段，就全部下车步行至安全地带再上车。就这样走走停停，停停走走，每天起早贪黑，行动缓慢，且搞得人人筋疲力尽。一路上风餐露宿，忍饥挨饿确实很辛苦。但这种情况下，大家团结一致，互相帮助，没有半句怨言和牢骚。于 6 月 7 日到达拉萨。计算起来，除在昌都、扎木休整几天外，在路上足足走了 20 天。当然这与那些步行进藏的老同志来说是微不足道的，也是算幸运的。坐了 20 天的"吹风台"，晴天一身灰，雨天一身泥，行程 2400 多里，长时间无法洗澡，连洗脚都很难，这种情况一生中也是罕见的。

现在想起来，当时同志们那种团结友爱、艰苦奋斗的情景历历在目，难以忘怀。

1959 年平叛

战斗是从 3 月 20 号凌晨从拉萨西郊运输站开始打响的，叛匪从罗布林卡向运输站发起攻击，运输站开始有伤亡人员。紧接着战斗很快扩大到全市。以布达拉宫、大昭寺、小昭寺、木如寺为中心主战场。当然此时市郊的三大寺（哲蚌寺、色拉寺、甘丹寺）这些叛匪的根据地是战斗的重点，枪、炮声惊天动地。

气象处的西面紧靠木如寺，相距不足百米，东面不远是一家反动贵族，而且他家聚集了不少叛匪。气象处是处在群敌包围之中。当时气象处一栋石砌的三层大楼里面有气象、地质、水文三部分合成一处共七八十人，处长是王明山，也是战斗的总指挥。

我们有两件准备工作做得很好：一是在 3 月初，将北边气象站的全部人员撤离到气象处大院，人员集中了，便于指挥领导固守。观测场就设在顶楼上，转报、发报都在三楼。二是气象大院内窗户和要害处都新修和加固了碉堡。加上周围墙面都是一米多厚的石墙，整座大楼成了大碉堡，易守难攻。院内又有水井，特别是在大门口临公路处修了个大碉堡，很坚固，直指东面的叛匪大门。

实践证明，此碉堡发挥了很大的作用，敌人一直冲不上来，而且还打死了好几个叛匪。守此碉堡的由卢朝英带队。楼顶上的碉堡也很起作用，与木如寺的叛匪对射，敌人冲不过来。我们的弹药很充足，步枪子弹很多。坚守了三天，战斗进行到 22 日清晨结束。我们有三个同志负了轻伤，立即送医院救治。在此次战斗中，我打了 20 多发子弹，是否命中目标就不清楚了。紧接着我们占领了紧挨大院的二号楼，后来在这里办公、开展业务、

创业篇

住宿多年。战斗胜利不久，气象站原班人马仍迁回原址照常工作，因气象站的房子有十多间被叛匪烧掉。人员住不下，气象站就占用了对面一个四品官的楼房。当时的办公室、审核组、预报、收报、填图都在此楼上。

战后不久要立即恢复天气预报，每天下午6时发预报。当时预报员只有马添龙同志一人，收报、填图的只有曾宪泽一人，就这样干了几个月，一直到八九月份援藏干部陆续进藏，情况才有所改变。

在两天多的战斗中，气象处的全体指战员个个都是好样的，没有一个贪生怕死的，勇敢战斗，同仇敌忾，不怕牺牲，大家很团结，气氛很好，战斗结束清点损失，损失也不大，就是损失了几十辆自行车，损失些枪支弹药。

那曲气象站工作生活点滴

■ 刘树范

艰苦创业

严寒的冬天，早晨气温都在零下 30℃左右，最低气温达零下 40℃，当时没有电、没有油、没有煤、没有柴，唯一的燃料就是牛粪。藏族老百姓和我们机关、单位取暖生活、工作都要用它，而牛粪的产量又很有限，供不应求的矛盾非常突出。为买到牛粪，每天要派人走很远去拦截牦牛驮队，有时还要背着麻袋自己去捡牛粪，实在不行还要赶马车到更远的地方去买牛粪。一次回来路上，下山时马车翻了，我携带的步枪摔断了，幸好没伤人。墨水冻成冰坨子无法使用，制氢筒内残渣也结成冰倒不出来，大气球的处理需要热水，经纬仪冻得转动困难，也需要预先加热等等，都需要燃料。

为保证值班任务和气象记录不中断，即便有危险也要设法解决。实在没办法时，就把装探空仪木箱拆开分成 6 块，值班者发一块。地面组那边我们就把站上的大门拆了（木料做的），供值班者取暖。都是在最冷、最需要的时候，短暂使用

1958 年迁站后，在新建的鸭栅式房子前合影。

创业篇

一下。

探空制氢没有热水，只好用冷水多加铝粉，以加速化学反映，同时也增加了危险性。大胡（胡耀明）就因来不及装上制氢缸头部大螺旋，药物喷出受了轻伤，胸毛都烧了。其他同志也都遇到过这样的危险。女同志郭华琴干这活更困难，就需要男同志去帮忙。冷水也要到几百米外的井里去挑，井深都在 10 多米以上。冬天井口冻成一个小孔，进台上全是厚厚的冰，向上提水很困难，稍不留意经常会滑倒。为保证汽油发电机的水箱和机油不冻结，便于启动，就要定好闹钟半夜起来为发动机器进行一两次保温。

低气压造成的长期缺氧，更难以忍受和适应，引发头痛、头晕，在接收无线电探空信号精神高度集中时，由于大脑缺氧、供血不足，多次造成短时的昏迷晕倒。缺氧引发红细胞增加，血色素都很高，脸色发红，严重的脸色会发紫。当地水的沸点只有七八十度，那时还没有高压锅，米饭煮不熟，是夹生饭，馒头也是黏黏的。那曲不生长蔬菜，主要是盐和辣椒面炒粉条，后来就有了脱水菠菜、茄子、豆角等，开个猪肉罐头（没有猪肉）就是改善生活了。

大风也是那曲又一个特点，七八级大风是经常的，特别是 19 时施放探空气球非常困难。开始没有经验，气球被风吹的不是碰地就是撞墙而破裂。多次气球被吹成一个喇叭形状，需要两个人才能拉住。最后还是从气球嘴部位被拉断，所以多次造成重放球，个别时候还造成记录缺测。

在一次地面观测中，大风把记录本吹跑了，同志们听到呼喊，立即全部出动，顺着大风追赶被吹跑的记录本，很快大风就把记录本吹散了，只能捡一张算一张，一直追了三四千米到东面山坡上，天色黑了只好返回。第二天一早趁风比较小，又出发一路寻找，又在山上和山沟里找到几页。最终没能找到全部记录，但大家尽力了。

我们的住房和制氢房房顶都被大风掀翻过，尤其是制氢房顶和大门，多次被掀翻、吹倒。后来都用 8 号铁丝拉住房顶，并在两侧用报废的制氢筒和大石头压住，才比以前好些了。风大干燥，相对湿度很小，一般下午只有 10% 左右，还经常在常用表上查不出来，要用公式计算，相对湿度只有百分之几或为零。人的嘴唇都严重干裂，加上强烈的太阳光照射，脸部都会爆皮。

平息叛乱

1956年中央决定，今后6年内西藏不进行民主改革。因此，西藏的人员、机构、事业、财政都要大下马，西藏地方只留汉族干部1855人，汉族工人845人。当时那曲站有地面观测、无线电探空、高空风、无线电通讯、航危报等业务，比较齐全，业务人员相对多些。在大收缩的形势下，能保留气象，并在人数上占一定比例，说明党中央、西藏工委、西藏军区对西藏气象工作的重视与关心。

因社会政治形势的变化，准备打仗成为首要任务，抢修防御工事，增配武器弹药。我站地处那曲镇最东端，西面是友邻单位，南北东三面均为开阔地，防务最重要，那曲兵站支援一挺重机枪和几箱子弹，放在气象站东大门的碉堡内，每天站岗放哨任务非常重。1959年3月19日西藏上层反动武装集团发动全面武装叛乱，1959年3月20日拉萨平叛战役打响，3月21日16时奉西藏工委、西藏军区命令，驻那曲部队包围那曲藏军驻地，解除藏军武装。首先，展开政治攻势，限期2小时内放下武器投降。我们站除值班者外，每人都携带武器进入自己的反击阵地。18时，因藏军抵抗不投降，驻军立即全面开火，发起进攻。炮声、枪声大作，十分激烈。叛乱藏军大本营很快被攻破，抓获一批藏军俘虏，余者四处逃窜。战斗很快进入搜捕、追缴阶段。遗憾的是藏军实在不禁打，我们都没交上火，战斗胜利结束了。但也有意外收获，打仗时伙食很好，上级送来肉罐头、水果罐头及其他食品等。

1962年对印度自卫反击作战，那曲是后方了，我们支前任务有二个：一是为过往部队提供食物，除业务值班者，其他人分为二批，轮流上阵烙大饼，每班至少要烙100斤面粉；二是腾房子为过往部队住宿和安排一个临时指挥所。业务工作完成日常任务外，重点保证军用航空飞行，增发航空报、航危报，增加观测密度。

三次建站搬迁

那曲于1955年建站，站址在那曲镇南面，紧邻寺庙和民房。用的是藏式老旧土坯房子，房屋低矮，光线极差。因西藏上层反动集团阳奉阴违，组织"四水六岗"积极推行西藏独立，社会治安越来越差，安全无保证。观测场环境也不符合技术要求，这就有了第一次搬迁。1958年我们选址在那曲镇最东端，西面与贸易公司、空军导航站为邻，仅一墙之隔，东南北三个方向均为开阔地。除在原站址坚持值班者外，其余人都参加新站址地面、探空观测场的建设和通信天线的架设。新房子是用成型的木板、方料建成的鸭棚式建筑（像现有的蔬菜大棚）。一个棚中间隔断变成二间，每间住二人。当时大家觉得是那曲最新、最好的房子，又增加了新床，感觉很享受，只是寒冷依旧，冬天早晨起床，被头依然有一层冰霜。

1960年，气象站全体同志合影，图左后方是黑河兵站碉堡。

这期间经历了平叛剿匪，对印自卫反击战，配合登山、国际地球物理年、西藏科学考察、青藏铁路建设、开通民用航空等工作的开展，业务工作不断扩大和完善。天气预报的研究、制作、发布也开始起步，并在1960年特大暴雪的过程中，积极为牧业生产服务，尽最大努力减少特大风雪对牧业生产的影响和损失。积极支持和参与社会工作，抽人参加地方民主改革工作，还参加输血等活动。班禅从北京回拉萨时，途经那曲，为解决驻地照明问题，我站在只有2台发电机组的情况下，抽调1台3千伏发电机组和我1人，为其保证供电。经过3年的平叛剿匪，取得了彻底胜利，民主改革进展顺利，农牧民充分发动起来，生产大有起色。地区的机关、事业单位也在增加和发展，人员也多了，这就有了第二次大搬迁。

1963 年，为适应今后发展需要，那曲站又在原址向东扩展 250 米，南北方向扩展 150 米。扩展地盘主要想法：一是争取今后不再搬迁站址，而原鸭棚式房子开始坏了，无法维修，需新建值班室、住房；二是施放探空球顺风跑时有足够的距离；三是想改善一下生活，试种点蔬菜和青稞。扩展地盘后，挖个小坑插根木柴或堆几块革皮以示圈定了。要想真正围起来可不是件易事，用土坯工作量太大，用木桩和铁丝来围又没经费，所以围起来很困难，只能有材料就围一点。

在整个建站、搬迁的几次大任务中，全站同志齐心协力，心往一处想，劲往一处使，克服缺氧、严寒、大风等恶劣的气候条件，战胜难以想像的困难，都较好圆满地完成各项任务，为那曲气象事业的发展和工作生活环境的改善打下了一定基础。

苦中寻乐

那曲文化生活更无从谈起，几个月兵站运输队才放映一次电影，每次放映 2 ~ 3 个片子到半夜或通宵。报纸、信件也是几个月才来一次。因为人员紧张休假也很难，我 20 年休 2 次假，其他同志也都如此。当时那曲站人员来来往往维持在 10 多人，除一人岁数稍大，其余都是 20 岁左右有激情有朝气的年青人。在联合党支部（银行、邮电、贸易、气象联合党支部）的领导下，共青团支部充分调动大家的积极性，以革命的乐观主义精神，想办法克服困难，创造条件，改变和活跃我们的生活。为长期建设西藏，保卫边疆，完成业务工作起到了一定的促进作用。

一次偶然的机会，我在地区团委开会，发现一间房内堆放着一批积满灰尘的乐器，利用我在团委的便利，借回了这批乐器。当时站上刘万金有支笛子，李荣汀有把二胡，其他人按个人喜欢任选一件乐器。我们选定些曲子让大家自己练，由刘万金、李荣汀、邵吉昌给予指导。练习曲有广东音乐、老歌曲、俄罗斯（原苏联）歌曲等。经过一段时间自练，开始集中合练。由于基础太差不会定调，只能让指导者给每个人的乐器定好调，才开始合练。刚开始合练，音拉得不准又不整齐，吱吱呀呀真难听，不要说

1963 年在那曲温泉附近，看完赛马后部分人员合影。

别人不敢恭维，自己都哈哈大笑的前合后仰。这是发自内心真实的笑，真开心！

那曲分工委有个小礼堂，要不是因为它有个舞台，那就是一个水泥地的大仓库，没有灯光，没有座椅，更没有音响设备。开大会、听报告自带椅凳。好在大收缩后人员不多。从分工委书记到各部门、各事业单位，再到食堂工人总计不过二三百人。重要节假日举办交谊舞晚会，冬天的舞会最精采，在打扫干净的粗糙水泥地面上洒些水，让其结冰，跳起舞来又滑又轻松。照明用气灯还挺亮。穿着也不讲究，五花八门，有棉衣、棉裤、军大衣、老羊皮衣，还有的脚穿东北长筒大毡靴跳舞。这样的舞会场面恐怕也是空前绝后了。舞会间歇时，舞台下面小条桌上有中华、牡丹香烟、糖果和夹心饼干等小食品供享用。

经过一段时间合练，我们觉得小乐队有点模样了。刘万金、李荣汀、邵吉昌、朱宝维、谢玉纯、邓开发和我，每个人都可以掌握 1~3 种乐器；刘德福、王辉荣、胡跃明负责大鼓、木鱼、响铃等乐器。演凑也比较整齐，流畅了许多，开始为舞会伴奏。第一次出现在舞台上，台下的人都震惊了。第一支曲子舞池里几呼没人跳舞，我们也很紧张，是不是不行呀！第二支曲子舞池里人满了。原来开始大家都在看演奏，看新鲜。后来听说：气象

雪域风云路

西藏气象事业发展回忆文集

站小伙子们还真行啊！看不出来呀！局面就这样打开了，以后也就成为那曲独一无二的舞会伴奏乐队了。开始时，全部人马一起上台，一是给自己壮胆，二是怕演奏不整齐或音不准，相互可以弥补。慢慢地演奏水平提高了，胆子也大了，乐队可分成几伙分别上台演凑，其余的人可以在台下跳舞、休息，吃点零食，抽支烟享受一下。为了改变一下着装不雅，邋邋遢遢的样子，经商量全站每人买一件皮夹克，再出现在公众面前时，整齐划一的皮夹克，让这伙年青人的精神面貌显得更阳光，更有朝气。

除此之外，积极参加地区组织的话剧《年青的一代》的演出，我站胡跃明、刘德福同志都在剧中扮演重要角色，参加春节联欢晚会等活动。

为适应那曲恶劣的气候、工作、生活环境，全站人员自觉锻炼身体的积极性很高。到兵站去打打篮球，在站内举举自己制作杠铃、练练单杠，跑跑步等。我们的百米速度经秒表测试还不错呢；还经常有民兵投弹、射击等训练项目，这些都为后来打好蓝球奠定了体能基础。

那曲分工委组织了一次较大规模的篮球比赛，所属各单位都成立了蓝球队，进行循环比赛。说来也巧，气象站蓝球队高个子人挺多，胡跃明、王祥荣、卢明运、孟庆全都在 1.8 米以上，郭积荣、薛华权、朱宝维、陈树根、谢玉纯、杨天德、徐长丰、蒋敬立、潘昭文、刘德福和我，多数都在 1.7 米以上，又多是从学校毕业分配来的，打篮球有一定基础。所以比赛一路过关斩将，最后战胜军分区队，获得第一名，可算一举成名。在以后的多次交锋中，军分区队和气象站队互有胜负，不分伯仲。

在一次友谊比赛中，发生了一件有趣的事。为了打好这场比赛，双方都很重视。在准备阶段，分工委领导带领有关单位负责人来站视察，询问比赛准备情况，还有什么困难和问题。我们如实作了汇报，其中提到对手是吃 45 斤粮的战士，而我们只有 30 斤口粮，伙食不如对方，就体力而言我们处于下风，但我们对比赛还是充满信心时，领导当即拍板，各单位大力支援，帮助解决困难和问题。此后，兽防站窦新民站长，在训练、比赛时送来鲜牛奶和酸奶，贸易公司王经理让我们到屠宰牛羊的地方，拿回二个牛头和一些下水，全站美美地饱餐几顿。

比赛那天，坐镇气象队场外指导是分工委宣传部长，坐镇军分区队场外指导是作战科长。双方球队也都派出了最强阵容。比赛开始，双方拼抢积极，比分咬得很紧。下半时，也许是领导关心，友邻单位的支持，更激

创业篇

发了气象队员的拼劲，充分发挥自己的水平，最终获得胜利，也成为那曲数一数二的篮球队。

那曲站还有许多快乐趣事，如第一次杀牛；第一次吃"子孙饺子"；第一次试种树木和大黄；第一对伉俪——小杨和小史等等，不再赘述。

全站同志都怀有一颗热爱祖国西藏、热爱西藏人民的火热之心，充满革命激情和革命乐观主度精神，积极投身西藏社会主度改革和建设，保卫西藏边疆，为西藏的气象事业贡献自己的一份力量。

（本文照片刘德福提供）

为登山和科考提供服务

■ 李 忠

我国攀登珠峰活动，主要是从1959—1960 年开始的。在这之前，只有欧洲的英国和瑞士两个国家，分别于 1953 年和 1956 年从尼泊尔的南坡登上珠峰。我国争取要第一个从北坡登上珠峰，因此，中央决定 1959—1960 年派登山队来西藏珠峰。为顺利完成这次登山任务，中央要求气象部门做好服务。中央气象局派出由预报员钱增进、探空员彭光汉等组成的气象组，1958 年底进藏。1959 年西藏发生叛乱，气象组撤回，并于 1960 年初再次进藏前

1975 年 4 月作者于珠峰大本营绘制天气图

往珠峰大本营。结合中央气象台和西藏气象局提供的大气预报，开展登山气象服务。当时西藏气象局领导很重视，为配合登山活动，于 1958 年底重建定日气象站，1960 年 3 月开展探空观测。在人员很少的情况下，派刘清泉去大本营。由于这是第一次攀登珠峰，所以困难和问题比较多。第一，这个地区我们没有气象资料；第二，我们没做过高山地区天气预报；第三，绒布寺大本营 5000 米以上，严重缺氧，天气严寒，身体不适，吃不下饭，睡不好觉，还要为登山队员训练作出较准确的天气预报。为了积累完整的珠峰大本营的气象资料，摸索天气气候规律。我们的观测人员，甚至在大

创业篇

235

部队进山之前，于1958年9月就提前骑马进大本营了（路未修通），他们在绒布寺大本营，坚持连续工作近两年时间（1958年9月—1960年5月），没有坚强的毅力和健康的身体是坚持不下来的。我局刘清泉同志，为了考查南绒布冰川，曾随队登到7500米的高度，这在当时的后勤人员中，是攀登的最高的高度，正因为我们的气象人员发扬了吃苦耐劳的革命精神，努力工作，才保证了1960年5月25日登顶任务的完成，并得到登山队的好评。

1975年3月，在大本营会商天气，右三为作者。

　　1960年5月的珠峰登顶是在后半夜，天还没亮，可见光照相机无法拍照，又因为天气马上要转坏，必须抓紧时间下撤，为弥补这个遗憾，我国决定于1965—1966年再次攀登珠峰。为完成这次保障任务，中央气象台、四川台、甘肃台等都派出了气象保障人员。西藏气象局也派出了燕子杰、谯先惠、李忠3位气象人员去大本营。这次除登山活动外，科学院还派一支青藏高原综合科考队，因此，这次气象服务的范围就扩大了，还要为科学考查服务。1965年登山活动主要是为1966年登顶做些准备工作，要建立从5500米到8100米的6个高山营地，

1965年3月摄于珠峰大本营，远处背景为珠峰。

并储备好所需物资（食品和氧气瓶）。为锻炼队伍，安排3次登山活动，第1次到6500米；第2次到7600米；第3次到8100米。每次行动之前，都要求气象组作出5～7天的中期天气预报，队领导根据天气预报，安排活动。

雪域风云路
西藏气象事业发展回忆文集

气象组要在 7 天前预报出好天气过程，这样才能保证队员到达最高处时，出现适合登山的好天气。由于山区天气瞬息万变，随时都可能发生短时突变，这要求我们气象保障人员，要时刻观测天气的演变，不断修正原来的预报。无论天气预报，还是气象情报，只要山上需要，我们就及时提供。我们的观测人员为提供这些情报，除每天放 2 次探空气球外，小球测风不知要放多少次。在 5000 多米的大本营，这样的劳动强度是很大的，从 3 月进山到 5 月出山，每个人的体重都减掉了 10～20 斤。就在这样艰苦的条件下，我们还是认真负责地完成了这次训练任务。为更好地完成 1966 年的登顶任务，我们气象组随登山队到兰州或北京。这期间我们做了很多准备工作，抄录了大量国内、国外气象资料，到有关地方和部队气象台去学习。同时对有关气象资料做了细致的分析和研究，在此基础上作出了 1966 年 3—5 月适合登顶的长期天气预报，为登山队安排 1966 年活动计划，提供了可靠依据。由于文化大革命，这次登顶任务撤销。

珠峰 3—4 号营地，6500—7070 米之间。1975 年 5 月摄。

一直到 1974 年，我国登山队于 1960 年 5 月 23 日首次从北坡登上珠峰，尚未得到世界各国公证，也没有一个女性登顶。为完成这个任务，我国决

珠峰冰塔林区。1975年5月摄。

定再从北坡攀登珠峰，并争取至少有1名女性上去。这次攀登珠峰，所承担的任务比1965年还要多，除登山和科考外，又增加一项测绘任务，号称三大任务。为什么要派一支测绘队伍来珠峰？因为在1975年以前，我国常用的珠峰高度8882米，其他各国所使用的各种不同高标，都不是实测的，都不准确。我国1975年测绘队所测高度8848米，是从东海海平面一步一步实测到珠峰的，并经过了雪面和折射的订正，因此它是比较准确的。为了精确的测得珠峰高度，我们的登顶队员，在山顶除了拍照、取雪样、做心、脑电图（为研究高山生理所用），树起五星红旗外，还要为测绘队员树起测量用的标杆（觇标）和测山顶的积雪厚度。在8800多米的顶峰，队员要完成这些工作，是需要很长时间的，这就使得登顶队员在山顶停留时间要长，因此对登山的一等天气持续的时间也要延长，要在2天以上，这就给登顶的天气预报增加了很大的难度。为了完成这次保障任务，西藏气象局决定派我去珠峰大本营。5月份为加强预报力量，又派老资格预报员戴武杰出来。这次任务比较重，时间又比较紧，没有充分的准备时间，进山就开展工作。好在这项登山任务，国家在1974年就决定了，当时的国家气象局，为1975年登山做了准备工作。当时抽调中央气象台的徐德林预报员，兰州中心气

雪域风云路
西藏气象事业发展回忆文集

1975年3月作者与戴树春（右）于珠峰大本营

象台的一位女预报员邵云飞来拉萨与我一起分析、归纳了历年登山好天气过程出现的几种大形势图，所以在大形势方面，我心中还有些底。进山以后，我又注重分析了珠峰大本营的8000—9000米高度风的变化特征，发现1975年3—5月珠峰大本营高空风的强弱变化比较有规律，周期性较好。根据这个规律的变化，在登顶的关键时刻，我们预报在5月25日以后有登顶

1975年3月作者与气象组部分人员于珠峰大本营

创业篇

好天气过程出现。队领导根据我们的预报，果断决定，立即行动。由于这次预报准确，队员于 5 月 27 日顺利登顶，在完成几项任务后，最后安全下撤。这次登顶除了几名男勇士外，还有一位女英雄，叫潘多，代表中国女性第一个从北坡登上珠峰。她当时已是两个孩子的母亲，要完成这个艰巨而光荣的任务，要克服的困难是可想而知的。由于在这次登山服务中，我做出了一点贡献，因此得到中国登山队的嘉奖。

西藏气象科技人员，除了为这几次大的登山和科考活动做周到的服务外，还为攀登西夏邦玛峰；1962 年和 1978 年登山队到珠峰训练等活动，做了力所能及的保障工作。先后派出了马济普、燕子杰、周昌荣等人员去大本营。我们不但为中国登山和科考服务，还为日本来西藏攀登南迦巴峰的外国登山队，提

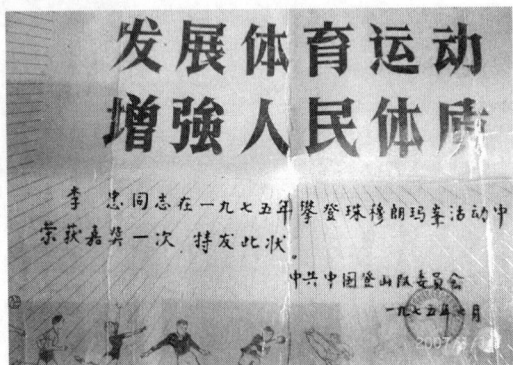

1975 年登山队颁发的奖励证书

供了很好的气象情报和预报服务，并得到对方的赞扬。

福大命大躲死劫

■ 任贵良

1958 年进藏，在藏 36 年，我的足迹遍及除阿里而外的西藏各地。以气象为主业，经历了平息叛乱，参加过民主改革，参与过中尼勘界，登过山，钻过原始森林，采过药，到过无人区，搞过合作化……苦吃了一些，险冒了不少，但从未觉得有什么苦，有什么怕，有什么危险。且至今无怨无悔，2002 年夏，我到拉萨故地重游时，即兴赋诗说："……向天再要一万日，雪域二度写春秋。"真想再在西藏干上 30 年。

1989 年 2 月摄于拉萨

不用说，在藏 30 多年，故事一定不少。我都视为宝贵财富，珍藏心底。这里想写几次我与死神的过招。

一个人，一生几十年、上百年，生命历程，心路历程，都不一样，各有各的机遇，我们只能顺其自然。在藏几十年，条件那么艰苦，不少同志遭遇不幸，壮烈牺牲了。碰巧幸存下来的，人人都有几次险遇。记得一次会议午餐时、一桌 10 人，说起车祸，竟有 9 人遭遇过，而且不只一次，有的多达五六次，还留下了伤残印记。只有一人是新近援藏的同志，还没有这样的机遇。

我的第一次车祸是在 1958 年进藏途中。八月下旬，我们师生一行 6 人，从北京出发，到甘肃的峡东后，改乘运粮车队的解放牌卡车，浩浩荡荡，

创业篇

尘土飞扬，颠颠簸簸，摇摇晃晃就上路了。全队共 40 台车，队长人称李师傅，我们就坐在他车上，因他技术熟练全面，又是一队之长，所以走在最后，兼顾修车收尾事宜，所以我们也就吃土最多。

路上因为急行车发生车祸，差点丧命，晚上躺在床上，辗转反侧，总难入睡，吟得《进藏路上》小诗一首：

> 进藏休言蜀上天，茫茫大漠有孤烟，
> 敦煌绿洲实在美，青海盐湖甚可观，
> 黄龙摆尾尘十里，彩云追月路八千，
> 撞车温泉成轶事，剿匪唐古战犹酣。

第二天，果然行李也给我们拉了上来，并换了新车，继续上路了。到唐古拉山口时，我们停车休息了一下，四顾群峰，负气争高，白浪滔天，好不壮观。

下山的路，轻松了许多。那曲过后，在一小桥上会车时，却又因两车靠得太近，发生碰撞，将同学带的一把小提琴挤碎，幸好人车均无大事，9月 5 日，总算顺利到了拉萨。

1960 年 8 月 1 日，我奉日喀则分工委之命，随吉隆县委王书记前往吉隆搞民主改革，车到萨嘎县时，天已很晚，县委热情地为我们准备了晚餐，其中有一个菜是当地采的野蘑菇，我们正准备开吃，一个同志说："别忙，我听说这一带有毒菇，试试再吃比较保险。"他用银勺一试，果然变了颜色，有毒！多危险，只好倒掉。

再往吉隆就不通车了，第二天改乘军马，从加加渡口过雅鲁藏布江。我们一行七人，有六匹马，一匹大走骡，都是兵站给提供的。王书记年龄大，身体胖，他骑大走骡，而我是一匹枣红马，据连长讲，此马小跑很好，就是调皮，要我小心。渡口有机动大木船，我们各执自己坐骑上了船。这里江面宽阔，水深流急，船到江心时，我的马突然打起了立桩，因我的手紧紧抓住马缰，被它一下甩出船外，脚已落入水中，但我死死抓住缰绳不放，当它再次抬头欲立时，又把我从江中拉了回来。大家都为我捏了一把汗，同时又为我庆幸。万一我失手，或者缰绳断了，或者连人带马落入江中，那都必死无疑。水深流急不说，那都是雪水，温度极低，再加上高原缺氧，再会游泳的人，也无能为力。别人更无法施救，所以只有死路一条。

当然，没有那个万一。当我定神勒住马时，才发现腰间皮带上拴着的搪瓷杯子，已被挤断掉入江中，而杯把儿还在腰间拴着。可惜啊！那还是一位志愿军送给我的，印有"抗美援朝、保家卫国"字样，很有纪念意义。只好留在江中作永久的纪念了。

8月底我才到了吉隆县的吉隆区（县委在荣哈），在中尼边界上。本属副热带气候，但因海拔高了一点，所以反而不冷不热，四季如春。气候好，环境美，冬季都是山花烂漫，采蝶纷飞，令我大开眼界，倍感新鲜。这年腊月吟得《腊月》小诗一首：

> 江村腊月花满山，翩翩蛱蝶农桑间；
> 细雨润物随夜至，草长莺飞胜春天。

但这里离国界太近，敌情复杂，回窜叛匪猖獗，群众工作基础薄弱。

我们的任务是六个月搞完民主改革，我带一个五人流动工作组，每天走村串乡，访贫问苦，爬大山，钻密林，危险随时都会发生。不用说敌人，路遇野兽都是常有的事。一次我们五人正在林间羊肠小道上行进，前方发现六只大狗熊，根据当地群众经验，遇上这种情况，要远远停下来别动，也不要理它，等一会儿，它看到人群，会自己溜走。果然，等了一会儿，狗熊都钻进了森林。还有一次，我一个人从吉隆开会回江村工作组，在林中山路上，突然听到附近有沙沙的枯叶声，不知是人是兽，我当即背靠大树，紧握上膛的手枪，循声观察。不一会儿，一只豹子从西边朝我跑来，我马上站了出来，豹子一看有人，调头逃窜了，又是一次有惊无险。

在吉隆半年多，最大危险有两次，第一次是堵截走私尼商。尼商常常违犯我边贸规定，私入我牧区，大批收购活牛羊，偷税走私出境。一天深夜，我们奉命配合海关堵截走私尼商，天黑得伸手不见五指，我们潜伏在他们必经的深山密林中、盘山的羊肠小道上，他们走私不敢明火执仗，我们潜伏，当然也不用火把之类。大批牛羊行动，老远却能听到声音。当尼商渐渐接近我们时，我们正准备出击，危险发生了。我脚下一滑，掉下了悬崖，只听山涧隆隆水声，涧深莫测。幸好，我手中拿着一根五尺多长压缩木的帐篷杆子，本来是作拐杖和武器用的。尼商都带有大弯刀，而我们的枪又不允许打，所以尽管我们人人有枪，但又人人有一根棍子。正是这根棍儿救了我一命。当我滑下四五米时，棍子被两棵大树架住，我学生时

创业篇

代就好单杠，这回派上了用场。紧跟在我后边的翻译顿珠，他听到我滑下了悬崖，忙伏下身子，轻轻唤我，听到我被架住，当然很庆幸，忙放下绳子，把我拉了上来。我们又立即投入了战斗。结果尼商全部逃之夭夭，羊群却留给了我们。这时我们才点起松明，凯旋而归。后来群众对我说，他们就是白天放牧，有时牛羊挤闹，凡掉下悬崖的，都无一生还，那里悬崖万丈，又陡又滑，不是粉身碎骨也成了野兽的美餐，人是无法下去施救的。你真是幸运啊！

第二次，我们正在沙勒下乡，书记通知我回吉隆开会。沙勒与中尼边界近在咫尺，而工作组只有五人，我若带翻译或其他人回去，一是其他同志无法工作，二是安全问题太大，我不放心。好在仅一天的路，我又熟悉，仗着年轻气盛，所以决定一人回去。吃过早饭，我就快步出发了。路上饿了抓点糌粑，渴了喝点泉水，一路大步流星，翻过一座大山，离吉隆就不太远了，过了前面小山，就是吉隆河谷冲积平原。这时，天已黄昏，首先看到前方小路上有一黑呼呼的东西，我以为又是狗熊，只好坐下休息，等它走开，结果等了一阵，它却不动，我索性向前靠近一些，这一近，才发现是几只大乌鸦在一起，白虚惊了一场。我把它们赶走了。又前行不远，见一个三十岁左右的彪形大汉，坐在山坡小路的上侧，我当即掏出手枪，子弹上膛，用外衣略加遮掩，继续前进。就在我从他面前擦过的一瞬间，他两手各抓起一块石头，嗖地站了起来，正准备偷袭我，说时迟，那时快，我却一转身站在了他的上方，并用藏话命令他：放下石头，前面走，跟我到吉隆去。他一看我手枪在握，只好乖乖地放下石头，走在前面。我离他十几米远，就这样把他押到了吉隆，天也黑了。吉隆是个大村庄，巷陌纵横，街道复杂，一进村，他就钻了小巷。枪是不能开的。我也加快脚步，赶到县委王书记处，向他作了汇报。书记立即派人分头去找，哪里还有人影呢？只好不了了之。记得书记当时说了两句话，第一，你们都要有这样的机警和警惕性；第二，再不准你这样一个人行动，太危险了。这当然是书记对我的表扬和爱护。的确如此，假如我稍有疏忽，后果就不堪设想。后来与群众熟了，他们才告诉我们，这之前，有几次回窜叛匪企图截杀你们，都未能得逞，据说原因有二：一是你们行动方向、路线、时间变幻莫测；二是行动特别迅速，很难追上。

因工作需要，我被调到藏北高原，靠近无人区的班戈县气象站。当时看到那里草场退化严重，载畜量相当低，但有些山沟小气候还可以，我就试种了一片青稞。秸秆长得很高，秋天还结了籽。我想若能种上适应高寒地区的青稞或者雪莎，解决部分饲草、饲料该不成问题。于是给县委、地委写了个报告，得到了县委和地委的支持。4月初，我便从拉萨包车去了帕里调运种子。拉上种子回来时，快到江孜了，看到前面一战士，脱了外衣，满头大汗，正沿公路跑步前进。高原天气，四月初还很冷。他没招手，我们也不知发生了什么事，所以也没停车，又走了四五千米，便发现前面有一匹受惊的很威武的军马，缰绳上拖着一根大木桩，后蹄流着鲜血，也在大踏步前进。我同司机于师傅讲："那个战士肯定是在追这匹马。"于师傅反应很快，他略踩油门即超到了马前，方向一转，把车一横，军马被堵在了公路上，我们下去把马拴在了路边的电线杆儿上，于师傅又调转车头，回去把战士接了来。这才知道，他原来是江孜军马场的。我们让战士穿好衣服，牵上马，临走时，于师傅还嘱咐了一句："小伙子，你该招招手，我会帮你的。"于师傅的举止使我油然而生敬意。

从大竹卡过雅鲁藏布江，而后就爬麻江山了，山陡坡长，要爬几个小时，时间一久，驾驶室温度升高，人就犯困。快到麻江前，转过一个山嘴，我一看车头已很靠近悬崖了，这才发现于师傅和坐在中间的副驾驶都在打瞌睡，情况十分危机，我伸手将方向盘向内打了一把，几乎同时，于师傅一脚刹车下去；车就不动了。当我们下车查看时，前轮外胎一半已悬空了，于师傅说："若不是你这一把方向盘，车毁人亡，我们就都报销了。"我们在路边镇定了一下，冻了一会儿，提提精神，就又上路了。于师傅一直送我到班戈县。

这年青稞试种很成功，为此县里还发过一个文件，地委也转发了。记得有一首《试种》小诗：

> 生吃牛肉热喝茶，放点酥油抓糌粑，
> 围炉席地谈试种，古稀石德乐开花。

因为是在 75 岁的石德老人家羊圈里试种的，他从未见过这里能长青稞，所以高兴的不得了。文革开始，也就中断了。后来我调到了拉萨，同于师傅倒成了多年的老朋友。

20 世纪 70 年代初，县革委会组成 40 余人的工作组，到色洼区搞人民公社化，一副主任任组长，我是副组长之一。色洼区，即后来的双湖办事处，再后来的尼玛县。实在就是准无人区，说无人区不确切，但人很少是事实。现在尼玛县的四五千人口，还是从申扎、班戈、安多三县移民去的。但该县面积却远远比内地几个省都大。

一天早晨，付玉清同志在帐篷里煮米饭，一个三角架，一口直径三十厘米生铝的医用消毒高压锅，燃料当然是牛粪，开锅上气几分钟后，盖子开始漏气，他喊我给看看怎么回事，我一看螺丝没上好，便伏在锅上去紧螺丝，嘭！一声巨响，高压锅在我怀里爆炸了，锅盖碎成了无数三角形弹片，一锅稀饭全糊在了我的头上、脸上，一下把我打出了三四米远，贴在帐篷的一角上，帽子也打飞了。付玉清赶紧找来赤脚医生，谁知赤脚医生一看，吓的调头跑了。无奈，我只好摸到帐篷门前小河边，捧水洗了洗脸，眼睛这才睁开。正在这时，住在我们附近的兰州军区航测大队一名陈军医，闻声赶了过来，他以为是枪走火或出了什么事，当他看到我时，惊讶的说："好危险，你真福大命大……"说着便拉我进他们帐篷，赶紧给我擦洗清理、检查、敷药、包扎，让我躺下休息一会儿，他又认真地对我说："说你福大命大一点不假，你想，那么大高压锅在你怀里爆炸，像个炮弹，那么多三角弹片，有一块打中要害，就要了你的命，结果只有一块擦了下手掌，两块从脖子下擦了层皮。再说一大锅稀饭，温度那么高，全部喷在了头上，大面积烫伤，但又不十分严重，此地无医无药，赶回县上就医，你们又没车，骑马少说十几天，头肿了那么大，感染了怎么办！得个破伤风怎么办！还不是等死?！而我是昨天晚上乘北京吉普才赶到这里，好像专为抢救你来的，医药解决了不说，返县就医的交通工具也有了，所以，我才说你福大命大……"就这样，在他的护送下，用他的北京吉普，一天一夜，我就回到了县里，住进了医院。我只知道那位军医姓陈，他连水都没喝我一口，就急忙返回去执行任务了。我很感谢他，至今想起他，也还深感内疚。经医生精心治疗，三个多礼拜就基本上好了，由于面部受伤，二十几天没刮胡子，出院时变成了大胡子，从此在县里落了个大胡子的绰号。

1979 年，我已调到拉萨市农牧局气象科。这年拉萨大旱，7 月份了，还没下雨，自治区气象局和拉萨市政府共同组织了十次大规模、大范围的人工增雨作业，各县、区民兵营、军区高炮团，都参加了，具体由我负责指挥实施。这次人工增雨作业是很成功的，增雨后，市里为此当即下发了点种、补种、抢种的紧急通知。为了检查炮点情况，准备工作总结，我和农牧局的张副局长、林业局索朗副局长前往堆龙德庆县、曲水县搜集农牧民群众的反映。从曲水返回时，天已很晚，且下着大雨，当我们的奥斯汀正在西藏军区西侧拉萨河边高速行进时，忽然前面有两位解放军同志招手拦车，当时因车速很快，小罗师傅没来的及减速刹车，就冲了过去，但他已意识到，应停车带上雨中的两位解放军，他猛一脚刹车，由于车快路滑，汽车刹偏，车子突然调头，四脚朝天翻在了路边，车祸发生了。两位局长，一个当即昏了过去，一个被备胎压住，动弹不得，司机锁骨被方向盘卡断，人被车门挤住，而我当时却还清醒，立即从车里爬了出来。先是拉二位局长，怎么也拉不动，司机小罗倒是拉出来了。我问他，这是什么地方，他看了看左侧灯光后说，可能是自治区种子公司。我知道他们的隔壁是我局的种子公司，便快步跑了过去，正好，公司经理和驾驶员都在办公室围炉烧水，我一进办公室，把他们吓了一跳，经理看了看才说："任书记，你怎么成血人了？"（我当时是农牧局机关党支部书记），我说："局里小车出事了，张局长还在车里，你们快去救人，先送我和罗师傅去医院。"当时我什么地方受了伤，出了多少血，成了什么样子，天黑下着雨，我根本就不知道。还好，他们车在院子里停着，驾驶员先把我和小罗送到区人民医院，很快二位局长也就到了。当时抢救我的是一位藏族医生，他先是给我止血、缝合伤口，脱去全部血衣，准备给我输血，经检查身上其他部位并无负伤。一切安排就绪后，他才给我说："你头部右侧颞动脉被碎玻璃割破，至少失了 1000cc 血，再晚来几分钟，生命就难保了。"我一看血衣也大吃一惊，原来血从头部流下，顺着里边秋衣、秋裤直到袜子鞋里，已都被血浸透了。很快市委书记、公安、农牧局长也都来了。农牧局一位副局长告诉我，张副局长等都没大事，只是擦伤了点皮，最危险的是你，亏了你当时很清醒，假如等他们来救你，那你首先就不行了。又是一次与死神擦肩而过。

生死其实就那么一瞬间，几分几秒钟而已，危险来时，也想不了许多，也没时间去想。就像战士在战场上，碰枪子儿的机遇会多一些，同样在西藏那样的环境下，危险自然也多一些。因此，这就更需要有"一不怕苦，二不怕死"的精神。谁上战场，谁去西藏，都一样。那个时代叫服从组织分配，到最艰苦，祖国最需要的地方去，没什么条件可讲。这倒使我想起林则徐一句很好的诗："……苟利国家生死已，岂因祸福避趋之。"封建时代的他都有如此胸襟，难道我们共产党人还不如他吗?!

创业篇

西藏的峥嵘岁月

■ 任贵良

我在藏 36 年，在藏族人民的哺育下，有幸同他们一起经历了那段极不平凡的峥嵘岁月。我深爱着那里的山山水水，深爱着勤劳朴实的西藏人民，真是"丹心边塞月，白发雪山情"。那里是我永远怀念的第二故乡，那里有我永远怀念的战友和亲人。

狠下心来抓业务

到日喀则第一任务就是跟班熟悉测报，参与值班。同时，还开展了多项工作：一是办学习班，老同志都是我的老师，但他们系统的气象、气候、天气等方面的知识相对欠缺，于是站长安排我每周两次为大家系统讲解这方面的知识，至今给我印象最深的是大家学习积极性很高。二是测报合一，即观测员学报务，报务员学观测，测报一人兼。这样大大缓解了人员缺少的矛盾。当时大家干劲十足，有的观测员一周就能上机发报，多数也不过两周。报务员学观测相对就慢一些。三是开展单站预报服务，当时全国都在开展此项工作，我们除向先进台站学习，还组织下乡向群众学习看天经验，收集看天农谚，记得还整理 200 多条农谚上报了气象局。听说喇嘛能预测天气，我同站长还拜访了扎什伦布寺的老喇嘛。我站的天气预报在日喀则受到广泛好评。四是完成了《日喀则气候》一书初稿，并寄《西藏日报》和中央气象局，中央气象局宣传科来信称拟予出版，但后因纸张紧缺，才通知取消了。五是开展业余自学。在紧张的工作之余，我与北大地球物理系联系，他们同意我作为插班生参加"北大函授"。当时学习条件极其困难,"函授"学习靠通函,那时一封信,至少要走七八个月。记得 1959 年第四期的《气象学报》,到 1961 年第一季度才收到。没有辅导老师,我找遍了日喀则几十位大学生,仅有一位中学老师能辅导我的高等数学。物资也紧缺,买几张纸都要找专员批。学习开始没几个月,分工委(地委)就抽我下乡,一去一年多,学习只好中断了。

1962 年气象站仅有七八个人,当时就有 5 人积极报考北大气象函授,可见那时年轻人的好学上进精神了,经考试只有我和另一同志被录取。文化大革命开始时,我基本完成了全部学业。学历则是粉碎四人帮后,组织上才予确认的。我始终认为不管条件多么艰难,学习都应当是我们终身坚持的追求。

班戈十二年

1965 年初,参加了全区气象会议后,我被调往那曲班戈县气象站,任业务组长,1969 年任站长。

这里的文化大革命是 1967 年初才开始的,我 1966 年入党,预备期一年,同年参加那曲地委召开的毛主席著作学习积极分子大会,并作了大会发言。本来 1967 年应转正,结果文革开始了,直到 1972 年才批准仍按期转正。实际预备了 6 年之久。文革 10 年,气象站的业务工作一直正常开展,当时全区两派对立,武斗升级,许多气象站停工闹革命了,仅有为数很少的几个气象站没有停工。班戈站即是其中之一。我的观念很明确,气象记录中断是没法补救的,因此我宣布,我不离开岗位,不管你是那一派,都必须按时交接班,工作不能停。记得一次轮到罗某上班,但他没来,我一问才知,被我们一派拉去批斗了,我立即找到现场,一看果然低头弯腰在挨斗,我当即宣布散会,并带他回站上班。

西藏的基层单位,气象站算个知识分子成堆的地方,因此被抽去配合中心工作的机会很多,我到班戈后,县委书记对我说:"你的百分之八十时间、精力放在县上,百分之二十管气象站。"所以 12 年中,抗灾保畜、修渠抗旱、接羔育幼、宣传贯彻中央文件、参加县里的党代会、人代会、三干会等,临时下乡任务一直很多。作为共产党员服从组织安排,没什么条件可讲,也都积极投入工作,圆满完成了任务。

创业篇

班戈迁站

班戈气象站四周百里没有人烟，敌情又十分严重，我调班戈第一任务就是迁站，当时气象局徐师傅开大车拉上四吨铁皮和气象器材，送我前往，下午六七点，距气象站约 60 千米处，汽车陷入了冰窟，前不着村，后不着店，我们二人费了九牛二虎之力，一直忙碌了 8 个多小时，怎么也出不来，只好把一车物资全部卸了下来，凌晨 3 点多钟，车子终于出来了，我俩又装车赶路，当时的饥饿、劳累可想而知了。到站时已是 3 点钟了，我看到屋顶上架着机枪，门口还有人持枪站岗，那时我已没了睡意，便主动出去换岗，结果一出门，被站上养的大藏獒迎面扑来，一口咬住了胸前毛衣，幸亏衣服穿得厚，才没有咬到肉，我一枪托把它打开，同志们出来才把它拴住。天亮即开始搬家，气象站迁到县委所在地江龙宗，先安装仪器开始工作，人当然都住帐篷，又是自己设计图纸，组织民工打土坯、盖房子，忙了几个月，房子简陋可想而知，房顶仅一层铁皮，两边大石头和铁丝坠着，就这样 12 年房顶被大风掀掉了 3 次，制氢室被掀掉 5 次。文革期间，我们赖依生存的燃料——牛粪，失去了供应，同志们只好拿上麻袋上山自己去拣牛粪，须知，我们的站海拔 4800 米，一上山就是 5000 多米了，在那样的条件下，却没有一个人叫苦，也没有丝毫苦、寒、愁、瘁的感情流露和呻吟，这种艰苦奋斗、自力更生，这种革命乐观主义和浪漫主义精神是气象系统的光荣传统，是不可或缺的宝贵财富。

对子女和父母的愧疚

气象站多数都在边远艰苦的地方，西藏尤其如此，子女不能带在身边，长期放在内地，没了天伦之乐，没了亲情，见面形同陌路，叫叔叔、叫阿姨，而不认爸妈，这在大人、孩子间都留下了心灵创伤。我唯一的儿子，仅小学阶段就转学五次，走了三个省，开始在拉萨入学，后转到山东姥姥家，又转河北保定姑姑家，再回拉萨，最后到石家庄叔叔家，影响学习不说，环境都很难适应。

几十年在藏，父母堂前不能尽孝，母亲病危时，发电报给我，当时飞机票十分紧张,几天搞不到票,我的嗓子哑了,口鼻出了燎泡,十几天后,区政府办公厅才帮忙搞了两张票,等我赶到保定时,母亲已在老家去世,父亲说:你娘等你十多天,不肯咽下这口气,就想见你一面,终于没等到你回来啊!父亲去世那年,我刚休假回到拉萨,组织上说,你刚回来,工作又忙,寄些钱就别回去了。岳父在山东去世,也没能赶回去,真是忠孝不能两全啊!同样的艰苦,同样的牺牲,老西藏们哪个不是如此呢?

分裂与反分裂

过去讲阶级斗争,敌我矛盾,在西藏最大的问题是反分裂斗争。帝国主义、达赖集团贼心不死,总想搞西藏独立。气象站除提供气象服务,人人又都是战士。1958年我们一到拉萨,就发了冲锋枪、修碉堡、准备战斗。日喀则气象站值班室就是个碉堡,并配有短枪,站长还有卡宾枪,架着机枪值班,这种情况在内地恐怕很少见。我常同人说,一天兵没当过,30多年却没离开过枪。文革期间,武装部收缴地方枪支,部长找到我,我说可以,但气象站有工作电台两部,备用电台两部,出了问题谁来负责?部长说,那你的枪就不收了。气象站始终站在反分裂斗争的前沿,并非一个单纯的业务部门。现在虽然条件好了,但居安思危,仍然不可掉以轻心。

拉萨岁月

1976年底,我奉调到拉萨市,开始的任务是组建拉萨市气象台,台址都已选好,报告写过多次,由于当时机构改革,今天上,明天下,拖了几年,自治区最终决定,只在市农牧局设气象科,负责市属6个气象站的工作,而气象科也仅存在了两年,这两年,我们搞了台站检查,在气象局的支持下,搞了一次大规模成功的人工降雨作业。在台站检查中,我们发现,一个气候站的百叶箱倒装着,其他仪器安装及气象记录等都不合格,另一气候站的中专生,连钟表都不会看。而站上的年轻人都是文革时期的中专生。当时我就在想,气象记录的中断,气象人员水平的低下,都是文革危害的恶果,文革给气象事业同样造成了不可弥补的损失。

创业篇

两个离不开

在西藏不管从事什么工作，总不能离开藏族，气象站也如此，站上的摇机员，后勤工作及日常生活，一时也离不开他们。尽管我离开西藏快20年了，他们的音容、笑貌依然深深铭刻在我的心中。日喀则的米玛旺堆，除了摇机工作，站上有什么活他都抢着干，对汉族同志总是笑脸相迎，有忙必帮。炊事员阿卡，不仅大饼烤得好，不管谁值夜班，睡到什么时间，起床总有热饭吃。旦巴萝卜同我们年龄相近，在气象站入团、入党，还成了西藏气象系统的先进工作者，我们更是亲密无间。班戈站的古巴、石德、努尔玛，除了摇机，还帮助制氢，也是无所不干，古巴在气象站入党，很快就成了某区委的副书记。拉萨气象科的次仁同志也是如此。两个离不开是相互的，相互尊重，相互学习，相互帮助，尤其汉族更应当主动尊重他们的民族感情、风俗习惯、宗教信仰等。文革前没有大量培养气象人才的社会基础，现在条件好多了，应当重视大量培养气象人才，两个离不开，藏族也应成为西藏气象事业的骨干。当然，随着科技的发展，高寒、荒远地区多建些无人气象站，会减少不必要的牺牲。

西藏气象队伍的另一特点是五湖四海，就我接触的很小范围，除藏族、四川同志外，几乎是一人一省，但同志们都能团结一致，工作上互相支持，学习是互相帮助，生活上互相体贴，他们都为老西藏精神的形成、实践作出了自己的贡献。

我在西藏气象系统的基层工作了25年，在藏30多年，至今无怨无悔，反而总有"归来不负西游眼，曾识人间未见花"的幸福感和自豪感。随着气象科的撤销，我依依不舍地离开了气象系统。但我学的是气象，干的是气象，也深爱着气象，灵魂深处永远都留有气象烙印。令我欣慰的是，西藏气象部门的各届领导和同志们依然把我当作气象队伍中的一员，即使回到河北，在朱品局长的影响下，也是如此，常令我欣慰感动不已。

羊湖畔的 15 年

邓绪录

我是 1965 年由原成都气象学校毕业分配到西藏浪卡子县气象站工作的，这里海拔高度达 4500 米，紧靠岗底斯山山脉，距美丽的羊卓雍湖湖面只有 1500 米左右，浪卡子县是山南地区气候最坏的一个县，每年大风日数达半年以上，是西藏有名的大风线，它的年极端最低气温达零下 25℃。

浪卡子县气象站是一个一般的站，1962 年年底在为附近的一个国营农场建站，站上很长时间只有三个人，都是从内地学校分配来的，每天三次观测，我刚来这里的时候由于气候不适应经常是头痛、头昏，晚上睡不着觉。

建站初期我们主要是为农场服务的，不久农场就搬走了，后来的这些年我们就以积累资料为主。站上虽说是三个人，但都有同志回内地探亲，所以大部分时间是两个人在站上工作，遇到县上抽人下乡，站上甚至就只有一个人，这种现象经常都会有，有些年份长达好几个月一人在站上工作。办公室是一个简易的铁皮房，观测场离住处有一里路左右。冬天一个人工作十分艰苦，特别是早上那次观测，打着电筒，迎着扑面的大风。

多年来，由于站上职工的艰辛努力，我们的资料没有缺测一次和丢失现象，积累了大量宝贵数据。站上职工李祖花在一次 14 时观测中，刚刚换完温湿度自记纸，一阵大风吹来，吹跑了一张自记纸，李祖花二话没说就追了上去，由于风大刚要追到的自记纸又被吹跑了，一直追了好几百米，才将自记纸捡了回来，因高寒缺氧加之风又大，李祖花回到站时，已是上气不接下气，心都快要蹦出来了，事后李祖花还得了一场大病，好长时间才基本恢复回来，他的这种尽职、敬业不怕牺牲的精神，值得我们大家

创业篇

学习。

　　站上除了每天三次观测外，我们还进行了羊卓雍湖湖面水位变化的观测，经过多年的观测发现羊卓雍的水位没有变化，为后来开发羊卓雍湖提供了可靠的依据。每天收抄西藏广播电台的天气预报数据，然后制作了简易天气预报牌子挂在县府食堂内供大家参考使用。青稞生长发育的关键季节（9—10月），经常受到冰雹天气的危害，严重影响产量，有的地方甚至颗粒无收，对此我们站上进行了大量调查研究。专访农牧民群众，在此基础上，我写了《浪卡子县冰雹天气形成的原因及其防御措施》的论文。县委县政府十分重视，派人下乡进行了大量的宣传，取得很好的防御效果。

　　1980年底，我内调回到了四川省威远县气象局工作。

魂落泽当换和平

■ 冯大刚

我于 1955 年提前毕业于中央气象局成都气象干部学校第六期，被分配到湖南邵阳从事气象工作。

1956 年 4 月，受中国人民解放军总参谋部派遣，于 5 月 11 日夜，和海军、陆军中抽调来的气象技术人员一起，随十八军李觉副军长从成都出发，前往西藏，后被编入西藏军区气象科。

1956 年 8 月，我们开始在西藏山南泽当建站。由于不适应西藏的高原气候条件，每天都感到胸闷、心慌、头痛，甚至恶心呕吐。那时我们都住账篷，用几块石头支起一小块木块就是我们唯一的家俱。那就是我们发报、写字、切菜、吃饭换着用的好地方。那时的工作非常繁重，气象站的所有房屋都是用我们自己的双手，挖土块，一块一块地垒起来的。在一边艰苦工作，一边克服高原反应的同时，还要防着敌人打冷枪和偷袭。那时的困难和艰辛，是常人难以想象的。

根据上级要求，我们于 1956 年 9 月 1 日正式通报。这时敌人（土匪）扬言要消灭气象站，并时常放枪进行骚扰。

1957 年 10 月的一天上午八点，我正好采集完气象数据，就听观察哨的哨兵大喊："老冯，有敌人向你瞄准，快回来！"我赶紧关闭好百叶箱，刚一转身，只听一声清脆的枪响，身边"嗖"地一声，一颗子弹从身边飞过，啊，好险啊，吓得我直冒冷汗。

天黑后，敌人向气象站发起了进攻，到处火光闪闪，枪声四起，我们十多个气象技术人员和一个班的保卫战士立刻投入战斗，我们在前沿掩体里向敌人进行还击。我们的火力很猛，敌人摸不清我们的情况，几次进攻

谢肇光（左）和冯大刚在侦查地形

阻击敌人

都被我们打退了。我们一边用机枪、冲锋枪向敌人扫射，一边用"中505型"发报机向上级报告情况。

正当我们准备休息下的时候，敌人发动了更大规模的进攻。漆黑的夜

雪域风云路

西藏气象事业发展回忆文集

里，只见到处是黑影蠕动，火光乱闪、枪声大作，我和陈金水、瞿桂俊、陈启厚等人各就各位，在自己的射击孔用机枪、冲锋枪向敌人猛烈地扫射。但是敌人还是不停地向我方前沿阵地靠近，就在敌人将要突破我前沿阵地时，对面山后的解放军用炮火支援了我们。数百发八二迫击炮的炮弹在敌群中炸响，真是惊天动地、泣鬼神，敌人还来不及反应，就被炸得鬼哭狼嚎、尸横遍野。就连他们伙伴的尸体都不敢来捡了。等第二天天亮前，才来把80多具尸体和一些没死的重伤员，抬到侧面半山上的喇嘛庙里避难。

前排从左至右：赵素霞、苏距田、方法刚。后排从左至右：谢肇光、廖述德、陈启厚、范宗云、陈金水、瞿桂俊、冯大刚

这次战斗中，保卫班的两名战士牺牲了，我的好战友、贵州老乡陈启厚也牺牲了。他头部中弹，带着满脸的鲜血、瞪着一双不闭的眼睛走了，他永远地离开了我们，离开了他曾经为之奋斗过的气象事业，只有他身边留下的那支汤姆森冲锋枪和地上的一堆弹壳，默默地向我们诉说着他当时

的英雄事迹。看着陈启厚烈士的遗体，我感到非常的愧疚，因为他是来接替我的工作的（因为我当时要到北京去学习）。

从那以后，我时常在梦里梦见我的战友，陈启厚的笑脸，时常回想起陈启厚给我讲的贵州家乡的故事。虽然 50 多年过去了，可我却从来没有忘记过……

填图工作发展之初

■ 廖常碧

　　1954年西藏气象局的前身西藏气象处刚成立不久，急需大量从事气象工作的专业人才，当时成都中心气象台正为全国各省、自治区、市急训预报填图员，我作为学员之一，培训结束后，分配到成都中心气象台工作。1955年12月组织决定调我到西藏自治区气象处工作。

　　1960年春节到达拉萨，那时的西藏气象环境恶劣，地处臭水塘边，住房是账篷，用牛粪做饭，吃的是糌粑，喝的是酥油茶。当时的预报工作规模很小，工具也缺，一间10多平方米的房子，室内只有一张桌子。当时气象处的全体工作人员，不仅要坚守工作岗位，还要与叛乱分子做坚决的斗争。1959年3月在平息叛乱斗争中，气象处徐中成受重伤，山南地区某气象站一位气象员献出了年轻的生命。虽然处境恶劣环境复杂，西藏气象处工作没有停止，当时的预报工具缺少，没有填图的第一手资料，看图分析，也就无法预报，更不能有准确的预报，但由于当时填图条件太差，一天的工作只填制区域小图4张，高空欧洲要素图2张，远远满足不了天气预报和服务的需要。

　　到20世纪60年代中期至80年代初期，西藏气象局在中国家气象局的关怀下，特别是时任中央气象局副局长邹竞蒙到西藏气象局视察工作指出，掌握科学技术才能更好地为气象服务。西藏局党组抓紧落实上级指示精神，气象业务有了较大的发展。随着业务的增加，预报和填图由此分开办公，成立了填图组，我任组长，人员也由原来的1人陆续增至8人，填图的工作

創業篇

时间由原来的 8 小时增加至 24 小时，填图工作量由 4 张区域图又增加 2 张区域小图及主要大图。原有的两张欧洲要素图增加至 8 张，在基本图的基础增加了辅助图 4 张，基本包括了气象站所需的预报基础资料，预报员分析有了更可靠的依据，使预报工作的面更广，填图工作也由拉萨气象台向山南、昌都、那曲等地区气象台延伸，服务效果达到组织领导的要求。

1950年高原空投支前中的几支气象小队

段绪铮

1949年底，重庆、成都相继解放，为实现全国的最后解放，人民解放军直逼西藏。可大批粮食等军用物资只能靠牦牛运输，造成部队缺粮断物。为保证部队顺利进藏，中央决定开辟西藏航线，我就是在这时参加西藏航线气象站工作的。

为开辟西藏航线，川西平原上的新津机场被划为支前基地，复航的各项准备工作从1950年1月开始。我和张大振、韩向平、李威等负责新津机场气象台的恢复任务。1月11日，我们来到新津。整个机场杂草丛生、营房破败，夜晚时有土匪骚扰。机场原有的塔台、电台、气象台仪器设备已被破坏、盗窃，地面上的建筑也是百孔千疮。

为尽快复航，我们克服种种困难，平整观测场地，测量能见度目标物与观测场之间的距离，协同机械人员清除跑道两侧和停机坪四周近一人深的杂草，夜间配合警卫部队站岗放哨。在场部的统一安排和大家的共同努力下，修复了塔台、电台、气象台的用房，建好了气象台的观测场，地面观测用的风向风速仪，百叶箱、气压表、温度表、雨量筒等各种仪器也安装就绪。于是我们开始气象观测，将每日每时的飞行天气情报及时发往北京和西南首府重庆。经过两个多月的紧张工作，3月的一天，一架标志着八一红星军徽的运输机从天而降，宣告了新津机场复航工作的圆满完成。

只有支前基地的气象报告还不行，还必须有前线空投点及沿线的天气报告，飞机才能飞上西藏高原安全执行空投任务。为此，在成都由杨克强、徐春虹、李淼、王邦佑、艾振寰等组成了康定航空站气象小队，在重庆由童永初、左克纯等组成了甘孜航空站气象小队。

2月8日，康定航空站气象小队随大部队边剿匪边前进，经过黑竹关、百丈、名山、金鸡岭，2月13日到达雅安。由于周公山一带战斗激烈，全站人员暂停在雅安学藏语，学习民族政策。3月19日凌晨，气象小队跟随部队过紫竹关、烂池子。为解放泸定，保住泸定桥，22日晚连夜翻越二郎山。二郎山山高坡陡，北坡是盈尺厚的积雪，无路可走，战士们扒雪开路。为不被敌人发现，上级命令隐蔽前进，不准讲话，不准骑马，不准打电筒，所以几乎是手脚并用爬着上山。凌晨六点到达山顶干海子。南坡一片瀚沙，长满了大树般的仙人掌，下坡更比上坡难，为准时到达泸定，同志们是连滚带滑的急速下山。下午三点半到泸定，可能是敌人知道我们要来，早已逃往九龙方向去了。部队经过冷竹关、扎里、烹坝等地，于3月24日到达康定。4月1日气象队就向新津机场发送飞行天气报告。

新津基地接到康定飞行天气报告后，开始试飞雅安、康定。康定机场在两座山头之间的峡谷中，最初两次空投，粮包落在坡上，顺坡滚下，粮袋破裂粮食撒遍山坡，后来改为双层包装，损失才大为减少。

5月8日，康定航空站全站迁到贡嘎山麓的营官寨。营官寨海拔3520米，是一个汉藏杂居只有十几户人家的小寨，有一个简易飞机场，经过整修，5月20日开始从营官寨向新津发送飞行天气报告。27日试飞空投，但接不到地面信号，找不到空投点，飞机只好返航。后来空投点有了报话机，空投才取得成功。第一天两架，第二天三架，这样为18军开赴巴塘的一个团备足给养。此后，满载支前物资的飞机一收到适宜飞行的天气报告就一架接一架带着后方的关怀和慰问，航行在世界屋脊上，把一袋袋、一箱箱带着小降落伞的军备物资准确地空投在预定地点，为昌都的早日解放和整个西藏的和平解放作出了贡献。营官寨的空投一直延续到8月10日，那天，四架飞机向地面连续空投银元和冬衣。

随着部队向昌都挺进，空投航线继续延伸。在重庆组建的甘孜航空站于2月4日出发，16日到成都，4月23日到康定，翻越海拔5000多米的折多山，经过乾宁、道孚、炉霍，晓行夜宿连续行军，十分劳累，但早日解放西藏的信心始终鼓舞着大家。5月底到甘孜，不久新津机场就收到了从甘孜发来的飞行天气报告，于是飞机开始向甘孜空投物资，保障了进藏部队的给养。

随着部队西进的需要，空投航线要延伸到离昌都不远的江达。9月初，童永初奉命从甘孜前往江达，他跟随部队带着必要的气象仪器跨过雅砻江，经玉隆翻过海拔 6000 多米高的雀儿山，过德格，乘牛皮筏渡过金沙江，及时赶到江达。不久新津机场就收到从江达发来的飞行天气报告。有了康定、甘孜、江达的飞行天气报告，飞机一架接一架地飞向江达，为进藏部队投下一箱箱饼干，罐头和银元，一包包皮袄和皮裤，有力地配合了 1950 年 10 月的昌都战役，为西藏的和平解放创造了条件。

60 年过去了，青藏高原上的气象站早已星罗棋布，组成了严密的气象网。当年为保障高原飞行安全的青年气象工作者现已年逾古稀，可回忆起新津支前基地和世界屋脊上航空气象站建立的峥嵘岁月，永远使我难以忘怀。

创业篇

在申扎的艰苦岁月

■ 邹绍安

我是 1970 年 2 月被分配到申扎气象站的，在那里度过了我一生中最美好的年华，饱尝了在西藏最艰苦气象台站的酸甜苦辣。如果说西藏最高的气象站是安多，那么，西藏最艰苦的气象站就要数申扎了。

申扎县是那曲地区西北部的一个县，距那曲地区 540 千米、拉萨 800 多千米，面积相当于两个浙江省，人口仅 4 万多。县所在地是几栋零乱的土坯平房，常住人口 180 多人，主要是机关工作人员。县气象站就建立在县所在地的西南端，终年积雪的加岗山下。

申扎气象站建立于 1964 年 4 月，海拔 4700 米，是由陈松、高国梁、文若谷、杨玉庆等人组建的，属国家基本站。我去时，气象站有 9 个人，挤在几间破旧的土平房里。窄小的值班室里，一张办公桌，一部电台，一个烧牛粪的铁皮炉子和两个用来装牛粪和水的矽铁粉桶，屋子的一切都显得陈旧和简陋，就在这样的值班室里，观测人员每天要在这里进行 7 次地面观测、若干次航空报观测、两次小球测风，是全区 28 个国家基本气象站之一。

申扎的气候十分恶劣，属长冬无夏、春秋相连的气候特征，年平均气温在 0℃ 以下，最低气温在零下 30℃ 以下，年大风日数达 200 多天，最大风速大于 40 米/秒，一年四季都有扬沙和沙尘暴天气，空气含氧量仅为海平面上的 56%，就连夏季也是风雪飘飘，常常伴有冰雹出现，恶劣的气象条件被外界人士称为生命禁区。然而就是在这种生活工作条件极端艰苦的环境里，广大气象工作者怀着对党对人民事业的无限忠诚，克服诸多困难，夜以继日地战斗在工作岗位上。

申扎县最大的困难是交通不便，全县没有一条正规公路，一辆破旧的解放牌汽车也因司机在文革中有问题而被封存起来。因此，进出申扎很不方便。领导出差开会只有坐邮车，有时邮车也不正常，几个月都不来一次，收不到信，看不到报，听不到外界的消息，大有与世隔绝的状况。

由于运输困难，很多生活用品都很难买到，有时粮油供给都很困难。在这个茫茫大草原上，燃料成了生活中的最大困难，唯一能烧的只有牛粪，而且很少，值班时都是按计划分配，每个值班员每晚只能分到不足5千克的牛粪用来取暖，一到下半夜就只好挨冻，手冻了就放在身子里暖一下，脚冻了就在原地跺脚。最难受的是冬天早晨7点钟放球，那时正好是一天温度最低的时间，在零下30℃放球，一站就是一两个小时，如果带上口罩，从口鼻出来的热气直往上冒，一会眉毛、头发就结满了冰，若不带口罩，口里的水蒸汽在经纬仪镜头上很快结冰，球就被跟丢，有时稍不注意手上皮肤就和经纬仪冻在一起，我曾两次手上皮肤冻住在经纬仪上被撕伤。一次，一名藏族女同志冻得失去知觉倒在了经纬仪旁，被送进了医院。

牛粪是站上的命根子，用牛粪煮饭，用牛粪取暖，烧牛粪烤馒头别有香味，但牛粪要靠自己到十几里远的地方去捡，我们经常扛着麻袋顶风冒雪去捡牛粪，这样日复一日，年复一年，天天和牛粪打交道，这对内地人来说是不可思议的，但在申扎，牛粪是我们生命中的一部分，随时都离不开，据说直到现在，站里的人们还有烧牛粪的习惯。

站上长期存在吃水难问题，平时要到很远的地方去担水，为了解决吃水问题，老站长陈松带领我们就地挖井。女同志分来后，又带领大家修男女厕所，修牛粪棚。他常说为工作、为了生存，人在任何时候都不能被困难所吓倒，只要大家有一种坚强的意志和战胜困难的决心，什么困难都能克服。申扎是艰苦，但一想到申扎气象站是国家重点站，是和世界上许多国家进行气象资料交换的定点站，其资料非常珍贵，能在这样的站工作也是一种自豪，我们一定要有坚定的信念把工作做好。陈站长是这样说的，也是这样做的，从建站到内调，一干就是20多年，无怨无悔，内调时他没有名誉地位，他把自己一生的青春年华献给了西藏的气象事业，自己却留下一身病走了。

老同志陆续调离申扎，新同志不断补充，给站上增添了新鲜血液。这些从祖国各地来的年轻人看到站上条件艰苦，大都不安心工作，有的一到站上就生病，有的干脆提出要内调，并在墙上、木杆上、甚至在经纬仪上

创业篇

都写上"内调好"。有一次，新来的一名女同志在观测时被沙尘暴吹得满脸是土，眼睛进了灰尘，疼得直哭，生气地说："老子不干了"。面对这些情绪，作为老同志非常理解他们的心情，为了让他们安心工作，我一个个给他们谈心，讲气象工作的重要性，讲气象工作者的奉献精神，讲年轻人志在四方、四海为家、如何为社会作贡献。通过谈心活动，很多同志树立了信心，人心逐步稳定下来，工作认真负责，每次观测资料反复校对，出了错情主动找原因、作检讨，有的同志出了错情睡不着觉，懊悔不已。由于在工作上对他们高标准严要求，使大家业务技术水平提高很快，创造了半年无错情的好成绩，受到了上级部门的表扬，很多同志经过努力成了站上的业务骨干和品德兼优的好青年。

在申扎的那些岁月里，虽然日子过得很艰难，但我感到非常光荣和自豪，因为我在被称为生命禁区的地方从事着一项光荣而伟大的事业。

一张泛黄的奖状

■ 卿录介

搬新家了，老伴在清理东西，找出一张"建站积极分子"的奖状递给我：老卿，看看，你当年的奖状还在呢。我接过一看，那是一张已经泛黄的奖状了，那可是我参加工作的第一份奖励啊！看到它，让我的记忆回到了 50 多年前那段难忘又激情的岁月……

1956 年，刚参加工作不到两年的我，还是湖南省安化县气象站的一名小小观测员。5 月的一天，站长找我谈话，说省局让我去西藏"支边"，我当时听到这个消息很高兴，非常爽快地答应了。第二天收拾好简单的行李就离开安化前往省局报到。在欢送会上，省局局长孙木林同志说，西藏高原环境艰苦，你们要有思想准备，要好好工作，为湖南争光。我当时满怀激情，热血沸腾，去西藏，去边疆支援建设，多么的荣耀啊！

我们到达拉萨后，全国各省市气象部门的"支边"人员都已到达，估计有二三百人，不久，西藏自治区气象处领导宣布了到各地工作的人员名单，我被分到边坝宗工作。同被分去边坝的一共 25 人，其中观测员 6 名，报务员 5 名，解放军 12 名，站主任 1 名，炊事员 1 名。当晚站主任召集去边坝宗工作的同志开会，要求我们：一是要尊重藏民的风俗习惯，乌鸦、麻雀、鱼等动物是他们的菩萨，千万不准打不准捉；二要尊重老百姓，做到"打不还手，骂不还口"；三是共产党员、共青团员要起先锋模范作用和积极带头作用。第二天我们就出发了。

边坝位于西藏东北部，念青唐古拉山南簏，境内山峦重叠，沟壑纵横，平均海拔高度为 3500 米，最高海拔达 5500 米以上，常年冰雪覆盖。距离拉萨有近 1000 千米路程，山高，绝壁千仞，遮天蔽日；谷深，一望无底，幽暗惊心；水急，湍湍如电，隆鸣震耳。从拉萨到边坝没有铁路，没有公路，只能骑马或步行，沿途没有饭店和客栈，我们每天从早上出发，走到哪里天黑了，就在哪里露宿。走饿了，大伙架起锅一起做饭，没有水，我们就熔雪水食用，晚上，各自找块地方，先把上面的雪扒开，然后支起临时账篷，铺上油布，放床棉被就是床，步行了一天很累，常常是倒头便睡。第二天天一亮打起行囊又走，尽管如此，我们心里还是欢喜的，因为想法很单纯，我们是去完成一件光荣而艰巨的任务，去帮助边坝建气象站。所以虽苦尤甜。在高原上行走，很多人出现了不适应，可大家不怕困难，互相照顾、相互鼓励，力气大的帮助力气小的，身体好的搀扶身体弱的，大家很是亲热。每个人除了背自己的衣服，日用品外，还要加背一条长枪，120发子弹，4颗手榴弹，加起来有二三十斤重。气象仪器，不能用牦牛或马驮运，只能靠人背，大伙抢着背仪器，观测组长说"我背气压表"，我生怕自己落后，接着说"我背温度表"。站主任看我个子瘦小问：你行吗？我说：行，我能背。就这样，我们凭着顽强的毅力，连续走了近 1 个月，终于来到了那个贫穷而美丽的地方——边坝。

因为时间紧任务重，到达边坝后，我们稍作修整，就开始了建站工作，首先是平整观测场、安装仪器，我们除了吃饭睡觉，所有的时间都用在工作中，经过近两个月的艰苦建设，边坝气象站终于建好了。待把业务准备工作做好后，紧接着开展业务演习，不管是老同志还是新同志，来到了西藏高原都是新手，因为是高原气候，气象观测、编报以及一些操作技术规定与内地也有不同，为了不出差错，不影响服务，每个观测员都要经过严格的跟班观测，经检查完全合格后，才准正式值班，保证万无一失。

1956 年 9 月 30 日，零时起，气象观测、无线电发报都进入紧张的待命状态，观测组长、报务组长亲自上阵，1 时 01 分，第一份气象电报在紧张而期待中发出去了，成功了！这是边坝气象站为开辟北京到拉萨航线而提供第一份准确及时的气象保障。当时同志们欣喜若狂，激动地高呼：毛主席万岁！

直到 1958 年 6 月底止，我们在边坝的气象观测圆满完成任务，受到上级表扬。我也被评为建站积极分子和单位先进工作者。这是我参加工作后第一次得到的荣誉，我真是备受鼓舞，它也为我以后的气象工作奠定了一个坚实的基础。

支边的日子已整整过去了 54 个年头，我也由一个 20 出头的小伙变成了风烛残年的老人，可是岁月并没有冲淡我的留念，它的点点滴滴深深地刻在我的脑海里，成为我一生中最难忘的岁月，这也是我这辈子最大的回味！

创业篇

难忘的吉隆民主改革

■ 任贵良

1960 年 8 月至 1961 年底，我被临时抽调离开日喀则气象站，到吉隆县参加民主改革（简称民改）工作。时至今日，尽管过去了 50 年，由于当时条件所限，连张照片都没留下，但那里的一山一水，一草一木，给我的印象，至今都历历在目，永难忘怀。

奔赴吉隆——真险

1960 年 8 月 1 日，我随吉隆县委王书记，乘车离开日喀则，当时那股高兴、激动、新鲜、向往劲就甭提了。离开我熟悉的气象工作，到基层去，当然也有一种迷茫感，总之一切都要从头开始。车快到拉孜县时，在小河中抛锚了，河水不过半米来深，折腾了两个多小时，就是出不去，我打开车门，想洗洗手，一低头，上衣兜里新买的英雄钢笔，便顺水西去了。幸好对面来车，才将我们拖出河水。车过昂仁、桑桑一带湖边，遇到军区捕鱼队在捕鱼，高寒地区多细鳞鱼，人称无鳞鱼，而我发现这里的鱼不但有鳞，而且雪白。爬上一座 5000 多米的高山后，急转直下，两个多小时就到了雅鲁藏布江边，我看到江水的野蘑菇大得出奇，停车时去量了一下，直径足有一尺，当晚住在萨嘎县委招待所，晚饭有一个菜就是当地的蘑菇，我们正准备吃，一位同志说，这一带有毒菇，先试试再吃，结果用银勺一试，变了颜色，果然有毒，只好倒掉。

再往吉隆就不通车了，次日，兵站给我们配了马匹，书记年岁大，身体胖，给他一匹大走骡。给我一匹枣红马，个头不大，但很精干，连长告诉我，这匹马小跑很好，就是有点调皮，你要小心点。从加加渡口过雅鲁藏布江，部队有渡船，船到江心时，我的马突然打起立桩，一下把我摔出船外，脚已落入江中，幸好我紧握缰绳不放，当马再次起立时，又把我拉回船上，好危险！真的掉入江中，那是必死无疑啊！过江后，即进入吉隆县界，王书记说，江边有鸽子、野兔，大家试试枪，以防万一，于是我们每人都打了两枪。上路后，我的马果然调皮，狂奔不止，我干脆放开缰绳让它爬山，几个小时后，那马一身大汗，它老实多了。但当天晚上，我可浑身像散了架，酸疼难忍，翻来覆去，无法入睡。书记说："小伙子，这才第一天，往后还有六七天呢！咬咬牙，坚持吧。"当然也只有如此了。过了几天，也就适应了，登上马拉山口，离吉隆县委所在地宗嘎就不远了。

吉隆1960年年建县，县委县政府所在地宗嘎，海拔4100多米，由于地处边远高寒地区，交通不便，条件极其简陋，县委县政府机关都住的民房，门口连块牌子都没有，我们在县上休息几天，书记让我写了两块大牌子挂上，算是县里的第一块招牌了。宗嘎到吉隆尚可骑马，一路向南，进入吉隆河谷，首先看到的是黄褐色的山体，层层皱褶，有的像千层饼，一副饱经沧桑的面孔。但随着海拔高度的下降，灌木丛出现了，再往前行，树丛变得茂盛高大起来。亚热带原始森林终于出现了。行程70千米，落差1400米，吉隆、宗嘎判若两个世界了。

吉隆民改——真难

吉隆区就设在吉隆镇上，全县7000多人口，吉隆区就占了一半，分散在二十几个村庄，区政府也刚刚建立。当地有驻军100多人，县委书记或副书记在此轮流坐镇，还有海关、外事办、商贸及县委工作组等，总计不过三四十人。我到吉隆后，任机关团支部副书记，流动工作组组长，县委给我的任务是6个月搞完吉隆区的民主改革。

流动工作组共五人，一名翻译，一名医生，两名军转干部。当时下乡的主要任务，是带上衣物、药品、粮食等，走村窜户、访贫问苦、扶贫济困，送医送药，了解情况，宣传党的民族和民改政策。我们第一次进村的情形，至今记忆犹新，因为村庄多分布在山坡或台地上，不管你从那个方向来，群众老远都能看到，一见我们来了，全村男女老少，就都钻树林、草丛、庄稼地逃之夭夭了。当时很不理解，我们不是日本鬼子，而是人民子弟，来为人民服务，为人民谋福祉的。这时才意识到，这里的群众工作基础极其薄弱，对我们毫无了解，感到工作难度大了。也难怪，县、区都是刚建立，工作才开展，又是边远地区，听说连藏政府都管不到这里。在这种情况下，我们每天都往下跑，总有老弱病残跑不动，我们先做她们的工作，接触多了，稍有好转，但总有一些人怕我们，有抵触情绪。

记得一次，到沙勒住了几天，断粮了，我们用茶叶换了点荞麦面，烙饼后一吃，比黄连还苦。原来那是一种苦荞，喂牲口的，人根本不能吃，有人说，没给你们放毒就是好的了。工作组走村窜户都一个多月了，县委宣传部部长也带工作组到江村了解情况，一进村遇上一位50多岁的妇女在挤牛奶，部长问她，你家有多少牛羊？回答不知道。有多少土地？回答不知道。有几口人？不知道。你挤奶的牛是自家的吗？不知道。你叫什么名字？仍然是不知道。部长生气了，用藏话骂了一句就向后转了，在路上，他又用小口径步枪打了一只猴子，这当然都是不允许的，县委认为他不适合在边境工作，就调他回日喀则去了。

工作中遇到的最大难题，是有一点风吹草动，群众就整村整村的外逃，跑到树林里，晚上回来还好，有的干脆跑到尼泊尔去了，当时尼方哨卡规定，边民入境所带牛、羊、马匹、粮食等都可通过，但返回时则不准带出，这样群众几次外逃，就把家底搞得精光，连吃饭都成了问题，还得我们带上粮食去救济。后来县委让我们去途中劝阻，晓以利害，宣传党的政策等，次数多了，部分基本群众不再外逃，但少数上层，或受叛匪造谣煽动，外逃现象仍时有发生，一次我在冲色一带实施劝阻时，一不小心，滑下山坡，掉入草丛，当时衣服穿得很单薄，不知被什么蜇的浑身疼痛，回到机关还痛了三四天，后来才知道，那是荨麻———一种有毒的草。

一个多月，我们走遍了吉隆区的所有村庄，有的村去过十多次，群众工作有了些进展，记得冲色有一位老阿妈，一天我同她拉家常，问她开始为什么见我们来了就跑，她笑笑说，1959年叛匪经过这里时曾说，红汉人，都是青脸红发，巨齿獠牙，杀人放火，无恶不作，所以都怕你们才跑的，我说，你看我们是那样吗？老阿妈又笑笑说，我看你们个个年轻英俊，和谒可亲，待人真好，根本不是坏人。后来我们每次到冲色，她都烧好茶等我们，像对待亲人一样。当然，喝茶我们都是给酥油或茶叶，绝不白吃白

雪域风云路
西藏气象事业发展回忆文集

喝。群众稳定些后，我们不断召开一些小会，开始宣传民改政策，培养基层骨干，我每次都是根据文件精神，结合各村实际，先写好讲话稿，经县委领导审查后，再去讲。可惜，时间不久，又出了新问题，9月中旬至10月初，工作组两任翻译都外逃了，这给流动工作带来严重影响。

9月10日晚，我们住在江村水磨处一群众看庄稼的吊脚楼上，这里距国境线不足一小时的路，因此特别警惕，5个人排班站岗，从晚8时至次日6时，每人两个小时，当时小组仅我有一块瓦斯针手表，谁值班谁带，交班一起交，我值第一班，翻译白玛旺堆是零至两点。约4点左右，东方有些发白，我已醒了，问了一声，谁在值班？白玛旺堆跑过来说是我，我说几点了？他说快5点了，我说，你怎么还没交班？他说，我看他们睡得很香，就替他们值了。我说，你风格还蛮高啊！次日回到吉隆区。12日早饭后，书记说，你们今天到邦兴去看看吧。因白玛旺堆还没起床吃饭，我就去叫他了，一看床上被子里鼓鼓的，我伸手一拉，根本没人，而是一件皮大衣，再抬头一看，他的枪口朝里，放在窗台上，人早跑了。那天晚上，我同海关王科长住在一起，其他4人同住一个大房间，幸好晚上没人发现他外逃，否则，非出人命不可。白玛旺堆，日喀则人，从小流浪讨饭，是党把他送到内地培养并参加工作的，什么原因外逃，好长时间都是迷。工作组换了翻译郎色顿珠，大个子，典型的康巴汉子，表现不错。9月底，我组在江村下乡，书记通知我回吉隆开会，10月2日返回江村，我走到村下小桥时，发现桥面一片狼藉，牛羊粪、粮食、蹄子印、木屑等，我预感村民可能外逃了，急忙上山到江村一看，果然人都跑光了，工作组3个人尚在，我一问，才知道，郎色顿珠煽动全村跟他一起逃跑了。

因为当时中央军委命令，枪在我们手里，抠扳机的权力在中央军委，没有军委命令，任何人不准开枪，当时根本没有通迅工具，实际就是不准开枪，同时还不准当俘虏。这些命令，对敌人是绝密，但翻译是知道的，他们一跑，问题严重了，县委决定，吉隆区所有干部集中学习了40天，暂不下乡。当然不下乡不等于不工作，后来让吉隆区区长龙珍同志任翻译，我们在吉隆镇接触不少群众，交了不少朋友，基本群众对我们有了信任感。也讲了一些我们不知道的情况，如白玛旺堆、郎色顿珠外逃之事。原来，我们住江村水磨那晚上，有3个姑娘来磨面，白玛旺堆趁站岗，一晚上与3个姑娘都发生了关系，郎色顿珠在江村也有同样问题，所以都外逃了。郎色顿珠外逃时，把卡宾枪扔在了吉隆河里，并未带出去，据说，他们两人都未投靠叛匪，而是在尼方做起了小生意。

当然，在吉隆除民改外，还有不少故事可说：我们工作组配合海关堵截过尼商走私活羊。一个深夜，几个尼商从我牧区收购上千只活羊，企图偷税走私出境，海关让我们冒雨前往途中堵截，天黑，伸手不见五指，我们潜伏在林间小路上，一不小心，我被滑下悬崖，那可是无底深渊，只听脚下嗡嗡流水声，幸好我手中拿着一根木棍，既是拐杖，也是武器，被两棵大树架住，后边同志赶紧放下绳子，才把我拉了上来，又捡了一条命。当尼商发现我们时，扔下羊群，逃之夭夭了。

我们还配合外事办，搞了一阵卡杂尔选国籍工作，卡杂尔就是中尼混血儿。中尼边民通婚现象较多，这样一来亲戚关系、血缘关系、相互继承关系等，就变得很复杂，所以探亲访友，往来走动，出入边境都很随便，没有出国办护照一说，我方边民的土地牧场，在尼泊尔一边，而我方也有尼方的土地和牧场，所以就有了过耕、过牧。混血儿，过去是无人过问的，现在有了外事办，就按我国规定：人到十八岁，自己选定自己的国籍，如选我方国籍，就是我国公民了，如选尼方国籍，就成了尼侨。

记得当时气象局有信给我，计划在这里建气象站，让我选址，我发现吉隆镇西侧有一开阔台地，很合适，若建站，我真想留在吉隆，太迷人了。可惜，由于交通等原因，计划给取消了。

吉隆的民改，终于没有完成任务，在去宗嘎参加县委整风反右的会上。因为我如实汇报了吉隆民改情况，结果被当作右倾典型给批了一顿，在那种极左形势下，可以理解，当然后来事实说明，那里的民改做法并没有错，自己至今也是问心无愧。

中尼勘界的物资供应

■ 任贵良

1961年春，整风结束后，我被抽到勘界三队设在宗嘎的物资供应站，负责物资供应和发放民工工资工作，其实，这之前我已带流动工作组在吉隆区参与了中尼勘界工作。1960年11月底，住在江村及热索桥的勘界人员口粮告急，王书记让我带领民工前住送粮，同时带电影队去慰问中尼勘界人员。吉隆是没有公路的，连马道都没有，一切物资都靠人背肩扛，电影队的发电机、放映机都是拆散了用人背去的。记得在热索桥放了电影"女篮五号。"从热索桥返回江村之后，又去做当地根保（头人）旺堆的工作，因为江村上方有一大草场，叫尚清草场，旺堆说那草场历来都是我们的，尼方放牧都向我交税，如今划归尼方，他坚决不同意。勘界队让我去做他的工作，要他以中尼友好大局为重，尊重国家的决定。不久，前方供应告急，让我火速带队运送物资前往勘界队部所在地汝村。于是我们组织了30匹马，100多头牦牛，驮上粮油等急需物品。我和翻译班登及两名向导，部队的曲指导员带十几名警卫战士，拉孜的两名区级藏族干部，带领二十几名民工，大队人马，浩浩荡荡从宗嘎出发了。

一路向西北，翻山越岭，涉水渡河，风餐露宿，由于上驮下驮耗时费事，又多是荒山野岭，因此行动缓慢，直走了20多天，这一路尽管我们带有帐篷、炊具，但由于途中条件极为艰苦，基本上就没支过帐篷，不管山坡山谷，走到哪里天黑了，就席地露宿，由于边境敌情严重，我们虽有战士负责警卫，但我们也都荷枪实弹，晚上躺在山坡上，手枪抱在怀里，相互招呼，轮流休息。伙食也极简单，埋锅做饭很少，多是吃酥油糌粑，或部队供应的干粮，新鲜蔬菜是没有的，有时遇到野葱便挖一些吃，算是改

创业篇

善伙食了。

记得出发两天后，翻越普拉山口时，我发现山口麻尼堆，基本上都是用海螺、蚌壳等化石堆积而成的，感到特别新鲜、惊奇，于是赶紧往背包里捡，向导告诉我别捡了，前面多的很，而且更好。果然前行途中路旁的确很多，还在一面巨岩上看到，全是活灵活现的鱼虾化石，比人工雕刻的精美、鲜活多了，哎呀，真想搞两块带回去，用石头砸了一阵，毫无结果，只好望鱼兴叹了。至今想起还感到万分遗憾。书上说，喜马拉雅山原是一片大海，这不就是很好的物证吗。后来回到日喀则，一包化石都叫同志们分光了，仅给我留下一个海螺，至今还珍藏着。

有一次，我们露宿在一面山坡上，睡到半夜，听到狗叫，以为有敌情，我们都警惕的相互招呼，准备战斗了，但过了一阵又没了动静，狗也不叫了，第二天早晨才发现，山坡上放着的牦牛少了十来头，马少了三匹，晚上都被狼群赶到山沟吃了。没办法，这些牛、马驮的东西只好丢在路上，由于牛马累垮、病倒、狼吃等损失，到终点时，所运物资损失了近五分之一。

有一天下午两点多了，我感到又饿又渴，正好看到前面牧民挤奶，班登说咱们带上茶叶去换点奶喝，我俩就去了，结果我一眼看到奶桶里漂着一层羊粪蛋，我想羊粪蛋还可以看到，若是羊尿呢，于是我掉头就回来了，从此，几年我都不愿喝奶，一看到奶就腻歪。

分水岭、暗河、天生桥，这是我在同一天巧遇的三种景观，我们大队人马由东向西沿小河爬山，越往上走河水越小，快到山顶时，已断流成了湿地，翻过山顶往下走，就又看到湿地，涓涓细流，再向下又成了小河，现实的完整的分水岭，还是第一次看到，当我们沿小河走到谷底，发现对面由西向东也流下一条小河，东西两河汇合处，向南山坡下一拐，就进入了山脚下的山洞，这就是暗河了——地下河，向导告诉我，前面是樟拉山口，翻过去就看到这暗河的出口了。当我们登上山口时，首先看到东南方山顶上有一天生桥架在山头上，样子很像广西漓江边的象鼻山，只是不在河边，而在山顶，当然山顶自有山顶的大气、壮观和优美。两个小时后，果然看到一条小河从山脚下流出，向导说，这就是那条暗河了，听说，牦牛还可以从暗河通过呢。

沿途都是荒山野岭，没有人烟，记得最大的一个村庄，就是樟拉山下的樟村了，我们除运送物资，还有宣传任务，于是便召集了20多名村民，开个小会。我知道这里离国境线很近，但离拉萨太远，更不用说北京了，过去藏政府都鞭长莫及，根本都管不到这里，国家观念都很淡薄，为此，我向群众作了一番爱国主义的宣传，告诉他们，我们同尼泊尔是友好邻邦，这次勘界利国利民，希望你们予以支持。同时告诉他们，我们都是中华人民共和国公民，即中国人，我们的首都在北京，国旗是五星红旗，我们党和国家领导人是毛泽东主席，刘少奇主席，周恩来总理等。散会后，我们又开始爬山，刚走出十几分种，我看到一个老人，从山下赶了上来，我同翻译班登讲，这老人可能有什么事，我们去迎他一下，见面后，我问老人有什么事，老人说，你刚才讲我们是哪国人，我忘了，你再说说。我又认真的给他讲了一遍，这位70多岁的老人才满意地下山去了。我同班登同志讲，你看我们这种简单的爱国主义宣传，是多么重要和必要啊！像这位老人，不知道自己是哪国人的还大有人在。

快到勘界三队队部所在地汝村前，为了轻装前进，我们在一个山坡上支起了帐篷，并把返程所需物品和行李全部放在帐篷里，一个人也未留，唱了回空城计，就这样，起个大早上山了。据向导说，这里离汝村大约只有三四个小时的路，因此，我们为了不给队部找麻烦，争取放下物资，赶回来吃午饭。翻过南山一路陡坡向下，进入柠村一带就是半农半牧区了，气候好了许多，河边有树，有庄稼，人也多了起来，到汝村时，我们受到日喀则社会部部长勘界三队队长初富泰的表扬，的确雪中送炭，解了他们的燃眉之急。放下物资，作了简要汇报，我们就马不停蹄往回走，回程自然轻松快捷了许多，仅用了十几天就回到了宗嘎。

从吉隆的东南角热索桥，沿中尼边界直走到吉隆的西北角汝村，这里已与阿里交界。在定日的第二勘界队工作结束后，尼方首席代表少校辛格，要从热索桥回国，途经宗嘎时，吉隆县政府及供应站负责接待，晚上在露天放了一场电影，县委王书记驻军宋团长等都坐陪，电影开始不久，突然听到附近一声枪响，王书记让我去看看怎么回事，我跑去一问，是站岗的哨兵走了火，我告诉王书记后，大家才不动声色继续看电影了。

因为在国境线上，不允许大量投放现金，民工工资，80%是用日用百货等实物抵付的，所以特别琐碎、烦杂。在自己的精心努力下，终于较好地完成物资供应和发放民工工资工作，7月份我回到日喀则。

古诗云："归来不负西游眼，曾识人间未见花"。我在祖国的西部，日喀则的西部，这段工作时间，至今都充满着幸运感、自豪感。至今都满怀激情感谢党和西藏人民的给予。50 年过去了，最好的记忆也只能挂一漏万，但最使我不能忘怀的还是吉隆人民，他们是我心中永恒的牵挂，50 年那里发生了多大变化，人民生活怎样，在西藏和平解放 60 周年的大喜日子里，我衷心遥祝吉隆人民、西藏人民生活幸福美满，社会和谐，扎西德勒！

西藏的经历是我一生宝贵的财富

■ 徐 琳

1960 年，我由贵州调进西藏昌都气象站，那时才 21 岁，"以边疆为荣，以西藏为家"，为祖国的气象事业献出了我的青春年华。

初进西藏，我乘的是昌都军区的小救护车，从成都出发 16 天才到达西藏昌都。沿途食宿不是兵站就是道班，自带行李，晚上不分男女，大家睡在一个大通铺的房间里，四面木板有些串风，常常缩成一团不能入睡。早晨起来就上车，开到下一站，用餐后又上车，到另一个站吃饭。有时天黑了，有时天还早（但又到不了下一站），只有停下来洗漱、休息，第二天再走。途中没有一个人家，每天都是这样重复行驶，车子丌在路上提心吊胆，怕遇到泥石流或雪崩。大雪封山是常会发生的事。

1961 年，观测日射。

创业篇

有一次刚刚到了二郎山，这边山上下着雨雪，很冷，翻过山到了泸定是晴天，又热得不得了，30℃以上的高温，路上又没带单衣，真受不了。

还有一年进藏，汽车开到雀儿山，山上被大雪封住了，车子开不动了，外面气温零下28℃以下，汽车都挂"铃铛"了，大家不敢下车方便，将近一天才联系上道班工人把雪推开，我们在车上又冷又饿，大家都缩成一团，我也当了一次"团长"。没办法，冻了一夜，又没水喝，我只好把帮同事代买的新衣服拿出来，把身上腿上捆起来，给人带的吃的食品，也献出来给大家分享充饥，等回到单位什么也没有了。

特别难受的还要算在途中，要解手，道路有狭又窄，不敢停车，那时真没辙了，男同志可用塑料小袋子装一下小便，我们女同志可急坏了，什么也顾不上了，有的用茶杯，有的用饭碗，出尽了洋相。这类的笑话还多着呢……路中有些地方特别危险，为了让驾驶员集中精力开车，大家半天不敢讲一句笑话，几个小时不敢出一点声，连打个喷嚏也不敢。

昌都单位不多，有地区机关、贸易公司、粮食局、气象台、水文站、畜牧站、医院、运输公司等，邮电局可以寄信、发电报，连老百姓也很少。每个月我们只发5元钱零用，买些毛巾、手帕日常用品，买其他东西都是转帐，老百姓也有几家小店大多是走私物，不准买，那是违犯纪律的。业余生活除了看书、打扑克、打乒乓球就没什么娱乐了，生活很单调，那个年代没有电视、电脑、手机，连固定电话也没有，就连写封信也要1~2个月，甚至半年才能收到。这还算幸运的，记得1963年我生小孩回内地，爱人从成都给我邮来一封信，至今50年了，还没收到呢。原因很多，最主要途中如遇障碍翻车，信就没了。

夫妻分居两地的，请探亲假很不容易，单位人少，大家轮流休假。如果在内地休假的同事家中突然有情况回不来，那下面的人就保证不了休假时间了。每次休假结束，要离开家人时，我总是舍不得，泪流满面，担心地对家人说："下次不知什么时候才能回来，是不是能安全回来。"这是每次临别前常告别的一句老话了。每次探亲走时，唯一盼望自己这次能又怀孕，下次就可以又回内地了，所以我有三个孩子，两边老人家各带一个，我爱人带一个（他因身体原因，调四川工作）。每次部队开会，他只好带上孩子一道去，平时吃、住、洗涮全是他一人，既当爹又当娘。我们分居了10年，1970年，他只有向组织打报告，坚决要求复员回老家，在部队的帮助下，我们才能一起调回内地，全家人团聚在一起生活，享受天伦之乐。可是孩子和我们之间一点感情也没有，连同我们父母对我们也没感情，把我们当做过路的陌生人，和我们一点也不亲，刚回来时，孩子远远地偷看我们，这是我最伤心，内心很纠结的一件事。至今老大已50岁了，我们在同一个城市生活，只有春节才会回来看我们一次……像这样的情况，我们在西藏工作调回来的同事不只是我们一家。有一家小孩离家出走了，还有一家为了调在一起，只有夫妻假离婚，还有的装病等等。在西藏那些年我曾向领导不止一次反映我的要求，在西藏工作不要紧，我也会努力安心工作，只希望组织上给我们一个期限，哪怕二十年、三十年也没问题，我们有个等待，就会有个盼头有个终日。

那时工作条件极其艰苦，没有电灯，后来有了，也不亮，常停电，值班都用煤油灯，探空放球都是值班人员自己发电进行操作。值一个班下来，两个鼻孔全是黑的，煤油灯灯光又暗，长期这样，视力减退，现在眼睛视力差极了。我们单位有个男同事，他每天都是戴着皮帽子，两边毛耳朵拉下，胡子那么长，我都喊他大叔。有一年，对面运输公司组织舞会，他一下班，就穿上皮鞋，擦得铮亮，把胡子也剃掉了，我惊了一大跳，原来是个小伙子，还没我岁数大呢，我几年来一直都还在叫他大叔呢。我每天也是头戴帽子，身上用根绳子系起来出去观测，这样才较暖和些。有时一个月梳一次头，一年都不想洗澡，一是天冷没有汗，房子里没暖气；二是水太金贵

1963 年，值班室门口。

了，用水都是雇老百姓用牦牛从山下把水拉来的，水冰凉，洗手都疼，冷得刺骨。每天伙房洗脸水只允许顶多半脸盆热水，大家舍不得用，洗过后倒进空的罐子里，以及制氢用的苛性钠小罐子和脚盆来装满。洗脸后的水就这样，一点点、一遍遍沉下来留着洗袜子、手拍、衣服、被子用，我们的衣服被子发暗发紫，洗不干净的样子。平时都把牦牛粪晒干用来烤火、烤馍馍。

西藏空气稀薄干燥，两嘴唇成天裂开，一张嘴常出血，要多喝水又喝不下，只有用茶叶再放糖来喝，冷了在火上烤热再喝，长期这样，牙齿骨质都坏了，一个个掉，现在满嘴都是假牙，手脚还常裂口。我怀第二个孩子时，整天想吃芹菜，我们台长请人从内地寄来芹菜种子，用布包起来，放在饭里煮出那个芹菜味来给我吃，这事每每想起我至今都很感动。

说真话领导很关心，同志们都很团结，相互关心帮助，就像一个大家庭，生活得还是很有趣、快乐的。休息时，小伙子们还抱着长板凳在那跳交谊舞，有的敲桌子打拍子，找乐子玩也很风趣。平时一般吃荤菜多，干巴菜也有。蔬菜都是我们单位组织上山开荒去，自己种大白菜、包菜、土豆、大葱、萝卜，并把大部分的菜挖地窖存起来留着慢慢吃。种菜困难的是浇水、挑粪，都是我们从很远地方去挑水上山来浇，两个肩膀擦得通红，两只鞋底磨破，男同志一般都较体谅女同志，他们多干点。就这样我两肩和腿还疼痛，回宿舍偷偷流泪……干活时大家唱呀、说呀、笑呀，想想那些日子还是比较愉快的。集体生活也很有意思，就这样我度过了漫长的10年。

昌都是国家重点观测站，观测项目多，发报种类又多，有些气象预报还要向国际提供。起初，我们都是通测员，自己观测、编报有时还要发报，下午还要填图做天气预报。一个夜班下来还要帮探空组记数填表，有时要放小球测风。地面观测项目较多、较全，特别是日照观测还要计算，我们地面组人又少，每天都有班，下午还要学习，班排得很紧凑、很紧张，特别是每天1小时1次的航空报，经常还增加半小时一次。遇有特殊情况，下班人员还得到内地向西藏空投物资现场堤供气象服务，我就参加过几次呢！记得在昌都，我们每天轮流到喇嘛庙山上对比观测及观测场仪器的安装。山上不安全，心里很害怕，衣服口袋里总放一个棍子像个枪来壮胆。还有一次到澜沧江对面农场，进行小气候观测和太阳高度角仰角的测定。走路要过一道桥，很远，江边上有滑索可以滑过去，江面宽得很，没办法也只有滑了，滑到江中心时我的心好像要蹦出来了似地，出了一身冷汗。这些年虽然这样那样经历了许许多多事，由于大家很团结，忘记了累。

昌都气象站在一个山上，喇嘛庙的后面，再后面是空山。当时西藏不安定，叛乱分子常活动捣乱，嚣张得很。记得有个战士到山上打猪草，丢失了。又有一次，在喇嘛后院外发现一只膀子还有血呢。那时我们值班室都配有一把八一式小手枪。文化大革命昌都很乱，两派斗争很烈。有一个晚上，造反派冲进值班室，因此观测一切都停了，我们从山后滚下来跑到军分区避难，部队派车把我们几个送到内地。这段日子记录全缺测了，对气象部们来说是个很大的损失。文化大革命后期1968年6月，昌都公安处的雷佳如，他是福建人，被抓。贾柱（昌都地委的秘书）蹲在牛棚里亲眼看见他被人绑着，用石头砸头，两眼球冒出来把眼挖掉，还抽了他的脚筋，很惨烈。那时，雷佳如爱人正在内地生孩子，我们气象台的王邦琼来信告诉我说她生娃那天老想吐，不知为啥，后来我写了两封信去。一封交给她，要她多保重把孩子带好把身体养好。另一封写给她父母告诉此事，暂不要告诉王邦琼，等她月子后再告诉她，要多安慰她。我后来回昌都参加地区三干会服务，听他们讲文革中那些事件还多着呢。在西藏那段日子生活特别不习惯，酥油吃不了、闻不来那个腥味。单位配给的藏糌我只能用猪油抓着吃。那时我值探空班时，尤其夜晚，阴雨刮风天，心情特忧伤，时常想家，一年当十年过。

每星期两天学习藏语，学藏文拼音，我们也常走访农牧区进行气候调查，收集天气彦语。藏族老百姓很纯朴，大都是农奴出身，受了不少苦，他们讲许多受农奴主压迫的过程给我们听，很残酷，挖眼球、抽脚筋、跳油锅、跳火盆，把人头骨用来点灯等等许多悲惨的事。还有许多迷信的东西，听了真不敢相信。生病了到庙里给喇嘛所谓的"活佛"摸摸头就好了，有的还吃他们大小便呢，把他们头发包些起来放在身上当护身符。住在附近的藏民有时也到站上来玩的，向我们要点东西，特别是空的罐子，还经常跳舞唱歌给我们听，也带点发黑的冻梨和自己做的酸奶给我们吃，我们也经常给他们衣鞋食物之类的物品。在西藏十年，了解了他们一些生活习惯和风俗人情，他们确实很热情好客，善歌载舞，非常重感情，我也交了几个藏族朋友，内调时他们还和我互送了照片，送我雪白的哈达和小铜佛，还给我起了一个藏族名字"浪西拉姆"，是"天气仙女"的意思。

创业篇

三次跨越喜马拉雅

■ 麦毓江

西藏高原上的第一个探空气球由我手中放出，从此揭开世界屋脊上空的压温湿气象奥秘，现在回忆起来还很兴奋。

1957 年 1 月 1 日，第一次在拉萨施放探空气球。

1955 年我服从国家分配，从北京经成都赴拉萨。那时进藏，没有客车，铺盖卷放在货车上就是坐位了。20 天旅程中，青少年时期神往的许多梦幻境地——"二呀么二郎山"，"大渡桥横铁索寒"，"跑马溜溜的山上"，"提起那雀儿山"，还有圣洁的拉萨河以及雄伟的布达拉宫等等，历历在目，令我大开眼界。途中还在海拔 5050 米、"飞鸟也难上山顶"的雀儿山巅，追逐玩耍过一番呢。

最值得回味的是，我竟然有机会跨越世界屋脊之脊——喜马拉雅山脉，而且是三次跨越！其中两次乘车从亚东县帕里山口跨过，而留下印象最深的，是策马跨越聂拉木山口。

那是 1959 年 12 月，领导派遣钱鼎元和我二人去喜马拉雅山南麓勘探，意欲在聂拉木县寻找建立气象站的站址。当时该县没有公路，党政机关还没建立，连解放军也没进去过，我们先到达珠穆朗玛峰所在地的定日县，在县党政领导的关怀指导下，跟随一个加强连的解放军和进驻聂拉木县的党政工作人员，策马扬鞭翻过山口。我没骑过马，马队工作人员选了一匹老实马给我。马是老实，但跑得慢，跟不上队。我急了，鞭它一下，它猛一跃，把我摔倒在地。我重新上马，可不敢鞭了。它又掉队，我就请旁边的骑士引领我那匹马走快点。他把鞭子往上一扬，他骑的马就像箭出弦般冲向前方，而我骑的马则受了惊，又把我重重摔倒在地！

抬头看看这巍峨的山脉，望望那庄严的珠峰，前面有无限风光呀，更何况使命在身。咬咬牙，我第三次上马。终于，功夫不负有心人，我策马登上了山梁。

山梁海拔高度超过 5000 米，向北看，开阔而山势缓和；向南看，山势迂徊，怪石嶙峋。向南进，景色更是百态千姿。有的路仅能通过一匹马。左边深壑，俯视苍蒙，飞水喧哗；右边六七十度高坡，抬头仰望，天空湛蓝，山像两双羊角在移动，好一派迷人风光！途中有个位置，立马高坡，向东望，见到海拔 8844 米的珠穆朗玛峰，向西南望，又见到海拔 8012 米的希夏邦马峰。前者稳重，镇护大地，后者挺拔，直指苍穹；相距约 120 千米的双峰之间，山舞银龙，气势磅礴，太阳下，银光闪烁，如此壮丽的山峦景观，堪称世界之最。

三天马程，从定日来到聂拉木。但见大部分房子用石块砌成，房顶也用石片铺盖；我们好奇地观察着乡民，乡民也好奇地观察着我们。那里人烟稀少，钱鼎元与我踏勘边陲，直到俯瞰尼泊尔边境小镇的炊烟，大半天才遇过几个人。

回程的时候，部队派一个加强班护送我们到山梁。我换乘马，重返定日县。快骑飞奔，耳边风声响，越跑越开心。可是乐极生悲，马失前蹄，我被甩出丈多远。顿时觉得天旋地转，眼冒金星。幸好衣服鞋帽穿戴很厚，当时并不见受伤，只觉腰部沉重，隐隐作痛。此后许多年每年冬天差不多腰痛都发作一两次，或许这算是马失前蹄留下的迹痕吧。

那时西藏全境分6个专区，其中5个专区我有机会去过，大部分气象站我去工作过一次两次甚至三次。在藏北我尝试过零下30多度室外工作近一小时，在公路上尝试过一天仅凭几块军用压缩饼干充饥。不论环境怎样，每次从拉萨出发，我都饶有兴致，觉得是一种自我价值的实现，是一种接受挑战的趣味。1981年办手续离开西藏的时候，局党委送我一本纪念册，册中直书："麦毓江同志在藏艰苦奋斗26年，值此留念"。

今年是西藏和平解放60周年，60年来雪域高原发生了天翻地覆的变化。回忆西藏，那是我度过美好青春年华的地方，是让我感悟人生真谛的圣域。西藏，永生永世留在我心中。

拉 萨 平 叛

■ 李书贤

    西藏和平解放是在昌都会战之后，以阿沛·阿旺晋美为代表的西藏地方政府同中央人民政府在北京进行谈判，达成 17 条和平协议。但这并不等于藏政府有什么变更，他的政权和军队还有社会制度丝毫没有改变，政教合一的封建农奴社会照旧，百万农奴继续过着牛马不如的悲惨生活。以达赖为代表的上层反动阶层妄想长期保持封建农奴社会的统治，对汉人进行排挤，搞磨擦叫嚣要赶走汉人，分裂祖国。当然这是痴心妄想。

    叛乱前，拉萨形势越来越紧张，叛匪在大街上横行霸道，到处挑衅、修碉堡、挖战壕，横枪列马街头。为了保障安全，上级规定，我们的同志上街，男同志须两人以上结伴，后来规定要 5 人以上结伴；女同志必须有男同

军民联欢庆祝西藏平叛胜利。

志陪伴，再后来规定要 10 人以上才能上街。气氛越来越紧张。当然，我们也没有睡大觉，一边工作，一边紧张备战——修碉堡、挖战壕，有单人掩体，房与房之间都打通了。并准备了 3 个月的口粮和水，但后来我们发现情况不对：拉萨气象站对面是一栋四品官的大楼，上面住了上千名叛匪，围墙上有无数装有沙子的麻袋，有轻重机枪。我们住的是平房、帐篷，他们居高临下，打起来我们肯定要吃亏。处领导考虑这种情况，果断将气象站全部撤回到气象处大楼内，这是原来贵族用石头建的大楼，比较坚固。门口修了碉堡，大楼周围的窗户都用土坯堵起来了，但留了枪眼。

我们住地的西面有一座寺庙，离我们只有 30 米左右，里面住了很多叛匪，窗户都是枪眼，直对着我们，楼上都是沙包掩体，与我们针锋相对，战前几天紧张极了。处领导研究对策，准备了跟军区联络的对讲机，分发了枪支弹药，分配了各自的战斗岗位，只等叛匪先开第一枪，我们将全力以赴，随时准备迎战，彻底消灭来犯之敌。

西藏平叛庆祝大会

1959 年 3 月初，军区司令员张国华到北京开会去了，在家坐镇的是政委兼工委书记谭冠三中将。藏政府知道这一情况，认为是暴乱的好机会，因此，他们便提前向我们发起攻击，首先想搞掉我们的后勤供应线——运输站。

3 月 20 日凌晨 3 点，他们在国际反华势力的唆使和支持下，藏政府公然违背和平解放西藏的 17 条协议，打着西藏独立的旗号，发动了全面武装叛乱。首先向拉萨运输站发动了攻击，然后在各地打响。我们住的隔壁是老百姓的平房，里面住上了叛匪头子，用快慢机指挥，他枪声一响，周围的叛匪都开枪，它一停，各地都停，可恨极了。我们只好以手榴弹还击，我和何工程师、冯班长分在一个战斗小组，我们的任务是封锁一段路面。第二天下午3点左右，一叛匪骑马挎枪，驮了两箱子弹，路过我们的防区，离我们有300米左右，我们准备同时开火，数了一、二、三，但是班长的机枪卡壳了！工程师忘了扣扳机！我一人开了枪，结果把马打死了，叛匪跑掉了。后来大家感到很惋惜。值得一提的是马添龙同志，他是北大物理系分配来的大学生，在预报组工作。当时安排他坚守一个不起眼的楼下的一个暗房内，他可以看到外面很宽的地方，但外面看不到里面。突然一个叛匪妄想从我们的厨房剪断铁丝网进入大楼内进行爆炸，幸好马添龙及时发现，一枪送他上了西天。战斗进行得很激烈，我们门口的碉堡被大炮把顶盖也打掉了，炮弹落在了大院里，自行车等东西被炸得稀烂，楼顶上也落下了几发炮弹。作战中，朝鲜战场上下来的徐司机挨了一枪，子弹从前胸进，后背出，酒杯大的洞，后来听说他还能开汽车。和我一组的冯班长头顶挨了一枪，头部被划开了一条沟，再向下1~2毫米就没命了。

小昭寺旁边建工处的三层碉堡被炸掉了两层。他们实在顶不住了，退到马路对面的外事处。人民医院陷入叛匪的包围之中，要求军区支援。各地方单位大都顶不住了，请求部队支援。在这种情况下，第三天，部队正

西藏军区某部给翻身农奴送农具，并进行慰问演出。

创业篇

式出动，发起反击，我单位也奉命出击，我们对准目标猛烈射击。

原本准备打 3 个月（把叛匪全引进拉萨，利于一举歼灭）的计划，结果只打了 3 天 3 夜就结束了战斗。由于准备包围叛匪的部队没来得及形成完整的包围圈留下了一个缺口，结果达赖及部分叛匪从这个口子逃跑了。这给后来的剿匪工作带来很多麻烦。

紧接着进行轰轰烈烈的民主革命，彻底废除了封建农奴制，农牧民得到了彻底翻身解放。从而进入了人民当家做主的新时代，各项事业进入了新的发展阶段，他们从黑暗走向光明，从落后走向进步，从贫穷走向富裕，从封建农奴制飞跃到社会主义社会的康庄大道。这是历史的飞跃！

虽距拉萨平叛已经过去了 60 年了，但我回忆起往事仍历历在目。我衷心祝愿西藏人民在党中央的领导下，在各兄弟省市的大力支援下，把西藏建设成为一个繁荣富强的新西藏。

建立阿里地区第一个气象站

■ 李书贤

离开西藏已经快 40 年了，每当我回想起在西藏工作、学习、生活的日日夜夜，追踪我走过的脚印，仿佛又回到了那难忘的岁月。

我于 1956 年 4 月奉总参命令，同邱承杰、王熙珍、周裕礼、王修隆等同志由武汉空司调往西藏，到了成都等车 20 多天，集结数百人，由军区陈铭义参谋长指挥，浩浩荡荡直奔拉萨。

阿里气象站同志和专区机关干部扒土坯准备建房

川藏公路通车不久，路面很窄，十分惊险，尤其是二郎山，车在云雾中穿行，好些地方两个车轮悬在空中，车开得很慢，司机叮嘱大家不要往外看，错车时要在很远的地方鸣笛，等待上山的车子过去才能行驶，过一

创业篇

座山就是一天。过雀儿山、折多山、雪机拉山，因积雪太厚，是由推土机开道才过去的。印象最深的是过澜沧江，车子排长队，我们整整等了一天才过去。

不幸的事终于发生了，我们坐的车在怒江上游的一条支流翻了！我们一个排32人屁股垫着各自的行李，分四排交叉坐着，车子是慢慢翻的，因动弹不得，眼睁睁的看着自己坐的车子翻了两个筋斗，把人抛到河的正中间，车子翻到了对面。欣慰的是没有死人，但伤的不少。我在扎木野战医院住了20多天，出院后独自一人于6月23日到了拉萨军区气象科报到，分在拉萨气科所转报台工作。1957年调到那曲班戈湖气象站，1958年又调回拉萨，在拉萨期间一边工作一边备战。1959年3月10日，藏政府发动反革命武装叛乱，我积极参加了拉萨的平叛战斗。

1960年10月，由于形势的需要，由局台站管理科科长祖秉乾，站长黄际元率张思明、于绍周、李书贤去藏北阿里建立第一个气象站。为安全起见，我们每人都配发了枪枝弹药，有驳克枪、手枪、冲锋枪及手榴弹等。我们背着电台、水银气压表及各种气象仪器，引来不少路人惊诧的目光。一路经青海、甘肃、新疆。经过十多天的征程，终于到达了阿里地区领导机关所在地——噶尔昆沙，这时已是11月中旬了，正是严冬季节。

阿里，气候变化无常，有时天上没有一点云，会突然下起冰雹，真是孩子的脸，说变就变，寒冬季节，地冻三尺的奇冷给了我们一个下马威！

阿里地域辽阔，35万平方千米，人烟稀少，人口不足5万，平均海拔4500米以上，空气稀薄，严重缺氧，气压很低，在这样的环境中生存，对于我们来说真是个考验！

从地图上看，噶尔昆沙是个地

阿里气象站老职工合影

区级城镇，然而这个所谓城市镇，就是一个由干打垒筑成的又宽又厚的墙围着的大院，院子内有为数不多的土坯砌成的小平房和少量账篷，围墙上有不少碉堡，可就是这个大院住着地区首脑机关和骑兵支队司令部。

下车后，我们被安排在地委食堂仓库住下来。紧接着选址，搭账篷，围铁丝网，安装设备。

为安全考虑，站址就选在大院内，帐篷搭好后就开始办公，编发报都在帐篷里进行。我和张思明就住在帐篷内，两年后住进了自己动手建成的没有门窗的土坯房里。气温很低，尽管中间架了一个长方型的铁炉子，但炉下照样结冰，站建好正式运转后，晚上还要起来几次观测发报。手指冻僵了，要不断地哈气才能继续工作。好在那时都年轻，再加上有坚定的革命意志做后盾，要不然还真难以坚持！

条件实在是太差了，没有桌子板凳，只好用土坯砌，上面用木箱板子铺上，没有板子就用纸盒，只有一张行军床，另一床位只好用土坯垒了。

建站有严格要求，拉铁丝网，安装百叶箱要挖不少洞。时值严冬，地冻的像铁板，十字镐，钢纤砸下去直冒火星，震得虎口开裂，疼痛难忍。经过艰辛劳动，最终按要求提前安装完毕，建站过程中大家付出了代价，尤其是张思明同志，手掌全是磨出的血泡，手都冻烂了。

原阿里地区领导机关、骑兵支队所在地——噶尔昆沙全景，也是阿里气象站的所在地。

在地区党委和各级领导的关心支持下，经过全站人员的奋战，我们终于完成了建站任务。于1961年1月1号准时发出了藏西北高原号称世界屋脊之脊的第一份实地观测的气象电报，从而结束了偌大一个地区没气象台站的历史。做为建站的一员，我和全站人员一样高兴，为能为气象的研究收集了第一手气象资料而感到光荣。从那时起我们每天2点、5点、8点、11点、14点、17点、20点常规观测，特殊情况每小时预约一次航空报。

随着时间的推移，沈文元、何进廷、韦怀山、兰万平、李关贤等先后

创业篇

分配到站。人员增多了，形成了一个大集体，那时人心齐，又特别能团结，人与人之间关系情同手足。老西藏精神在那个年代体现得淋漓尽致。

1965 年，我们站随地区机关迁入狮泉河，狮泉河在阿里地区算是个世外桃源。这里生长着很多红柳，狮泉河里鱼不少，我们工作之余自制鱼具去钓鱼，既改善了生活，又增加了乐趣。

那时阿里交通十分不便，每年因大雪封山，有大半年不能通车，文化生活很差，大半年看不到报纸，收不到信，电影也很少看，记得 1962 年骑兵支队来了几部"新电影"因急着要返程，当天晚上在地委礼堂没有盖顶的场地上连续放了四部影片，我们是全副武装，一直看到天亮，竟一点儿也不觉得冷和累。可见那时阿里的年轻人是多么地渴望文化生活啊！

大雪封山大半年之后，大家就盼望着早点开山，早点来邮车，邮车来了大家不知有多高兴，疯一般地向邮局涌去，忙着拿信和报纸杂志。每次我都能收到好多信，看着久违了的家书，情绪随着信的内容起伏不平——或高兴，或难过，或喜悦，或消沉……

长期在高原工作、生活，我的身体状况逐年下降，我本来是个健壮好动的人，可到了 1969 年我的心脏一弓二弓扩大，并成弧形，多次昏倒。无奈于 1972 年正式离开阿里，调回内地。尽管离开阿里已经快 40 年了，但我无时无刻不在怀念那段具有历史意义的岁月，阿里的同志给我留下的印象，同在一个战壕里摸爬滚打，共同生活、工作、学习、打柴（冬天取暖用），可谓情谊深厚。

阿里气象站（噶尔昆沙）职工在锻炼身体。

在阿里谁有什么事，都是互相关心照顾。有一次我晕倒在院子里，同志们把我抬到医院，回来后问寒问暖，争着为我代班，给我送饭，像亲兄弟一样照顾，使我深受感动。谁要是回内地带回来什么吃的，都是大家一块吃，共同分享。至今我还和不少西藏老同志保持着联系。这就是阿里这个特定环境建立起来的特殊感情。

西 藏 情 缘

邢　峻

1959 年平息叛乱后，我于 1960 年经组织选拔调藏工作。当时妻子正值临产期，父母年事已高，且体弱多病，家中困难重重，但经组织决定后，我仍服从调动。接通知 3 天后由朔县回代县准备了两天，即到省城太原集中报到。待全省调藏人员到齐后，即乘火车去成都，然后转乘汽车经川藏路进藏。当时乘坐的是敞篷车，没有固定坐椅，个人自带的行李卷就是坐垫。途经称"漏塌天"的雅安地区时，天天下雨，车上的人被淋得浑身湿透。本来由成都到昌都坐汽车需六七天时间，但由于山高路险，汽车每小时只能跑 20 千米，白天一早赶路，夜晚就住兵站，结果走了十多天才到西藏昌都。

1961 年我从昌都调至拉萨，途经扎木路过冰川地带，这里每到夏季山顶上的冰湖融化，湖里的泥石流不定时地而且是阵性地向山下的公路冲击下来，亲眼目睹着汽车大的石头块伴随着泥石流在我们汽车的前后倾泄而下，其势汹涌，十分可怕。我们乘坐的解放牌汽车，就被夹在两股泥石流中间，如果汽车速度再快几分钟，或再慢几分钟，则连车带人都会被泥石流冲走。等到泥石流停下来，车已无法开动，我们乘车的几个人只好背上自己的行李一步一步淌过冰川河，再到前面，另搭车去拉萨。

1964 年，局领导派我和另一位同志去聂拉木县新建气象站，气象仪器全部由拉萨运往聂拉木县，坐解放牌汽车需走三天，然而气象仪器特别是水银气压表在运输中要求非常严格，一路上需要两手垂直悬空抱着才行。尽管是两人轮换提抱，但仍然十分吃力，十分疲劳。到达县里后，临时借住在一间破旧的小房里，当时县里还没有招待所，自己动手做饭，因高山

创业篇

295

缺氧，又无高压锅，所以吃的米饭是夹生饭。煮面条是面糊糊，蔬菜全是干萝卜片，虽然生活十分艰苦，但工作热情很高，连续几天穿行在县城周围，选择符合气象观测场站的地理位置。确定站址之后，自己动手，平整观测场地，修建观测场围栏，安装百叶箱，竖立风向杆，计算各类仪器的海拔差值表格等项工作，直到完全正常工作后，才回到拉萨。

1960年，全国仍处于困难时期，西藏比内地稍好点儿，但粮食仍然不足，每月定量供应30斤粮食，但因副食差，所以大家都感到有点肚子饿。为此，由单位组织开荒种地，弥补蔬菜和粮食的不足，在以后的20多年时间里，年年种地。冬天每天早早起床，用扁担挑上两只铁桶到老百姓居住的大街小巷里拾大粪，完成一百桶的拾粪任务。春、夏、秋的晚饭后，大伙都到菜地里挖地、浇水、施肥、育苗、移栽和后期收藏存储。虽说很辛苦，但大家边劳动边说笑，十分欢乐！

从1960年进藏工作，到1983年调回山西，连续在藏工作23个年头，在这段时间里，对西藏的一草一木都有着深厚的感情，特别是在一块工作过的老领导、老同志，更是同甘共苦，亲密无间。经常想起他们的音容笑貌。

我1983年调回山西后，我的两个儿子两个儿媳妇于1984年大学毕业后又回到西藏工作，至今仍分别在自治区检察院、自治区纪检委、自治区宣传部、自治区电讯公司工作。继续为西藏的繁荣富强添砖加瓦。

去年我的大孙子大学毕业后又回拉萨报考公务员，以后也是西藏的一位年轻建设者。我的二孙子现在拉萨读书，大学毕业后，自然又是一位建设西藏的接班人。

长江后浪推前浪，一代更比一代强。我愿祖孙三代人为建设繁荣富强的新西藏奉献更大的力量，做出更大的贡献！

行走川藏路

■ 王祥荣

岁月流逝，星移斗转。回顾五十多年前，那段进藏路上的岁月，至今仍历历在目，记忆犹新，终生难忘。1956 年 8 月初，我们来自五湖四海的十九名男女学生，从北京气象学校毕业被分配去西藏支边。

8 月初，我们踏上了去西藏的路，首先准备从青藏公路进藏。到达甘肃省兰州市后，驻兰州办事处的西藏领导告诉我们，青藏公路有不少路段暂不能通行。这样，转回到陕西省宝鸡市换乘汽车去四川省成都市（当时因秦岭隧道未修好），汽车到了陕西与四川交界的阳平关，换乘火车到达成都。准备从川藏公路入藏，住在西藏驻成都招待所。出发之际，上级及时组织我们学习西藏的民族、宗教政策，简单的语言文字，风俗习惯，特别学习了中央对西藏的各项方针政策。招待所里住的基本都是部队官兵，气氛严肃紧张、忙碌。问起去哪里时，告诉你"上前方"，"上前方"就是去西藏，意味着什么是不言而喻的。

当时去西藏的口号是："长期建藏，保卫边疆"，"热血青年，志在四方"，"祖国的需要就是自己的志愿"，但是在这里看到的，听到的远比我们想象中的要复杂、艰难、危险得多。在这种氛围中，给我们一种无形的压力。

由于川藏线的地势险要，公路狭窄，经常发生泥石流、塌方等事故。有些地方还有敌情，部队正在平息叛乱。为确保安全顺利，我们只好在成都待命。等到 9 月 8 日，坐部队的大卡车出发了，临出发前穿上了军便服。按实战要求每辆车都有老兵和干部带领，配备必要的武器装备，大卡车箱内都坐得满满的，脚靠脚，每个人的行李就是自己的坐垫，车上坐了近 30 个人，太挤了。我与另外两个男生坐在最后，两条腿只好吊在车厢外，就

创业篇

这样，我们经历了第一次考验。

行进途中，一位 1951 年参加西藏和平解放的老同志告诉我们：当年十八军先遣支队奉命进军拉萨，300 多人用近一个月的时间，翻越深山、峡谷，穿越原始森林，走过年久失修十分危险的栈道，克服常人难以想像的艰难困苦，再大风险，丝毫动摇不了部队行军的决心。肚子实在太饿了，煮一点马料（黑豌豆）掺元根充饥，河里的鱼，天上的鸟是不能捕打的，这是藏民族的风俗习惯。路上遇到经幡、红塔、玛尼堆等宗教什物，都要保护和尊重，这一切的举动，藏族同胞看在眼里，竖起大拇指称赞解放军嘉萨巴（新汉人）是"萨隆兵"。广大藏族同胞知道，共产党、解放军是帮助自己翻身解放的。

汽车路经雅安市，康定重镇。在康定看到了藏族同胞，一般老百姓都对我们抱有友善的态度，一首"康定情歌"好像又在我们身边回响。9 月 11 日到达二郎山脚下的滥池子兵站，由于二郎山山高路险。路段塌方严重，抢修了两天才通过。13 日汽车队缓慢行驶上山，公路完全是在峭壁上开劈出来的崎岖石路，筑路大军克服了难以想像的艰难险阻，付出了惨重的代价才筑成的。二郎山海拔 3000 多米，汽车整整翻越了一天，有些路段太险，人先下车，走过险地后再上车前进，下山后天已黑，才到了泸定兵站。第二天休整。

趁时，我们这些学生去看泸定镇旁的泸定桥。当年红军强渡大渡河、飞夺泸定桥的地方。我们在追思当年红军战士如何粉碎国民党军队的围追堵截，胜利完成长征的伟大创举，肃然起敬。老一辈为我们开创的事业是多么的不容易啊！泸定桥由 13 根铁索组成，泸定桥一头连着泸定镇，另一头连着荒凉的山坡地。当年国民党军队为了消灭红军，把平铺在铁索上的所有木板全部拆除了，只剩下光脱脱的十三根铁索，红军要通过 101 米宽的大渡河比登天还难。我们现在看到的《长征》电视就是再现了当年红军的英雄形象。现在铁索上铺了三根铁索宽的木板，几个胆子大的男女生，手拉手上去走了大约十几米，就开始发抖了，有的大声叫喊，赶快返回。因为铁索上的板子只有三根铁索连着，江水像奔腾的野马拍打着岩石，撞击发出的巨大声音，令人望而却步。

进藏路上，可以经常看到烈士墓，部队的老同志告诉我们，基本上每一千米就有一名筑路军人牺牲，在海拔 5050 米的雀儿山顶上，看到了烈士

雪域风云路

西藏气象事业发展回忆文集

纪念碑。他们用自己的热血铺出川藏公路，烈士先辈就长眠在这块土地上，他们不愧为共和国的英雄，可以告慰于先烈的是我们年轻一代来了，正在接过他们接力棒继续前进。"通藏一桥"的建成，是一个奇迹。汽车翻越雀儿山后，一直傍一条山间急流蜿蜒前进，两边的山峰直上云天，峡谷中的水流以每秒 5 米的流速从上游倾斜下来，公路走向被逼改变绕道势必要增加不少路程，在这里必须架起十几米长的人字形吊梁独孔木桥。这里山峰高耸入云，即使大晴天也很少见到太阳。听到的是河水的怒吼和雷鸣般的回声。就在这样十分艰苦的条件下筑路，很多情况是采取就地取材的办法，在悬崖峭壁上伐木，在零下五度的水流中施工，他们用超人的意志和胆识使天堑变通路，被上级命名为"通藏一桥"。

一路上走走停停，9 月 21 日终于到达四川与西藏交界的金沙江。在江头兵站，用船将汽车渡过金沙江，从此进入西藏地区。沿途的每一个兵站，吃住条件差、地方小、车辆多。就餐时都在室外席地而坐，八个人，四个菜，以素为主且量少，但有一盆汤，以汤代菜，吃饱肚子是不成问题的。进入西藏后，就很难吃到新鲜蔬菜了，以压缩菜、干菜、粉丝、罐头食品为主。汽车行驶在海拔 3000 米以上，不少同学开始有不同程度的高山反应，头晕、恶心、呕吐、嘴唇发紫、乏力等症状。不少地段，路面太差，汽车颠簸厉害，特别是盘山公路，高山反应就更厉害了，每逢这种情况，只要身体符合入藏要求，一般都会适应的，无需紧张，同学们也相互鼓励，身体好、反应小的带头唱唱歌、说说笑笑、讲讲故事，使气氛活跃、轻松起来，减少高山反应所带来的痛苦。有时，我们组织一个篮球队与部队官兵进行友谊赛。打不了几分钟，就上气不接下气，败下阵来，过去后也不感到有什么不适。每一天停车休息后，组织上由于条件限制可以安排一部分人员住宿，其余的人都把行李一扛，就在兵站内外找地方睡觉，不少露宿在汽车旁边的空地，能铺上一些干草就相当不错了，刘树范（黑龙江哈尔滨人）、杨为民（天津市人）和我（浙江绍兴人）我们三个男生，就用一个人的行李、三个人钻在一个棉褥和衣而睡，高原气候都到了夜晚比较冷，这样挤在一起，不失为露宿避寒的好招。

1956 年夏，在西藏上层反动集团的唆使下，一部分叛乱分子在四川和西藏边界活动，企图搞所谓的西藏独立。我们在金沙江头兵站，上级告诉我们今晚有敌情，叫大家一切听从指挥，由于部队及时地出击，很快平息这股叛匪。到达西藏昌都达马拉地区也发现叛匪，也很快解决战斗。有解放军在，什么都不要怕。真是"英雄脚踏千里路，浩气惊碎敌人胆"。一小撮逆历史而动的叛乱分子逃不脱彻底失败的命运。

汽车驾驶兵最辛苦，1954年12月川藏、青藏两条公路通车，给西藏人民带来了巨大的好处，行驶在这两条线上都是部队汽车团来承担。就川藏线而言，不少路面只有单行道，不平整，经常出现险情，每天行驶都在60~80千米左右。不是路面有问题，就是车子抛锚，所以驾驶员又个个都是修理工和清路工，由于长时间开车，高原缺氧，生活条件又差。驾驶员都疲劳不堪，像换汽车轮胎这样的事情，我们也上去帮忙。有时车子坏了，他们一干就是几个小时，没有防护用品，造成手脚冻伤，我们都看在眼里，痛在心上。他们是无名英雄，是最受尊敬的人。

从昌都再出发已是10月中旬了，过怒江，翻越念青唐古拉山脉，穿越原始森林，沿着雅鲁藏布江流域，转向拉萨河。就这样，从四川成都出发，历时41天，10月19日到达了世界最高的日光城——拉萨市。

啊！拉萨到啦，在拉萨的老同志满腔热情地欢迎我们，好像高原反应都减轻许多。当时，正值西藏气象部门刚由部队建制改为地方编制，所以一切管理仍袭用部队管理办法，一切听从命令。我们七位男生住进了一个行军帐篷，地上铺了一层青稞草，各人行李排列放好，基本上没有什么空间可以走动，这就是我们的家。据了解，当时拉萨市的内地干部只有几百人，加上职工在内也不过几千人。他们是先行者，是和平解放西藏、建设西藏的骨干力量。

接下来，经组织上分配，不少同学去地区和县工作。我们这些学生除个别由于身体不适等原因，提前返回内地，其余绝大部分，都经历了平息叛乱、民主改革、保卫边疆、经济建设、培养少数民族干部等。为祖国的西南边陲——西藏贡献自己的一份力量。我在西藏一共工作生活了25年，其中在4500米以上的那曲羌塘草原工作有20年之久。弹指一挥间，我已是垂暮之年。今年是中国共产党诞辰90周年，西藏和平解放60周年，我回忆这段往事，一是为了纪念这两个光辉的节日。二是用事实充分证明，只有在中国共产党的领导下，才能救中国，也只有在党的领导下，才能振兴中国，祖国强大了，西藏才能更好更快地发展，西藏和全国各族人民一道，去创造更加美好的明天。

帕里记忆

■ 陈心忠

我是1954年毕业于西南空司气象处气干班四期学员，随后分配到西藏昌都气象站工作。经过高山反应，逐步适应了西藏气候，于1955年底调到了拉萨气象站工作。拉萨虽说是西藏的首府，但在当时也只不过比其他地方多些房屋，谈不上什么繁华。我们在拉萨住的还是账篷，冬天晚上睡觉很冷，早上起来眉毛上还多有白霜，夏天中午账篷内很闷热，叫人真不好受。

随着气象事业不断发展，1956年9月，组织上又调我去帕里建高空测风观测站，我当时二话没说，愉快地服从了分配，带着测风器材和仪器，踏上去帕里的艰苦路程。

帕里比拉萨环境艰苦我是知道的，海拔4300米，除了雪山，草地外，看不到一棵树苗，但是它的地理位置是祖国的南大门。南是印度，东是不丹，西是锡金，与这3国相联，我能分配到这么特殊的地方工作，是组织对我的信任，我感到光荣，苦点累点是值得的。

帕里确实艰苦，海拔高、氧气少，干活、工作都要比海拔低的地方付出更多的精力，我们不但要完成日常业务工作，还要参加种菜、喂猪，如不参加劳动，就没有菜吃（当时有钱也买不到菜）。冬天气温经常在零下一二十度，天气冷我不怕，我就怕每天没完没了的一到下午就刮风，刮风散热使身上更冷，风常把地上的沙子吹到脸上，像刀子割一样疼，人很难受。一场风后，室内到处都是灰尘，如遇上8级的大风去进行高空风观测，两手冻得发木，有时流出来的鼻涕也会冻成冰棍，虽然只有一二十分钟时间，确实够苦的。如遇下雨天也会叫人哭笑不得，开始我们站上没有职工住房，一段时间就住在一个领主关过奴隶的藏式土坯房里，房内没有窗子，屋内光线很暗，只靠门口有点亮光射入，房顶是用土坯搭成的，如遇下雨，屋内经常漏雨，为了睡觉不淋雨，只有用油布遮在床顶或用雨具把雨水遮住……。在这种艰苦的环境下工作和生活，也是对我们很好的锻炼。我们除了完成日常业务工作外，于1956年被指定参加了国际地球物理年气象观测点。我们都以此为荣，不断提高测报质量，圆满完成了所担负的观测任务，同年，为保障中央首长经西藏直航印度访问，我们担负了气象观测保障任务，除每小时一次航报外，还加发了航危报观测。虽然辛苦但是当我们清楚地看到专机越过喜玛拉雅山脉，经我站上空向南直飞印度时，我们心里别提有多么高兴。

我们工作是艰苦的，同时也很光荣的。中央还派了慰问团专门来西藏慰问我们。另外，青年团中央还专门派了一个小分队来帕里慰问我们，还和我们联欢。我们感谢中央的关怀，只有做好工作，为西藏百万农奴翻身解放过上幸福生活，我们愿意把青春献给西藏人民。

在拉萨从事探空工作

■ 马桂兰

　　上个世纪 50 年代，我就读于吉林省长春市三中，因学习好，被保送到北京气象学校高空班学习。1956 年 7 月，我从气象学校毕业，与其他 20 名学生（高空 8 人，地面 13 人）分配到西藏气象处。我们由年龄较大的陈金水同志带着乘火车到宝鸡，然后改乘长途汽车，又经三天三夜，翻过秦岭到达成都，住在成都军区司令部招待所，准备进藏。因川藏当时刚通汽车，公路坑洼不平，宽窄不一，加之路上有叛匪伏击，必须有多部汽车组成武装车队才能进藏。等到月底，我们从后勤部领回一些破旧军大衣，作为防

1951 年 2 月 26 日赴藏前合影

创业篇

寒装备，然后乘坐一辆解放牌汽车出发了。卡车没有座椅，我们一车32个人，都坐在自己的背包上。8人一组，两组坐中间，背靠背；两组靠着两侧的车帮。背包白天当椅子，夜里拆开作床，两人一组，一床被铺，一床被盖。车上一块大帆布，雨天帆布拉起来盖在车顶上，晴天帆布卷起来露天吹风看风景。车上除学生就是军人。高兴时谈笑、唱歌，其他时间就昏睡。一天，我们的车翻一座山，第一次经历了一山有四季的气候美景。山下鸟语花香，山中云雾缭绕、细雨蒙蒙，山顶蓝天白云，时有狂风暴雨、冰雪飞舞。进藏公路坑洼不平，走在窄处车在拐弯时有时一个轮子悬在山崖外，很是吓人。到

1956年，作者在住的帐篷前留影。

了晚上什么样的地方都睡过：喇嘛庙地砖上，粮库的米袋上，没盖完的土胚房，土地，水泥地都有。女生在里边，男生在外面，以防人或动物袭击。过了昌都后就到高原了。缺氧加长途疲惫，我们的歌声渐少了。

到10月19日，终于到了西藏气象处。因气象处刚搬到此处，条件非常简陋。住的是帐篷：男的20个人一个大白帆布帐篷，女的三五人一个尖顶军帐篷。土胚垒起的无顶厕所。用刺铁丝围起一个大院子，内有一个地面观测场，几间土胚房是值班室。自己发电，水塘取水。由于当时探空仪是进口的，没运到拉萨，只能等待，我们就与第一届毕业的4名男生一同建设探空观测场，制帐篷作氢房。为迎接飞机第一次到拉萨空投，做好气象保障，1957年元旦，开始施放探空气球。早上从4点开始值班，到凌晨1点下班，之后带武器站岗放哨，直到把下一班人叫起，睡觉很少。因高原缺氧，水的

1957年1月在探空组值班室

雪域风云路
西藏气象事业发展回忆文集

1953 年 4 月 10 日在拉萨龙王潭

沸点只有 89℃，馒头是黏的，米饭是夹生的。后来为建那曲、昌都、定日等探空站，人员要调走，加上准备战事，工作非常紧张。4 个探空员白天要放两次大球，夜里一次小球，根本没有节假日和休息日。尤其是 1958 年底、1959 年初，除值班，还要修碉堡，挖防身洞。拉萨叛乱时，高空探测停了几天，地面观测没停。人员都集中到了气象局院内，原气象处的房屋已被炸平。

1959 年经过到上海、北京、长春等地学习，西藏气象局逐渐开展了探空仪就地检修检定工作，并建起了温度箱、双管气压表抽气装置、温度计水箱等。1970 年后，逐步开始测风仪的改型，举办过多期电接风向风速仪检修维护训练班。同时开展了经纬

1957 年元旦文娱演出

创业篇

305

仪、毛发表（计）、气压计的检定维护。局里还组织台站维修小组下台站进行仪器设备维修工作。同时进行人员培训，尤其在文化大革命时期，我与李维良及其他同志一起修复了大批废旧探空仪，其中使用了自制毛发表，

1975 年出差于彦乌，途中遭遇泥石流。

1977 年 9 月，高原气象会战全体同志及气象局领导同志拉萨留影。

雪域风云路

西藏气象事业发展回忆文集

为西藏气象局和国家节省了经费。1973 年建立起标准温度表。1975 年我与刘清泉和国家气象台计量检定所汪肇珲采用特殊手段经北京到昆明（海拔2000 米高）进行对比观测，调整基准点，使西藏这个世界上最高海拔的地区第一次有了气压标准器，为西藏气象局的计量检定工作奠定了一些基础。

1980 年，我内调江苏扬州。

遭 遇 黑 枪

■ 欧阳祖平　廖述德

　　西藏上层反动集团在帝国主义的支持下，为达到分裂祖国、长期实行政教合一的封建农奴制度，拒绝中央提出的实行民主改革的建议。

　　从西藏的具体情况出发，中央决定六年内不改。耐心地等待他们的觉醒，并寄希望于西藏广大群众。同时撤回为民主改革准备的大批干部。对机关实行撤并，最大限度地压缩编制，这就是1957年的大收缩。然而西藏上层反动集团与分裂分子把中央的忍让、等待视为软弱，认为是他们实现阴谋的好时机，因此他们进一步破坏"十七"条协议。他们散布谣言，视我们为西藏人民的利益所做的好事、善事是对西藏的毒害。他们破坏公路桥梁，袭击运输队，偷袭解放军，杀害为西藏人民治病的医务人员。他们更害怕广大的农奴觉醒，对接触、靠拢我党、政、军的群众采用十分残忍的挖眼、割耳、砍手、抽脚筋等酷刑进行迫害。他们造谣生事，煽动不明真相的群众围攻我党、政机关，他们制造摩擦，经常将毫无防备的汉族干部推下自行车或拐一肘子，或吐口痰，强奸汉族女同志等等。一时间把西藏尤其是拉萨搞得十分恐惶。

　　虽然出现了复杂恶劣的社会治安情况，党中央还是严格要求在藏的汉族干部要更加严格地尊重当地的民族风俗习惯、尊重藏族同胞、严格遵守宗教信仰政策。对各种有益于西藏经济发展改善人民生活的好事、善事要坚持做并做得更好。为感化教育不明真相受挑拨利用等攻击我们的群众，要当好工作队、生产队、战斗队、宣传队，做到骂不还口，打不还手，无论何种情况都不准打第一枪，不死不伤就不能还击。为避免和减少摩擦，各机关还规定个人不准单独外出，女同志外出必须三人以上，还要有男同

战区气象台全体同志合影

志陪同。一般情况晚上不准外出等等。因此，各部门各单位把学习贯彻执行党在西藏的各项政策放在首要位置，要求各级人员牢牢记住、严格把握，并对违纪制定了严厉的惩处、制裁措施。

1958年8月15日是抗战胜利纪念日，我们单位派了两个男同志去拉萨大礼堂听报告，到晚上9点多还没回机关，我即去报告了领导朱品同志，朱品听后派我和另一位报务员廖述德同志，跟他一起，并带上武器去接他们（廖述德用卡宾枪，我是冲锋枪）。我们朝大礼堂方向找去，他让廖述德走在最前面开路，自己居中，我垫后，各相隔十几二十米的距离。这时天空云很低，很低，天黑得很，马上要下大雨，我们沿着一条污水横流的路，有的路段水深到小腿，过了一个路口进入小昭寺与机关中间的狭窄路段时，听到了趟水声并看到有三条黑影迎面走来，与我们擦肩而过，双方谁也没管谁就过去了。

我们在布达拉宫下面接到那两位同志，他们看到领导亲自带人来接，很不好意思地说：因为晚上有电影，就看完电影才回来的，对不起。这时，朱品仍让廖述德走在前面，让两位没带武器的同志跟在廖述德后，他走在中间，我仍垫后。说来真巧，当又走到小昭寺狭窄处时，我突然发现朱品站着不走了，我立即快步走到他的身边，听到了趟水的声音，并看到二条黑影朝我们走来，我与朱品赶快向北边走几步，给黑影让出路来，黑影很快就走了过去，但我并未放松警惕，我与朱品又横着走了几步，回到路中

创业篇

309

间，这时只见火光一闪，枪响了，是黑影朝我俩原来站的地方开了枪，我一边向南方靠，好利用地形，同时拉动了枪栓，但并没击发，就在我拉动枪栓时朱品同志一把按住我，并说："不要打，打不得。"还问我有事没有，有没有受伤，我说没有，他见对方没有再开枪，就拉着走，我俩迅速脱离了接触现场。在这千钧一发之际，一个拉动了枪栓未击发，一个听到拉动枪栓就按住不让打，我俩不约而同都想到了党的政策，因为我们没伤，没死是不能还击的。若是，一时冲动，一梭子扫出去虽然天黑但影子还能看到一点点，而距离又那么近，那黑影不死即伤。根据当时的政策法规，要是把他们打伤或打死，我是逃不脱法律的制裁，不判死刑也要坐上十年八年的牢（这在西藏不乏先例），还要连累朱品同志，会产生严重的社会影响，损坏党在藏族群众中的威信。这场意外使我深深地体会到政策和策略是党的生命，也是我们的生命，千万不可粗心大意。

由于党的民族、宗教等各项政策的正确和广大在藏干部模范地贯彻执行，使广大藏族同胞真真切切感受到共产党好，社会主义好，解放军好。他们把在藏工作的每个人员都看成是毛主席共产党派来的新汉人，这在以后平息西藏上层反动集团发动叛乱中，在民主改革中，在西藏的经济建设中得到了充分的证明。觉醒了的百万翻身农奴成了国家的主人，他们在社会主义大家庭中昂首阔步前进。

夜奔绒布寺

■ 欧阳祖平

为配合登山队从北坡登上珠峰，1958 年底又重建了定日气象站。1959年国家气象局决定将设在珠峰大本营绒布寺的探空业务移到定日。

我于 10 月 31 日到绒布接收探空器材。临行时边防连派一名战士与我同行并电告了绒布气象组。

定日到绒布一般情况下骑马只须 7 ~8 小时，路也不难走。这天一早，我观察了珠峰的"旗云"，白、少、直，这预示着当天是个好天气。天气好、路又近，我就没有准备路上的食品、水及防寒物品。

八点多钟，带上武器和边防连派的战士就出发了。金秋的高原，蓝天白云，风和日丽。刚上路时，还有一丝凉意，策马跑了一会就暖和了。我们一口气跑了四个多小时，来到一座山脚下，让马喝点水，就继续赶路。到山顶时，看到公路右边有一条小路。出发前了解到顺此路走，要比走公路近十多里。但中途有座小木桥，胆小的马可能不敢从桥上走。所以我们还是决定沿公路走，寻找水浅的地段过河。

到了河边，我们见公路过河处水比较深，就沿着河向下游走。试了几处，才到河对岸。上岸后，我们沿着一条像似公路的路继续前进，一直走到傍晚 7 点多钟，我猛然一惊，感到不对。按时间计算，我们早就该到绒布了。糟糕，走错路了！但我们也不知道在那个地方

1961 年 12 月，周祖跃向群众介绍测温仪。

创业篇

311

走错的，只好硬着头再往前走。这时已看不到珠峰了，失去了方向目标，附近又无村子也没有人烟。我们六神无主，又不能原路返回定日，心想有路总会有村子，只得继续前行。不知道走了多久，终于看到一个村子。来到村头，我们见到一个藏族青年在给一匹漂亮的黄马梳毛。那马看到有陌生人、马靠近，就一边喷着粗气，一边用蹄子刨地，一副俨然不可侵犯、严阵以待的样子。只见那青年轻轻拍了拍马头，那马立即安静下来，他身穿一件破烂无袖的黑色氆氇，用牛毛绳扎着一头乱蓬的头发，一条没有梳理的辫子盘在头上，辫梢几根红色丝线垂在右脸边，裤子短得只到小腿上，脚穿一双旧的解放胶鞋，两眼炯炯有神。我用不太流利的藏语向青年问路。他上下打量我后，告诉我们走错了路，已经走到曲宗了。

我向他打探该怎样走时，他牵着那匹没有笼头也没有马鞍的黄马，边走边说：跟我走吧！只见他左手抓住马鬃，右手一按马背，轻轻一纵，就骑在马背上了。双脚一夹马肚，缰绳轻抖，那马就小跑起来了。我们催马紧跟，可就是跟不上。见相距较远，我只得叫住他。他勒住缰绳，马就在原地转圈，等我们快追上时，他一松缰绳，马又跑起来了。就这样，我们沿着一条右边是深不见底的河，左边是陡峭岩石的山路快快慢慢地走着。本想跟那位藏族青年聊聊天，也没机会。开始还能看见他若隐若现的身影，后来天渐渐黑了，我们跟他的距离越来越远，就再也没见他的影子了。

跑着跑着，我们再也无力追赶他了，只能沿着那条唯一的山路跌跌撞撞地向前走。风在耳边呼呼作响，我们又冷又饿，我的头也痛得厉害，还一直想吐。我清楚这是在海拔5000米以上的地方，是高山反应。

我对那个藏族青年产生了怀疑：他为什么不和我们说话？不问我们要带路钱？也不向我们要烟抽（当时藏族向人要烟是一种友善的表现）？路上又不陪我们慢点走？西藏平叛不久，民主改革还没开始，散匪还未肃清，他是好人还是散匪？或者是土匪的线人？要把我们带到土匪窝？打我们的伏击？

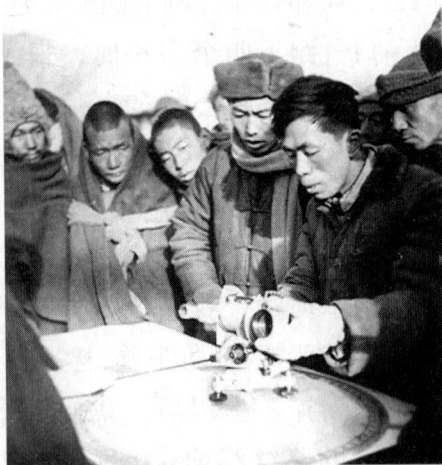

1961年12月，邓健明向群众介绍经纬仪性能。

雪域风云路
西藏气象事业发展回忆文集

越想越紧张，也有些害怕。不知不觉把子弹推上枪膛，提枪催马追上那位战士，想把自己的想法告诉他。但他是个新战士，又怕吓坏他，就不敢跟他说。只好提醒他，夜间走路要特别小心，如果听到有人过来，要避让到有利的地形，并保持一定距离。现在情况不明，要提高警惕，随时准备战斗。他立刻把枪从背后移到胸前，还特意换了弹夹。我俩保持一定距离，慢慢地走着。

突然，我的马打着响鼻，停住不走了。我顿时惊出一身冷汗，毛发直立，以为遇到了特殊情况。下意识打开了枪的保险。只见，一个小动物从马前掠过。原来是它把马给惊吓了。这时，人饿马困，睡意袭来。可山风呼啸，气温骤降，知道如果这时睡下，很可能再也醒不过来，那里还敢打瞌睡呀。我们只有任马信步，慢无目标地走着。

1961 年 12 月，谢德贵向群众介绍探空仪性能。

当拐过一个山嘴，珠峰顶上的雪光突然出现在眼前。我高兴得几乎要喊出声来。头也不怎么痛了，也不太冷了。再往前走一段路，就见到了梵香塔和寺庙的房子了。马也似乎懂得要到家了，加快了步伐。深夜一点多，终于到目的地。部队和气象组部分同志热情地迎上来，很快又端上热气腾腾香喷喷的面条。我们边吃边跟他们聊天，才知道那个藏族青年赶在我们前面给他们报信了。但不知道那个藏族青年报信后到哪去了。我这才恍然大悟，他是看我们走不动了，赶紧到大本营去报信的，这是一个既聪明又善良的好人呀！我还差点误解他了。要不是他带路，我们的结局将是怎样我想都不敢想。现在连一句感谢的话都没说，心里特别愧疚。

后来经多方打听，第三天才从一个老乡那打听到那个藏族青年叫多吉，原来在寺庙当过佣人，现在为工作队做事。

我在绒布工作了几天，以后又去过绒布，都没见到多吉。50 多年过去了，我总是无法忘怀。这是我在西藏期间得到藏族同胞的又一次帮助。

创业篇

战区气象台

■ 欧阳祖平

中印边界的争端来由已久，印度独立以后，继承了英国殖民时期的衣钵，把所谓"麦克马洪"线以南九万平方千米的我国领土视为印度领土。

印度在国际反华势力的支持利诱下，其军人、特务不断越界活动，驱赶我边民，袭击我哨所，打死、打伤我边防人员，飞机经常深入我纵深地区侦查。1962年10月12日，印度总理尼赫鲁宣布：他已下令印军把中国军队从他所谓的入侵地区——实际是我国领土上"清除掉"。印军继续向北侵占我东段的克节郎地区，并进犯新疆的阿克赛钦地区，事态非常严重。

我国政府多次要求停止侵犯，商谈和平解决边界争端。为避免事态进一步恶化，提出先脱离接触，各自向实际控制线后撤的和平主张。

然而，印度依仗后台撑腰，气焰嚣张，有恃无恐。对我国提议不予理睬，在多次警告无效后，忍无可忍，我边防部队被迫从11月20日开始进行自卫还击，从而拉开了中印边界自卫反击战的帷幕。

受 命

西藏军区根据军队需要，向西藏气象处提出提供边境地区的气象保障要求。西藏气象处决定成立"战区气象台"，开展地面观测，高空测风，天气预报，气象通讯等业务。谢肇光任台长，成员有：胡长康（1960年中央气象局调藏工作的工程师）、马添龙、毛如柏、眭新川、龚昌跃、欧阳祖平、邓健明、陈玉昇、周祖跃（藏语翻译，懂尼泊尔语）10人组成。这些同志在校成绩优异，工作中都有不俗的表现，且大多数都是一专多能。这是一支技术全面、精干的队伍。10月25日受命后，大家忙于准备器材用品，检查仪器，准备26日出发。被挑选上的都心情激动、精神振奋，无需政治动员，没有丝毫顾忌，就像歌词中唱的："毛主席的战士最听党的话……祖国让我守边疆，扛起枪杆我就走，打起背包就出发。"后因车辆问题，推后一天出发。

27日11时多，装满器材的两辆敞篷汽车来接我们。最上面放着每个同志的背包，算是座椅，喊上车了，每辆车的驾驶室可坐一人，但大家都往车上爬，年龄最大的老周，胡工爬上车箱硬是不下来，还是局领导才把他俩请下来坐进了驾驶室。不知是谁说了句俏皮话"他俩是想坐上面的软席吧"，引来一阵笑声。局领导和许多同志都来送行，汽车启动了，突然响起了"向前，向前，向前，我们的队伍像太阳……"，雄壮的歌声陪伴着我们，向目的地——前线司令部错那前进。

1961年12月，施放探空气球。

途中见闻

途中，陆续看到往后方送的我军伤病员。更多的是一车车身上裹着毛毯戴着线帽，穿着翻皮皮靴，坐得较整齐，但大部分胡子都比较长的俘虏。每一辆车上都有1—2个所戴帽子上有几道宽窄不一的红、白杠杠的俘虏，也有极个别的手或脚已被包扎好的不影响行动的伤员。车队有我军的医务人员护送，只有极少的警卫战士。

我们到曲德宫，正是吃饭时间。只见临时的食堂和院坝里坐着蹲着很多人，10来个人一堆，两大盆菜，白米饭。有筷子，但他们都不用，只是个别用筷子刨，大多都用手抓着吃。一切都是由俘虏自己管理。另有四五个人坐一桌，摆好了筷子、勺子，他们没裹毛毯且仪态有些与众不同。去问护送他们的干部，他说那是个大官，上级要求一路要照顾好，没把他们

创业篇

当俘虏而是当客人，现在在等再做几样菜才吃饭呢！后来从报纸上知道那大官就是达尔维准将。

一路上看到多批次俘虏，从坐车的精神状态和衣着干净种种情况看，根本不像是经过激烈厮杀打了败仗的俘虏，倒有点像成建制转移的战斗部队。后来才知道，印度实行的是雇佣兵制，多国兵源，又分杂牌和嫡系。为什么打仗？为谁打仗？他们自己心里明白。在我军政治宣传、勇猛顽强的凌厉攻势下，能有斗志吗？抵抗是没用的，保命最重要。何况中国的优待俘虏政策他们都十分清楚，投降自然是上上之选。

27 日晚我们在途中宿营，支前的民工们都露天而睡，我们受到"优待"，睡在四面通风但有顶篷的马厩里。天气寒冷，大伙都穿着毛衣毛裤睡，把棉衣棉被、皮大衣都盖在身上。次日早晨醒来，很多人都睁不开眼睛了，因为睫毛都结了冰，眉毛、被头都是冰。这是我们有生以来头一次经历如此的寒夜！

初战告捷

28 日下午 5 点多，车到目的地错那县。龚昌跃等同志负责选站址，选定的观测场条件非常好。距测场还有 200 来米远，车不能走了，一场卸车搬运物资的战斗打响了。

错那海拔 4280 多米，好几个同志有高山反映，但一说卸车搬运，谁也不愿休息。都是挑重的大的扛、抬或拖或滚动。用了三个多小时，就完好无损地把满满两车物资搬到了观测场边上。这是高海拔、高强度的劳动。搬完了，大家都累瘫了，坐下来休息时大家相互看着笑开了。因为看到对方只有两只眼睛在眨巴。我们坐的是无篷车，整天在简易公路上颠簸，加上又卸车搬运物资，弄得满脸满身都是土，成了泥人。可这时谁也没有力气去弹弹泥土，风一吹，一收汗，感到有些凉，也想到肚子饿了，已经有七八个小时没吃没喝了。听说县府那边有温泉水，实在是没力气去洗，顾不得脏不脏，蓬头垢面走到兵站，吃了点半生不熟的米饭。当天晚上，我们睡在部队提供的帐篷里，冰天雪地，气温很低，我们又一次经历连睫毛都结冰的滋味。次日大伙七手八脚用了一整天时间把棉帐篷搭好，情况才得到改善。

早晨起来爬出帐篷，只见白茫茫的一片，好重的"霜冻"啊！地已经上冻了。该为我们的阵地铺摊子了：首先是电台天线架设位置与测场值班室的安排，还要搭建制氢房帐篷，安装好氢气缸。正好边防连离测场不远有两间堆放杂物的房子，几个外交高手立即打定主意，去找连队借房，得到他们的大力支持，并立即派战士为我们腾出两间房子，解决了预报、测报值班室，还各剩半间当做它用。

安观测仪器、整测场围栏、竖风向杆和电台天线杆也要打地锚钉，总共要挖几十个洞。地冻了，冻土层又太薄，只怕下午温度升高或遇大风会出事故。请不到民工，靠我们自己慢慢抠，要等到猴年马月去！欧阳想起在定日建站时曾经用火烤、开水烫的办法，提出现在冻土不很厚可用热水解冻试试，热水又是错那取之不尽的资源。于是就近提来温泉水，边灌水边挖洞，进度大大加快。下午温度升高了更加好打洞。

1961 年 12 月，同事介绍从经纬仪上读数，点绘到绘图板上，从而求取风向和风速。

凭着大家的干劲和智慧，31日上午就把所有的设备安装完毕，11 时起进行"带装彩排"。地面、高空、通讯一切正常，另外还有"献礼"——就是几乎每个人手上都有几门"大（水）炮（泡）"，一些同志痛得碗都端不起，筷子只能一把抓住刨饭吃，可没有一个人叫苦喊累，而且还是乐呵呵，笑声不断。初战告捷！

打响攻坚战

11 月 1 日，战区气象台正式开展业务。战区气象台承担的气象保障任务有两项。一是取得定时地面探测和高空风资料，制作本地短期天气预报，并根据需要随时提供航空报和航线预报。二是做好错那——达旺方向的雪封山长期天气预报，确保部队南进之后，后续给养的安全保障。

战区气象台任务重、人员少、工作生活条件十分艰苦。由于大家思想认识统一，全身心投入到工作中，一切都有条不紊地进行着。各项工作既有明确分工，又相互协作。谢台长全面负责，胡工承担技术指导，毛是党小组长管政治思想工作。地面探测由龚、欧阳和谢负责，他们同时承担与拉萨的报务联络，邓协助。高空风以邓为主，欧阳、龚、眭协助。陈负责抄收东亚高空报。填图、预报由马、眭、毛承担。老周负责行政生活和下乡翻译。

错那高寒缺氧，吃的是兵站那种天天干菜或开水煮冻萝卜冻元根，只能闻到一点点红烧猪肉罐头气味的菜肴，和那种黏牙的馒头或半生不熟的米饭。住的是地上铺着麦秆，睡觉缩成一团，早晨起来被头结满冰霜的帐篷。我们的测报人员依然精神抖擞日夜值班，一丝不苟完成任务。高空测风的工作是比较艰苦的，往往要在冰天雪地里站上几十分钟，手脚冻得发麻。气温太低，水都结了冰，制氢用水和气缸内残渣都结了冰，都得用热水来处理，很麻烦。经纬仪镜头也结霜，造成观测诸多不便。但大伙还是不辞劳苦，保证任务地完成。

完成战区气象台工作任务的最大难点，还是雪封山的长期天气预报。错那以往没有气象资料，预报只能从两方面入手：一是仔细分析帕里（位于错那西约200千米的喜马拉雅山山口）为主的有关气象站资料；二是深入农牧区虚心学习群众看天经验，走访当地驻军和政府工作人员。预报员和老周下乡没有车马，只能走路，有时弄得半夜三更才回来。至于吃喝那就更不用说了，能搞到一块军用压缩干粮带上就是上等食品。为了了解山口南侧情况，马、眭、周三人搭军车到一个叫麻马的地方，夜里没处去，只好裹着大衣缩成一团靠着军车轮胎过夜，大家开心地说，这仨当了"团长"。预报员们经分析研究反复推敲，及时作出了错那——达旺方向可能于2月底3月初雪封山的长期天气预报。

11月16日，我军在西山口再次英勇反击，19日占领邦迪拉，取得自卫反击战的决定性胜利。中国政府高举和平谈判旗帜，于1月21日宣布：从22日起中国边防部队在中印边境全线主动停火主动后撤。我们在错那又一次看到了大批印军俘虏，还见到了印军司令考尔中将的越野卡车。（传说如果直升飞机晚来点儿，考尔也要当俘虏了。）其后，我方又将缴获的印军武器弹药和军用物资交还给印度，并释放了全部印军俘虏。作为战争的胜利者，中国政府的这一举动，在战争史上是史无前例的。1963 年 3 月 1 日，我军后撤到 1959 年实际控制线我侧 20 千米以内。战区气象台出色完成了任务，各方领导都很满意。

1963 年 1 月 12 日，战区气象台接到后撤命令。战争胜利结束了，任务圆满完成了。战区气象台的美好记忆，那种亲如兄弟、并肩战斗、生死与共的革命情谊，那种"特别能忍耐、特别能吃苦、特别能团结、特别能战斗、特别能奉献"的老西藏精神，永远留在了每个人的心里。

几个小故事

大概是 11 月中旬，谢台长值班，08 时发报，怎么也联络不上拉萨，只听到拉萨在拼命呼叫，就是联络不上，眼看就要过时了，甚至要缺报了，他只好把前一天值了小夜班的欧阳叫起来。欧阳披了件衣服就来检查调试机器。没发现什么问题，只是电表指示略有些偏高，这是负荷偏小的反映，突然他想到这次所配电台天线均为裸体，昨天气温较高，夜里下雪可能是湿雪造成短路，于是就喊谢台长去打天线（实际只能打馈线），开始他有些茫然，以为在开玩笑，但还是去打了，只打了几下，拉萨就听到了。谢台长松了口气，可欧阳冻得发抖。通过这次短路现象发现了部分设备不适合战时使用，其所配 64 米天线也太长。

兵站的生活很艰苦，单调，没有油水，我们全部都是二十几岁的小伙子，吃不饱，很想改善生活。有一天一些同志在前一天晚上住过人的场地上，见到有不少的细挂面一样的东西，只是颜色稍微黄一点，于是就捡回来，没有锅，就用水桶当锅，水开后就下"挂面"，煮了一会儿，捞起来一看，怎么还是硬硬的。加大火又煮，有同志捞几根放在嘴里，可以嚼烂，有点酸味，就这样边煮边尝，不知道煮了多久，可始终是硬的，陈玉昇同志捞几根丢到火里，竟然被烧化成沥青状的液体，这肯定不是挂面，就拿去问边防连的同志，他们说这是炸药。大家都傻笑了。

一天晚上，我们观测场边开来了三部新的矮车箱解放牌车，上面用篷布盖着，一个军队干部走进值班室，带着一种沉痛的、伤感的语气对我说："同志，今晚是你值班吗？我们有三车烈士遗体停放在你们这里，因山那边部队前进的速度太快，来不及收集处理，加之气温高，有的尸体已经腐烂，为防野狗，请你一定照看下，明天一早就走。"我看到他如此悲痛的心情，这是为国捐躯的英勇战士，没有丝毫怕意，就答应了，并说请他放心，我一定为烈士守好灵。今夜虽然没有香烛，没有哀乐，也没有花圈，只有我陪伴你们。但我绝不会让任何野兽再伤害你们。这一夜，除观测发报时间外，我一直在车边转，还爬到一辆篷布被掀开一角的车上看，见每个尸体都用毛毯裹着，用绳子捆好，上面有一块写有字的白布条，遗体垒了两层，其中有一个脚露出来，只穿一只胶鞋，我想一定是在追击中牺牲的，我看着忍不住泪水直流，赶快把篷布盖好下来，心里默念：安息吧！战友，你们是祖国的好儿女，祖国人民会永远记住你们。

探索篇

情系藏东风云　心怀昌都气象

■ 刘光轩

1969 年末，我刚满 20 岁，正值青春年少，由成都气象学校毕业，心中充满着对高原的好奇与向往，激情燃烧，响应国家的号召，被分配到西藏昌都地区丁青县气象站工作。从此，这一生便与藏东的神奇山水、变幻风云结下了不解之缘。

天寒地冻之时，我从成都出发，沿着十八军进藏的路线，乘车兴致勃勃地前往昌都报到。过了四川康定，人就感到了高寒缺氧的不适，一路上高原反应强烈，吃不下、睡不着，再加上沙石路面的颠簸，累得全身无力、头晕脑胀。这时，我开始认识到，要想在高原上长期工作生活下去，更加严峻的考验还在后面。

就这样，我经过 7 天的长途跋涉，终于到达了昌都地区气象站（那时还称站，科级单位）。一进站，我了解到该站是 1950 年 10 月西南空军司令部气象处随十八路军进军西藏，在西藏建立的第一个气象站，而即将要去的丁青县气象站建立于 1954 年 1 月，是一个非常重要的国家基本站，心中不免产生了一些自豪感。我在昌都短短地休整了几天，迫不及待而又非常不容易地搭上了一辆车，260 千米的路程又跑了 2 天，才到了丁青县气象站。

那时的丁青县城像个小村庄，没有街道楼房。全县机关干部职工不到100 人，气象站有 10 人，算是最大的单位之一。海拔接近 4000 米，最低气温度达到零下 25℃左右。交通极为不便，简易的昌丁公路凹凸不平，一年四季大部分时间不通车。地方没有一辆汽车，只有县武装部有一辆北京吉普。基本的工作生活用品和邮件一季度或半年不定期地由地区派车送一次。

探索篇

实在不行，为了应急，只好人背马驮。有汽车来是干部职工的特大喜事，大家欢呼雀跃，奔走相告。这时，县里往往会统一放半天假，让大家看信、看报和写回信。物资极为匮乏，钱基本花不出去。县里虽然有一个由几间平房组成的供销社，但是日常用品却几乎买不到。只有凭票购买一些最基本的物资如酥油、茶叶、食盐、肥皂之类。蔬菜非常缺乏，一年四季吃的基本是"老三样"：萝卜、白菜和牛羊肉，辣椒下饭是常有的事。没有自来水，全靠水泵从500米外的坡下小河抽水到水池里，然后各自去挑水使用，一旦水泵出问题，只好下河去挑。基本无电，每天只是从天黑到23点供应约4小时时明时暗的照明电。没有理发店、洗澡堂，能像样地理个发、洗个澡，简直是一种奢求。

丁青站业务齐全，工作量大，有8次地面观测发报，还有预约航危报和小球测风。但人员配备不齐，加之气象站常年平均有一半的人被抽调去县里参加中心工作，每天24小时昼夜值班，人员格外紧张。当时的站内工作条件很差：房屋只有10间土木结构、低矮狭窄的平房，且遮风、挡雨、防尘功能都不好。没有厕所，要方便需到站外县中队去解决；没有制氢房，制氢就在临时搭起来的油毛毡棚下进行；观测场是用粗细不等的铁丝和高矮不一致的木桩围成。由于丁青特殊的地理环境和气候条件，植被稀少，缺乏木材作为燃料，取暖做饭主要靠牛粪。受当时极其有限的交通条件限制，燃料有时不能及时保证。夏季还好过些，而到了冬季，寒风刺骨，很多时候手指冻得不能握笔。

尽管工作生活条件如此艰苦，但丁青站的站风却很好。我真佩服五六十年代参加工作的老同志，大家工作热情丝毫不减，站内站外干部职工亲如一家，互相关心，互相帮助，不分彼此，其乐融融。无论是1959年叛乱时期，还是在文革动乱年代，业务不乱，工作不断。在他们身上所体现的"特别能吃苦、特别能战斗、特别能团结、特别能忍耐、特别能奉献"的"老西藏精神"随处可见。在他们的言传身教下，新到的我，很受教育，感到很温暖、很开心，忘记了艰苦，也很快地融入了这个集体之中。为今后安心西藏、锻炼成长打下了基础。

1972年，我被任命为丁青气象站副站长并主持工作。同50年代参加工作的一位副站长和一位业务组长组成了新的站领导班子。在老同志们的提议和支持下，我们自力更生、因陋就简维修了观测场地，使其尽量符合规范要求；人人动手，借来墙板筑成土墙，盖起了厕所和制氢房；找来木工工具，做成了会议桌兼乒乓球桌以及资料柜等。为了使气象工作能切实地为当地政府和农牧民群众服务，我们充分利用自身所学，在上级业务部门的指导下，并吸收民间看天经验，做起了长、中、短期天气预报，同时向县委、县府用手写报告书面报送，通过广播站向全县发布气象预报。此举得到了县委、县府的充分肯定，也得到了广大人民群众的好评。随着气象预报服务的不断深入，我深深感到知识的缺乏，于是暗自下定决心，利用一切空闲时间自学。1974年9月，我考上了云南大学地球物理系气象专业。三年苦读，使我对气象知识的掌握更加全面深入，对气象工作的重要性更加了解，对自己身为高原气象人倍感荣幸。

1977年，我从云南大学毕业后，又回到了昌都。正赶上昌都地区气象站升格为昌都地区气象台。当时由南京气象学院定向西藏班、成都气象学校、南昌气象学校和湛江气象学校分来了一批大中专毕业生，为昌都气象事业的发展增加了新生力量，气象事业处于发展壮大的大好时期。地区台很快组建了预报组，从此有了专门从事预报服务的大学生。我到了昌都以后，先后被任命为业务科科长、副台长，从事气象业务管理工作。从1977年开始到1982年，是西藏包括昌都在内的各地新增站点最多的6年。西藏由23个站增加到39个有人站（该数字，截至2010年没有变化）。我有幸与新老同志一起参加了左贡、类乌齐、洛隆、芒康、八宿等5个县站的建站工作。当时建站缺少人员和经费，困难很大，然而我们并没有被困难吓到。我们餐风露宿，白手起家，苦中作乐，从搭建土房、场地平整、仪器安装到业务正式运行，每次都圆满完成了任务。

昌都地处横断山脉地区，山高路险，交通不便，信息不灵，工作生活条件同样十分艰苦。但就在这样的条件下，昌都气象人更是创造了很好的业绩。各项业务质量长期名列全区前茅，各项行政管理工作井然有序。服务工作不断深入，那时就开展了人工增雨、消雹和防霜工作。自力更生，艰苦奋斗已经成为每个人的自觉行动。人人动手，修建篮球场，丰富文体生活；种草植树，绿化美化环境；种菜喂猪，改善职工生活等等。在这当中，老领导、老同志的模范带头作用和新同志的上进精神给我留下了深刻印象和美好回忆。在昌都台的7年间，我走遍了昌都的山山水水，深深地恋上了三江大地，与部门内外的同志结下了深厚的友谊，忘不了大家对我工

探索篇

作上的支持，生活上的关心，心中永远满怀着昌都情结。

　　1983年，因工作需要，我调到了那曲地区气象台，之后辗转拉萨，始终与高原风云相伴，与蓝天丽日相拥，心中从未割舍下对昌都的眷恋，总是关注着昌都气象事业的发展壮大。我多次回到昌都，对昌都、丁青、左贡、类乌齐、洛隆、芒康、八宿7个台站都进行了调研，每看到昌都气象工作一年更比一年好，发展势头一年更比一年强，总是按捺不住内心的激动和喜悦。

　　解放以来，特别是改革开放30多年以来，在昌都地委、行署和自治区气象局党组的坚强领导和关心支持下，昌都气象事业得到了突飞猛进的发展。

　　站点数量显著增加。已由解放初期的2个站，发展到18个站点（包括11个无人自动站）。以卫星、雷达、计算机为代表的现代化仪器设备应有尽有。

　　队伍素质显著提高。一大批优秀的民族干部迅速成长起来。民族结构、专业结构较为合理的队伍总数达到上百人，拥有高、中级职称人员将近一半。

　　服务能力显著增强。气象服务能力和水平不断增强，预报预测准确率不断提高。基本做到决策服务领导满意、公众服务群众满意、专业服务用户满意。在"康巴艺术节"、"邦达机场重建"、"金河电站建设"等重大社会活动、工程建设的气象服务中，充分发挥了气象部门不可替代的作用。

　　科技水平显著提升。气象工作紧紧围绕经济发展这个中心，不断提高科研水平、创新能力，先后完成了较大科研项目多项，其中《西藏昌都地区农牧业气候资源图集》、《西藏昌都气候》、《藏东三江流域农业气候资源及开发利用》、《昌都地区粮食产量预报方法研究》、《气候应用专集》5项科研成果先后获自治区科技进步二、三、四等奖，为本地区经济社会发展做出了积极贡献。

　　台站风貌焕然一新。昔日破旧不堪的土房一去不返，今日崭新的楼房拔地而起。办公场所规范有序，生活小区窗明几净。干部职工安居乐业，喜笑颜开。"老西藏精神"和"高海拔、高标准；缺氧气、不缺志气"的高原气象人精神得到继承和发扬，获得了"文明单位"、"文明行业"的光荣称号，树起了部门良好的社会形象。

抚今追昔。此时，在脑海里不停地一幕一幕地闪现着数代高原气象人艰苦创业、无私奉献、百折不挠、奋发进取、开拓创新的一个个激动人心的场面。昔日在昌都与我共事的老友，如今已分散到西藏和全国各地，若他们能再回到昌都，亲眼见见昌都气象事业翻天覆地的变化，心情一定会跟我一样，激动与喜悦会在眉间荡漾。

展望未来。昌都气象事业一定会取得更加丰硕的成果，昌都气象人一定会秉承数代高原气象人凝聚传承的精神，为小康昌都、平安昌都、生态昌都、和谐昌都做出应有的贡献。

探索篇

在定日站的那段岁月

■ 格桑曲珍

1969 年，我作为下乡知青在农村接受贫下中农的再教育，懵懵懂懂的我还没有真正融入社会，没有真正感受到社会的艰辛和困难。

就在这个时候，西藏自治区气象局举行招聘活动，经过选拔，我顺利通过了，成为了气象部门的一名职工，并前往定日参加工作。

灰头土脸

经过集中短期的培训之后，从西藏各地招到气象部门的职工被分配到了西藏的各个基层台站。在接到通知后，大家都没有什么怨言，服从组织的安排，到各县气象站参加工作。

我和李长华（已退休，原西藏自治区气象局副局长）、陈仕庚（第一批内调人员）三个人分配到了西藏日喀则地区定日县气象站。

如果是现在，去定日是一件不怎么麻烦的事情，一天就可以到达。然而在当时，要想去定日，就没有这么容易了。先是解决从拉萨到日喀则的问题，单位车辆比较少，无法解决我们的交通问题，要到达目的地，只有自己想办法。为了买票，我们三个人在拉萨客运站排了一个通宵的队，才买到了三张车票。

日喀则到了，可是定日就没有班车了，要去那里，显得就很遥远了，当时的车辆本身就比较少，在去往定日的路口，我们天天等在路边，希望过路的司机能够搭我们一程。

一天过去了，两天过去了，三天过去了……为了找车，我们身心疲惫。

我们没有太多的要求，随便什么样的车子都行，只要能把我们拉到定日就可以了。

第七天，我们终于拦下了一辆大货车，就像绝望之极的人，突然间抓住了一根救命的稻草。尽管已经觉得很累，但是心底深处还是泛起了一股淡淡的喜悦。

货车上装满了面粉和辣椒，我们随意地找了几个位子坐了下来。车子开始行驶了，在土石铺成的路面上，很慢，很颠簸，狭小的空间里，空气中弥漫着沙土，还有面粉，更有辣椒呛人的味道。鼻涕和眼泪一把又一把，怎么也擦不干。李长华和陈仕庚还有高原反应，在这样的环境下，他们比我要难受得多。陈仕庚的反应比较严重，脸色苍白，没有一点精神，这让我们都为他捏了一把汗。

车子终于行驶到了定日的兵站，货车要前往聂拉木，我们只好在这里下车。可是兵站距离定日县城还有 8 千米的路程，路上的车子更加稀少，就连老百姓的马车也见不到一辆，怎么办？天已经很晚了，我们只能在兵站暂时住一晚上了。这个时候，我们彼此望了望对方，大家都想笑，每个人的脸和头发上都是面粉和沙土，鼻子也红红的，那股辣椒的味道似乎还在我们的周围弥漫。这个时候，我突然想哭，但还是强忍住了眼中的泪水，尽管我是一个女同志，但是我还是藏族，比他们俩应该坚强。

第二天早上起来，依然找不到车子，我们正在一筹莫展的时候，一个当地的老百姓牵着两头毛驴要去定日。于是，我们和他商量，他答应将我们的被褥和行李驮在毛驴身上，我们三个人背了少量的东西徒步向定日县城进发。陈仕庚的反应还是比较厉害，我又怕走得太快的老百姓对我们的行李有什么想法，只好两头跑，走走停停，经过了 4 个多小时，终于到达了气象站。

站长的偏见

经过了一番辛苦，我们终于到达了目的地，算是上岗了。但是我却很悲哀地发现，站长对我有偏见。

李长华和陈仕庚有住房，有床，也有桌子。但是没有我的房子，而且表现出了对我的不欢迎。我心里一直嘀咕，我和站长是第一次见面，更谈

探索篇

不上得罪他，到底是什么原因让他对我存有偏见呢？

想法归想法，我既然来了，还是要先解决一些基本的生活问题。原来站上确实没有女同志的住处。在站上其他同志的帮助下，在仓库的旁边，为我腾出了一间空房，找来了几个装苛性钠的废弃的铁桶做床架，几个木板搁在上面，就成了床。用过的探空仪器的木箱成了我的床头柜，一个简单的"小窝"就这样临时搭建了起来。

睡在不平的木板床上，一路的劳顿并没有让我马上入眠，眼前浮现着路上经历的一切，浮现着站长对我淡淡的态度，心情难以平静，站长为什么不接纳我呢？在这个举目无亲、人生地不熟的地方，我一个弱小的女子，站长和我前世无怨、今世无仇，他这样对我到底是为什么呢？涉世之初，我遇到的竟然是这样的待遇！辗转难眠，我思考了很多，也思考了很久，我感觉到自己突然间长大了很多，这一切也迫使我学会了忍耐和坚强。

过了一段时间，站长依然对我不冷不热，并没有明确我的去留，反而给我提了一大堆的要求。

也许是有意考验我，站长并没有让我马上跟班学习，而是让我做仓库管理员，配置各类观测仪器，为值班室送东西，采购柴火，充当翻译，站上杂七杂八的事情都交给我来做。对于站长交给我的事情，我总是一丝不苟地去完成，要让站长改变态度，要从实际行动着手，而不是和他理论。不说假话，不吹牛，勤奋，诚实，这是我的原则，也是我的行动，我相信站长总有一天会改变他的态度。

终于有一天，站长冷漠的脸上露出了开心的笑容，对我的成绩给予了肯定，鼓励我继续努力，并安排我跟班学习，最终成为了一名气象观测员。

后来我才知道，站长之所以对我有偏见，有两个原因：一是这个地方非常艰苦，一个十七八岁的小姑娘难以适应这样的环境；二是在当时的定日，男同志很多，女同志极少，因而对于这些宝贝一样的女同志的是非也比较多。

实际证明我不光是一个能吃苦耐劳的女孩，也是一个作风正派的女孩，这一切不光打消了站长的偏见，还让站长很感动。

翻译的能耐

1972年，我光荣地加入了中国共产党。1973年，我被任命为副站长，成为了比较年轻的藏族女站长。

因为我是一个藏族，藏语水平相对比较好，又是一个女同志，心比较细，加上我干事情又比较踏实，待人诚恳，县里的事情我也是经常参与。

当时，县上在各单位抽调翻译，下乡开展工作，我也被抽调去当翻译。一去就是三个多月，乡间交通状况比较差，趟河水，走山路，骑马，基本上都是家常便饭。马因为惊吓，从马背上摔下来的事情也时有发生。

为了做好翻译工作，加上当时的政治术语也比较多，我的背包里一直装着一本藏汉字典，遇到不懂的词汇，经常拿出来翻查。

由于工作比较出色，工作结束后，县里的一些重要会议上，都叫我去当翻译。

我经常参加县里的一些活动，认识的人比较多，也做出了较好的成绩。由于工作比较扎实，一次，在县委礼堂召开的干部大会上，书记和县长谈到翻译工作，都说气象站的女站长很能干，说："气象站的女站长，不怕害羞，胆子大，能沉住气。"

由于当时的物资非常匮乏，县里的物资也基本上都是按照计划来供应，气象站经常被"边缘化"。于是我就去找县委书记和县长，让他们来帮我们解决站上的业务用油，主要是汽油，当时的电力不正常，业务用电很多时候要靠油机发电。牛肉、羊肉、酥油、副食我也去积极地争取，为了等县委书记和县长，经常会在县委和县政府的门口一等就是大半天，所以才落了一个"不怕害羞"的名声。

回想起刚参加工作的那段时光，虽然已经过去 40 多年了，但是当时的情景难以忘怀。定日这段回忆，尽管很苦，这一段工作生活的积累，不断的磨砺和锻炼，成为了我人生宝贵的精神财富，我感谢那段时光，我也怀念那段时光。

探索篇

青藏铁路气象科学考察

■ 代加洗

考察的精心准备

1975 年初，国家下达了青藏铁路气象科学考察任务，其中气象科考部分中央气象局确定由青海省气象局具体负责组织，中央气象局气象科学研究所、四川、西藏、甘肃三省气象局派员参加。

3 月初由青海省气象局领导带队，我和韩致祥、李鹏杰同志沿着青藏公路进行气象站布点考察，确定在西大滩（海拔 4100 米）、楚玛尔河（海拔 4500 米）、风火山（海拔 4745 米）增设固定气象站点。并沿铁路设计路线，进行流动气象科学考察。

青海省气象局决定：尽快从艰苦台站抽调建站人员，任务完成后全部调回省局工作；同时抓紧仪器、设备和人员装备的采购、分发，至 1975 年 6 月已建成西大滩、楚马尔河、风火山三处气象站。

艰苦的野外考察

在建设固定气象站的同时，积极开展了野外考察工作。1975 年 6 月，原南京气象学院罗漠院长来青海，决定在青海开门办学。7 月由兰成海辅导员、翁笃鸣老师带领 20 多位大学生来青海办学，教学实习地点选在昆仑山口地区，建立了昆仑山垭口北滩地固定观测点（海拔 4550 米）和昆仑山乌丽（海拔 4650 米）、不冻泉（海拔 4500 米）两个流动观测哨。全体师生不畏艰苦，认真负责，取得了宝贵气象资料，特别是翁老师指导组织的考察实例，为我们以后大规模野外气象科考提供了难得的经验。同时我们学到了当时青海省气象台站尚未开展的地面辐射平衡、热量平衡观测项目，受益甚大。

综合气象科考队1975年下半年正式组建，省气象局指定由我负责。我们从日本进口了长波辐射和热量测量仪器，四川省局支援了法国的辐射仪器。中央气象局气科所陆龙骅同志提供了太阳光谱观测镜片，该所鉴定室对我们的各类辐射仪器进行了全面检定。吴鹤轩同志采购了吉普车和退役的野外军用车，严进瑞负责仪器、装备的筹集，李鹏杰负责生活保证，从铁路建设筹备中心及时采购生活补助特供食品（社会上限供或买不到的肉食、蔬菜、海产品、糖、油和各种罐头等）。

改装野外军用车，使之适合气象野外科考用。安装火炉、配置发电机，添置折叠桌椅，为野外气象考察提供了必需的工作生活条件。

车改装后，野外科考工作有序展开。1976年1月1日至31日在昆仑山原夏季固定观测点开展了综合气象考查。2月，去天峻关角隧道（海拔3900米）进行隧道内外气象要素差别和隧道内通风状况考察。7月16日至8月31日在唐古拉山北侧布曲河畔（海拔4872米）进行综合气象考察，同时还在唐古拉山公路垭口（海拔5000米）、雁石坪（海拔4750米）、温泉兵站（海拔4600米）进行气温、湿度、风向、风速等要素的对比观测。

1977年1月1日至31日，在唐古拉山公龙曲垭口（海拔5068米）进行综合气象考察，7月，在托素湖（海拔2700米，因淡、咸两个湖相连接又俗称连湖）进行基本气象要素考察。从1976年8月—1977年11月之间，用气象考察车先后在拉萨、那曲、风火山、楚马尔河、格尔木各站进行了辐射、热量平衡和太阳光谱的流动观测。在完成以上任务的同时又两次驱车前往西藏境内的安多、那曲、当雄、羊八井、拉萨等地进行了气象和地理环境的调查。可见，考察车在这次科考中发挥了重要作用。

1976年5月，中央气象局气象科学所所长张家诚博士，来青海了解青藏铁路气象考察情况。他知识渊博、朴实无华、待人诚恳，无专家架子，工作认真负责，并坚持到高原观测现场考察。但他年龄较大，在沿青藏公路穿越昆仑山垭口（海拔4650米以上）时，出现了严重高原反应，头痛严重、昏迷不语。我们迅速返回格尔木陆军医院抢救，还好，到格尔木后很快恢复健康。在回西宁路上我们谈笑甚欢，介绍解放前他上大学、当记者与反动派斗争的经历，令我们佩服不已。回京后他随即组织气科所赵卫、陆龙骅、孔佑坤、王雷等同志来青。此时，四川、甘肃、西藏的李林国、王陆东、康建业、陈金水等同志也来青，参加青藏铁路气象考察。

1976年5月下旬，省内外气象科考人员在西宁集中，研究考察计划，准备装备物资。同志们团结协作、不畏艰苦，特别是北京和外省来的同志从低海拔直接到4000米以上高原地区，经受住了高寒缺氧的严重考验，直到9月中旬，顺利完成了唐古拉山北侧布曲河畔（海拔4872米）项目最全、时间最长的综合气象考察任务。他们优良的工作作风、严谨的科学态度、精湛的学术水平也使我们深受教益。

考察中记忆深刻的往事

虽然时光久远，但在考察过程中有几件事记忆犹新：

1975年8月的一天下午，在昆仑山口，有两辆军车发生故障，"抛锚"在南气院师生宿营帐房附近，同学们热情接待，请几位司机到帐房休息，安排他们吃住，次日车修好后告别而去。事隔数日，这两辆军车由格尔木返回路过时，专门赠送了大米、罐头等稀少食物以表示谢意，同学们欢乐不已，大家美餐几顿。

1976年2月，在关角隧道设点时，与解放军施工连队有较多接触，见到战士们在极其艰难的环境中，为挖掘隧道做出了卓越贡献，提前完成了任务。这种任劳任怨，不怕牺牲，艰苦奋斗的精神令人敬佩。在隧道口附近，我们沉痛悼念了为修建青藏铁路而献身的烈士陵墓。

1976年7—8月在唐古拉布曲河畔测点考察期间，有一段时间，省局汽车未能及时送来粮食，眼看就要断粮，恰好兵站领导与李鹏杰是老乡，通过老李的巧妙公关，诚挚话语，感动了兵站领导，不但借给粮食解决燃眉之急，并且还借给了步枪、送了子弹，以备我们自卫。有了枪支弹药以后，西藏陈金水同志提出要改善生活外出打猎，因为只有他会说藏语，熟悉藏族习俗，是唯一适合的人选，大家都支持。老陈稍作准备即择日清晨出发，原说好当日返回，但天色已暗，仍不见老陈打猎归来，为此，改变21时停电熄灯的常规，整夜发电照明为老陈指路。并决定用手电筒照明，分成两路去草滩和河边寻找，但直到初现曙光仍不见踪影，我们非常紧张，怕他遭遇不测。次日老陈归来时才知道了真相，原来他清晨出发渡河时水浅，河窄极易通过，日落返回时，由于白天山上积雪融化致使河水猛涨河宽水深，在强渡时携带的猎物被水冲走，幸好背上的枪支弹药仍在。上岸后天黑迷路，走到了距考察点20千米之外的公路道班，然后沿着公路艰难的步行返回基地，此时已是身心交瘁，极度困乏。虽然猎物丧失，但大家十分钦佩老陈同志的坚强意志和不惧困难的精神。

1976年9月18日15时，在安多县参加毛主席的追悼会。会议保安工作要求严格，事前由西藏陈金水同志与会议组织单位领导联系，不说我是科考队长，而是党委书记，老陈说藏民尊重共产党的书记，对行政职务不在乎。会上藏民群众悲痛欲绝，泪流满面，表达对毛主席的深情怀念，使我们极为感动和敬佩。当地县委、政府领导还接见了我们，同表哀痛。

1977年1月，在无人区海拔5068米的唐古拉公龙曲垭口考察，这是整个考察过程中海拔最高的观测基地，位于唐古拉山冰川前沿，空气稀薄，严重缺氧，天寒地冻，滴水成冰，日常用水只能铲雪或凿冰融水。虽然取水点距生活帐房仅50余米，但每次必需两人同去担取冰雪，否则完不成任务。大家都出现了高山反应，四肢无力，呼吸困难，食欲下降，难以入眠。但同志们任劳任怨，患难与共，团结奋斗，坚持一个多月，完成任务。

2月3日中午，撤出基地时，遇到了更大挫折。冰雪覆盖道路，车轮在路面打滑空转，急速转动轮胎的加热作用，使冰雪路面融化车轮越陷越深，只好卸下全部物资腾空汽车，然后用羊皮大衣和棉账篷垫在车轮下，大家牵拉、推搡将陷入冰雪中的空车拖出，重新装车，同志们气喘吁吁，疲惫不堪。前后用了4个多小时，耽搁了行程，原计划16时前可行驶在青藏公路上，可是事与愿违，在接近青藏公路时，又发生类似情况，只好派人步行去公路道班借拖拉机拖出，此时已经是半夜三更了。

科考期间两次到拉萨，收集资料，得到西藏气象局的大力支持和帮助。朱品局长给予了热情接待，当时虽然没有请人吃喝的习惯，但是他们深情关怀比吃喝更有意义。通过艰难工作，使我们参观了对外还未开放的布达拉宫、大昭寺、罗布林卡。看到了气势宏伟、巍峨壮丽的宫殿建筑，金质佛像、玉质菩萨、珍贵文物宝藏，也见到了达赖等宗教领袖、农奴领主的奢侈生活。另外，我们还参观了揭露封建农奴制度的展览馆，农奴主和寺

探索篇

院教主对牧民的残酷迫害目不忍睹，展出的令人非常恐怖的农奴头盖骨碗、人皮鼓、剜出的眼珠、砍掉的手背、腿足等实物。足以证明西藏政教合一、封建农奴制度是最黑暗、最残酷、最反动的社会制度。95%的农牧民生活在猪狗不如的悲惨环境中。

可贵的科考成果

在考察过程中随时向铁道部第一铁道设计院提交气象科考报告，先后写出了几篇论文和报告：昆仑山乱石沟地区一般气候特征；格尔木至西大滩铁路建设路段的温度分区；唐古拉地区夏季的辐射平衡状况；唐古拉地区夏季的热量平衡状况；柴达木托素湖（连湖）地区气候状况；天峻县关角地区气候状况及关角隧道气温、通风状况；唐古拉山区和念青唐古拉山区青藏铁路气象考察报告。

这次考察除满足了铁路设计单位的需要外，并在青藏高原无人区首次取得了辐射平衡、热量平衡、太阳光谱等非常珍贵的实测数据。观测到了我国的太阳辐射极值。为此，新华社1978年11月29日发了新闻稿："【新华社西宁11月28日电】中国目前测到的太阳辐射的最大数值：每分钟一平方厘米直接辐射一点八一卡和总辐射二点三零卡……是科学工作者分别在青藏高原海拔5068米和4876米测到的……"此外，国家一级科学刊物《科学通报》24卷9期、25卷9期，分别刊登科考论文："唐古拉地区总辐射及净辐射"、"唐古拉地区的热状况"（作者陆龙骅、代加洗）；"青藏高原唐古拉地区辐射状况和热状况考察报告"（作者代加洗、陆龙骅、李鹏杰、苏宏德）获1980年度中央气象局气象科学技术研究成果三等奖。

1978年，青藏铁路气象科学考察队获青藏铁路科学技术大会先进集体奖。而后在青海省科学技术大会上又授予省先进集体，也是省气象局唯一获先进集体奖的单位。青藏铁路气象考察队，被推荐参加全国科学大会。由于科考队的集体功绩，使我有幸被推选为青海省第四届政协委员，出席了文革后的首次省政治协商会议（1978年12月），这也是省气象局出现的第一个由普通科技人员担任的省政协委员。

阿里气象事业的创立与发展

■ 杜中梁

建站的历史背景

阿里地区气象事业创立于上世纪 60 年代初，是由黄际元、张思明、余肇周、李书贤、祖秉乾等人从拉萨至新疆的喀什再辗转到阿里，在噶尔昆沙组建了阿里第一个气象观测站。从此，开创了阿里地区具有现代意义上的气象事业。

1960 年 9 月，根据阿里经济和军事需要，工委决定在阿里建立气象观测站。

阿里是西藏天气变化的上游，更是全国乃至亚洲天气系统的上游，获取这一地区的气象资料对于开展气象科学研究，了解高原气候，做好气象服务具有十分重要的现实意义。因此，建立阿里气象站具有深远的意义。西藏气象局在经过认真研究后，决定从气象处抽调黄际元等一批业务技术骨干参加阿里的建站工作。

建站的艰苦历程

当时正是秋季，一般进入 12 月至次年 5 月，阿里就会大雪封山封路，如不抓紧时间，建站任务就要拖到第二年。时间紧，任务重，拉萨到阿里又不通公路，怎么办？后来得知阿里地委书记在拉萨开会，找到他后，他说从拉萨去新疆喀什等他一同进藏。11 月下旬，建站人员从拉萨出发到达新疆的哈密，除祖秉乾去乌鲁木齐联系和运送器材和仪器外，其余人员

探索篇

先去喀什等候。12月中旬，祖秉乾从乌鲁木齐运着器材到达喀什与大家会合，此时地委书记也到达喀什，大家同护送地委书记的部队一起向阿里进发。

12月的青藏高原，天气很冷，大家坐在敞篷汽车里，冻得直发抖。从喀什到阿里3000多千米，路线长，路况差，车辆颠簸很历害，但没有人叫苦。为了保证人员的安全，大家都佩带有武器，随时防备叛匪的袭击。幸好，路上没有发生任何情况。

24日，气象人员到达阿里的噶尔昆沙，迎接他们的是一场大雪，雪下了整整一夜，气温下降到了零下30℃，寒气逼人，虽然大家都穿着皮大衣，但仍感到寒冷。这里说起来是个地区所在地，实际上就像一个客栈，见不到一间民房和一个居民，只有一个政府机构和驻军部队大院，气象人员到达后也住在大院里。为了保证建站的安全，站址就选择在政府大院里。

为保证取得1961年完整的气象资料，气象人员决定利用5、6天时间把观测场建立起来，于是他们从到达的第二天就开始在雪地里平整观测场，安装气象仪器，在大家的共同努力下，一个新的简易气象观

1971年10月，学员观看和实习日射观测。

测站诞生了，终于在1961年1月1日准时向拉萨发出了第一份观测资料。从此，填补了阿里35万平方千米无气象站的空白，阿里气象开始走上了漫长的发展之路。

全面发展时期

阿里气象站的建立，标志着阿里气象事业有了良好的开端，建站初为3

雪域风云路
西藏气象事业发展回忆文集

次定时观测，不守班，业务人员维持在 6 人左右，以积累资料为主要任务。1963 年到 1966 年，气象站列为国家基本站，增设了小球测风和无线电发报。1966 年 1 月，阿里行署所在地从噶尔昆沙搬迁狮泉河镇，气象站也随之搬迁到狮泉河镇，改为狮泉河气象站。20 世纪 60 年代末，开展了补充天气预报业务，制作了补充天气预报工具，搜集整理了民间天气谚语。

在新疆气象局管理期间，新疆气象局对阿里气象工作非常重视，1970—1971 年两次从新疆各个气象台站抽调地面观测、无线电通讯、日射观测、探空、台站管理等各类业务技术力量充实到阿里台站，并任命原新疆气象局办公室主任丁秉瀚为阿里气象站站长，阿里军分区派刘才营长任教导员。从此，阿里气象站走上了一条健康发展的道路。

事业要发展，人才是关键。阿里是西藏最艰苦的地区之一，人才非常匮乏，很多内地学生，一听说要分到阿里，都不愿意去，即使去了也不安心工作。在大量汉族同志内调、业务人员紧缺的情况下，气象部门一度出现了人才危机。怎么办？气象部门经过认真研究，决定从长计议，不等不靠，自己解决生源问题，把培养当地民族干部作为生源的重点。经当地劳动人事部门的批准，首先在当地招收了一批本民族初中毕业生，先后送到咸阳民族学院、兰州气校和新疆伊犁气校进行文化知识和专业技术学习。这些学生毕业后充实到了业务岗位，成为阿里地区首批土生土长的气象人员，他们进岗后工作认真负责，思想稳定。不少同志经过多年的锻炼和组织培养成为领导干部和业务骨干，成为西藏气象业务中既留得住又靠得住的地方民族干部。

解决了人才问题，住房又成了站上的一个大困难。随着人员的增多，不少新来的学员没有住处。为了解决住房问题，站领导更是绞尽脑汁。后来站里决定自己动手，艰苦创业，以解决站上住房和工作用房紧张等问题。于是站领导带领 20 多名新学员组成施工队，自己设计，自己备料，自己施工。经过三个多月的艰苦努力，在一块荒滩上建起了一栋栋新房。气象站自己动手建房的精神受到了地方政府多次赞扬，后来不少单位也学习气象站的精神，没有房子自己建，为国家节约了大笔资金。

1972 年冬天，按照新疆气象局的部署，阿里气象站招收培训 20 多人员先后到普兰、改则开展建站工作，同样以自力更生的方式建成了普兰、改则两个县气象站，它标志着阿里建立了三足鼎立的台站网，形成了以阿里

探索篇

（狮泉河）气象台为中心的一台两站的业务机构。其间，全区干部职工思想稳定，工作积极性高，各项规章制度健全，开展了天气预报服务，在狮泉河镇发布短期天气预报，为农区发布播种期预报，这一时期是阿里气象事业稳定发展的最好时期。

20世纪70年代，阿里地区进行了两次科考活动，一次是阿里气象台自己组织的，另一次是中科院和气象局组织的。气象台组织的考察活动主要集中在普兰和改则两县，是为了服务于农牧业开展的一次全县范围内的气候普查，普查内容有气候、气温、气压、地面最低气温、海拔高度以及搜集整理农牧民中的气象谚语。在普兰普查期间，普查人员与县农技站合作开展了一年时间的青稞分期播种试验，探索出普兰县最适合播种期与产量的关系，通过青稞生长期与温度的关系，不同播种期与青稞生长速度和产量关系分析，初步得出：普兰的农业发展潜力很大，单产能够提高到500千克，春播开始可提前到三月底四月初，这一结果受到阿里地委的高度重视，肯定了气象部门在开展气象服务工作中所取得的成绩。1975年阿里气象站被评为农业学大寨先进集体，出席了全国气象部门农业学大寨表彰大会。

在改则普查期间，在跃进农业试验点成功开展了青稞播种期的试验，试验成果由县政府批转各区参考执行。与此同时，普查人员针对改则县多雹的特点，与农牧局、县中队联合实施科学防雹试验，其方法是采用军事上使用的320爆破技术在有冰雹云的地方选择实施爆破，经过一个多月的试验，防雹试验取得成功，地委工作组在改则检查工作时还亲临试验场，观看了防雹试验，认为方向是对的，有一定的效果。试验结束后，我们还编制了一套防雹教材，为农牧民举办多期防雹学习班。

第二次是1979年9月中科院组织的科考活动。为了配合科考活动，阿里气象台抽调专业技术人员积极配合，按照科考队的要求，气象台增加了一天2次的探空观测，每半小时1次的日射加密观测，并为科考队整理提供了建站以来的气象资料。

1980年，阿里气象台在贯彻中共中央31号文件精神时，未能从阿里气象部门的实际出发，造成汉族干部大批内调。全地区只留下一名汉族老同志，领导力量和技术骨干几乎完全失去，工作一度出现瘫痪和半瘫痪状态，气象台成了农牧局的一个下属单位，整个内调工作使气象部门处于极度混乱之中，有的同志趁机改行跳出气象部门。上班不正常，误班、缺测等恶性责任事故时有发生，使测报质量一下跌落到了全区最低。1981 年八九月，中央气象局给阿里派来了第一批 5 人援藏干部，地区农牧局、西藏气象局也相继派来了行政管理干部。在他们的积极工作下，很快扭转了内调后造成的混乱局面，建立健全了各项规章制度，使气象工作重新得到了恢复和发展。

气象现代化建设

1981 年体制改革后，阿里气象台在区局的领导下，加快了阿里基本建设投资和业务现代化建设，使阿里气象事业逐步走上健康发展的轨道。

20 世纪 80 年代初，区局领导曾两次率工作组到阿里调研，共谋阿里气象事业的发展大计。一次是朱品局长，另一次是毛如柏局长，他们通过实地考察调研，为阿里气象事业的发展作出了很多重要指示。1982 年 2 月，阿里第一次派代表出席全区气象工作会议，会上，局党委提出西藏气象局要在人才、经费、器材供应等方面对阿里采取倾斜政策，优先考虑阿里的发展问题。会后很快解决了一些具体问题。一是解决了因供电不正常，通讯不畅通的问题。1982 年 4 月购买了柴油发电机，设立了油机发电组，解决了全台工作生活用电问题。二是为一台两站购置了钢结构玻璃温室，解决吃菜难问题。三是拨专款修建 300 平方米的二层办公楼，改善了办公条件。到 1986 年，为改善基层艰苦台站工作和生活条件，区局先后投资完成了改则、普兰的房屋新建工作，总建筑面积 500 多平方米（其中职工住房 300 平方米），安装太阳能蓄电房 100 平方米。1985 年区局还拨专款为普兰购买了一台手扶式拖拉机，为站上拉水、跑运输，增加站上收入。1986 年区局为阿里台首次配备了一辆尼桑越野车，至此，气象台共有大小车 5 辆。

气象业务的基础是大气探测、气象通讯、气象服务和资料处理等。阿里气象台从抓基础业务入手，狠抓内在业务质量，不断拓展服务领域，使气象服务大见成效。曾先后为地区水利建设、部队营房供水工程、公路建设、太阳能开发、风能利用等地方建设工程开展气象服务达 70 多人次。业务科针对全地区报表审核严重积压的情况，从一台两站抽调业务骨干举办报表审核学习班，为台站培训了一批审核人员。这些学员经过培训后，很快投入了报表的审核工作，在援藏人员的带领下，积压了 5 年多的报表不到半年时间全部审核完成。1984年6月，按照区局要求，开展了建立台站气象档案工作，一些历史档案通过抢救性整理得到了较好的保护。建立了档案室，培养了专职档案员，建立健全了档案管理制度，使气象档案从此走上了制度化、规范化管理。1982年10月组建预报组，对外开展公益气象服务和专业气象服务。1984年气象台率先引进计算机用于气象业务，并首次培养出一批计算机使用人才。

建立和完善各项规章制度，是加强制度建设的根本措施。通过整改，台站风貌大有改进。1982年7月，为了提高业务质量，各项业务开始执行"质量奖惩制度"。9月开展"优质月活动"和创建"百班无错情"活动。1983年开展以整顿站风站貌、树气象新形象为主要内容的整改活动；建立以"三定（定人、定任务、定质量）"为内容的各类岗位责任制，对部分能够承包的部门执行责任承包制。在这一机制的影响下，油机房率先执行责任制承包，取得了明显的经济效益。后来延伸到地面观测、报表审核、后勤管理等各个方面。

1982年6月，西藏气象局完成对阿里地区气象部门的接收工作。按照县级事业单位的机构编制，阿里气象台为县级事业单位（在此以前，阿里气象台曾在1976年就明确为县级编制），下设办公室、业务科、政治处，管辖普兰、改则两个县气象站，同时任命了一批台站领导干部。阿里地区气象部门的管理体制经历了地方管理和军队管理。1960年建站初，受地方政府和气象部门双重领导。"文革"期间阿里气象站由军分区和地方政府管理。改则、普兰两县站由县人武部和当地政府管理。1969年12月18日，阿里气象站移交新疆维吾尔自治区气象局管理，属新疆气象局和阿里军分区双重领导。1976年10月，经阿里地区革委会批准成立阿里地区气象台，为县级事业单位。1981年1月，阿里气象局由西藏气象局接管，实行气象部门和当地政府双重领导并以气象部门领导为主的管理体制。

卫星云图首次落户西藏始末

■ 戴武杰

20 世纪 60 年代初，世界上诞生了第一张卫星云图，使气象科学上了一个新台阶。不久，我国中央气象台也开展了卫星云图的接收、分析，并投入业务运行。1971 年，中央气象局为把此项工作在全国铺开做准备，委托中科院大气所和北大开办"卫星云图的分析与接收"培训班，我有幸参加。

西藏开展卫星云图分析与接收工作，时间较早，在全国属第一批。

培　训

1971 年初，杨生训、罗永生和我受组织委派，赴京参加培训。之前先

去中央气象台卫星云图接收组见习，在二个多月的时间里，我们初步了解了有关卫星云图的一些基本知识，如卫星轨道计算，卫星云图接收、冲洗、拼接、定位等程序。有了一些感性知识，在培训班学习时，比较容易接受，理解也更深些。

本期培训班来自全国各地的 30 多名学员中，大多是气象专业人员。授课老师是一些著名的专家学者，有陶诗言、丁一汇等。由于学习目的明确，理论紧密结合实际，动手操作较多，虽然学习时间不长，而收获颇丰。学习结束以后，中央气象局把有关卫星云图的接收设备，发放给西藏、新疆、青海和东南沿海的部分省市，开始在全国布点。带着这些设备，我们于年前返回西藏。

筹　建

从 1972 年初开始筹建工作，由于受各种客观条件的制约，举步维艰。首先是腾不出一间作为工作室的房子，临时找了一间废弃的充灌探空气球的制氢房凑合。这种房子层高门大，四面通风。冬天寒风刺骨，春天风沙弥漫，能做工作室吗？只能如此！冲洗云图需要暗室，用贮藏室替代，可是房间内只有门框，没有门板，就用红黑布作门帘。没有自来水，自己挑井水冲洗云图。冬天机器设备需保温，没有保温设备，用棉袄覆盖。更困难的是用电问题，当时全拉萨只有一个小型水电站。即使重点单位，也无法保证供电，主要靠各单位自己解决。局里虽有一台发电机，因功率较小，电压不稳，云图质量难以保证。后勤保障困难重重。面对这些困难，大家毫不气馁，而是奋勇拼搏，按时完成云图设备的安装调试。当年 5 月终于接收到第一张卫星云图，短时间内转入业务运行。在领导的关心支持下，经过二年多的努力，盖起了一幢近 200 平方米的二层小楼，有了抽水机供水，工作条件得到了相应的改善。筹建工作基本结束。

实　践

任何一项新科技应用价值的高低，需要经过实践检验，卫星云图落户西藏高原，通过近 10 年的应用确有其独特的优越性。主要表现在：

弥补了地广站稀，资料短缺。西藏高原地域辽阔，地形复杂，全区约120万平方千米，平均海拔4000米以上，气候复杂多变，局地性天气明显，截止20世纪70年代，全区只有20几个气象台站（包括4个探空站和少量小球测风站）分布极不均匀。高原西部的阿里地区和那曲地区北部，几乎是一片空白，即使人员稍为集中的"一江两河"流域，气象台站也寥若晨星。全区有三分之二的县没有气象站点，很难满足农牧业、交通运输、国防建设对气象的需求。卫星云图的使用，有助于这些问题的解决。

对地形地貌和各类天气系统，反映真实客观。高原上的主要山脉江河一目了然，如喜马拉雅山、冈底斯山、唐古拉山、雅鲁藏布江、年楚河以及高原东部的横断山脉等。大、中尺度的天气系统，反映也比较清楚，减少了因站点稀少资料短缺造成的天气图表分析的主观性。

发现了新的影响西藏高原的重要决定性天气系统。过去每到冬春季节，在高原南部，尤其在中印边境一带，往往出现大暴雪天气。如帕里气象站自1956年建站到1971年的10多年间，10毫米以上的降雪有17次。日降雪量最大为84毫米，3天过程降雪量为160毫米，积雪深度1米以上。因站点稀少，估计遗漏的不在少数，也不大清楚产生这些灾害性天气是什么天气系统。可以肯定绝不会是中小尺度系统。又如夏季（主要在8月份）雅鲁藏布江流域，出现低温冻害，使处于灌浆期的青稞、小麦穗头空瘪，严重影响产量。究竟是哪些天气系统作用所致，也未完全搞清楚。自从有了卫星云图，在实践过程中，逐渐认识到，高原南部的大暴雪主要受孟加拉湾飓风云系影响产生的。高原中部的低温冻害，夏季寒潮入侵高原是重要原因之一。

深化对影响西藏高原主要天气系统的认识

以孟加拉湾飓风为例，它与登陆我国东南沿海的西太平洋台风有明显差异。

一是影响时间长，从当年9月到次年4月。

二是飓风中心不会直接登陆高原，而是它的外围云系越过喜马拉雅山长驱直入，向北可以到达新疆、青海、甘肃甚至更远。

三是云系的飘移过程中，没有狂风，只有大雪，具有连续性降水性质。

而夏季寒潮在卫星云图上，表现为直接南下或自西向东扫过高原。受地形影响，地面气象要素反映不如平原地区明显，往往是雨过天晴，短时间内急骤降温5℃以上。过去单纯依靠天气图做预报，往往是措手不及。

新科技的应用，拓宽了人们的视野，激发了钻研业务的积极性。业务技术总结、经验交流增多，学术气氛活跃。相应地提高了科技人员的业务素质，促进了人才的培养，也有利于服务质量的提高。

20世纪80年代以来，因工作岗位变动，我们3人先后离开了卫星云图接收组。几十年来人员换了一茬又一茬，设备更新了一代又一代，变化巨大。

亦苦亦美的日子里

■ 陈士博

国家气象局组织的第一次援藏动员工作在各省、市轰轰烈烈地展开了。经组织审查后，浙江省局决定让我去援藏3年。期满后又主动请求延长时间，在8年半的援藏时间里，好多经历值得我回忆。

1981年8月到昌都后，参加西藏气象局组织的测报普查工作，我负责记录、查算表、资料管理等室内一块，得到领导的首肯。10月份去左贡县气象站报到。在此以前，左贡站测报成绩一直为全区倒数第一，责任性事故不断，我到了之后，为了扭转这种被动局面，首先从提高人员的思想、业务素质入手，针对藏区同志文化水平偏低，对规范及技术规定不够熟悉的情况，时刻强调气象资料质量的重要性及对人民负责的态度，制订了每一星期两个下午的学习计划。由于自己能以身作则、尊重和团结每个同志，在大家的共同努力下，站里的风气大为改观，测报成绩提高到全区第一。我也于年底被任命为县气象站站长，期间还附带负责昌都地区8个站的报表审核工作。

在左贡，我就睡在值班室旁边，每天晚上一点钟都能及时醒来，查看值班员交接情况，如值班员没有按时到来，自己立即起床，这样就避免了数次缺测迟测事故的发生，也提高了同志们的责任性；有个叫多吉桑珠的小伙子，晚上爱睡，早上不易醒来，通过我的几次代为观测，他内心深感不安，后来想出了一个闹醒的办法，在2个铁皮桶里面放上4只闹钟；轮到值班时又主动能提前早睡，这样解决了经常缺测的大问题，也带动大家，杜绝了缺测、迟测的责任性事故。

20世纪80年代初的西藏，生活环境特别艰苦。高原气候恶劣，严重缺氧，初入藏时十分不适，天天头昏脑胀，鼻子出血，嘴唇干裂，还长时间腹泻不止，一个月后才慢慢好转。左贡县委食堂是唯一的一个食堂，一天只供中、晚二餐，餐餐只有一个菜，就是萝卜或马铃薯烧牛肉或羊肉，根本谈不上调味，去迟了或者排不上队，还得经常挨饿。当时商店物资短缺，有粮票也根本买不到饼干等充饥食品，饥饿时仅靠小块糖充饥。一次去昌都，从上午一直饿到傍晚，到达目的地后已是头晕、腿软、脸发红。

最让人担心的还是交通。一次去最南边的下察隅，一边是陡峭的险峰，一边是悬崖峭壁，时时险象环生，过然乌时，汽车直接从瀑布下冲过去，如司机一不小心或车子故障，大家都得完蛋。那里出车祸是常有的事。

1982年冬，休假回浙江，乘的是县车队的运输车，每天早上4点不到起床，严寒时节，汽车发动起码一小时，在盘旋的山路中，从山顶往下望，山下的汽车像火柴盒子那么大小。到晚上近十点钟才能休息，风尘仆仆乘了6天才到二郎山。冬天的二郎山，浓雾紧锁，树枝上雾凇像开满了的梨花，但沿途的风景只能陡增我们的紧张心理。山路像溜冰场，汽车轮子系上铁链，开灯慢行，碰巧对面开来一辆客车，差点相撞，好在驾驶员急左转山脚一边后停车。对方也停了车，大家默默无语，心情可想而知，因为能见度太差，如再严重一点，汽车就要滑至落差很大的溪涧，必死无疑。事后，我想下车帮司机搬掉路上的大石头，那知一落地就来了个二脚朝天，可见冰结的有多厚。我问司机，冰面上开车铁链有用吗？他答这是安慰而已，一道在车上的机务营教导员说：过二郎山就相当又过了一道鬼门关。

每一次行驶在西藏的公路上都会有意外发生。冬春季节冰冻天气，夏秋季节夜雨泥石流，让人总是提心吊胆。有一次去拉萨，途径波密发生塌方，只好在波密待了一个月，又上路时，日夜兼程，苦不堪言。一路上在车上总是提心吊胆，突然一块足球大小的石头落在汽车后部，好险。车稍停后赶紧又开，总算又逃过了一劫。

阿里是西藏最艰苦的地区，平均海拔约4500米，1984年冬受命去阿里各站补救、整理气象资料。记得第一次出发，由于道路崎岖不平，而且只能依稀辨认，车子开了三天便迷了路。当时正值寒冬腊月，大风怒吼，渺无人烟的旷野里气温低达零下30度，万幸的是第三天总算开到了原来的地方，也只好返回拉萨。过了一个星期，区局领导派了一名经验丰富的司机再度起程。第2天晚上12点车快接近日喀则，突然发生故障，下车一看，前轮已飞脱了一个，司机心有余悸地说："幸亏是上坡路，不然早没命了。"

　　虽然环境艰苦，但藏族同胞的友情却让我感受到了西藏特有的魅力。在藏期间，一直牢记省局领导的教导，能够尊重和团结少数民族，同他们打成一片。藏族同志也能找我讲知心话，平时嘘寒问暖，当做自己人一样，每星期天去打渔时总主动邀我。捕鱼之余，躺在草地上，仰望蓝天，高原上的云是最耐看的，淡积云在清洁的天空中，有时像羊群一样飘浮在空中，有时还低于地平线由远至近随风移动，如果宿营在外，才知道什么是真正的月明星稀，大地亮得像内地的黎明时分。星星似乎可以垂手可摘。面对着如此澄澈的星空，一切杂念顿时消失。站上，7月的某一天还记录到卷云下飘着雪花。7月底去下察隅的路上，百米以上松树整齐排列在公路两旁，指甲大小的花斑知了叫个不停，遍地奇花异草，有些草本植物像是在儿时家乡农村看到过的。提起下察隅，纬度偏南，海拔2100多米，夏天最高温度不超过30度，冬天不结冰，到处都是原始森林，盛产天麻、贝母等名贵药材，村落里种得满满的苹果树、桃树，而高山顶上又是长年不化的积雪，感受了大自然的伟大，不愧为是西藏的江南。

　　在夏秋季节的阿里地区，一路却能欣赏到常人无法亲历的壮观景物。有一次，路过辽阔的无人区时，见到了一只大雕蹲在路边，比人还高；狼像不认识人似地自由走动；最有趣的是十几匹一群的野马与汽车一起赛跑，不超过决不罢休，超过了就以胜利者的姿态，昂首挺胸地在汽车前面示威一番再向远方奔去。西藏的地热也是一大奇观，老远就能听到轰鸣声，见到从地下冲上来的水柱高达百米以上，水柱上的云呈正圆形，叠成三盘，一直维持在上面，作为气象观测员的我也不知记什么云为正确？水柱四周地面结着厚厚的冰，低空雾气迷漫，走了几十步，地壳开裂的地方，热气蒸腾，像烧开了水的大铁锅，到处都是硫磺的气味，我用毛巾轻轻浸泡，洗了个痛快的脸，估计水温70度以上，（5000米的高度，水温80度就能沸腾）。

　　西藏人民心地善良，常常力所能及地把大钱换成小钱施舍给比他们更穷的同胞，也感恩共产党和毛主席解救了他们跳出苦海。在藏的汉族同志，一般都能学习十八军边筑路边平匪平叛和依靠群众的老西藏精神，激励着他们以事业为重，兢兢业业为西藏人民作出贡献。

探索篇

为青藏铁路而出的一次差

■ 徐盛源

　　青藏铁路从勘测设计到开工建成，前后经历了半个世纪。我有幸为此做过一点事。

　　1974年8月青藏铁路协作会议之后，各有关单位积极行动，西藏自治区农牧厅气象局（简称西藏气象局）于1975年3月18日召开"学理论、抓路线、促工作"动员大会。朱品局长在动员报告中强调：军事航空、军事气候志、农牧业生产、青藏铁路这四个方面是当前气象服务的主要工作。1975年5月，西藏气象局应中国科学院兰州冰川冻土沙漠研究所（简称兰州所）来函要求，在自身人员也很紧张的情况下，仍决定派人前往两道河协助青藏铁路冻土考察队在那里建立专业气象站。我当时在西藏气象局业务科负责日射和地面气象观测管理，科里责成我去执行这项任务。为了便于搭乘军队汽车，我于5月29日住到拉萨大站（军队的运输站），30日出发。31日上午到达两道河，下午即开始建站工作（先安装了雨量筒，晚饭后安装曲管地温表）。

　　两道河位于安多县和那曲（地区）之间，是一片荒原野岭。（青藏）公路东边有几处帐篷，就是青藏铁路冻土考察队两道河分队的驻地。该队分为地面（地貌）、物探、挖探、热学4个组。气象观测组由热学组负责。

　　1975年6月1日上午，兰州所冻土室热学组组长，担任两道河分队副队长，又兼任科考队热学组的组长，他和我会谈工作。据他说，青藏铁路面临的三大难题之一的高原缺氧问题已解决；通过盐湖的问题也基本解决了；通过永久冻土地带需要解决的问题正在研究，这是当时有关方面关注的焦点。他向我介绍了冻土地带在有关地段的布点情况以及气象资料在解决冻土问题时的重要作用。他希望西藏气象局8—9月份能派1—2人来两道河承担这个气象站的工作。还希望最好能在这里开展热量平衡观测。我向他说明了西藏气象部门的困难，但表示会把他的建议带回去。也表示如有可能我愿意在两道河多工作一段时间（原计划是1—2个月）。这次会谈决定，我于6月2—10日给他们的两名学员讲授气象观测和记录整理的方法。

6月2日下午，我开始讲课，晚上参加考察队的前段时间工作总结。

6月3日，两道河冻土气象站的建站工作全部结束。该站每日进行三次（北京时08、14、20时）观测。观测项目有：空气温度和湿度、地面和地中温度、降水量、蒸发等。

6月3日以后，我在讲气象课和带学员实习之余，主动参加冻土考察的其他工作，其中有地中热流观测——利用热流板记录进入土壤中的热量；深层地温观测——地面至地下5米，每50厘米观测一个数据，5米以下至永久冻土层的下限，每1米一个数据。观测的方法是把缓变温度计按上述要求的距离栓在测绳上，然后放进插入地中的钢管内，读数时一节一节拉上来。当时所谓的缓变温度计，就是把我们气象上用的直管地温表球部的传感铜屑换成凡士林。我是第一次见识并做了这件事。也参加过地中钢管的安装（先用钻机打孔），布点不止一处，最深者达40米。

我在两道河期间和热学组的7位同志（5位科研人员，2名学员）住一个帐篷，睡一张通铺。晚上12点多关油机，熄灯。熄灯前多数时间在加班工作，或是开会，或是政治学习，少有的空闲时间里，兰州所的同志喜欢打打桥牌，我不会，只在旁边看着，有时和他们聊聊天，相处十分融洽。组里两名学员每天早上七点多起床（这里日出时间比北京晚近两小时，夏天仍需穿毛衣），先把火炉生好，把8个人的洗脸水烧上，然后跟我出去进行气象观测。两个人听课时认真记笔记，促使我事前要写好讲稿，尽量讲的更有条理，以便于他们作笔记。6月10日，讲课任务按时完成，两名学员已能独立工作。6月14日，我的出差工作提前结束。晚上热学组的同志们为我举行了欢送座谈会。冻土考察队两道河的党支部书记到会，对西藏气象局表示感谢。

探索篇

自力更生育英才

■ 杨伯光

我是 1966 年成都气象学校毕业申请去西藏工作的。在 24 年的西藏气象工作经历中，有很多值得回忆的精彩片段。且不说转报组十年值班的日日夜夜，也不说下乡支农的半年历程，武装民兵连艰苦严格的军事训练和民兵同志们精准的枪法，更不说参加职工自己打石头修围墙、搬土坯盖房子等公益劳动，就是参与举办训练班培养人才一事，也是颇具回味的。

1970—1976 年，我曾担任西藏自治区气象局 4 期训练班报务教员，和其他同志一道，为西藏气象系统培训气象通信人员 100 多人（还为水文部门培训了 10 多名报务员）。其中有一期因人数较少，业务单一，是由我一个人独立完成教学任务的。此外我还在 1979 年报务训练班上过课。

最早任课是在 1970 年初的西藏自治区气象局训练班。当时的情况是随着台站增加事业发展，人员显得不足。当时业务人员基本是内地进藏的汉族和其他少数民族，因长期在高寒缺氧地区工作，有些同志积劳成疾或家庭难以克服的困难，经组织批准内返，工作人员更加紧缺。由于历史原因，又没有充足的院校毕业生补充。为解决这一困难，并适应报务改革的需要，经自治区有关部门批准，西藏自治区气象局在初、高中毕业的下乡知青中招收了以藏族为主的 30 多个学员。这些人有一定的文化知识，又经过下乡锻炼，综合素质比较高。

招收来的学员无法送学校集中学习，由单位举办培训班培训业务人员。这件事困难很多。先是抽调组织人员组成管理教学班子，再解决办班遇到的问题：没有教室、宿舍，单位安排、职工支持腾出房子来；没有教材，我们就用读书时学校发的教材，学员就只能自己记笔记了；没有教具，我们就清仓查库修旧利废，不够再添置一些；自己动手布置教室，安装调试教学器材设备。购回桌凳床铺，被褥只有学员自带了；弄几个电炉水壶烧开水；吃饭是在单位食堂就餐，生活问题就解决了。因陋就简，最基本的准备工作大体就绪，培训班就开学了。过了大约两月，因负责培训班的同志病重，我接手负责培训班管理并承担部分报务教学工作。

培训班第一件事情是制定培训计划，包括人员组织、教员分工、各专业要达到的目标、课时分配、教学方法和其他有关注意事项等内容。有了总体计划，我们每周都有课程安排表，把培训计划落实到每一周、每一天，保证了培训目标的具体实现。

我们使用的教材，是根据成都气象学校编印的《无线电报务教材》，结合西藏气象通信工作的实际情况认真备课，向学员进行讲授。教学内容主要是抄报（包括英文、长码、短码抄报，以短码抄报为主）、发报、通报（含通报用语的熟记和运用）。教学中注重收、发报技能和通报技术的学习掌握并逐步提高，熟悉同波共网通报方法的运用，还以自身工作经验体会，教会学员对工作中经常遇到的通信不畅情况的处理方法、应对不同发报手法的抄报技巧等内容。在培训期间，除学习收发通报务技能外，还组织学员学习如何使用收发报机、小型电台的架设以及机器设备的简单维护保养等知识。

在报务教学中所用的教学方法，是采用扎扎实实打好基础、稳中求进、逐步提高、融会贯通全面掌握的方法。首先是夯实基础，练好基本功。从正确掌握坐姿、握笔姿势入手，抄报本置于何处，铅笔放在什么位置，都要求学员熟练掌握，养成习惯。在开始教电码时我们特别注意点划清楚、间隔均匀，给学员一个正确的信号观念。还要求学员规范书写数字和英文字母，每天规定一定的练字数量，熟记通报用语等。其次是循序渐进，逐步提高。报务学习有个过程，收、发、通都是如此。我们不急于求成，也不搞阶梯式提速；而是在巩固稳定中自然而然地提高，避免了盲目提速造成的反复，收效明显。再就是收报发报的技能都要在通报中融合体现出来，这是融会贯通的第一个层面；作为一个气象通测人员，还要把地面观测那一套知识学好记牢才能胜任，就是纯报务培训班学员也应该全面掌握要求学会的知识，这就是全面掌握融会贯通的意思。我们在教学时既注重系统理论教学，更强调结合实际，加强实践操作锻炼，在近似实际工作情况的

探索篇

实习操作应用中增长才干。这种教学方法，在以后几期培训班的教学实践中普遍运用，效果是比较理想的。

为了学员在实际工作中更好地承担基层气象业务工作，培训班还开设了地面气象观测、小球测风、农气观测课程。通过系统基础理论知识培训和实习观测锻炼，学员们都较好地掌握了所学知识。后来办的几期培训班多数是通测合一的。即使是纯报务培训班，为了学员在工作中收发好气象电报，我们也向学员讲解工作中常遇到的地面报、航空报、高探空报和农气旬（月）报的电码形式。

学员们除了学习业务知识外，每周安排有两节政治课，还参加机关建设、自种蔬菜、搬运伙房购买的粮食等劳动。坚持每天出操（哪怕是冰天雪地的严寒，也要冒着刺骨的寒风跑步做操），实行半军事化管理，对于全面提高学员素质产生了积极的作用。

1975年底到1976年，西藏自治区气象局举办了有史以来最大规模的训练班，招收了70多名藏汉学员，我仍然参加了培训班的报务教学工作。

这些学员分配到台站后，很快适应了工作需要，并迅速成长为各单位的技术或领导骨干。1970年培训班的甘丹群佩、桑旦、次旦益西、李正才、魏家华、洛桑旺久等同志都成为西藏气象系统的中层领导干部，索朗多吉、格桑曲珍、李长华等还先后担任了西藏自治区气象局的领导职务，普布卓玛成长为本民族第一位女高级工程师。1975年培训班毕业的学员，也有不少走上了领导岗位，像王金霞、李路长等就是其中的优秀代表。当然，他们后来都上了大学，加之自身的刻苦锻炼，进步是自然的。但是可以不夸张地说，在培训班的学习，对于他们辉煌的气象生涯，还是奠定了最初的启蒙基础。每当他们尊称我一声"老师"时，心中的成就感不禁油然而生。

1980年，单位派我承担兰州气象学校委托的招生工作，实际上是在兰州气象学校办的西藏班。当时我们是从当年高考落选的学生中选拔，我尽量多招些当地本民族学生，为西藏气象系统选拔人才，得到自治区招生办和兰州气象学校领导（曾到西藏检查招生工作）的肯定。

改则和普兰建站

■ 丁秉翰

1970 年 10 月,我奉命带领 10 名业务技术人员来到海拔 4287 米的狮泉河——阿里地区气象站,我被新疆自治区革委会党的核心小组任命为这个站的革命领导小组组长,次年,军分区派刘才同志任教导员。我们除了认真做好地区站的测报、预报服务工作外,根据上级的要求,积极着手全地区的站网建设。经过反复研究并报请地区革委会同意,决定第一步建改则、普兰两个县站,在总结经验的基础上,积极创造条件,第二步把札达、日土、革吉、措勤四个县气象站建起来。很快,中央气象局就把改则、普兰两个县气象站的建设正式列入计划下达。两个站都是国家的基本站,改则还附加小球测风。这里顺便提及的是,中央气象局多次把在地区站和改则站增加探空业务的项目列入了计划下达,未能落实的原因,主要是基建、交通(雷达运送十分艰难和消耗器材的供应没有保证)、机务维修力量特别是业务人员的培训和轮换解决不了。

为了建成改则、普兰两个县气象站,并保证于 1973 年 1 月 1 日零时如期正式工作,我们发扬了自力更生、艰苦奋斗的光荣传统,在建站的整个过程中,不知克服了多少人们难以想像的困难,付出了极大的心血。

建站的核心问题是要有一批业务技术人员。当时上级没有大中专或者短期培训的毕业生分配给我们。面对现实,一方面我们请求新疆自治区气象局支援四名业务骨干,另一方面在地区革委会的领导下自己培训解决。1971 年 5 月,地区革委会从刚扩收录用的 40 多名乌鲁木齐市初中毕业生中分配给我们 25 名。有了人员,我们着手筹划办班培训。但是地区气象站的住房十分紧张,只能容纳十多人的地方,一下子扩充为近 40 人的单位,不解决这 25 人的吃住问题，一切就无从谈起。我们挤出一间器材库房安排了 5 名女同志住下来，20 名男同志的住处就临时借用附近养路段的两间房子，一律睡地铺。吃饭只能求助于地区工交职工食堂。当时我们面临的紧要问题就是必须在三个月的时间内盖起 10 间约 200 平米的宿舍来，才能为顺利开办业务技术培训班创造起码的条件。要盖房子，地区计委表示完全支持，每间房子拨给一副门窗，五根檩条，除此之外都要我们自己解决。面对如此简陋的基本建设条件，我们一无设计图纸，二无施工单位，三无基建经费，困难之多可想而知。但是，我们没有被困难吓倒，而是凭借一腔政治热情，坚定地知难而进。

经过研究，留下 7 名同志承担全部业务工作，抽出包括我和刘才同志在内的 30 名同志（其中 25 名青年人是主力）自己动手把房子盖起来。在这 30 人中，只有我参加过建房劳动（1969 年至 1970 年秋被当作走资派并到乌拉乌苏农试站劳动），其余的人都没有这方面的常识。因此，我和刘才同志是当然的技工。设计图是自己绘的，也只有我们能看懂。我们把 30 个人编成组，借了五六个土坯模子和其他如十字镐、铁锨等工具，在观测场附近选择平整了场地，引来狮泉河水，在海拔 4200 多米的高原上打土坯。在一个多月的时间里，我们带领大家起早贪黑，每天拼命劳动十多个小时，硬是按计划打出了 10 万多块土坯。接着又去离狮泉河 20 多千米的山上炸石头，边炸边运，军分区的汽车帮我们拉回十多卡车。基本材料齐备了，就开始施工盖房。石头打地基，没有水泥浇灌，就用当地红胶土取代。主体起来了，门窗和檩子上去了，房顶上的小椽子和抹墙抹顶的麦草还无着落。我跑到地区基建队，从废料堆里自己捡了一些短木条，军分区支援了麦草。当工程进入上房泥和抹墙粉刷的最后阶段时，我必须把 20 名青年带到 50 千米之外的深山沟里安营扎寨，砍挖过冬的取暖用柴，而工程又不能停下来，只能兵分两路，由刘才同志带领其余的人坚持盖房。在这关键时刻，我们的友好邻居军分区独立连伸出了援助之手，他们每天派战士来帮助我们，一直到完工。在阿里高原，单位之间，同志之间无私的支援帮助是常有的事，但独立连"雪中送炭"的精神使我永远不能忘记。

1971 年 10 月 1 日国庆节时，我们召开了庆祝会，一方面欢庆佳节，另一方面表彰一批劳动成绩特别突出的青年人，按军队方式发了嘉奖令。这一天，大家特别兴奋，面对一批坐北朝南的整齐平房，看着东西两面堆放的充足烧柴，青年人喜笑弹唱，我们的心情确是难以言表。现在回想起来，那时，在没有任何补贴、奖金和集体福利的情况下，大家的工资只比乌鲁木齐高四个百分点，青年人的月工资只有二十几元，生活十分清苦。而劳动强度之大，大家体力的消耗之多，在平原地区也不多见，不少同志的心脏和肺部已出现了病症。然而谁也没有消极，更无一点怨言。从领导到每个青年人，都有为建设西藏、发展高原气象事业做贡献的劲头，也就是说，要创业，要前进，绝不守摊子。我们靠什么来完成这一艰巨工程的呢？一是强有力的思想政治工作，坚持用大道理管小道理，尽力解决大家的实际困难，及时处理发生的问题；二是干部的表率作用，我和刘才同志事事处处以身作则，身教重于言教，最危险的地方站在前头，最困难的任务拿在手上；三是生活上同大家同甘共苦。我们同大家吃在一起，没有丝毫特殊，星期天和同志们包饺子，打扑克。谁家从山下捎来吃的就拿出来"共享"，甚至为一位同志收到家信而高兴。总之，有这样一个团结友爱的温暖集体，就没有什么困难不能克服。

经过必要的准备，10月上旬进入紧张的业务技术培训。我们组成了一个精干的教学班子，何俊适、刘定忠两同志讲观测课，刘伯瑜同志讲通报课，政治学习主要由我来抓。培训以实际操作为主，这是根据这批学生的文化程度和建站任务确定的。这批青年人，年龄在16至19岁，都是文革中升入初中的，很多人不会珠算，有的连正负数的概念都没有，因此还要补文化课。在5个多月的时间里，每天教和学的时间都超过10小时，老师课堂上讲，课外还组织辅导，学生经常是一放下碗筷就主动向老同志请教。我们几乎天天催大家熄灯休息，学习风气很浓。为了丰富大家的生活，我根据高原特点，适当组织一些球类活动，借人家场地打篮球，开展乒乓球比赛、唱歌比赛等。1972年春节，我们组织一台小型文艺晚会，请来了军分区政委和地委副书记参加，气氛非常热烈。

1972年5月按计划完成了培训。在这之前，我和蔡少铭同志等分别勘察了改则、普兰两县气象站的站址，并和县委、县武装部商量安排了基建和工作、生活诸问题。同时，我们从新疆自治区气象局运出的仪器设备和消耗器材也顺利到达。6月初，由刘伯瑜同志任站长，带11名同志去改则县；由邱士行同志任站长，带9名同志去普兰县。他们分别到县上后都安排在武装部住下，很快又开始了新的艰苦的建站劳动。这两个站的建房，地

探索篇

区计委仍然拨给如同在地区盖房的实物，稍好一点的是，允许雇请一些当地的牧民当临时工，也可以购买一些必不可少的物资。尽管这是争取来的，但已使我们非常满足了。两个站的同志们在武装部的领导下，以他们为主力，一口气又干了4个月，抢在入冬前建出了办公室和宿舍，并且修建平整了观测场，安装好仪器。特别要提到的是两个县武装部的同志，从政委、部长到参谋干事，都投入了建站的艰苦劳动，他们把气象站视同自己的单位，的确做到了不分你我。可以毫不夸张地说，如果没有武装部的领导和关心，要顺利完成土建任务几乎是不可能的。在艰苦的体力劳动中，锻炼了这一批青年人，培养了他们热爱集体的品质和克服困难的精神。不少同志当看到房顶没有油毛毡无法上房泥时，主动拿出了从乌鲁木齐带来的塑料床单铺到房顶上。这是一件小事，但反映出他们的思想境界。

我是地区气象部门的主要负责人，由于刘才同志下山休假，所以两个县站土建一直没有去现场帮助，但时刻牵挂着他们。除了先后派人去了解情况外，还尽力购买了一些物资给站上送去。快入冬了，我们从地区革委会争取到两车焦炭，就分了一半装在麻袋里，托便车给两个站捎去，以保证值班室有火取暖。改则站建在海拔4500米的草滩上，气温要比狮泉河低，新盖的房子室内很潮湿，供取暖用的牛粪一直解决不了，白天大家围挤在值班室的炉子旁，晚上的日子非常难过。县革委副主任知道这一情况后，亲自用磅秤从职工食堂烧饭用的牛粪中分了一些给气象站，站上同志们非常感激。1973年3月，我带工作组去措勤县门东公社搞牧业四定，途经改则时，先后在站上住了几天，帮助解决一些问题。在同县委书记、武装部长商量问题的时候，他们都说，在阿里高原上，每个县级机关的人数总共百十来人，改则县还算个大县也是如此，而气象站就十几个人了，是县上的大单位，他们一定会从思想政治工作到生活物资的供给等各方面关心气象站，后来的事实也是如此。

1972年12月初，两个县站的建设基本就绪，与地区的电台也沟通了联络，他们分别抓紧时间进行了近一个月的值班操作预演。1973年1月1日零时，西藏阿里高原上的普兰、改则两个县气象站正式投入业务运行，加入全国基本站网行列。从此，气象观测数据定时飞向乌鲁木齐，传到北京。

短短三年，阿里地区气象队伍从不足10人发展到40多人，由于特殊的高原环境条件限制，不培养本地民族干部，就无法保证高原气象事业稳定发展。因此，我又着手于藏族气象技术人员的培养工作。

为了阿里的气象事业

■ 丁秉翰

奉命到阿里

1970年9月，新疆维吾尔自治区气象局在军管会的领导下，开始"解放干部"。我这个"走资本主义道路的当权派"，被第一批"解放"的当天，军管会杨主任就找我谈话，决定让我去西藏阿里地区气象站任站长，并说那里很艰苦，给我三天时间同家属商量后答复。虽然我是第一次听到阿里地区这个地名，也搞不清楚位于西藏自治区的那个位置，但作为一个共产党员，无条件服从组织决定是不能含糊的。我当即表态：坚决服从组织的决定。他还是给我三天考虑和商量的时间。第四天，他在全局大会上赞扬了我，并宣布由我带领11名业务技术干部前往阿里地区。

为什么要从新疆派干部去西藏自治区阿里地区呢？这是因为：1969年12月18日，经毛主席圈阅由中共中央发文批示，西藏自治区的阿里地区，在对外行政区划不变的前提之下，其全部党政工作都由新疆自治区领导。这是根据当时的国际和国内形势决定的。此外，1950年以来阿里地区的边防一直由新疆军区的部队守卫的，这样做，阿里地区实现了党政军的统一。对于这个批示，地区的干部们称之为"12.18批示"。从此，新疆自治区管理阿里地区整整十个年头，到1980年才改回由西藏自治区领导了。

1970年10月，新疆自治区革命委员会党的核心小组任命我为阿里地区气象站革命领导小组组长，带领观测员蔡少铭、麦克尔（柯尔克孜族）、刘同年、李正洪、宋乃公、梁春成、吕兆林7人，报务员张继忠、王庆斋、王泽恩、王书学4人，随同新疆自治区其他部门的一大批干部，于10月25日离开乌鲁木齐，在叶城的阿里地区办事处稍作休整后，11 月中旬末到达狮泉河——地区机关所在地。

当时，在地区气象站工作的有原副站长南万平和工作人员张思明、沈文元、何俊廷、严运海、刘定忠、李敢闯 7 人。另有 3 人回原籍病休，这些同志中有的是刚建站就来到阿里地区的，由于长期在高海拔地方工作，身体状况都不好。我们到站后，经过一段时间熟悉和交接，原在站上工作的同志都陆续回原籍休假或联系内调。

1973 年 8 月，作者在阿里气象站观测场

地区气象站的前身是噶尔气象站，始建于 1960 年底，1961 年 1 月 1 日零时正式观测纪录并拍发定时天气报。1965 年它随同地区党政军机关从噶尔昆沙县城迁到狮泉河，为地区的直属单位，定名为地区气象站。这里的海拔高度为 4287 米，站上的基本业务是：（1）地面观测：每天北京时 02、05、08、11、14、17、20、23 共 8 次定时观测，除 23 点不发报外，拍发 7 次定时报。（2）航危报，每天从北京时 05 点开始到 21 点，每小时一次，冬夏略有变化。(3) 经纬仪小球测风，每天的 07 时和 19 时两次。（4）天

雪域风云路

西藏气象事业发展回忆文集

气预报服务。主要是收听新疆和西藏两个广播电台每天下午播发的天气形势分析，结合本站资料发布短期天气预报，另外根据生产季节，制作中期和长期天气趋势分析预报，为地县党政领导指挥生产提供气象服务。据站上老同志讲，在20世纪60年代，曾经开展过人工影响天气（防雹）的试验作业，后因人力和财力不足而中止。

1971年地区的气象和电信两单位在仍属地区革委会的建制不变的情况下，工作主要由军分区领导，为此军分区派刘才同志到站任教导员，我被选为军分区直属队党委委员。

培养当地气象人才

在阿里高原，从低海拔地方调入的干部，由于气候和人员身体适应能力的制约，多数人都无法长期坚持工作，除了定期轮流休假外，工作时间较长且高原病症较重的还需调出到低海拔地方去工作。因此，人员补充，特别是技术人员的补充，一直是困扰当地各部门工作的突出问题。由我带到阿里地区工作的宋乃公同志，是唯一的大专生，却因心脏病工作不到一年，不得不调回乌鲁木齐。然而人员补充的来源又十分困难。面对3个站近50人的轮换，不得不早作打算，未雨绸缪。

经过反复思考和研究，看来着手培养本地民族技术干部是唯一的正确选择。我们的依据：一是新疆自治区气象局早在20世纪50年代末就开始培养维吾尔、哈萨克、柯尔克孜、蒙古、锡伯等本地少数民族干部，并且陆续走上了工作岗位。到"文化大革命"初，已有不少当地少数民族干部走上了台站领导岗位。二是阿里地区的党政、邮电等部门都有藏族干部担任行政或专业技术工作。因此，阿里地区气象部门也是可以做到的。经报请地区革委会和新疆自治区气象局批准，我们先招收了几名藏族青年在改则县站和普兰县站任摇机员。经培训，他们在这两个站于1973年1月1日开始工作时，都可以胜任了。接着在1974年经新疆自治区气象局和民委报请国家民委和中央气象局同意，在中央民族学院专门为西藏阿里地区气象部门开设一期预科班，学习汉文和汉语。1975年，我们在阿里地区中学和小学招收的30名藏族学生，途径乌鲁木齐送到北京。这批学生，当时年龄最小的只有十二三岁，最大的也不过十五六岁。1977年在中央民族学院结业后，又直接送到新疆气象学校学习气象专业知识一年，1978年他们都回到阿里地区，分别走上狮泉河、改则、普兰的专业岗位。也就是在这个时间段里，又在当地招收了一些藏族学生，直接带徒弟上岗。经过几年的努力，阿里地区气象部门除少数业务技术骨干是从新疆调入的汉族干部外，占职工总数80%左右的气象专业技术人才都是本地藏族干部。这样，基本上解决了长期以来最头痛的人员轮换和内调安置问题。

深切的怀念

新疆自治区气象局接管阿里地区气象工作10年。在这10年中，先后有两位同志牺牲在高原的工作岗位上。邱士行同志是1972年自愿要求到阿里工作的，是普兰县站的第一任站长。他是1951年在抗美援朝，保家卫国的革命热潮中，响应党的号召，报名参加中国人民解放军，在学习了气象专业技能后，一直在新疆托克逊县站工作，后来任这个站的站长。他原籍广东，性格内向，语言不多，但工作认真，作风朴实，吃苦耐劳。1975年底和我一同参加了在青岛召开的全国气象部门学大寨经验交流会后，于1976年4月休假期满返回阿里地区的途中，因高原缺氧，身体不适应而猝死在海拔4800米的甜水海兵站。王泽恩同志是阿里地区气象站的报务员，1970年和我一同到阿里地区工作的。他是四川省成都市人，1964年毕业于新疆气象学校。1979年秋，他早晨起床准备去上班，还未出宿舍，就昏倒在地上，经医院抢救无效死亡。也是高原病。此外，和我一同到阿里地区工作的麦克尔同志（柯尔克孜族，共产党员），蔡少铭同志（广东人，共产党员），在调回乌鲁木齐不长时间也病亡了。他们都是为西藏阿里地区的气象事业发展做出了贡献的战友，不幸过早地离开了我们，但是我一直是怀念他们的，是深切的怀念着他们。

在回阿里的路上与死神搏斗

■ 丁秉翰

1973 年 3 月 8 日晨，我们休假期满的 18 人，分乘西藏阿里地区车队的满载着汽油等物资的九辆解放牌卡车，从新疆叶城县阿里地区办事处出发，奔向狮泉河。

当天我们顺利地翻越了海拔 5000 多米的赛里亚克冰大板，住宿在海拔 2700 多米的库地兵站。第二天离开海拔 3000 多米的麻扎兵站后，铺天盖地的大雪把高山峡谷封压得严严实实，包括司机在内的我们一行 27 人都没有足够的思想准备。在从叶城出发前，曾与地区电报联系过，回电说第一批车辆已顺利地到达。说明从叶城到狮泉河 1100 多千米的道路已畅通，大雪不封山了。可是，最不愿碰到的情况还是发生了。此时，容不得多想，我和车队任队长带头用铁锹边挖雪边探路，车子艰难地向前缓行。天虽已黑，但必须翻过海拔 5000 多米的黑卡冰大板，才能到黑卡兵站住宿。在冰大板上，强烈的高原反应，刺骨的寒风，即便是空手行走每一步也是气喘嘘嘘，何况要挥锹挖雪？不知何时我昏倒在雪地上。当同志们把我抬进汽车驾驶室后，才知道刚才发生的事。到了兵站，我们分析了以后几天行程困难的严重性，在无任何通信工具与地区或叶城办事处沟通的情况下，一致商定：起早贪黑赶路。

睡了二三个小时，头顶着满天星斗，车队便缓缓继续向南开行。我们不敢在康西瓦和大红柳滩停留，摸黑住宿在 4800 多米的甜水海兵站。在荒无人烟的戈壁滩高原上，孤单的兵站，保证着军队和地方过往车辆以及人员的食宿。许多战士因常年驻守在极其艰苦的环境中，他们的脸色紫红，嘴皮也发紫，指甲凹陷，反映出明显的高原缺氧症。这里的井水一点不甜反而是又咸又苦。夏天不得不吃井水，到了冬天主要靠雪水或冰块了。又是半夜时分，我们离开甜水海兵站，在戈壁荒原上，伴着风雪连续行走了20多个小时，饿了就啃几口随身带的干粮，渴了就喝喷灯烧的雪水。3月12日中午，车辆吃力地一个接一个爬越海拔7000多米的界山冰大坂。这个大坂，是新疆与西藏的行政区划分界处，大坂的南面便是西藏阿里地区。顺着弯曲的盘山公路下来，进入了多玛沟。这是日土县多玛区的地方，海拔5000多米。

一眼望去，满山遍野的大雪，沟里山上山下银装素裹。此时的我们，没有一点心情去欣赏这大自然的景色，只有一个目标，找路！已是下午5点多钟，两个小时车队前进了不足10千米。面前两米多厚的积雪像只拦路虎，恶狠狠的阻挡住我们。情况的确十分险恶，大家的心情也很沉重。任队长找我商量怎么办，我十分清楚：在27名职工中，我是唯一的县级干部，作为一名共产党员，在关键时刻，必然要挺身而出。我当即说：只要车轮子向前进，我们就有希望，就有活路。冲不过去，大家的生命也难保了。我俩就分头动员大家挖雪开路。几天的劳累，严重的高原缺氧反应，大家的身体状况都不好。然而面对生与死的抉择，人人都拼命挖雪。我猛然发现一对夫妻坐在驾驶室里没有下车挖雪，我一问，他们哭丧着脸说高原缺氧反应头痛，动弹不得。我第一次向外单位职工发火了：谁不头痛？谁没有高原反应？要不要活着到狮泉河！这一下还管用，他俩也挖雪了。五六个小时过去了，我们硬是拼命挖出了一条约3米宽，2米高，50多米长的路来。夜降临了，汽车开着刺眼的大灯，吃力地向前爬行。可是到第3辆车通过时，车轮打滑，根本就走不动，司机们把皮大衣垫在轮子底下也无济于事。于是拿来钢丝绳，让已通过的车倒回来拖，大家艰难地在后面推，就这样，车拉车，人推车，9辆车总算都通过了，有的车挂钩被拉断，或者被拉变形。已是半夜一点多钟，大家真是饥寒交迫，精疲力尽！经过商量，就地休息。9辆车集中在地势较为平坦的地方，几位司机很快用铁锹撑起了一顶账篷。一些同志用喷灯边烧开水边取暖，多数同志都呆在驾驶室里，汽车一直发动着，既为人们提供一点非常需要的暖气，又保证汽车水箱不被冻坏。在旷野上，除了汽车的马达声之外，再也听不到其他声响。此刻，谁也没有睡意，眼巴巴的等待着黎明。

难熬的夜退去了，太阳从东方的山尖上升起，第六天的行程开始了。

非常幸运，路在雪原里时隐时现，还算比较好走。中午时分，汽车停在一条小河边稍事休息。大家不约而同地到河边洗洗脸，尽管冷水刺骨，但都想让冰冷的河水冲去疲劳和惊恐，提起精神来。我看到地区电信局的两位年轻女同志哭了，那对夫妻也在哭，我们单位的一个小伙子更是嚎啕大哭，我理解这时的哭是高兴的表示，是后怕的反映，也是思念亲人的流露，更是即将到达目的地的喜悦。我大声说：还哭啥！笑吧！唱吧！

在多玛兵站吃了一碗最舒心的面条之后，总算踏踏实实地睡了一觉。3月14日，当车队开上万岁山（因山上镶嵌着"毛主席万岁"几个大字而得名），看见狮泉河边一幢幢漂亮建筑和气象观测场时，大家禁不住高喊：胜利了！到家了！

探索篇

在普兰工作的日子

■ 杜中梁

上世纪 70 年代初，我正在参加和田地区革委会召开的计划会议，到会议中途，气象台军代表派人让我立即过去，出人意外，军代表向我宣布调西藏阿里气象站工作，要求七月底前到叶城阿里办事处报到。当时，我表态服从组织决定，去！急急忙忙移交了革命领导小组的工作，安排好家事，离开了奋斗过十二三年的中国玉石之都的和田，那年"八·一"奔赴阿里。事后才知道，从 1970 年起，经中央批准，原属西藏的阿里地区的党政及各行各业的人、财、物暂由新疆负责领导管理。气象部门也不例外，新疆气象局接管后，抽调一批各类技术人员分别于 1970 和 1971 年两次调入阿里，我便是其中的一员。从此，便成了阿里人，度过了十七八个寒暑春秋，结下了深厚的高原情，让我无法忘怀。阿里便成了我的第二故乡。

1970 年新疆开始接管后的 10 年，阿里气象工作有了很快发展。1971 年从业务、科研需要出发决定在高原北侧的改则和南侧喜马拉雅山脚下的普兰各设一个气象站，改则另加高空小球测风项目，与此同时，狮泉河气象站增设日射观测业务，至此，一个三足鼎立的气象站网框架基本形成。当然，与 35 万平方千米辽阔而复杂地形的面积相比，远不相适应。

为了建站的需要，便从新疆招收 20 名初中毕业的有志青年。以自力更生、内部技术培训的方式进行，站领导派我负责地面测报业务的教学，报务由一位老报务员负责，采取分段教学、分段实习、分段巩固的办法。最后组织一次系统实习，按台站实际值班要求，分人分组排班、实行轮流值班和交接班制度，上下班规定质量评分、错情统计制度，实习结束，每个人自我实习总结。历经五六个月的教与学的共同努力，基本达到预期的目标，学员初步掌握了测报全流程操作及报务通讯技能，具有独立值班的能力。1972年4月初期培训结束，并分赴两地投入建站的工作。

普兰建站，领导派我带领7名学员和一位老报务员负责。据我在新疆10多年的台站管理经验和体会，新建一个气象站，务必把握基建和业务两者的正确关系，而向大自然早日获得宝贵气象资料应放在第一位。天气的变化、信息数据错过了不能复得，这种想法和主张在取得大家的认同后，以气象观测场的平整拉开了建站的序幕。4月的普兰大地尚未全部解冻，地势很不平坦且又有坡度，平整起来是一场艰巨劳动，依靠大家同心协力、坚强意志、克服缺氧气喘的困难，经过半个月的艰辛战斗，终于把25×25平方米观测场地铲填平整好，紧接着按规范要求，分头进行，有的布设安装观测仪器，有的架设观测场四周刺铁丝围栏。仪器安装接近尾声，只剩下竖立8~9米高的风向杆时，由于人手不够，加上连续劳动乏力，当钢管制成的风向杆立到相当高时突然倾斜下来，为避免扎坏百叶箱等仪器，我拉了一下绳子，风向杆挨着我右臂倒下来。只刮蹭了胳膊一块皮，未扎着仪器，更未酿成大祸。后来，向县人武部求援，才把两根风向杆竖好，安上风向风速仪。至此，终于把观测场建成，运行使用。并从6月1日零时起开始一日四次（即02、08、14、20点）的基本气候观测。按地区计划，提前半年，有了普兰有史以来的第一份气象资料。由于普兰地处边境前沿，社情、敌情复杂，观测场又在城外，轮流值班，特别夜间都备上枪支，02点观测开始一段时间都配上副班，陪同观测。这段时间，我们是借住在人武部等单位而开展业务工作的。

建房是依靠县人武部承包给当地生产队民工进行的，平时我们除了值班外，还要参与督促，以保证工程质量和进度。当9间站房（包括值班室、办公室、库房、卧室6间）墙体框架落成后，内外墙的粉刷装饰全要自己动手，大家发扬一不怕苦，二不怕累的精神和连续作战的干劲，坚持能者为师，大干快上，在寒冬到来之前，全部竣工，住上了新房，虽是十分潮气而冷，但也感到舒适和温暖。县上凡来气象站参观的干部群众都称赞"气象站房子像宾馆，是全县一流"的。至此，普兰气象站一切就绪，万事俱备，只欠东风，只要国家一声令下，就可正式为国家提供实时情报服务。

年底前，按中央气象局的通知，普兰和改则气象站定位为国家基本气象站，每天实时气象情报纳入国际交换。从1973年1月1日零时起，每天进行四次（02、08、14、20点）基本绘图报和三次（05、11、17点）补助绘图报观测，编发传递实时气象情报。从此，在世界天气版图上有了阿里高原站网的气象情报数据。

气象观测业务走上正规，在测报质量保持稳定的前提下，我们就着手谋划气象公益服务，将如何当好政府气象参谋，提上日程。为此，从实际出发，决定每天值班员定时收听上级（包括新疆、西藏）气象台发布的天气形势和预报广播，以此为基础，开展补充订正本地天气预报向外发布，当收听到有重大天气可能发生时，结合本站实况及时向县委县政府汇报。又从长远计议，在县委支持下，组建气象调查组，骑上马带上观测仪器，北至岗仁波钦脚下，南至与尼泊尔交界的斜尔瓦村，全县范围内（包括一个农区、两个牧区：霍尔、巴格）历时3个月左右进行观测、调查、访问。了解历史上的气象灾害、灾情发生时间和频率，搜集老农牧民的看天经验，其中曾问到一位老人以星象测天的宝贵经验。对各调查观测点的资料与站上相对应观测值作对比、计算、分析、绘制出普兰全县气候差别图，这是一项基础性工程，对分片和细化天气预报有参考价值。

普兰县农技站为探索青稞适宜最佳播种期，搞了一次青稞分期播种科学实验，气象站主动配合，对青稞发育期与气温为主的气象条件实施平行观测。分期收获，单列记录产量，求出每期积温热量指标，以产量高的播期为适宜期，经过分析，大胆地提出了三月底到四月中旬为宜播种期。总结呈报县委、地委行署。得到行署的肯定，并批转各县农区参照执行。鉴于气象服务方面有成效，当年被评为阿里地区和全国气象部门农业学大寨的先进单位。邱站长出席全国气象部门农业学大寨会议，返回阿里的途中，在甜水海因病不幸去世。

记得我在改则气象站工作期间，用同样的方法，在改则县康托区跃进公社农业点（离县城骑马1~2小时可到）又一次进行青稞5期播种试验。整个试验期吃住在田间地头，获得成功，改则县青稞最佳播种期为四月中下旬。试验总结得到县委重视，转发各区农业点。针对改则县青稞成熟期常遭冰雹袭击，消雹保丰收成为关键，县农牧局、县人武部中队、县气象站联合，以气象站位主，县中队指导下开展人工消雹试验，运用县中队提出320爆破原理，把炸药包送入空中雹云层内爆炸，产生冲击波，击化云层内雹块，由雹变雨，消除雹灾，历时一个月的反复试验，成功率80%以上。

试验期间阿里地委工作组来检查工作，亲临现场观看人工消雹试验，认为气象站结合农牧业生产进行科学实践，值得各部门学习推广，领导的激励，令人鼓舞。

为了应对建站需要，在招收了一批新疆有志青年后。从长远出发，紧接着又招收了一批阿里机关内的藏族干部和农牧民的子女，选送到新疆伊犁气象学校先学预科后学专业，毕业后返回阿里，成为阿里气象战线上生力军。此前，从内部摇机员中还培养了两名汽车驾驶员，本地民族汽车司机的诞生，在气象部门开创了先河。阿里气象部

作者在气候普查野外观测时留影

门民族干部成长起来，标志着后继有人，未来希望之所在，这在以后的重要时期中得到体现。像高原的特殊环境，实行干部定期轮休制度所带来的流动大的问题，随着本地民族干部的不断成长和扩充就可从根本上解决。在1980年汉族干部大批内调中也起到重要作用，那时，气象部门也不例外，执行汉族干部内调政策，由于当时台领导缺乏全面考虑，不从气象事业发展高度上考虑，一台二站中除留张立中一个老同志外，汉族干部全部内调，还停办了食堂。给业务质量造成严重损失，但正因为前些年一批藏族气象技术人员成长起来，才避免了气象站关门的危险。关键时期，发挥了关键作用。到了20世纪80年代中期，为了从根本上提高他们的业务素质，技术水平，在当时有援藏干部的有利条件下，将他们分期分批联系到兰州气象学校轮训。经过这次进修、深造，再教育，人员素质、技能有了全面的提升。成为气象战线上的骨干力量。像次仁顿珠、次仁巴桑等同志走上了领导岗位，有的担任了自治区气象局直属部门的领导，我为他们感到由衷的高兴和自豪。

在雪域高原工作，考验人、锻炼人处处都有。阿里寒冷严冬期长，烤火取暖期达十个月，采暖的燃料，过冬蔬菜肉食都要赶在大雪封山之前备

足。机关单位以红柳为取暖燃料，那个年代，每年到八九月，机关都要组织干部野外打柴，这是阿里独有的现象。除少数人留守岗位外，不分男女也不管领导还是普通干部都得参加，带上餐具、帐篷、行李和工具到野外砍挖红柳。气象站有业务值班室、行政办公室、伙房几十间干部宿舍都要生炉取暖，算下来，要打上近百车柴禾。砍挖红柳是超强度体力劳动。面临着体质的严峻考验，又是对人意志耐受度的锻炼。为了暖暖和和过好严冬，艰苦劳动仍然精神饱满，又说又笑，驱散了疲劳，打柴任务完成后"打道回府"时，人人成了"黑包公"，个个衣服破烂像乞丐。年复一年的砍伐，红柳越来越少，生态环境恶化，风沙更大更多。意识到不能再砍伐红柳。到70年代中期，新疆南疆盆地油田探测开发成功，改用原油取暖，进入80年代，以焦炭取暖为主。记得第一次采购焦炭时，我随同单位土旦司机开生活车，下山到新疆叶城，通过阿里驻叶城办事处联系购买的。手续办妥一冬天所需焦炭后，上山，同时给食堂买上一些蔬菜。上山的那天下午土旦与一起回阿里的几个驾驶员，高兴之余喝了酒从叶城出发，行驶到第一个大坂——库地山脚下集体休息后，开始沿盘山路翻越大坂，我们的车在最后。行驶在盘山路上，我始终监视着土旦司机表情。当行驶到路牌105千米处是个急转弯，土旦却依然向前直开着，眼看要偏离方向的瞬间，我大喊一声"土旦刹车"，已来不及，一个汽车前轮已驶入路边塌陷下去，另一个前轮和两个后轮仍在公路上，整个车身向公路外侧倾斜，车上的菜和焦炭纷纷滚落山沟，若再稍踩一下油门，必将酿成连车带人翻入悬崖绝壁的千丈深渊的大祸。当我很小心的打开车门，走下车，绕到车后上了公路，叫土旦下车，他一看也惊呆了，便心平气和地同土旦商量对策，决定他留下看管好车子，我搭了便车返回叶城，请求办事处营救。次日联系好吊车上山时，土旦已开车回到叶城阿里办事处，是养路段的工程车帮助营救上来的，车子无损，尚可发动，连夜赶上山。从此，土旦司机凡事外出开车，再不敢多喝酒。事后回忆这一幕，也让我胆战心惊，感受到死里逃生的含义。

阿里有个特殊现象是地县机关难以见到汉族小孩，究其原因：一是怕高原严重缺氧，会影响小孩子发育成长，多半把子女寄养在内地亲人和友人家里；二是阿里地区没有汉族学校和汉族班，没有上学的条件，造成阿里汉族干部和子女长期分居，不仅感情淡漠，而在内地联系上学困难重重，我深有亲身体会。1983年组织上为了照顾我，将我爱人从新疆和田调到阿里，结束了我们长期过着"牛郎织女"的生活，本来在新疆上学的两个孩子只好迁回浙江东阳，寄住在县城的亲戚家，便于在县城上学，先同县教育局联系多次。说明我的特殊情况和困难，却遭到婉言拒绝，一句话，教育局不能予以联系，你自己同各个学校商量，看来依靠组织是不可能了。我也去跑过几所学校，都吃了"闭门羹"，幸好亲戚家一个邻居是大队的妇女干部，在她的好心帮助下，将我儿子联系到东阳卢宅初级中学初一丙班上学，此时东阳中小学开学半个月了。而女儿上小学尚未着落，与东阳吴宁镇第一小学联系。校方以边疆地区教育水平低为由提出要降一个年级才同意接收，无奈之下，只好同意先上，但我心不甘，继续托关系，最后卢宅中心小学校长出于同情，同意接收，但要经过考试，我预感到有希望了，校长将东阳小学统考试题，让我女儿在校长办公室考试。不多时，我女儿语文考好了，校长看了答卷，满意地说："数学不用考了，明天来校报到。"安排在三年级乙班就读，至此，两个小孩上学的大事总算划上了句号。

1974年初，气象部门的管理体制，由军事机关管理移交给当地政府领导，普兰气象站也不例外。办理管理体制移交手续是大事，作为一个老气象工作者我来说应有一定责任。不巧的是，在新疆和田工作的爱人（她住在气象站，工作在酒厂），1973年底前又面临着生小孩，家事、国事如何正确处理好，我面临重大考验，分析当时站上除我外，都是刚参加工作的年轻人的情况，让他们承担移交手续总不太妥当，最后我决定不下山，留下来参加县政府、县人武部、县气象站三方共同移交工作。对爱人生小孩一事，相信和田气象台组织上一定会予以照料。事后却不尽如人意，据了解，我爱人临产住院时，出于同志的关心，有人向领导提过，老杜爱人住院生小孩，是否派人照顾一下，时任和田气象台领导却说，让老杜自己回来照顾吧。就这样，我爱人生了小孩一天多，没人问过，同病房的产妇出于同情说你孩子生了一天了，你家人怎么不见送饭吃，并把她送来的饭让我爱人吃。最后还是爱人单位的要好同事轮流照管，协助办理出院手续。最大的幸运是爱人分娩顺利，孩子出生后一直平安，只是苦了我爱人，对不住她。

忆往昔，峥嵘岁月，离开第二故乡——雪域阿里二十多年了，高原的气象深情，却令我难忘。昔日的一切终成为历史，展望未来高原气象现代化的明天会更好、更快、更有活力。

探索篇

为西藏气象通信工作尽心尽力

■ 罗永生

　　初中毕业后，凭着对气象知识的神秘和好奇，1959 年 8 月，我顺利地考入了成都气象学校。1963 年 2 月，学校决定在当年应届毕业生中抽调一部份同学到援藏班进行通测训练。祖国的需要就是我们的志愿，我愉快地服从了调配。经过四年的专业文化知识学习和体检，1963 年 8 月 25 日晚，怀揣着到最艰苦的地方去，到祖国最需要的地方去的志愿，满怀无比激动的心情，踏上了西去的 173 次列车，开始了援藏之路的人生新起点。

难忘的八年气象通讯

　　1963 年 8 月 25 日，我们 28 位援藏同学从成都出发，火车途经宝鸡、格尔木、兰州，到达甘肃柳园火车站，后又转乘汽车向拉萨出发。汽车奔驰在荒凉的沙漠戈壁滩上，蜿蜒盘旋在昆仑山、唐古拉山缓缓前进。沿途一带在车上看不到人烟、树木和村庄。看到的只是望不尽的高原，看到的只是跟随汽车卷起的尘土飞扬和远处山顶上的皑皑白雪。高原空气稀薄，严重缺氧，有的同学经常流鼻血，有的同

1965 年 9 月 9 日，"西藏自治区正式成立"，气象局部分职工在局大门前合影留念

学头痛难忍，吃不下饭，睡不着觉。但我们都无所畏惧。在 23 天的旅途生活里，我们用了 12 天的漫长行军时间，行进了 9000 余里的路程，于 9 月 16 日下午到达了拉萨筹委会工委招待所。

经过短暂时间的休整和拉萨气象局组织的形势教育学习后，9 月 27 日下午由王明山副局长宣布了分配名单。这次拉萨气象局留下了 12 名同学（收报组 2 人，地面组 2 人，转报台 8 人），我被分在转报台实习。

上世纪 60 年代初，我国还处在三年自然灾害困难恢复时期，各种物资匮乏，很多生活必需品都是计划定量供应，加上西藏高原高寒缺氧，本来就蔬菜品种单一，水果奇缺，当时的生活困难情况可想而知。但困难并没有吓倒西藏气象人。局领导号召各科室（组）工作人员，利用业余时间和星期天，在局大院范围内的空闲土地上，自力更生，开荒种地。就连食堂采购供应的大米、面粉、糌粑、酥油等主副食品，也是每月轮流派各科室（组）的人去装卸车把东西运回来。

1972 年 1 月 21 日，北大 202 第二班学员结业合影留念

在林芝、扎木一带运回的直径几十厘米至一二米的柴火，要组织人员自己卸车，然后用大锯锯断，用二锤斧子劈成柴火，供应食堂烧开水煮饭，以节省临时工经费开支。最为难受的事情是，到了冬季要抽早晨时间（有时是值完 05 点的大夜班）去积肥（拾狗屎、人屎）。有的大便被冻成冰块还好办，有的是新鲜的又脏又臭，真是难受极了。但是为了完成积肥任务，自己还得必须坚持下去，并争取超额完成任务。

一年的转报台业务实习工作很快就结束了。在这一年里自己平时虚心向老同志学习，业余时间刻苦勤练手法和抄收英文电码、短码等业务练习，在劳动中不怕苦不怕累，很好地完成了实习工作。1964 年 12 月 7 日的转正定级会上，王明山副局长宣布我和钟素华等四位同学定为气象 15 级（工资 62.4 元），其余同学定为气象 16 级（工资 53.95 元），并勉励我们正确对待

探索篇

自己的成绩和不足，取长补短，共同进步，以便把我们的各项工作搞得更好。在后来的工作中，自己把领导对我们的教导和关怀作为前进的动力，在工作中兢兢业业，一丝不苟，在劳动中任劳任怨，吃苦耐劳，并积极参加民兵训练，经常争取为集体多做好事。即使在"文革"左的东西不断干扰和那动乱的年代，自己也从未中断过业务工作。那时西藏规定，在藏连续工作满3年时间，内地职工可以回家探亲休假一次。但自己在1968年4月（连续在藏工作5年）才第一次回家与亲人见面。也正是那一年自己才有了结婚成家的机会。可是由于假期短，又间隔了6年后（1974年底）才有了我们的第一个孩子，也才有了真正意义的家庭。

1974年5月，作者在维修71型卫星接收机螺旋天线

建立西藏气象卫星接收站

1971年5月，局领导决定叫我和杨生训、戴武杰三人，到北京中央气象台学习卫星云图接收。气象卫星接收工作，对于我和老杨长期单一从事气象通信的人来说，学习的困难是显而易见的。到了北京后，中央气象台卫星云图接收组的同志们对我们非常热情，并没有瞧不起我们这些从山沟里出来的"土包子"，特别是卫星组的柳振华组长，非常耐心地从卫星基础知识、基本原理讲起，到接收机的操作维护、卫星云图的冲洗以及云图定位工具的制作等都亲自指导讲解，对我们在北京的生活是否适应，他也非常关心照顾。在他们帮助指导下，我们很快学会了气象卫星接收的各项工作流程，掌握了卫星云图接收、分析技能。为了在全国气象部门和部队有重点地推广气象卫星接收业务，1971年，中央气象局在北大地球物理系举

办了"202"气象卫星接收学习班，一班以学习云图分析为主，二班以学习接收和机务维修为主，并邀请了中科院专家陶诗言、丁一汇等为我们授课。"202"学习班于1972年1月结束后，我们回到拉萨开始筹建西藏气象卫星接收站。

没有房间、没有自来水、没有合适的天线架设场地等。没有房子，就利用气象局改建探空场地淘汰的制氢房作为卫星接收室和暗室。制氢房顶四面通风，一阵大风过后，桌面、地上就是一层灰沙，冬季暗室内还会结冰。没有自来水，就利用探空组废弃的苛性纳铁桶，自己动手做成挑水桶，从水井里把水一担一担的挑回来。为了保

1974年8月，作者在监视跟踪气象卫星信号

证图片质量，每冲洗一次图片都要换很多次水才放心。没有高地架设接收天线，就把天线安装在气象局的菜地中间。

1975年2月20日，作者在西藏气象局气象卫星接收楼前留影

人员少、工作任务重。当时卫星接收组除我和杨生训同志外，局里只给我们调配了杨根祥一人。就这样，我们除了一边坚持工作，一边传授卫星接收知识外，我还要负责接收机、传真机的维护修理，保障接收设备正常运转，保证图片质量清晰完整。

随着工作性质要求与工作环境矛盾的日渐突出，1974年气象局专门为气象卫星接收修建了一座总面积约100多平方米的三层楼房，在当时那可是西藏气象局唯一的一座现代楼房。楼顶架设天线，底楼做接收室、暗室，中间还住着两户人家。有了那样的环境条件，我们都觉得那就很不错了，

探索篇

所以在工作上我们更加认真负责，政治上积极要求进步。1973年2月，气象局党委正式批准我加入中国共产党，成了一名光荣的共产党员（那几年没有预备期）。在党的教育培养下，自己团结带领卫星组全体成员，从建立71型手动操作接收站，到后来发展为甚高频自动天线跟踪卫星接收的10年工作中，全面高质量地完成了接收任务，为西藏高原天气预报及重大天气系统的

1979年7月14日，气象卫星接收组全体成员在甚高频接收机天线前合影留念

发生、发展和移动路径，提供了准确及时的信息资料，弥补了西藏气象台站稀少、预报资料单一的缺陷。戴武杰同志1975年就利用气象卫星云图资料，成功分析总结出了《孟加拉湾台风对高原天气的影响》的文章，并获得了西藏自治区科技进步三等奖。自己也为西藏卫星接收事业培养了一批又一批藏汉族接班人。

在藏往事

■ 姚淑琴

下乡工作

1972 年夏天，我从藏北安多县东巧地区西藏东风矿，调到那曲地区工作期间，正赶上那曲地区实行全农牧区公社化。从各单位抽调干部成立工作队下乡，帮助农牧区改革成立公社。我们单位调一名出纳会计去，可不巧，出纳会计发现自己已怀孕，去不了，当时，我就主动要求，参加了下乡工作队。交接了工作后，准备一天，购买了下乡必用的帆布马背套和一些生活日用品等。第二天，就随着整个地区抽调的四五十人，乘坐着解放牌大卡车直奔那曲地区索县。

经过了一天颠簸，傍晚到达了索县。住在了县委临时在会议室搭建的大通铺，虽然很累，但大家的情绪很好，有说有笑的，一起帮忙做熟了晚饭，高高兴兴的吃了饭，就休息了。由于我们工作队是分到索县各个区委和乡镇，我和翻译卓嘎、老赵、老郝、小杜等人分到加勤乡工作点。因为是在山沟里，没有公路，只能骑马前行。

第二天清晨，我们一行数人，整理好行装，雇了乡里牧民的马，骑马

20 世纪 70 年代作者与同事在那曲观测场留影

上路了。对于我来说，第一次骑马走山路，感到很新鲜，但又很害怕，开始小心翼翼的慢慢走。山路小道很窄，山下就是深沟，只能单行一匹马，看到山间小道和山下的黑沟，心里直打鼓，害怕极了，可看到同志们都很坦然的骑马走在山道上，有的同志还喊着"同志们，加油啊！快到山下了。"自己也就慢慢的放下心来了。

到了山下，是一片山洼，因正是藏北七八月黄金季节，满山遍野的绿草，红的黄的和紫的小野花竞相开放，好看极了。看着美如图画的风景，心情好极了。我们在草地上捡来了干牛粪，用石头垒起了灶，燃起了火，烧了一锅红茶水，打了酥油茶，每人抓了一碗糌粑，就算是午饭了。休息片刻，就又骑马上路了。

这回有了半天的骑马经验，感到轻松多了，看到同志们快马加鞭的奔走，自己也扬鞭赶了上去。突然，马失前蹄，把我从马脖子滑了下去，我当时摔蒙了，不知怎么回事，耳边只听到同志们在喊我的名字，睁眼一看，原来自己摔倒在了一个一米宽的深沟里，沟两边长满青草，同志们把我拉了上去，自己活动了一下身体，感到四肢还行，只是擦破了点皮肤，无大碍，就又骑马走了。

快近天黑时到达了加勤乡。乡里的农牧民们夹道热情地欢迎我们，嘴里念道着："嘎阿啼，扎西德勒。"（辛苦了，吉祥如意）我们下马后，两腿已不会走路，骑了一天的马，腿都不会打弯了，稍微活动一下，也就好些了。当晚，我和卓嘎住在了一个农户家。

加勤乡是在半山腰的乡镇，镇口有一座小寺庙，虽然已荒废，但寺庙还完好地保留着五颜六色的壁画，记载着藏文化的佛教内容，常年住着两位喇嘛，维持着寺庙的管理。几十户农牧民们分散地倚山居住在高高低低参差不齐的山石和木制结构的小楼里，楼下是石块垒成的牛羊圈，楼上是木板搭成的居室，人们席地而卧。山中只有一个像脸盆大小的泉眼，人畜同饮，饮

20 世纪 70 年代作者在那曲观测场

水紧张。乡镇山下，有一条河，但甚远，背一桶水，往返需一个多小时。

当时，工作队的纪律，要求是要和当地的农牧民同吃、同住、同劳动。工作队员必须分散住在农牧户家。我们住的农户，房东是一个50多岁、少了一条腿拄双拐的汉族老人，据说是前些年打仗留下的残疾，无法回原籍，在此地娶妻安家落户了，妻子是个藏族姑娘，30多岁，身边有一个四五岁的小女孩，生活全靠妻子料理，虽说有一头耕牛和两只小羊，但生活过得还是很拮据，我们经常接济一些糌粑和酥油给他们。我们住的楼上是一个对门屋，两间小屋。主人一家三口住一间，我和卓嘎住一间，还算宽敞。这样，我们工作队经过两天的长途跋涉，到达了目的地，安顿下来了。

每天早晨，我和卓嘎，用木棍抬着一口煮茶的汉阳锅，爬山半个多小时，到泉眼抬回一锅水，算是一天的生活用水。煮锅红茶，打一壶酥油茶，手抓一碗糌粑。对于我来说，吃糌粑、喝酥油茶，很不习惯，尤其是酥油茶的味道，很难下咽，但我们每天的主食就是这些，为了能工作，就强迫自己咽下去，慢慢地也就习惯了。为了节约用水，早晨洗脸的水，要留一天，到晚上再烧热洗脚，或洗衣服。为了工作方便，我和卓嘎互相把头发剪成像男同志一样的短头发，戴一顶当时时髦的绿军帽，也很潇洒。

索县地处海拔3000多米，相对比那曲地区低1000多米，能生长青稞类的农作物，草地也比那曲的草地茂盛些。加勤乡是一个半农半牧的乡镇。清晨，参差不齐高高低低房屋顶上，冒起了袅袅炊烟，新的一天开始了，当太阳刚刚升起的时候，各家各户农牧民打开牛羊圈，拿着农具，赶着牛羊就上山了。我们工作队员也就跟着一块上山了，边走边和农牧民聊着，了解一些当地的风俗习惯、生活习惯，以及家中的牛羊、田地情况。由于话语不通，全靠卓嘎翻译，说起话来很困难。当时我就下决心，一定要跟卓嘎好好学习藏语。

卓嘎同志是在很小的时候，西藏和平解放后，第一批选送到北京中央民族学院学习的藏族同胞，经过十几年的学习，藏汉语都很好。我们俩生活在一起，学习起来很方便。每天我都要跟她学一二句生活用语，慢慢地简单的生活用语听懂了，也会说一些了，和农牧民交谈起来也方便了，为记忆方便，自己还编成了很多顺口溜：如"天叫朗，马叫达，吃饭叫做克啦撒。"等等。在工作队，赵队长安排我，整理每天的工作简报，写出书面报告，上报工作组总部。

探索篇

傍晚，当阳光西下时，就看见霞光漫散满山遍野，金光闪闪，山间的小道上，吃饱了青草成群的牛、羊边走边叫着慢步在山道上，劳动了一天的农牧民们，唱着欢乐的山歌和嬉笑打闹的孩子们，成群结队的走回乡镇。不一回儿，各家各户的房顶冒起了炊烟。

当北斗星升起的时侯，男男女女的农牧民们三五成群的、说笑着集中在乡中央的平坝子上，讨论着走公社化的话题。大家讨论很积极，争先恐后地发言。有的老妈妈，控诉着旧西藏受领主的欺压的苦难生活，痛哭流涕。诉说着新西藏的幸福生活，满怀心喜。说一定听党的话，走集体化的人民公社。我虽说听不太懂藏语，但有卓嘎翻译着，在电筒光下，拿笔迅速记录着。不知不觉，就到了 11 点多了。散会后，回到住处，点只蜡烛，连夜趴在地铺上，整理好当天的记录简报。这时，天已蒙蒙亮了，新的一天又开始了。

下乡的生活，虽说很单调平淡，但也有欢乐的插曲。每当和农牧民一起劳动放牧时，站在山洼里，看到层层的梯田，长满了绿油油的青稞，湛蓝的天空，飘浮着朵朵白云，雄鹰自由地在天空翱翔着，绿茵茵的草地上，成群的牛羊，心情无比欢畅。不由自主的，仰面躺在大草原上，顺手抓一把青草，吸允着甜甜的草根，哼着小曲，尽情地享受着大自然的美景。有时，会收购一两只猎户打来的野兔子、野山鸡。闲暇时也会拿一根

20 世纪 70 年代作者家门口

尼龙鱼线，拴上几个折弯了的大头针，到河边钓几条西藏特有的裸鲤鱼。在草地上挖一些"哦枷"（野芹菜）、野韭菜和藏北特有的黄草磨菇，改善一下单调的伙食。

经过三个多月的辛勤工作，人虽说瘦了一圈，脸面晒得脱了几层皮，黑黑的脸腮上，留下了两朵高原红。但实现了加勤乡的公社化，为改善农牧民的生活，走集体化道路做了一件好事。圆满、顺利地完成了那曲地委

雪域风云路

西藏气象事业发展回忆文集

交待的工作任务。

北京提货

1985 年夏天，我从西藏藏北高原那曲地区，调到自治区气象局计财处工作，由于长期未休假，身体健康状况欠佳。经单位批准回北京休探亲假。待假期快期满时，收到处里来的电报，说让我和计财处里其他来北京提货的邓立克、杨政兴、杨玉红 3 位同志，到气象局物资管理处，提取水银气压表进藏。

由于是竖立式的水银气压表，不能倒放，无法托运，只能靠人工背进藏。为此，我们一行 4 人到气象局物资管理处，提取了四个竖立式水银气压表和四个平行式水银气压表后，肩背手提着气压表，直奔了首都机场。到机场后，由于只有下午才有飞往拉萨的班机，无奈，只有购买机票等待，等了近 4 个多小时后，才安检登机。

没想到在过安检门时，出现了问题。由于当时负责安检的同志，没见过水银气压表，不知是什么东西，不让通过。必须找专业人员拆开外包装检查。眼看着飞机起飞时间就要到了，我们 4 人非常着急，怎么办？我们几个商量后，急忙找到机场负责同志帮助解决问题。当时机场负责同志很负责任，急忙传呼到专业人员帮我们做了检查，顺利通过了安检。为此，飞机起飞时间延误了 15 分钟。

我们每个人背着像炮弹似的竖式水银气压表最后登上了飞机。我们 4 人进入机仓门时，早已登机的乘客为我们一边鼓掌一边说道："这是什么新式武器的炮弹？"我们感到很尴尬，也很抱歉。我们边走边说："对不起，对不起大家了，谢谢啦。"找到座位坐下后，放稳气压表，一手扶着竖式水银气压表，一手拿出手绢擦干脸上的汗迹，心想，总算登上飞机了，心里这才慢慢地平静下来了。

飞机经过 2 个多小时飞行后，顺利的到达了西藏贡嘎机场。由于受高原气候影响，我们几个同志下飞机后，已经感到头重脚轻，喘气困难，走路都不稳了，还要肩背手提着几十斤的水银气压表，强打着精神登上了开往拉萨的汽车，又经过近 2 个小时的颠簸路途，顺利到达了自治区气象局，圆满地完成了处里交代的任务。

探索篇

基层台站调研

20世纪80年代中期，国家气象局下达通知，要加强对全国边远艰苦气象台站的基础设施，国家局计财司为了解基层的基础情况，派计财司李立端同志，到西藏气象局了解情况。当时西藏局里安排他先到藏北比较艰苦的那曲气象站，再到山南、日喀则等地区艰苦台站。由于我是从藏北调入拉萨的，比较熟悉那曲的情况，处里安排我和张森同志陪同李立端同志一道到那曲。

局里安排了吉普越野小车和一名司机，我们一行4人，在一个风和日丽的早晨出发了，一路向西北行驶经过了羊八井，往北行驶到藏北当雄县，一路阳光明媚，看着湛蓝的兰天白云，高山流水，大家有说有笑的。伴随着路两边的大草原，放牧着牛羊，牧羊人挥动着乌儿朵（牧羊鞭），嘴里哼着高亢的牧羊歌，别提多高兴。特别是李立端和张森第一次来到藏北，更是高兴万分，止不住也唱起了欢快的歌。

突然，山边飘过一片乌云，竟下起了雨，没一会儿就变成了冰雹，豌豆大的冰雹，落在吉普车顶上乒乒乱响，像放鞭炮，好不热闹。天气也变冷了起来，幸亏我们带来了毛衣、棉衣，赶紧穿上。

经过了一天的长途跋涉后，傍晚到达了那曲气象站。站里同志们热情接待了我们，点燃了牛粪火炉，从食堂取来了馒头和咸菜，放在炉边烘烤起来。一会儿，香喷喷的馒头就烤好了，看着四面金黄的烤馒头，小张情不自禁地拿起就吃，边吃边说："我长这么大，第一次吃牛粪火烤的馒头，真香啊！"

第二天，我们3人在站里领导陪同下，参观了整个站里的基础设施。当时，站里只有六排铁皮房顶的平房，为防止大风掀顶，且都用钢丝前后悬空吊着大石头。房间夜里透过铁皮房顶的钉子眼，都能看到天上的星星。冬天，房间四壁结满了晶莹的冰花；夏天，床底下长满了青草。院的西边，有一个简易的食堂和一口同志们自己挖的水井，天寒地冻时，井边结满了冰，井口小的只能用废弃铁皮暖水瓶的外壳打水。用铁丝网围起的观测场旁边，新盖起了一栋两层小楼，作为全台职工的办公室。院里东边平坦的地方有一座简易的制氢房，台站四周，是台站的同志们利用休息时间，打

雪域风云路

西藏气象事业发展回忆文集

土坯垒起的土墙，所用的燃料全靠捡拾的干牛粪燃火做饭、取暖。由于高寒缺氧（海拔 4507 米）夏季很短，不宜生长蔬菜、水果，同志们常年吃不到新鲜的水果、蔬菜，手指盖都塌陷了，还在坚持着工作。

我们利用同志们的业余时间，通过座谈、聊天，了解了一些基本情况，听取了台站同志们提的合理建议，取得了第一手真实材料。几天后，我们一行 4 人，告别了那曲，准备到西藏山南、日喀则地区江孜县和定日县去了解基本建设情况了。

回到拉萨，休整了一天后，我又和处里的罗永生同志，陪同李立端同志，奔山南、日喀则地区了。沿着雅鲁藏布江边的公路南下，途径几个山南的县站了解一些基本情况，一路上搓衣板似的路况，颠得我吐了一路，没有一点心情欣赏路边的风景了，好在没有多久就到了日喀则地区江孜县了。当时已到晚上了，就住在了县站。站里召开了座谈会，了解了一些站里的基本情况。

第二天，我们就到了定日县站，因定日县地处珠穆朗玛峰脚下，海拔 4320 多米，我们几个同志，由于劳累，不同程度地都有些高山反映，但还是坚持着调查了整个站的基本情况。了解了第一手材料，总的情况是，各县站基础情况差，经费少，县站全年平均经费 2 万—3 万元，除了开展正常的气象业务和职工的工资外，所剩无几，有的县站连像样的办公用纸、笔都没有，更不可能改善职工的生活住宅了。

回来的路上，欣赏着雅鲁藏布江的波涛，浏览着羊卓雍湖的平静，心情好多了。途经海拔 5220 米高的嘉错拉山时，高兴地各自留了影，至今保留在身边。经过几天辛苦的长途跋涉，了解了部分西藏县气象站的基础情况，取得了最基层的县站基础资料，圆满的完成了到台站了解情况的任务。

探索篇

让探空气球在高原飞得更高

■ 张淑月

1970 年我正式成为气象队伍中的一员。中国气象局在成都气象学校（现成都信息工程学院）举办全国各省约 250 人左右的高空探测技术班，参加学习的人员毕业后都充实到各省气象局基层台站。此次西藏局送去学习的共有 9 人（男 6 女 3，藏族有 3 人）。当时交通不便，我们从拉萨搭乘西藏军区 16 团敞篷解放牌卡车一路颠簸，经青藏公路到西宁，再乘坐火车最后到达美丽的蓉城。经过一年多的业务培训，于 1971 年 9 月返回西藏，投身到火热的西藏气象工作中。

从成都气象学校毕业回到拉萨后，我成为了一名探空气象观测人员，开始了新的人生。从业务入手，每一次观测，每一个数据，都一丝不苟。虚心拜老同志为师，学习高空探测技术基础知识。凭着一股狠劲，业务质量一直保持优良水平。1979 年中国气象局在成都举行全国第一届高空技术比赛，我代表西藏气象局参赛，获得测风比赛第四名，全能第十六名的好成绩，受到中国气象局的奖励。

1972 年到 1983 年，我担任了探空组副组长、组长职务，小小的

1974 年，拉萨高空探测人员施放测风气球。

领导岗位，业务质量、施放高度、大家的吃喝拉撒睡，都要操心，工作量之大，条件之艰苦难以想象。为了西藏的高空探测业务后继有人，我还承担了藏族、汉族同志业务培训工作。从业务技术、职业道德等方面开展了全方位的传帮带（我们俗称带徒弟）。特别是培训藏族同志，从汉话沟通开始，到技术掌握以及各项操作规程，都要一一嘱咐，藏族同志的淳朴、正直也激励我要一丝不苟地做好工作，尽快把他们培养成为熟练的高空探测人员，至今一些藏族同志仍战斗在关键岗位

拉萨高空探测人员施放测风气球

上，他们是西藏的未来和希望所在，是西藏气象的骨干力量。

人们常说，在西藏只要坚持住就是奉献。在高原干气象要具备足够的勇气和力量，还要有不怕吃苦的精神，尤其是到了冬天，天寒地冻，制氢房四处漏风，制氢原料都是大铁桶，要靠人拉肩扛，制氢水要靠自己到食堂去挑做饭的剩水，由于温度低，制氢原料极容易在缸底形成结块，有的

1979 年，拉萨探空工作者合影。

探索篇

385

结块占了整缸的三分之二，又掏不出来，爆缸时常发生，极其危险。每当遇到爆缸真是欲哭无泪，心情可想而知。但为了保证按时放球不得不接着再干，当时我们特别羡慕内地台站的电解水制氢。

女同志最发憷冬天制氢。记得一位女同志因为天气太冷，制氢缸头部上不去，制氢原料起化学反应后从缸体头部喷出，直接喷到她的头上，一旁的同事飞快拎起一桶冷水从她头上浇下去，虽然脸部和眼睛没受伤，但却得了中耳炎。冬天值早晚班，寒风凌厉，雪花纷飞，零下二十几度，在外边小球测风结束后回到值班室，冻僵的手连笔都握不稳，在火炉旁一烤，甭提多痛苦了，泪水就在眼眶里打转。

这里还得说说冬天放球，除了需要具备良好的体魄，克服高山缺氧，还要团结协作。高空探测时间性很强，遇到大风天，大风经常把气球吹的变形，球被大风吹破，为了保证探空气球准时施放，这个时候就需要全组同志齐上阵，与风速赛跑，往往放一个球，有成功有失败，球刮破了，再放，放成功了大家齐声欢呼。往往是球放上去了人成了土地佬了，灰头土脸，只有两只眼睛才能认清张三李四。

为提高西藏探空高度和业务质量，我们制定了业务质量考核办法、百班无错和施放高度达标的奖励办法。在气象局统一部署下，全组同志开展了探空百班无错和250班无错的社会主义劳动竞赛活动。全组多人达到百班无错和达到250班无错。当时的西藏交通不便，运输时间长，探空气球从内地运到西藏后发硬，老化现象十分突出。要想在高原提高一米的施放高度，就要付出比内地更多的辛苦，但我们仍为高寒地区提高施放高度不断地实践和探索。我们想尽办法对气球"再加工"，进行了一系列的实验，我们用开水泡，用手揉，用汽油搓，酒精太贵，我们就用甲醇，从大汽油桶中用皮管抽甲醇，一不小心就喝一口。就这样我们把发硬的球皮再处理，把施放高度一米一米地提高。经过不断地探索，20世纪70年代拉萨年平均施放高度基本上可以提高到26800～27000米，月施放高度有时可达到28000～30000米。在这样艰苦的工作条件下，我们没有任何怨言，出色完成各项业务工作。全组同志还为西藏人工影响天气、防冰雹、登山科考活动加密观测付出了极大努力。

西藏早期的气象服务主要围绕决策服务开展，是手工填图，可用的资料也很少，主要都是靠预报经验。我们在值班空余时间，组织开展下乡采

雪域风云路

西藏气象事业发展回忆文集

1979 年，西藏气象局部分同志合影。

访农牧民，下乡送预报上门等方式为群众服务，在采访过程中收集民间天气预报谚语和经验，作为天气预报的补充。一次在下乡过程中遇到车祸，休息几天后再接着干。而现在西藏农牧民百姓们已经可以每晚从西藏电视台上收看到用藏、汉两种语言播出的各站天气预报。随着气象综合探测系统的完善和气象信息网络的健全，随时都可以获得想得到的观测资料，地面的、高空的、太空的；国内的、国外的，可以说应有尽有。预报预测业务得到广泛拓展，科技含量显著提升，预报产品时效性和准确率显著提高。60 年弹指一挥间，西藏气象现代化建设走出了一条从无到有、从小到大、从弱到强的发展之路，在蓝天白云的见证下，迎着每天第一缕阳光，在世界屋脊上绽放。

1984 年开始，使用 PC-1500 袖珍计算机编发探空报，到如今西藏 5 个探空站成功升级为 L 波段综合探空雷达。木来五年，还将 5 个探空站逐步升级为全球定位探空，再增加 31 个 GPS/MET 水汽通量站……

1980 年西藏人员大内调，而我选择继续留在西藏，就是坚持最初的梦想，干气象是我终身的志向。

艰苦并快乐着

■ 张淑月

1959 年 9 月，西藏叛乱基本平息后，母亲带着我和妹妹从青海格尔木踏上去拉萨与父亲团圆的路程。坐着解放牌卡车走在青藏路上，天寒地冻，公路像搓衣板，空气稀薄，没有人烟。走到五道梁道班入住后，第二天一早，被一阵哭声惊醒，母亲压住被子不让我们看，原来是同铺上（当时睡通铺）一位母亲带孩子进藏，因高原反应，没有医疗条件抢救，一条幼小的生命在进藏的路上夭折了。我们坐的卡车只有一盏灯，所以我叫它"一只眼"；当走到悬崖峭壁或危险地段时，我们紧紧依偎在母亲的怀里，不敢向外看；车外还不时传来阵阵枪声。为了安全，组织上规定了严格的纪律，少于三人不得上街，并给大人配发了枪支弹药，当时叛乱刚平息，印度还时不时来个侦察机骚扰一下，一有防空警报就钻防空洞，那种情形至今还历历在目。

受高原气候条件限制，拉萨只能种有限的几种蔬菜，如大白菜、萝卜、土豆、大葱、莲花白等。各个业务组还承担向大集体交菜的任务，大家为了保证蔬菜长得好，下了早班后我们就挑着大铁桶，沿街穿巷捡粪。当时种的大白菜一颗能

达到十几斤，一颗莲花白有洗脸盆大小，看着自己的劳动成果长势喜人，条件再艰苦，心里也是喜洋洋的。西藏高原没有取暖条件，冬季气温降至零下30℃以下，早晨起床后房间的毛巾、水桶的水全部冻成冰块，多数人的手到冬天就长冻疮，一碰就破，发生溃烂。

因为高原沸点低，饭难以做熟，只有吃夹生饭。燃料也非常缺乏，烧煤油（常用燃料）、烧牛粪，这些也保证不了供应。每当休假返回高原的时候，大家都会想尽办法多带一些副食品和蔬菜，大家一起享用，现在看来普通的大白菜和大萝卜，在当时都是非常珍贵的。拉萨街上没有餐馆，大家经常聚在一起吃集体伙食，一家有好吃的大家一起"蹭"。

西藏气象局组建的女子篮球队是一支藏汉结合非常团结的集体，教练是尹冰（现已离世），焦爱珍是队长（现在山东省局），我是中锋，穷达、普布巴桑抢球非常勇猛，文若谷老大姐（现在湖南省局）是满场飞。为了提高篮球水平，教练要求很严格。我们经常与拉萨各兄弟单位、西藏军区通讯总站、军区总医院打友谊赛，在拉萨小有名气。局里还组织了业余文艺演出队，邱武军同志是负责人（内调后曾任湖南常德市气象局副局长），我们排练的节目有独唱、合唱、快板、诗朗诵、舞蹈等，西藏气象局的"洗衣歌"一直是保留节目。每逢节假日我们还慰问部队，当时也没有电视，电影都很少，这些活动弥补了当时枯燥之味的业余文化生活。

西藏气象局组建的民兵连在当时赫赫有名。西藏军区派战士给我们集训，真正荷枪实弹。毛如柏同志当时就是民兵连的一员，带领我们认真训练，自动步枪、半自动步枪、机枪、冲锋枪等，几乎是弹无虚发，那时训练，一天要打少则几十发，多则上百发的子弹，那是真过瘾啊。1975年，我们为来访的尼泊尔国王表演对抗射击，气象局民兵连在比赛中获得优胜奖，本人获得射击比赛第一名。

1975 年，西藏气象局民兵为尼泊尔国王表演对抗赛时合影。

内调回到北京后，我还不时地翻看西藏的老照片，仿佛就是昨天发生的故事。若有幸再回到西藏，我将坐上进藏列车再看看父辈修建的青藏公路，走走最近才通公路的墨脱县的公路，以告慰父亲和为西藏建设付出生命的老西藏！

亲历改则建站

■ 渠新明

1972 年 4 月中旬的一天，我们一行 10 人，乘坐测绘部队车辆离开了阿里地区，前往改则。改则县距离地区大约 500 千米，但是道路除个别地方被人为略加修整外，基本就是车随意跑出来的，弯多、水沟多、坡度大、全程搓衣板路是最主要的特点，车速也跑不起来，当时的车辆一般要走 3 天时间，第一天地区到革吉县 110 千米，第二天革吉县到盐湖区 200 千米，第三天盐湖区到改则县 190 千米，我们被颠簸得快绝望时，被告知，改则县到了。

前期到达改则联系有关事宜的贺云德在县上为我们找了几间临时借住的房屋，分为四个地方，分散在县城的各个角落，好在县城也就不大，走动起来也很方便的。我住的房间是县上靠近食堂的一间库房，打扫房间时，里面还装了好几木箱旧西藏地方政府发行的藏银元，圆角分都有，圆的个头比袁大头要小一些，角分就更小一些了，当时也不知道这些东西可以成为文物的，也就只是拿起来看了看而已。我们把库房里的东西都搬运到其他地方后就安顿了下来。

气象站的拟选站址在县城的东北方的一片空地上，和武装部是一个院子，紧挨着县中队的大院，我们首要问题就是要利用阿里短暂的夏季，抓紧时间把办公生活用房、气象观测场地、通讯天线等建起来，以保证秋季开始可以正常开展工作。于是，我们又开始了盖房子和平整场地的的体力劳动。

改则县远离地区，那里一年四季基本上吃不到新鲜蔬菜，生活条件与地区相比更为艰苦，我们到改则后，县食堂早晨是不开伙的，燃料紧张时就开中午一顿饭，几乎每天就一种菜，野马肉（藏野驴）炖粉条，野马肉热量特别高，刚开始吃觉得味道还可以，几天以后，大伙儿就满嘴起泡，大便干燥直至便秘拉血，见到野马肉炖粉条菜没有一点胃口了，可是劳动强度特别大，又必须强迫自己要多吃一些。那时候，气象站小伙子的饭量在全县是出名了，我一般每顿能吃4个馒头（一个二两），哪怕是找到几个蒜瓣，就能多吃两个馒头。因为还要准备预留第二天早晨的馒头，我们一次就要买8－10个馒头，因为高原上蒸馒头都要使用高压锅，同时房间气温低，发面等也不是很方便，增加了炊事员的工作量和劳动强度，加上吃得太多以后远远超出了自己的粮食定量，一开始，食堂管理员还很有意见，但经过我们的解释和因为我们宿舍就在食堂边上，亲眼看到了我们吃饭的景象后也就理解了。在阿里高原，只要不浪费，能多吃饭是好事呀，毕竟多数人是为吃不下饭而烦恼着呢。

气象站办公和生活用房一共有15间左右，我们雇用了四五十个民工，那里是牧区，老乡从来没有干过和盖房子有关的劳动，因为不熟练，效率也比较低，许多工作还需要我们反复去教，否则就做不好。我们主要是干一些诸如砌墙的技术活和给他们做一些示范指导性的劳动。挖土、打土块、和泥巴等重体力劳动一般就由民工来完成了，老乡们是天生的乐天派，劳动时还不停的唱着歌谣和劳动号子，每天晚上都要聚集在一起唱歌跳舞，也给我们的劳动过程增添了许多的乐趣。大约用了一个月的时间，我们的房屋主架构已经基本成型了。但是，我们又面临着新的问题，因为建材短缺，虽然我们从地区来的时候带来了一些15×20的方木做房梁，但是，在县上找遍了却没有找到搭在房梁上的椽子材料。6月底至8月是改则的雨季，全年降水量的90%都集中在这个季节，我们必须在这之前将房屋封顶，否则将会遇到很多的问题甚至前功尽弃。怎么办呢？刘伯瑜站长来找我谈话了，经气象站领导考虑，报武装部党委批准后，决定由我率领12名藏族民工，去革吉县（距离地区差不多70千米）狮泉河流域的七里桥附近去砍一些相对粗壮、长度在1米以上的红柳枝条铺在房梁上替代椽子使用，数量要能够装满两辆解放牌汽车，因为去的12名民工除一名能够听懂简单的汉语外，其他人一句汉语也不懂，无论你说什么都是"哈奎闻都"（不知道），完成任务的难度是可想而知的，但我还是坚决地接受了任务，并于第二天坐着县医院的嘎斯救护车出发了。

雪域风云路

西藏气象事业发展回忆文集

开救护车的是一名叫多吉的藏族司机，为了有别于县上另外一名比他年纪大一些，名字也叫多吉的开解放大车的驾驶员，大家都叫他"小多吉"。小多吉是一位体格健壮、性格开朗的30岁左右的藏族汉子，两天的路途时间，我们很快的就熟悉起来了。

救护车里装满了我和12名民工的行李、帐篷和帐篷支架、劳动工具、我们的生活用品、粮食以及坐在物品上的十几个人，我还带了一支"762"步枪。救护车车厢空间本身就不大，又是封闭的，加上装满物品后，人只能蜷曲着躺卧在车厢内，空气相对污浊，老乡都很少坐过汽车，路况又差，车内颠簸的很厉害。走了没有多久，就有人开始晕车了，不一会儿就开始呕吐，结果就像传染病一样，多数人都开始有了晕车反应，所以我们也就走走停停的，虽然呕吐后的气味也令我非常难受，但我并没有嫌弃他们，还时常关照这些晕车的老乡。同时，老乡自身的卫生状况很差，坐在车里，相互挤在一起，我就眼睁睁着藏袍里肥大的虱子不断的运动着，一开始我还捉住后掐死，后来因为太多，也就麻木了，心想这段时间我们还要在这种环境中共同生活，环境是无法改变的，索性就由他去吧。这些天的时间里，我必须要与他们充分地交流，取得大伙儿的尊敬和信任，才能圆满完成这项艰巨的任务，而做好这些，最基本的原则就是要尊重他们的人格和风俗习惯。心态摆正了以后，也就无所谓了，就这样和民工打成了一片，中午就吃一些老乡带的糌粑，喝他们烧的茶。第二天的下午，我们到达了七里桥，在红柳丛中搭建了我们的帐篷。

帐篷面积不大，大约有7-8个平方大小，中央还要堆个火炉的位置，用来烧水做饭和夜间取暖，我见地方太小，就只把铺盖打开了一半，但是大家非常的照顾我，坚持要我把褥子铺开，这样我一人就占据了三分之一的地盘，老乡们晚上睡觉倒是也简单，就用身上的羊皮藏袍把束腰放开以后就把身体严实地包裹住了，一件藏袍，既当被又当褥。

我带了些米、面、油、辣皮子、盐巴、花椒和高压锅，开始了自己做饭的生活，米饭、烙饼、熬稀饭，就是没有菜吃，倒也开心。

第二天，我带着大家在红柳丛中讲述了劳动注意事项和要求，手把手的做了示范，就开始了一天的劳动，几天以后，附近可用之材都没有了，我们的劳动场地也就离宿营地越来越远了，一周以后，随着难度的增加，新的问题又出现了。

这些民工出来的时候只带了 10 天的口粮，可是按照目前的劳动进度，估计要半个月左右的时间。俗话说：民以食为天，大伙儿面临着断粮的危险，是无法完成任务的。阿里地区的老乡口粮一般是每年夏季用羊只、牦牛驮上盐巴、羊毛、藏羚羊绒等物品到普兰口岸等农区去交换来的，国家一般不给老乡供应粮食，老乡就是去了粮站也买不来粮食。在那个信息完全封闭的荒郊野外，只能是我出面去地区或者是革吉县找粮食了。我当即决定让民工中略懂汉语的巴桑担任临时负责人，带大家继续完成劳动任务，而我则去公路边搭便车去买粮食。

在公路边等了大约有两个小时，终于等到了一辆 212 吉普车从狮泉河方向开过来了，拦住车才知道是地区邮政局前往革吉县送邮件的邮车，开车的也是一位藏族司机，我就搭车去了革吉县，到了革吉县以后，急忙给站上发了一封电报说明情况，要求县上一周以后派车来拉红柳和接我们回去，并且通过改则县领导联系革吉县的有关部门，同意借给我们两袋面粉，我打借条领了两袋面粉后第三天又搭邮车回到了七里桥。

狮泉河里的鱼很多，每条都有尺把长，我们所在的河段也就 6 米宽，而且河水也不深，眼看着成群的鱼儿在河水里游动，我就动了抓鱼改善生活的心思。怎么抓呢？一开始我让民工下河用红柳条抽打鱼，但是发现鱼被惊吓后喜欢往红柳丛的根部或者草丛里钻，哈哈，有办法了！我让老乡用红柳条扎成一个 4 米长的树枝捆，放在水里堵住多半河道，然后让两个人站在剩余河道用树枝不停地打水，另外 3 个人从下游 100 米处开始击水赶鱼，几分钟后，就开始在红柳捆的下部，一条一条的用手往外捉鱼，原来附近的鱼都钻到这里来了，不一会就装满了一水桶，大约有 20 多条鱼。那么多鱼一下也吃不完，我又在河道边的沙滩上挖了一个小水坑，并分别修了引水道上进下出形成活水，为防止鱼顺水道逃跑，还在水道上用红柳枝编织了两道栅栏，每天都有鲜鱼吃了。那时，藏族老乡一般不吃鱼，所以我也没有勉强他们。第三天，有一辆测绘部队的车辆路过这里，看到我们养的鱼很是稀奇，我就告诉了他们捉鱼的方法，并且用鱼和他们交换了一些新鲜蔬菜，吃到了久违的蔬菜，开心的不得了。

20 天以后，劳动将结束了，我们等来了县上派来的两辆汽车，把劳动成果装满汽车，我们将剩余的食品几乎吃光后开始动身要回去了，结果在革吉到盐湖的路途中，其中一辆汽车抛锚，无法前进，把我们甩到了荒无人烟的山里面，这时，太阳已经落了，师傅们还在查找汽车故障原因和动手解决问题。又过了一段时间，天色渐渐地黑了，天空中挂满了繁星，故障还没有排除，高原的六月，昼夜温差还是很大的，白天有太阳时感觉暖洋洋的，但是夜晚气温就比较低了，我们可以说是饥寒交迫。在这种情况下，有个民工想用车上的红柳枝烧火取暖，来征求我意见时，被我拒绝了。这可是家里人盼望的盖房的材料，决不能就这样烧掉。半夜时分，汽车在采用关闭一个缸体，四缸发动机三缸工作的办法，又开始前进了，但是速度明显慢了许多，第二天中午我们在路上遇到了一家放牧的老乡，进到老乡帐篷里，老乡拿出了风干生肉和糌粑，烧了一壶茶，那时的藏餐简直就是美味佳肴，可口极了，当天晚上，我们住宿在盐湖区，第三天下午平安回到了改则县

这20多天，通过和这些最底层的普通藏族老百姓接触、交往，使我加深了对藏民族纯朴、忠厚、善良民族特性的了解，增进了相互间的感情，学会了许多藏语的生活用语，加上高原上强烈紫外线的照射，皮肤黢黑，老乡们也都说我和其他的汉族人不一样，感觉就是藏族人。在荒郊野外，交流多半靠手比划，与外界无任何信息沟通，自己动手解决三餐，带领兄弟民族的老乡，一起克服种种困难而圆满的完成了任务，对我的人生阅历来说，也是一次不可多得的经历和磨练。

红柳枝条拉回到县上以后，就开始按步骤铺房顶、上房泥、墙面抹泥、打水泥地坪，很快我们的房屋建设工程就结束了，房间通风晾了晾潮气后，我们在雨季来临之前都住进了自己的房屋。

接着，我们开始了观测场、通讯天线场地、经纬仪测风观测点的建设。首先我们确定了地面观测场的位置，并且将场地内以及周边的大小土坑全部拉土或者用建筑废土填充后平整好，将两个风向杆和两幅通讯收发天线杆的地锚、拉线全部做好，然后分别架设起来。说实话，架设天线杆还是有一定的难度和技术含量的，大家要有明确的分工和默契的相互配合。老刘在这方面经验很老道，在他的指挥下，我们顺利地完成了这些工作，按照两个相互垂直的方向架设了电台平行发射馈线和笼型接收天线。然后就是架设安装各类气象仪器，两个风向杆上分别安装的是重型维尔达测风仪和电接风向风速仪，然后是地温场地、日照、百叶箱、蒸发、降水等设备的安装，经过10天的劳动，我们的观测场地和经纬仪测风观测点的建设完

成了，从远处看，气象站的模样已经醒目地矗立在了改则县城的东北角。

　　地面观测值班室里，有各种的表格需要制作，主要有各类仪器的器差订正表、水银气压查算表、经纬仪测风用标准密度升速表、净举力查算表等等。因为高原气候干燥，干湿球温度表读数相差特别大，经常出现湿度查算表（一号常用表）里查不到湿度值的情况，只能按照常用表提供的公式进行计算后才能获取相应的湿度数据的情况，每当这种情况出现时，因为计算比较费时，发生不能按时编发天气报的迟报现象，并且还手忙脚乱的容易出差错。于是我们也制作了一份湿度查算附表，当相对湿度只有1%时也能直接查出来，方便大家值班室使用，同时还可以提高业务质量，避免和减少差错。当时我们的所有计算都是靠笔和算盘来完成的，计算量相当大，我作为业务组长，在老同志的指导下，花费了许多精力，完成了各类表格的制作，经过反复校对无误后，又全部工整地抄录在表格中，压在值班室玻璃板下，供大家使用。

　　全过程参与建站的各项工作，是许多观测员一辈子都很难遇到的事，而我十分有幸在刚参加工作的时候就以主要参与者的身份参加了一个新站的建设，学习了许多的业务知识，熟悉各类气象仪器的安装调试，具备了自己独立完成建站的能力，为以后数十年从事业务管理工作奠定了坚实的基础，受益多多。

　　8月底，我们完成了所有的建站任务，从而转入了业务试运行阶段，1972年9月开始各项业务工作，改则站是国家基本站，每天8次地面观测、两次经纬仪测风，并向地区发送天气报和测风报，改则草原从此有了气象观测资料。

在狮泉河气象站工作的岁月

■ 刘君惠

1971年3月，我不满18岁，即将在乌市第五中学毕业，我是班里唯一一名团员，又是学习毛主席著作积极分子，因表现突出，已被留在了乌市工矿班等待分配工作，其他学生都要去农村接受再教育，此时，校党委动员报名去西藏阿里援藏工作。说急需一批人才，补充力量，建设阿里。我听完动员后，放弃了留在城市工矿待分工作的机会，坚决到西藏阿里去。当时听说阿里路途遥远，高原缺氧，空气稀薄，寸草不生，没有菜吃等困难，可是我想大家都怕困难不报名，那谁去呢？那是一个"《毛主席语录》随身带，随时随地学起来，活学活用学用结合，急用先学立竿见影"的年代。经过思想斗争，我想党需要我们，越是困难的地方，越是要去，这才是好同志。我们有共产党的正确领导，什么困难都能克服。坚决响应党的号召，报名到最艰苦、最需要的西藏阿里工作，建设边疆，保卫边疆。

我与乌市第五中、八中、一中、七中的46名同学经体检和新疆自治区组织部政审，符合条件，批准同意前往阿里工作。

白治区组织部王仰兵、气象局丁秉翰、电信局杨居良同志带队，组织我们46名同学分乘两辆长途大轿车前往阿里。路程：第一阶段从乌市到叶城；第二阶段从叶城到阿里。从叶城到阿里狮泉河里程是1070千米，途经的大坂库地海拔为3200米、麻扎4850米、黑卡约5000米、三十里营房3600米，界山大坂最高6700米，经多玛到阿里狮泉河，能食宿的只有7个地方，车一直行驶在昆仑山和喀拉山之间的山谷里，周围山势很陡峭，形状也多变，盘山之路很危险，特别是回头看我们走过的盘山路，感受到人在仙境，天上阿里的感觉。新藏线219国道是世界上海拔最高的公路，途中要翻越的海拔5000米以上的大山有5座，气候恶劣，以前也有人说过"昆仑山上无鸟飞，地上不长草，风吹石头遍地跑"。可见这条路上的危险和荒凉。特别是在翻越界山大坂时海拔 6700 米，我感到剧烈的头痛，头晕，恶心，因为缺氧，我的鼻子流血，嘴里吐出的是血，两手擦抹的还是血，难受极了，但是我强忍着不作声，把仅有的氧气袋留给最需要吸氧的人用。大家高喊着"下定决心，不怕牺牲，排除万难，去争取胜利"的口号，互相鼓励，互相支撑着。最让人敬佩的是开车的司机师傅，克服自身的不适，硬顶着往前行，最终翻越界山大坂，胜利到达西藏阿里。历经 15 天，行程很长，路也很艰难，但其中的美丽和感动也一路伴随着我，这一路的艰辛，苦难，美景和心情留下深刻的印象，将是我永远的财富。

我们 20 名同学被分配到气象站工作，5 名女生分到了一间房，15 名男生没有房子住，暂住帐篷。站领导看大家年龄小，非常关心重视，领着大家自己动手挖土，和泥，脱土坯，盖房子，房子盖好了，没有麦草抹墙泥，大家想办法到处去找草，我和郭秀萍去捡羊毛当草，和泥巴，走了很远，捡了不少，只想早日盖好，大家住进去。经新老同志的努力，男生终于高兴地住进了自己盖的新房。由于时间紧、任务重，盖房屋正是雨季，土坯房屋全都是潮湿的，加之高寒缺氧下进行繁重的体力劳动，我们这些正在成长的年青人，不同程度的都染上了各种疾病。

在站上的安排和老同志的辛勤培训下，我们开始了紧张的业务学习，大家早起晚睡非常刻苦，先后掌握了地面观测、日射观测、小球测风、无线电收发报等业务技术知识，通过考试取得优异成绩。按上级指示，十几位同学分别去西藏阿里地区改则县、普兰县建立气象站。在新老同志的积极努力下，分别在两个县盖了几十间房屋，平了观测场地，按国家建站标准，建立了气象站，在高寒缺氧的西藏高原，为国家填补了气象空白。

狮泉河气象站人员少，有的老同志长年坚持工作，未下山休假探亲，患有严重高原病，身体状况极差，吃不下饭，睡不好觉，需下山休养，急需接替人员。我被留在了狮泉河气象站，跟着老同志上几个班后，就独自当班了。工作中遇到问题，就虚心向老同志请教，刻苦学习业务技术，提高业务工作能力。地面气象观测是最基本的气象观测数据，做好每个班次的工作非常重要，因为气象观测数据世界公用，必须具备代表性、准确性、比较性，有国际统一性。比如：这里气温极低，年平均气温 0.2℃，最冷时的月平均温度为 -12.1℃，极端最低气温 -41℃。

这里降水稀少，极度干旱，年降水量只有60—70毫米。空气稀薄，气温低，加上降水少，使这里的植物难以成活。

这里风大，狮泉河一年四季经常在下午刮大风，平均每年8级大风天数约有113天。这些客观条件，使风沙治理难上加难。科研人员利用气象站提供的气温，降水等资料分析研究，预测未来，使防沙治沙实验达到良好的效果。藏族牧民根据气象站提供的天气预报做好牧羊、母羊产羔等事项。在阿里气象站工作的日日夜夜，我爱岗敬业，尽职尽责，任劳任怨，积极肯干，独立完成气象地面观测、日射观测、小球测风、月报年报的统计上报、无线电转发报工作，准确记录和传递阿里高原基本气象数据，它是非常有价值的气象资料，填补了当时我国缺乏西藏阿里高原气象资料的空白。为国防建设、西藏和新疆的国民经济建设、提高天气预报的准确率起到了保证作用。圆满的完成援藏任务，得到新疆西藏两地方的好评，于1973年1月受到阿里气象站嘉奖。当年的观测薄报表等至今还宝贵地珍藏在新疆自治区气象局档案馆里，作为永久性档案，以备查找利用，供后人分析研究，

探索篇

在当雄站从事观测

■ 孙严立

　　1956 年 8 月，我于中央气象局成都气象干部学校毕业，分配进西藏工作。17 日，乘坐西藏军区驻成都办事处发出的挂有"有后车队"并车头前面架有 2 挺轻机枪和 2 枝步枪的军车，从川藏公路经雅安向西藏拉萨进发。在雅安之前，共有 200 辆车同行，车子是美国造的十轮卡车。出了雅安、康定，车队渐少。途中，因前方发生泥石流险段而被迫停行的有好几处。道班房被土匪烧了的有多处。在甘孜休息三天时，曾有土匪扬言要来攻打。翻过二郎山后，曾在卢霍住一天，有机会到"泸定桥"上来回走了一次，亲身体验革命先烈和英雄们的艰辛与奉献。翻过雀儿山，当晚住宿在马尼干戈老百姓的牛栏里，半夜闯进了一头毛牛，瞪着大眼，19 个男女同学都大吃一惊，还以为是老虎闯进来呢。路上走走停停，整整走了有一个月时间，于 9 月 10 日平安顺利抵达拉萨。原来西藏军区气象科住在拉萨郊外一片野地里的账篷内，这就是西藏拉萨气象站的前身。我们进藏时气象科尚属部队，可在 9 月 1 日我们还在路途时，气象科已经转建地方，我们也就不作为部队编制了。难怪过二郎山之前，我们同学领取的是旧军棉衣棉裤和帽子，到拉萨后才领新的军棉衣裤。

　　西藏军区气象科在 1956 年 9 月 1 日转为地方建制，建立拉萨气象观测站，而后成立拉萨气象科学研究所，西藏拉萨气象处，当时气象、水文、地质并为一体。周美光、王明山任正副片长。以后约在 1965 年左右分别建制，气象处改为气象局。

　　进藏后先在拉萨站当观测员，1956 年 11 月份调往亚东气象哨当观测员，进行西藏拉萨——印度新德里航线飞行气象保障观测工作。1957 年 7

月，飞行保障任务完成后，我被调回拉萨另行分配工作，又在拉萨气象站观测组工作。当时拉萨站参加国际地球物理年，报表多，要求出门快，又增加有日射、辐射、反辐射和微电反应等物理观测项目。

1958年10月，我被调去羊八井气象站工作。因是在叛乱以前，一面工作，一面每天修地堡，挖战壕进行战备。那时我们配有武器装备，有手枪、步枪、轻机枪和手榴弹。执行民族政策，不能打第一枪。有了武器，心里确实感到平安些。平叛前我们白天工作、生产、种菜（马铃薯、萝卜）、修工事等，晚上还要站岗放哨。在羊八井除我们气象站外还有兵站、军队的转运站、地方汽车站、公路检查站等单位，时常有部队的车队经过或停靠。1959年3月19日，叛乱的枪声终于在拉萨、山南打响了，我站李文策、余亚卿同志到拉萨气象处运粮食被困在拉萨参战，拉萨气象处的司机徐忠臣同志也被土匪打伤手臂。进行飞行保障工作任务加重，原每小时进行一次气象测报增加到每半个小时进行一次航空测报，连续三天。那时摇机员只有康兴同志，测报员只有我和文若谷在站，好在我们都是既能观测又能发报的通测员。1958—1962年，正处于西藏为解决供给困难而内调下放人员之际。成都气象学校通测班分配西藏的同学除少数留在拉萨气象台通讯班，其他都陆续分配到山南、定日、日喀则、黑河、江孜、帕里等边远台站工作。

1956年以后陆续在西藏建立了当雄、黑河、安多、帕里、阿里等台站，直接为国防建设和国家经济建设服务。羊八井气象站按照台站网点布局离拉萨太近，要求撤站。但为了空军、民航需要和测绘、地质、铁路建设的需要，1962年1月1日起经过比对观测后迁站当雄县。迁站后为了西藏铁路建设，探测冻土层、永冻层的地温资料而进行地温观测。为了解冻层、永冻层的稳定性，把地中温度观测的深度又增加到3.6米深处。国防服务方面担负有兰州、汉中、武汉、广州等预约航空报。当雄气象站地处藏北高寒地区，海拔4300米，气候严寒干燥。年最高气温仅达19℃，而最低气温低达零下36℃。刚到当雄时因天气干燥，鼻子易干裂出血。相当一段时间里，早上出完操或是放完球，洗脸时毛巾刚刚捂上脸，一脸盆水就被鼻血染红了。严冬时进行观测，开百叶箱门不注意，手就被百叶箱铁门把黏住。溶水观测因晚上房子里的水都在结冰，不能随时取用蒸馏水溶冰，只能用医院用过的青霉素小瓶子装上蒸馏水放在身上备用。藏北经常刮8级以上大风，还常伴随沙尘暴。风速最大出现过 32 米/秒，强而干燥的沙尘暴还会产生静电，干扰通讯联络，耳机内噼噼叭叭作响，联络困难。

1964 年，我被拉萨气象处任命为业务组长，1965 年被派去气象处培训通讯业务。1966 年冬天，当雄县纳木错区发生雪灾，我和县委副书记王顺祥同志骑马前往纳木错区进行灾情调查。本来大半天路程可以抵达，可因翻过山后积雪渐深，骑着马行走困难，只得下马步行。因积雪深达马肚子，马只能跳跃式前行，天色又已晚，看不清路，只好停下来露宿在半山腰。第二天起来，被子上有约两寸的积雪。我们本已下到近山脚处，可因天黑下来后看不清路，反而又往半山坡走去，第二天再用了近半天时间才到达区里，穿着毛皮鞋的双脚得了冻疮，脚板下面长着玉米大小的冻疮，约有半个月时间走不了路。1968 年，文化大革命波及当雄气象站，军管时，业务工作基本正常进行。只有摇机员不大听话，不按时上班，我们只好一手摇马达一手将电报发出去。1973 年搞社教，县委派武装部长为组长，我为副组长，组成工作组到乌马塘区蹲点，曾在乌马塘区八嘎卿游牧场草场调查虫情灾情，连续三天晚上都睡在老百姓的羊圈里。

1976 年 11 月，我调离当雄县气象站，返回广西扶绥县气象站工作。

真挚朴实的情谊

王金霞

1977年，由于日喀则地区气象台升格扩建，台里在一年内一下子新增了近20名年轻气象员（我就是其中的一员），为了解决住宿和经费不足的困难，台领导号召职工自力更生修建职工宿舍。新老职工在老站长的带领下，除了值班者外，每天都乘着解放牌大卡车到20千米外的砖厂去装卸土坯，到年楚河边挖沙石，到采石场搬石块，到部队农场装石灰、水泥……。大家早出晚归，全身上下都沾满了黄土、泥沙，由于生活条件简陋，单位和街上均没有浴室，下班后每人也只能在伙房打一盆热水洗头擦澡。这样又脏又累地加班加点，一干就是大半年，更无什么加班工资可言，可从来没有人借故请过假叫过苦，因为大家一想到为自己修建宿舍，就要告别三四个人挤住一间小屋（女职工）或棉帐篷（男职工）的艰苦条件，心中充满希望，干劲异常高涨，劳动时总是一片欢歌笑语。

高原冬季的伙食十分枯燥，除了大萝卜（50%空心），就是莲花白（卷心菜）或土豆，类似像小白菜、菠菜的新鲜蔬菜那可是春节时的美味佳肴了。为了调剂改善伙食，每个人都千方百计地四处筹措，如到部队老乡那买一点猪肉罐头或冻猪肉，到藏族老乡那用面粉换几个鸡蛋，到农科所熟人那买一点温室里的小青菜……。无论是谁，有了好吃的，都会拿到值班室的烤火炉旁和大家一起分享。

70年代的西藏文化生活也比较单调，除了听听西藏电台的广播和每周两次的报纸和每半个月或一个月的家庭月报（家信）外，到附近部队住地去看电影（每周2次），那是最大的乐趣和享受，每逢周六和周三的晚饭

探索篇

403

后，无论是夏雨，还是寒风，大家都扛着椅凳，拿着雨具或是裹着棉大衣一同前往部队大礼堂看电影（部队给我们预留了专座）。有的影片放了十回、八回，大家仍不觉厌倦，到时间还是集合而去，结伴而归，因为这样打发时间总比在家里点着蜡烛打扑克或躺在床上想家要强得多……。

在西藏从事通信工作

■ 李继烈

1962年初,奉中央气象局指示在成都气象学校从气象专业和农气专业三年级(学制为四年)中,挑选部分优秀生学习无线电通讯技术,毕业后支援西藏气象事业建设。1963年8月下旬,我们通测班毕业的34名同学,告别母校及亲人们踏上了奔赴西藏高原的列车,进藏途中经过甘肃省柳园及青海省格尔木部队医院再重新体验,结果仍有9名同学体检不合格,不得

1969年3月,西藏气象局管弦乐队演出。前排左起:陈玉升、邱武钧、李继烈、李成芳;后排左起:袁其贵、薛智、麦毓江、屠荣秀。

不改派到其他省（区）工作，在 9 月 16 日到达拉萨时只有 25 名同学（后又有 63 级气象专业 5 位同学进藏）。经过区气象局业务部门通讯老师对我们逐一进行报务考试后，最终少数同学留在拉萨，大部分同学分配到藏北等条件更艰苦的气象台站工作。当同学们得知分配方案后，留拉萨的不少同学纷纷写请战书要求到基层台站工作。现在看来可能有些人不可理解，但在当时我们真是抱着要更好地锻炼自己到基层去，到条件更艰苦的地方去奉献青春。

1983 年 7 月，自治区气象局通讯班（培训报务员）结业合影。

20 世纪 60 年代初，就是在拉萨，各种物品供应都非常紧缺，尤其是蔬菜更少。冬天基本上靠各家贮存在地窖里的白菜、萝卜生活，拉萨市场上基本上没有菜卖。食堂里卖的是带沙子的馒头，只有在节日里，每人定量可买几个富强粉馒头。在此特殊的自然气候条件下，区局大院在局领导的号召下，全局干部职工昼夜打水井、盖温室、拿起铁锨在空地上开荒种菜，并按科、室、班、组集体种菜，成熟后统一上交伙食团，基本解决了全局职工吃菜问题。肥料由各单位职工挑上铁桶，每天天还没亮时便走遍拉萨大街小巷拾粪。我曾获得 1963—1964 年度全局拾肥料第一名。为了改善职工生活，局里自己饲养生猪，喂猪的饲料也靠全局职工到处割（捞）草解决。

19岁的我与其他几位同学分配在区局转报台从事无线电通转报工作，每天承担着抄收全区20多个气象台的重要气象电报，然后用手发至成都区域气象通讯中心参加全球及亚洲区域交换。当时，预报、测报、通讯是气象部门三大基础业务，由于西藏地广，站点稀少，通讯设备落后，每次收、转、发一份气象电报都极为重要。在转报台工作9年后，我于1972—1983年先后在收报组、移频电传组、广播传真、单边带组上班并兼任有线机务员。经历了从莫尔斯通转报移频电传接收再到单边带通转报的全过程。在气象报务员这一光荣而神秘的岗位上工作了整整20年，抄报、转发了上百万份宝贵的气象资料（电报），还承担拍发军、民航报，抄收各国气象情报、攀登珠峰、边境增发军航气象情报、转机气象保障及1979年5月—8月首次青藏高原气象科学试验等任务。

1964年9月，我在转报台工作实习期满一年，由于各方面表现突出，转正定级破格定为气象15级。1984年我进入通讯管理工作岗位，在局通讯处工作的6年中曾先后赴那曲、日喀则、山南等地区气象台与同事们一起帮助他们架设环形天线、移频电传设台、电传机维修等项工作，顺利完成任务，保证了当地气象通讯的畅通；特别是1987年4月中印边境局势紧张，我刚任通讯台副台长不久，受局领导指派率通信工作组一行4人急赴边境气象站（加查、错那、帕里、定日、聂拉木、江孜等），下达临时增发军航气象报任务，每到一站我们下达任务、检查电台、落实保障措施，历时10多天在所到地、台、站领导的重视和密切配合下，圆满地完成了紧急任务。

培养藏族干部

1984年，自治区气象局组建通讯处，后改名为通信台，下设台部、业务科、机务科、发射科，其中业务科主管转报、电传、控制室等具体通信业务。当时，有两名台领导，全台共有藏汉职工108人，其中藏族职工34人，是全局人数最多的部门。通信台藏族职工主体是从兰州气校毕业后分配来的。如何培养好这批藏族通信干部是台领导的首要任务，我们首先从政治上严格要求，使他们思想上认识到，气象通信工作是整个气象工作的重要组成部分，尽快地掌握这门技术为建设家乡出力。同时发挥台党支部的战斗堡垒作用，组建通信台团支部，开展丰富多彩的文体活动，提倡藏

探索篇

汉干部结对子、交朋友，对业务薄弱的同志专门请人单独带班、帮助，每周安排几个半天时间由老师讲课培训，各工种的藏族干部由各类老师重点辅导。在藏汉干部的共同努力下，经过数月的培训、实习，这批藏族干部大部分都能独立值班，胜任本职工作。除坚持好通信业务练兵外，还组织全台广大团员、青年，因地制宜，在每年的学雷锋纪念日、世界气象日、青年节等节日，走上拉萨主要大街，拉上横幅，挂好彩色大气球，播放音乐，摆摊设点，除宣传气象知识、还组织猜迷语有奖游艺活动，义务理发、修理收音机、黑白小电视机及家用小电器等，各族干部群众踊跃参与。

1986 年 12 月，自治区气象局领导和通信台干部在区局办公楼前合影。

当 1989 年底我内调时，放心地将通信台工作交给了罗桑旺久副台长。当时不少藏族通信干部已成为台里各岗位的业务骨干，有的还加入党（团）组织，还有送内地深造学习的藏族干部。例如原在局收报台任抄报员的索朗多吉，70 年代送北大读本科，80 年代就任区局局长；通信台培养的罗桑旺久，后任副台长；原山南地区气象台抄报报务员高扬，现任自治区政府秘书长等，他们仅仅是西藏气象通信战线上的杰出代表。还有早已内调，50 年代进藏的欧阳祖平、邱武钧、陈家稻、冯登明、文若谷等同志，他们不愧为西藏气象通信事业的奠基人和开拓者，是我们及以后进藏从事通信工作同志最值得尊敬的老师，他们几十年来为西藏气象通信事业的开拓、发展做出了重要的贡献。

发展篇

里程碑式的文件

■ 索朗多吉

回顾改革开放 30 年来西藏气象事业发展历程，1981 年 1 月 28 日是一个值得纪念的日子，这一天国务院办公厅以国办发〔1981〕6 号文件转发了中央气象局《关于巩固西藏气象工作的请示报告》。这份至今仍对西藏气象事业发展具有重要指导意义的文件，无疑是西藏气象事业发展史上的一个里程碑，而这份报告的顺利批转无疑凝聚着邹竞蒙同志的大量心血。

首次进藏调研

为了贯彻中央第一次西藏工作座谈会精神，1980 年 8 月，中央气象局党组派邹竞蒙副局长率 5 人工作组赴西藏进行了为期 18 天的调研。当时，由于西藏自治区组织大批汉族干部内调，致使西藏气象业务技术及管理骨干发生严重短缺，全区三分之一以上的气象站业务工作处于瘫痪或半瘫痪状态。鉴于这种情况，西藏自治区气象局被迫提出了砍掉局机关一半机构，撤掉四分之一台站，内调三分之一人员的初步调整方案。然而，西藏气象工作对全国乃至全球气象事业具有重要影响，为了稳定和加强西藏气象工作，邹竞蒙同志率工作组一行不顾严重的高山反应，深入西藏的拉萨、那曲、当雄、安多等艰苦基层台站进行实地调研，仅在拉萨就先后召开了 7 个不同类型的座谈会。邹竞蒙同志还亲自与自治区气象局领导、中层干部和业务技术干部，分别谈心，了解情况，听取意见，形成了西藏气象工作只能加强不能削弱的共识，提出了巩固西藏气象工作的若干措施。工作组在充分肯定西藏气象工作者艰苦奋斗、无私奉献精神的同时，全面宣传中央

发展篇

关于西藏工作的方针政策，鼓励在藏的进藏干部为稳定和发展西藏气象事业继续作出新的贡献。

工作组每到一个基层台站，还与台站同志研究解决最基本的工作生活条件改善的具体问题；与当地党政领导交换意见，研究气象台站管理体制，领导班子建设、人员内调、藏族干部培养以及经费投入、基本建设、工资待遇等问题的解决办法，以取得地方政府对气象工作的关心和支持。在调研的基础上，工作组先后向西藏自治区人民政府、中国气象局党组、国家农委汇报了赴藏调研情况及巩固西藏气象工作的意见。西藏自治区政府及国家农委领导同志对工作组认真贯彻中央文件精神，深入基层调查研究、帮助西藏气象部门解决问题给予了高度评价和充分肯定，极力支持中央气象局向国务院上报《关于巩固西藏气象工作的请示报告》。

1980年10月23日，中央气象局正式向国务院上报了《关于巩固西藏气象工作的请示报告》，《报告》针对当时西藏气象工作存在的困难和问题，提出了实行管理体制改革，在内地气象院校举办西藏民族班，有计划、有步骤地安排汉族干部内调，努力改善西藏气象台站的工作生活条件等重要问题。1981年1月28日，国务院办公厅批转了中央气象局的请示报告，并在通知中指出：西藏气象工作很重要，工作条件艰苦，对存在问题应该认真解决。国务院办公厅文件的下发，不但迅速扭转了当时西藏气象工作的被动局面，更重要的是，它从根本上解决了西藏气象事业长远建设和发展问题。

注重改善民生

20世纪80年代的西藏，改革开放的步子还十分缓慢，加上恶劣的自然环境，"吃菜难，吃菜贵"是一个"老大难"问题，特别是藏北高原几乎一年四季吃不到蔬菜，这对当地人而言或许不是什么大问题，但对进藏干部职工来讲确实是个难题，许多汉族干部因长期缺乏摄入足够的维生素，极易出现牙龈出血、过早脱发、掉牙等现象，长期缺乏营养导致过早衰老，许多20多岁的年轻同志，猛一看活像50岁左右的人。邹局长在藏18天的调研中也深切体会到切实解决高寒地区艰苦台站最基本生存问题的紧迫和责任。邹局长根据在藏调研掌握的情况，提出了适合高原环境的由钢架结构钢化玻璃、保温毡子等材料组成的建造温室方案，并很快付诸实施，缓解了基层台站职工在高原吃菜难的问题。正当万里高原天寒地冻之时，基层气象台站的温室大棚中却是一片生机盎然之时，彻底圆了高原气象职工熬了几十年，想吃上蔬菜的美梦。回想当时基层县站的温室，许多上了年纪的"老西藏"，无不竖起大拇指称赞说，这确实是一个"暖心工程'。早在 30 多年前他老人家把民生问题放在此等重要的位置，体现的正是他一贯的以民为本的执政理念。自古道"民以食为天"，当时，如果未能解决最起码的"食"的问题，还能奢谈什么稳定和加强西藏气象工作？

培养民族干部

民族区域自治制度的巩固和完善，民族问题的最终解决，都必须有一大批德才兼备，坚持祖国统一和民族团结，又能密切联系群众的少数民族干部。毛泽东同志曾指出："要彻底解决民族问题，完全孤立民族反动派，没有大批少数民族出身的共产主义干部，是不可能的。"因此，努力造就一支宏大的德才兼备的少数民族干部队伍，特别是注意培养少数民族的科技工作者，是巩固和发展西藏气象工作的当务之急。

1979 年之前，西藏气象队伍中藏族气象科技人员占 20%，1980 年邹局长在《关于巩固西藏气象工作的请示报告》中明确提出了在 10 年时间内，在内地气象院校创办西藏民族班，有计划、有步骤地培养少数民族气象专业人员，逐步建成一支以藏族为主、藏汉结合的气象队伍。为落实上述目标，当时的中央气象局决定以南京气象学院为主，承担西藏高级气象人才的培养任务；以兰州气象学校为主，承担西藏中级气象人才的培养任务。1988 年 8 月，为了进一步加快民族干部的培养，国家气象局还在拉萨召开了"全国气象部门教育援藏工作会议"。可以毫不夸张地讲，创办内地西藏班是气象部门的首善之举，更是为西藏培养"又红又专"民族干部开了个好头。

1980—2000 年，气象院校在对西藏培养的人才中，兰州气象学校共举办 8 个民族班和 2 个在职民族班，为西藏输送了以气象观测业务为主的中专毕业生 372 人；南京气象学院共举办 9 个民族班，以天气预报为主的大学本科毕业生 145 人，1 个在职大学民族班、毕业 13 人；成都气象学院培养气

发展篇

象电子专业大学本科毕业的民族学生 18 人；南昌气象学校培养中专毕业的民族学生 51 人；湛江气象学校培养中专毕业的民族学生 27 人。同时，南京气象学院及其他院校共招收了 10 名藏族学员攻读硕士学位研究生。顺利实现了邹竞蒙同志在 1980 年提出的，通过 10 年努力以藏族为主体、藏汉民族结合的西藏气象队伍建设的目标。

斯人已去，风范永存。邹竞蒙同志虽然永远地离开了我们，但他那种情为民所系、权为民所用、利为民所谋的执政理念，特别是他那种勤于调研，胸怀民生、注重培养少数民族干部的工作作风，是一笔极为珍贵的精神财富，对于我们今后更好地推进西藏气象事业改革开放和现代化建设，具有重要的指导意义。我们将深切缅怀邹竞蒙同志的业绩，学习他的优秀品质，高举中国特色社会主义伟大旗帜，深入贯彻党的十七大精神，统一思想，坚定信心，抓住机遇，知难而进，团结一致，艰苦奋斗，努力把中国特色、西藏特点的气象事业推向前进。

六号文件出台前后

古桑曲吉

在西藏气象事业发展过程中，有一个非常重要的文件，那就是国务院办公厅转发的中央气象局《关于巩固西藏气象工作的请示报告》（国办发〔1981〕6 号），这个文件对于西藏气象事业的发展起到了根本性的作用，是力挽狂澜的一份文件，是西藏气象工作根本性转变的一份文件，是奠定西藏气象事业走向更高台阶的基础性的一份文件。

这份文件为什么对西藏的气象事业产生如此大的影响呢？让我们一起回顾这段让很多老气象工作者刻骨铭心的历史。

文件出台前的基本情况

要说六号文件的重要性，我们需要回顾一下当时的情况。

20 世纪 70 年代后期，当时由于西藏出现的大批干部内调，离开工作岗位。这对丁西藏的各行各业来说，都是一件极其糟糕的事情，气象自然更不例外。

当时的西藏，条件非常艰苦。没有蔬菜，路也不通，住宿的条件也很差，老同志身上的家庭问题、身体问题都很多，而在这股风潮的影响下，很多人也希望回到内地。

这样一来，由于当时的本民族干部和技术人员还非常少，就是培养，也不可能在短时间内解决问题，不少气象站工作相继处于瘫痪或半瘫痪状态，有些台站的工作面临停止的局面。

西藏气象部门由于历史的原因，西藏气象最初是随部队进藏而建立起

发展篇

来的，属于西藏军区的一个气象科。到1956年经中共西藏工委批准，成为中共西藏工委的一个气象处。到1961年，又经当时自治区筹委会批准将气象处改为筹委会农牧处的气象局。后来，西藏自治区成立后，随着社会的发展，到1966年，经组织批准，将筹委会农牧处管辖的气象局确定为自治区农牧厅下属的气象局（二级局），一直到1983年3月份为止。

当时，现行的是以块为主的管理体制，很不适应气象事业的发展。任务部署、业务技术管理、情报交换等是一家，人员调配、经费分配、物资供应等又是一家，且二者严重脱节。如：台站的事业经费、基建经费得不到保证，业务技术人员和领导骨干随意调动改行，气象队伍很难稳定。确定内调时，各地、县又把气象业务、领导骨干安排得过多，而气象局又无法控制。当时没有经学校培养藏族的干部和技术人才，藏族气象干部人员少，技术水平不高，劳保和福利待遇也比较差。

西藏由于交通、经济发展水平很低等原因，气象部门的工作和生活条件更是非常艰苦。西藏海拔高，气候恶劣，缺氧严重，生活很苦，常年吃不上新鲜蔬菜，基层台站文化生活也非常贫乏。由于长期在艰苦环境中生活，许多同志患心脏病、高血压、低血压、多血症、肺气肿、肺水肿等疾病，有的同志因得不到及时治疗而长眠在西藏。因为气象工作的特殊需要，不少气象站建在偏僻的甚至荒无人烟的地方。20世纪70年代后期，有的气象站住帐篷和地洞，就连土坯房、铁皮房都算是条件比较好的。交通状况也比较差，一些生活物资要靠老百姓的牛来驮，马车来拉，观测仪器也是几经周转才能够运到各个站点。电力紧张也是一个非常致命的问题，业务用电保障起来都非常困难，照明用电就更加难以保障了。

20世纪70年代，因为地方经济社会发展的要求和需要，建设了一批气象站。那曲的比如，日喀则的拉孜、南木林，拉萨的尼木、墨竹工卡，昌都的类乌齐、左贡、洛隆、芒康、八宿，山南的贡嘎、琼结、加查，林芝的米林，阿里的普兰、改则，这些气象站都是1973—1980年这几年建立起来的，当时在选址和建设过程中我也参加了。站点的建设，需要的人员更多。在这样的形势下，出现大批汉族干部内调，简直就是雪上加霜。

中央气象局调研

1980年8月，当时针对西藏气象工作面临的诸多具体、严重问题，中央气象局组织以邹竞蒙副局长亲自率领的 5 人调研组到西藏进行了为期 18 天（8 月 5 日—22 日）的调查和情况了解。调研组同志不顾严重的高山反应，基本上没有怎么休息，深入西藏的拉萨、那曲、当雄、安多等基层台站进行实地调研。当时开的车子是西藏气象局最好的一个很旧的 62 型的丰田车，尽管在现在看来这个车子很差，但是比起当时普遍使用的北京吉普，还算是好车子。这次是我（时任西藏自治区气象局副局长）陪同邹副局长。

作者（右二）在机场欢迎邹竞蒙副局长（中）一行

　　调研组先到当雄站，了解了情况之后，就直接前往海拔 4800 多米的安多。在安多的那一顿中午饭让我很难忘，站上的职工听说邹局长要来，在山上去采黄蘑菇，又买了一点牛肉，牛肉烧蘑菇，我们吃的很香。当时安多的条件比较差，当天下午在站上开了全站人员座谈会，了解情况，听取意见。当天晚饭我记得每人下了一碗面条，随便吃点就算完事。邹局长安排在兵站住宿，其他的工作人员就挤在职工的家里睡了一宿。邹局长很能吃苦，当晚，他们的嘴唇都是紫黑的，我都有点怕。我也在他身上学到了扎实的工作作风，对职工无微不至关怀的生活作风，而他的朴实无华，平易近人，也都给我留下了非常深刻的印象。

　　回来后，邹竞蒙连续地召开各类会议，局领导会议，中层干部会议，业务技术骨干座谈会，职工大会，前前后后的会议开了 7 个，充分肯定了西

发展篇

邹竞蒙在职工大会上讲话

藏气象工作者的艰苦奋斗、无私奉献精神的同时，宣传中央关于西藏工作的方针政策，主要是鼓励大家为稳定和发展西藏气象事业继续做出新的贡献，也和大家一起研究和探讨下一步西藏气象工作该如何开展。8 月 19 日，邹局长还和自治区政府主席天宝交换了意见，就进一步做好西藏的气象工作达成了共识。

就在西藏气象事业最为困难的时候，邹竞蒙副局长来了，来了一个内调紧急刹车，提出了"保留骨干，稳定队伍"的措施，挽救了西藏气象事业发展的命运。

左起：于德春、徐志根、毛如柏、邹竞蒙、古桑曲吉、沈葆洪、韩通武

雪域风云路

西藏气象事业发展回忆文集

文件对西藏气象事业的影响

调研组在回到北京后，积极开始着手解决西藏气象发展面临的巨大困难，经过中央气象局党组的集体研究，最终向国务院打了报告。1981 年，国务院六号文件出台，转发了中央气象局的请示报告，为西藏气象工作下一步开展提供了极好的政策支持。

这个文件出台后，人才培养、建制改革、改善职工工作生活条件等工作也逐步开展起来。

最主要的是人才培养，这是西藏气象事业发展的根本。根据六号文件的精神，开始大批培养本民族干部，并在内地招收了两批定向生。当时确定在两个层次上培养人才：南京气象学院和成都气象学院主要培养藏族的技术骨干，学历上相对层次比较高，这些人现在也基本上都成为了西藏气象部门的主力。兰州气象学校、湛江气象学校、南昌气象学校，培养探测、通信等基础业务的人才。除了这些，还办了很多短训班，办了好几批，在一定程度上缓解了人才极度紧张的状况。旦增顿珠（现任西藏气象局副局长）等第一批民族班的大学班有 30 来人，先是在西藏招生，然后在中央民族学院学习一年，主要是汉语、数学等基础性课程，然后再转南京气象学院的西藏班，进行 4 年大学课程的学习。后面的几批直接在西藏招生后，就直接到南京气象学院学习了。就本民族人才的培养而言，气象部门走在了全区的前面。

1983 年，气象部门的管理体制收回，成为中直部门，从农牧厅独立出来，成了现在的建制，为正厅级单位。建制的理顺，解决了西藏气象事业发展的一个大问题，管理权限扩大，财务相对独立，为西藏气象事业的发展奠定了根本性的基础。

切实关心职工的工作和生活，也是落实六号文件的又一个重要举措。首先解决的就是职工吃菜难的问题，在每个台站都配发和建设了钢化玻璃的温室大棚，这样的大棚能够在一定程度上解决吃菜难的问题，特别在高海拔地方的吃菜难的问题。房屋修缮，站点改造等工作也随后展开，让职工有了一个安定舒适的工作和生活场所，基础业务也得到了稳定。

全国气象部门早在 1963 年执行的气象部门艰苦台站津贴，我们西藏气象部门 1981 年才得到落实，这也是六号文件带给西藏气象干部职工的切实的利益。

应该说，1981 年国办的六号文件在西藏气象发展史上是一个里程碑式的文件，再多的肯定和赞扬都不过分，它确实值得大书特书。

踏遍高原真情在

韩通武

1980 年 8 月，中央气象局邹竞蒙副局长率工作组亲赴西藏，深入基层调查研究。在他的亲切关怀与不懈努力下，使西藏气象工作中一些重大问题得以解决。可以说：西藏气象事业有今天的很大发展，与这次重要调研及调研后由国务院办公厅转发"中央气象局关于巩固西藏气象工作的请示报告"有着极其重要的关系。

1980 年夏天，为了贯彻中央第一次西藏工作座谈会精神（中发〔1980〕31 号《关于加强西藏工作的意见》，下称 31 号文件），推进西藏气象事业的发展，解决存在的实际困难，中国气象局（当时称中央气象局）党组决定派邹竞蒙（时任党组副书记、副局长）率 5 人工作组（沈葆洪、徐志根、于德春、韩通武）赴西藏进行调查研究。总参气象局初光副局长及江世佳同志也一同参加调研。8 月 5 日进藏，8 月 22 日离藏，历时 18 天。

赴藏工作组到达成都时，听西藏气象局的同志说，西藏地方正在搞人员大内调、机构大精减，气象局也按要求做准备工作，人员思想比较混乱。对此，邹局长感到很意外，不但与局党组想法不一致，也与中央 31 号文件精神不相符。为了做好调研工作，邹局长在工作组中建立了临时党小组，组织大家学习中央 31 号文件，同时向北京了解中央是否有新精神。

8 月 5 日邹局长率工作组进藏，看到的实际情况要比听说的还严重。最突出的是 4 个问题：一是受西藏内地干部大内调浪潮的冲击，人心浮动，家在内地的气象人员纷纷要求离藏内调。在这种情况下，自治区气象局提出了初步调整方案：砍掉局机关一半机构，撤掉四分之一台站，内调三分之一的人员。仅此一举，经过 30 年艰难创建仍十分脆弱的西藏气象事业将大

发展篇

伤元气；二是西藏气象台站人、财、物三权在地方政府，自治区气象局又属农牧厅下设的二级局。由于管理体制不顺，对上不能直接与政府沟通，对下常常政令不通，加之"大内调"的波及，有的台站擅自减少观测项目、不上报气象报表、甚至停发天气报告，西藏的气象监测及管理系统一时间处于半瘫痪状态；三是西藏工作、生活条件极其艰苦，房屋破旧，仪器设备老化超检，高寒缺氧，无燃料取暖，无蔬菜吃，有病得不到及时医治，维持基本的工作、生活条件得不到保障；四是人员严重不足，业务技术骨干奇缺，藏族干部仅占全体气象人员的 20.7%，有 42% 台站的领导班子不健全。西藏现有的人员和技术力量已难以为继，一旦开口干部内调，势必产生严重后果。

当时地方大精减、"大内调"的浪潮席卷着西藏高原，猛烈地冲击着西藏气象部门，气象工作随时都有瘫痪的危险。邹局长从延安时期从事气象工作，一直深深地热爱这项伟大事业。面对此景此情，他深情地对我们说："西藏气象工作的战略地位太重要了，不但不能削弱、垮掉，而且还要巩固、加强、发展。当务之急是拿出解决这一系列问题的办法"。在邹局长带领下，工作组按照中央 31 号文件精神，展开了紧张的调研和艰苦细致的思想工作。

调研工作大体可分为两个阶段。第一阶段在拉萨，主要是弄清基本情况，掌握人员思想动态，扭转当前的混乱局面。首先向自治区组织部、农牧厅、财政厅了解情况，介绍西藏气象工作的特殊重要性和存在的特殊困难，从而取得这些主管部门的理解和支持。他们也特别强调，这次干部内调的基本原则是技术干部大部分留，走者也是有条件的：一是本人身体不好，坚持不了工作；二是家庭确有困难，非本人回去才能解决；三是专业不对口，自治区范围内不能调整。随后，邹局长亲自找自治区气象局领导、中层干部和业务技术骨干一个一个谈话，先后召开了 7 个不同类型的座谈会，了解情况，听取意见，介绍内调政策，研究解决办法，探讨未来发展。

经过这番紧张工作，工作组基本弄清了西藏出现"大内调"和人员思想波动的原因：一是社会上流传的"走者光荣"、"汉族人员是西藏人民的负担"等错误说法，扰乱了民心；二是绝大多数汉族干部远离家乡父母、夫妻分居两地、与子女不能团聚，一种故乡情、骨肉情时时撞击着归乡之心；三是内地干部长期在西藏工作，个人和家庭都遇上常人想不到的困难，何时安排内调一直没有说法，使一些同志产生了失落感；四是个别内调干部安置得不好，甚至有的把气象人员塞到废品收购站，出现了"走者伤心，留者寒心，来者担心"的负面影响。这些长久积累的困难，这些埋藏在心底的种种烦恼、积怨、困惑，受西藏社会上"大内调"的冲击，一下都爆发出来了。

实际上，在过去的30多年里，这些可敬的同志日复一日的默默奋斗，无私奉献，他们为西藏的气象事业的建设和发展，立下了一块块丰碑。西藏1950年和平解放时，没有一个气象站，1980年时已有6个地区气象台、33个气象站，拥有902名气象人员。除了地面观测外，还有探空、日射、测雨雷达、卫星云图接收、气象资料整编、气象通讯、农业气象、天气预报和气象服务等业务。可以说，他们在人迹罕至的世界屋脊上每建一个站、每上一个业务项目，都包含着这些勇敢的开创者的智慧、血汗乃至生命。从50年代骑毛驴"走"进西藏、到60年代坐汽车"跑"进西藏，到70年代乘飞机"飞"进西藏，这几代藏、汉气象工作者携手并肩，继往开来，艰苦奋斗，亲手创建的西藏气象事业，经受住了"1959年叛乱"和"十年文化大革命内乱"的严峻考验，傲然屹立于世界屋脊。

邹局长在拉萨紧张地工作了5天，形势明显好转。自治区气象局老局长朱品同志，1952年随解放大军徒步进藏，身患多种疾病，要求留下继续工作；要求内调的5名地区气象台台长，家中都有各种困难，也表示不走了；区局的中层领导、业务骨干毛如柏（后任自治区气象局局长）马添龙（后任自治区气象局局长）、薛智（后任自治区气象局副局长、四川省气象局副局长）等一大批"老西藏"纷纷表示，不把西藏气象工作搞上去，不把藏族气象人员培养起来，决不离开西藏。领导、骨干们的思想稳定了，局势就稳定下来了。

调研中发现，长期在西藏工作的同志本人及家庭确实存在许多实际困难。于是，邹局长要求区局在不影响当前业务工作的前提下，实事求是地提出人员分期分批内调的方案和巩固、发展西藏气象的措施意见。按当时的情境，西藏气象事业要"巩固"已很难了，那里谈得上"发展"？邹局长深深感到，西藏的许多问题要从根本解决，气象事业要有新的发展，必须给国务院写专题报告，争取国家的支持。

第二阶段是下基层调研。主要是深入基层台站，掌握第一手材料，确

发展篇

定解决实际问题的办法。工作的结果是忧喜掺半。

工作组分南北两路下台站。南路由初光副局长带队，沈葆洪、江世佳参加，到帕里、江孜站和日喀则台。北路由邹竞蒙副局长带队，徐志根、于德春、韩通武参加，到当雄、安多站和那曲台。由自治区气象局古桑副局长陪同。

藏北高原，平均海拔高度在 4000 米以上。夏季的藏北风光旖旎，山上白雪皑皑，山下绿草茵茵。冰雪消融，溪水横流，青藏公路翻浆泥泞，我们乘坐的吉普车不时被陷住，不得不下来推车前进。夏季高原天气也是说变就变，湛蓝的天空飘来一块黑云，眼看着就飘起了雪花。当我们一路上亲眼看到台站情况，远比我们的行程艰难，比我们想像的还要艰难。

先到的是当雄气象站，距拉萨最近，交通比较方便，在西藏算是条件比较好的站。邹局长与站上同志座谈，大家提出的第一问题是何时安排他们调回内地。再到那曲地区气象台，海拔 4500 米，无市电，4 部发电机只有一部开得动，气象台长潘绍文一直住在地窖子里（房子一半在地下），整个环境可谓"破屋烂舍"。后到安多气象站，位于唐古拉山南麓，海拔 4800 米，是世界上最高的气象站，年平均气温零下 9℃、10 级以上大风 165 天，无电无水，手摇发电机发报，常年吃不上蔬菜，是全国最艰苦的台站之一。1965 年建站，同志们住了 7 年账篷，在老站长陈金水的带领下，自己动手打土坯盖房子，又自己动手打了一眼 14 米深的大口水井，成为藏北第一井，创造了高原奇迹。邹局长是第一个到站上的最大领导，令全站同志高兴却为吃饭犯了难。安多县城无处可吃饭，站长陈金水上山打野兔、采磨菇，站上同志高压锅焖饭熬汤，解决了我们一行人三餐。这个全国先进气象站的此景此情，深深感动着工作组的每一位同志。

邹局长每到一个气象台站，都召开座谈会，找同志们个别谈心，仔细听取台站的意见，共同探讨解决办法和未来发展。在充分肯定他们取得的成绩、艰苦奋斗的作风和无私奉献精神的同时，全面宣传了中央 31 号文件精神，希望他们能为稳定和发展西藏气象事业继续做出新的贡献。邹局长还与台站的同志研究解决基层台站吃菜、用电、取暖、洗澡等具体问题的办法。邹局长深入台站，认真细致的工作作风，使在西藏工作的同志深受感动和鼓舞，特别是在西藏工作二三十年的老同志，一再表示要留下来工作，不能让西藏的气象事业受影响。

邹局长每到一个地方，都要在调研的基础上向当地党政领导作汇报，共同研究台站体制、领导班子、人员内调、藏族干部培养以及经费、基建、调资、改善生活条件等问题的解决办法，使地方政府更加关心、重视气象工作，帮助解决了一些台站存在的实际困难。

在藏北前后5天，日夜兼程，连续工作。在安多是第四个工作日，邹竞蒙局长吃在气象站，住在兵站。紧张的工作和过度的疲劳，使他出现了明显的高山反应，头痛脑胀，胸闷憋气，睡不着觉。寂静的高原之夜，邹局长躺在四面透风房里的硬板床上，细细梳理调研的情况，思考着西藏气象事业的今天和明天。

8月16日中午，工作组离开那曲，驱车回返。傍晚赶到当雄，在县城竟找不到一处吃饭的地方，我们只好忍着饥饿和寒冷直返拉萨。途中又遇上藏北罕见的倾盆大雨，车子只能慢慢开，到达拉萨已近午夜。饥肠辘辘的我们在区气象台的一个同志家，每人吃了一碗白面条拌猪油、酱油，都感到味道好极了。

1980年8月，中央气象局副局长邹竞蒙（右一）一行在西藏检查指导气象工作。

调查结束了，工作组立即转入实质性工作阶段。8月17日，与自治区气象局的领导干部，研究全面解决西藏气象工作存在问题的方案，起草报送国务院报告的初稿。8月18日，研究向自治区政府领导汇报提纲。8月19日，自治区主席天宝主持政府办公会听取赴藏工作组的调研工作汇报和有关问题建议，这包括对西藏气象工作成绩估价、存在问题的分析及管理体制、领导班子建设、藏族干部培训、高原气象科研、人员轮换及内调干部安置、改善工作生活条件、提高劳保福利待遇等问题的解决办法。自治区领导对邹竞蒙局长一行深入实际调查研究给予高度评价，完全同意提出的解决问题的办法，极力支持尽快给国务院写报告。

这十几天，一直在紧张地工作，研究这一大堆难题的解决办法，工作组的同志根本顾不得领略这座历史悠久的世界名城——拉萨的风采。8月21日，是工作组在西藏的最后一天。上午参观布达拉宫、罗布林卡。下午参加了自治区气象局全体职工大会，邹竞蒙作了重要讲话。晚上，召开赴藏工作组党小组会，全面总结这次调研工作及收获、体会。邹局长深有感触地说：这次我们来得正是时机，否则其后果不堪设想。从中央气象局全面解决西藏问题来说，我们来晚了……回北京后要抓紧落实，把每项任务落实到职能部门、落实到人。

回到北京后，邹竞蒙向局党组全面汇报了赴西藏的调研工作情况。10月10日又向国家农委副主任何康、张秀山作了汇报。农委领导对邹竞蒙认真贯彻中央文件精神，深入基层调查研究，帮助西藏气象部门解决问题给予了充分肯定，要求中央气象局立即给国务院写报告，争取尽早解决西藏气象工作存在的困难和问题。

10月23日，中央气象局正式向国务院上报了《关于巩固西藏气象工作的请示报告》。《请示报告》针对西藏气象工作存在的困难和问题，提出了4条重要措施：有计划、有步骤地安排汉族干部内调，今后进藏的大中专毕业生实行轮换制度；加速藏族气象技术干部的培养，在南京、兰州等气象院校举办西藏民族班；努力改善气象台站的生活和工作条件；实施管理体制改革。

事出意外，10月31日，国务院办公厅退回了我局报告，并提出要"气象局与西藏自治区协商，按中央既定的方针研究解决。"从某种意义上讲，这个意见是对的。但西藏气象工作存在的问题具有很大特殊性，要解决这些问题不仅涉及国务院有关部委，还涉及许多省、自治区、直辖市（如干部内调安置）。更重要的是，报告提出的措施不仅要解决西藏的问题，也要解决其他艰苦地区气象工作的类似问题。如国务院不批转这个报告，西藏及艰苦地区气象工作的问题就难以从根本上得到解决。

这时，西藏又不断传来新的消息：阿里地区 3 个气象站已经停发气象电报。尼木、当雄、江孜站因减员太多，自动减少观测时次或停止发报。如再不采取紧急措施，待第二、三批内调人员撤离后，西藏 33 个气象站大部分将陷于瘫痪或半瘫痪状态。

11 月 27 日，中央气象局党组又紧急上书时任国务院总理赵紫阳、副总理万里同志，申述国务院批转报告的重要性、紧迫性。12 月下旬，国家农委召集西藏自治区气象局出席全国气象局长会议的代表到京向国家农委和中央、国务院有关部门作汇报。

1981 年 1 月 28 日，国务院办公厅转发了中央气象局请示报告，并在通知中指出：中央气象局《关于巩固西藏气象工作的请示报告》，国务院已委托国家农委召集有关部门的同志进行了研究，一致认为，西藏气象工作重要，工作条件艰苦，对存在问题应该认真解决。国务院文件的下发，不但迅速稳定了局势，而且从根本上解决了西藏及艰苦地区气象事业长远建设和发展问题。

30 多年过去了，国务院办公厅 6 号文件提出的各项解决西藏气象事业发展的措施基本得到落实。在中国气象局和地方政府的关怀下，经过西藏气象人的艰苦工作，西藏气象事业发生了巨大的变化，不断为西藏的建设发展，西藏人民的福祉安康做出新的贡献。

发展篇

西藏气象现代化小记

■ 权循刚

引进首台计算机

西藏的气象现代化，若是从拥有计算机并以计算机广泛应用于气象业务为标志，那就要从 1982 年算起。

1982 年初，南京气象学院 77 级将分配进藏的 4 个学生被学校请进一个会议室，说恰好有西藏自治区气象局来南京出差的同志要见见我们。当时拉萨气象台业务科长薛智说，他带人来南京订购计算机，顺便看看你们。当年春天，我和高建锋、沈兴建 3 人一起从柳园沿青藏线坐卡车来到了拉萨。我和高建锋留在了拉萨气象台，沈兴建去了昌都气象台。在拉萨气象台的中短期预报组，除了有陈秀云、李忠、张轩等西藏老预报员外，还有中央气象台的赵同进、湖北咸宁气象台的陈新军等内地援藏同志。天气分析、预报实习 3 个多月就很快结束了。下半年，我分到气象台的工程师办公室，作马添龙的助手，分析南支槽的历史频数。隔壁就是长期预报组，常常看着长期组的同志每天在用计算器进行气象资料统计。那时，刚刚告别了算盘，能用电子计算器就够时髦的了。可我记起在陕西省气象科研所实习时，大的计算任务可以到一家计算站去上机计算，并且当时陕西省气象局正在谈判购买日本的计算机。在西藏气象局，我则盼着那台国产计算机能尽早过来。

1983 年初，局里购置的第一台国产微型计算机终于从江苏有线电厂运到了拉萨气象台。2 月，台里忙着把局里戏称为"炮楼"的小楼二层、三层重新粉刷一遍。台领导确定在工程师办公室工作的我、杨晋辉、徐勇三人负责计算机的使用管理和开发应用，也就算组成拉萨气象台的计算机组。小楼二层和三层都是一个大房间里面有个小套间。现在，二楼作为办公室，三楼作为计算机房。3月，台里决定派杨晋辉去武汉专门进修计算机一年。4月5日，薛智科长带着我把计算机安装起来，费了很大劲，完成了计算机通电测试。朱品、毛如柏等几位局领导都到了计算机房，希望真正把计算机用起来。当时我就感到一种莫名的压力。这台计算机型号为DJS-052。当时说这些设备花了10万元人民币，主要包括一个主机，一个键盘。键盘很大，上面放置一台显示器，也就是一台14英寸的青松牌黑白电视机。另外有两个8英寸软盘驱动器、一台九针打印机和一台型号777的双卡收录机，说是可以把数据记录在录音机的磁带上。还有一个光电机，可用于输入凿孔纸带。系统号称每秒5万次计算速度（记不太清了）。这就是西藏气象历史上第一台计算机。我一边学习使用手册，对照薛科长的培训笔记，一步步熟悉操作计算机步骤和执行不同命令。同时自学FORTRAN编程语言，尝试着编制简单FORTRAN语言程序，学着计算机程序的编写、储存、拷贝、修改等各种功能。随后，我编了一个简单的相关系数计算程序，把气象站的气压、降水、温度等资料输进去，计算不同的因子间的相关系数，然后，建立回归方程，工作效率大大提高。记得刚计算出正确结果时，甭提大家多高兴了。但还没学会建立数据文件，因此，把数据放在程序中进行计算，每计算一次，就要修改程序，把新的数据编辑进去，然后编译、运行，打印出结果。到了6月，台里派我去杭州参加电子工业部举办的为期4周的计算机知识短训班。由于随后在内地有时参加其他培训等，回到拉萨已是11月底了。为了把耽搁的时间补回来，日以继夜，连续加班，终于在计算机磁盘上建立起用于计算的独立的数据文件，输入的资料就可以反复使用，提高了工作效率。12月，气象台宣布我回到中短期预报组担任负责人，既要预报值班，又要坚持计算机的开发应用工作，两方面的工作都不能受到影响。这样，到1984年3—4月，杨晋辉学习回来，1983年毕业的董金湖、吴文荣也进入计算机组，力量得到了加强。到6月，已陆续建立了7个指标站的逐月、逐旬气压、降水、气温历史资料，编制了相关系数、逐步回归、方差分析、谐波分析、谱分析等几个计算程序。为汛期长期预报提供了技术支持。

因为那时国产集成电路芯片性能不稳定，没多久这台机器就常出故障。

发展篇

厂里不愿派人来修，我们只好自己在出故障时，把机子里相同型号的集成块相互交换，看出问题是哪个。好在厂里给了些集成块备件，这样凑合着坚持使用。记得有一次，毛如柏局长陪着尼泊尔气象局长来气象局参观。来到计算机房，恰好机器故障，我只好把打印出来的数据摆在计算机上，通过翻译介绍这台计算机的用途和工作成果。1984年秋天，苏州大学学物理的濮吉男来到了气象台的计算机组，使得这台计算机又持续工作了一段时间。一直到1986年，才彻底放弃了这台计算机。

1983年10月，就在我又结束了在成都的数值预报"B模式"培训班学习后，又赶到广州中山大学咨询购买计算机。微机没买到，买了4台PC-1500袖珍计算机，于11月底随身带回到了拉萨。我和几个同志自我培训，熟悉了BASIC编程语言，1984年4月就在气象局首次举办了PC-1500计算机使用培训班。不久，国家气象局就在地面、探空业务中推广使用这种机器。而我们则及时在长期预报组使用，受到大家的欢迎。

1984年7月，毛如柏局长去国家气象局出差，我作为随行。到了北京，毛局长向国家气象局领导及各职能司汇报了工作。其中，技术发展司吴贤纬司长系统介绍了国家气象局对省、地、县业务通信计算机配置意见。毛局长随后叫我联系能否在北京买这样的计算机。我通过同学联系了气科院的同志来到招待所，向毛局长介绍了当前北京市场上IBM-PC计算机以及国产机的情况。毛局长当时就指示我买两台IBM-PC计算机，其中一台是彩色显示器带硬盘的PC/XT。我到北京几家公司调研、询价，最后在中科院声学所大约用10万元订了货。大约11月份，IBM-PC和PC/XT两台微机运到了西藏气象局，大家在这两台计算机上，开始了新的计算机应用。在PC机上建立新的数据文件和计算程序，逐步取代了原来的国产机。当然，那次出差我从北京来到南京，找到了厂家，他们说DJS－052机子已经淘汰了，开发的组织也都解散了。通过这一阶段的计算机应用开发，我深感在西藏尤其要注意计算机设备的通用性、可靠性以及软件开发的自主性。否则，当时出了问题是不能依靠别人的。

引进卫星遥感、机制报表和自动填图系统

1985年10月17—19日，西藏那曲北部发生了历史罕见的严重雪灾。

然而，当时我们气象台每天使用通过暗室技术印出照片的 NOAA 卫星低分辨云图。在秋冬季节，高原云与雪的区别难以判别。因此直到一周后，政府方面说出现雪灾了，我们才又重新仔细分析云图，发现一片灰白的影像边界不规则，且长时间没有移动，确认了雪灾的范围。11 月初，按照自治区抗灾办的指示，西藏自治区气象台组成人工融雪试验小组去灾区开展融雪试验。我、高建锋、罗祥跃和司机余亮组成小组赶往受灾最重的那曲多玛区区政府所在地雁石坪。我们在一望无际的皑皑雪地上划出一个试验小区。将不同的融雪材料煤炭粉、木炭粉、牛粪、牛粪灰等按一定量撒到雪面上，定时测量气象要素，观察融雪效果。由于气温在零下 30℃ 左右，人工融雪的效果并不理想，难以开展大规模的人工融雪。我们在那里做了 3 天试验，取得了一些数据便回来了。在来回路途中，第一次看到雪面上露出成片死亡牛羊遗骸，感到十分震惊，也感到气象工作对这样的雪灾要能做出实时监测，将受灾范围、积雪程度等及时送达领导手中，对组织救灾意义十分重要。因此，西藏气象局领导决定要把气象卫星应用尽快搞上去。

作者（左一）向来宾介绍西藏气象事业现代化情况

在援藏干部杨德明的介绍下，气象台开始了与国家卫星气象中心一些技术人员合作，目标是如何改进 NOAA 高分辨云图数字化接收显示。其间，国家卫星气象中心柳振华同志十分关心、积极帮助西藏的卫星气象业务发展，他主要是在接收机的性能改造上给予无私的帮助。1987年11月，我奉命到呼和浩特参加内蒙古气象局极轨气象卫星遥感应用系统验收会，主要是对这个系统考察学习。我向局领导汇报，认为系统很好，对西藏利用卫星遥感监测雪灾、牧草长势、云图分析等都有重要意义。1988年初，薛智副局长就带着我和赵银培处长去了北京邮电学院，考察蔡教授的系统开发和产品，因为内蒙古的这个系统就是由北邮蔡教授组织开发的。当时我感到，学校开发的系统，对于西藏这样的边远地区，可能会在技术支持和维护上有巨大困难，最好能用国家卫星气象中心开发的系统，这样保障性强一些，薛副局长十分赞同这个意见。我们的这些想法得到了国家卫星气象中心领导的理解和支持。最后，确定由卫星中心委托乌鲁木齐地面站进行系统开发。为此，在1989年上半年，西藏自治区气象台派杨秀海、扎西央宗去北京，在卫星中心跟着肖乾广同志学习卫星遥感应用技术，派石高鸿、李兰等去乌鲁木齐，学习系统硬件知识和维护技术。1989年8月，这套系统由乌鲁木齐地面站负责在拉萨安装调试完毕，投入了使用。系统在原有的南京大桥机器厂生产的WT-1A型气象卫星接收机的基础上，配备386型微型计算机、HRPT图像监视器、CCT磁带机等硬件设备和卫星云图资料处理系统软件而组成的。当时主要开展三通道合成云图、湖泊面积变化监测、森林火情监测等服务。为此，成立了气象台遥感科。当时科里有杨秀海、扎西央宗、巴桑、罗布顿珠、石高鸿、李兰等。

1987年下半年，气象台把计算机组升格成为技术开发科，局里调来通信台舒大有任科长。1989年3月，由技术开发科负责自动填图项目实施。舒大有负责购买微机和打印机及系统技术引进，德庆曲珍去安徽省气象局学习计算机与打印机自动填图技术。同时，杨志刚也去安徽引进计算机制作气象报表技术的系统和技术。在系统引进本地化过程中，大家克服了不少困难，使系统进入业务化运行。同时，把中期预报的北半球格点填图也在这个填图程序中实现了。我记得自己动手修改汇编程序，解决了计算机实时收报系统报文存储区不够大而造成死机故障等。气象台派董金湖、罗珍去吉林省气象局学习长期预报技术与方法，逐步建立较为系统的长期预报计算机数理统计程序。

规划先行，全面推进气象现代化

1989 年，西藏气象局积极组织编制气象事业发展长远规划。其中业务发展规划，得到了国家气象局各职能司的具体指导和帮助。我也随局领导多次到北京汇报、座谈，征求意见。当时逐步形成了较为明确的发展方向和思路。一是要大力提升西藏的卫星气象应用能力；二是大力提升区级气象实时业务能力；三是要全面提升西藏气象服务能力。第一个能力建设，主要表现在三个方面：一是建立极轨气象卫星数字化处理系统，在卫星气象中心的支持下已经实现，但系统稳定性、数据判识和分析应用能力需要进一步提高；二是积极筹建西部静止卫星接收系统，实现西藏区域静止气象卫星的高频次图像处理与应用；三是利用西藏中部一江两河开发工程，将卫星遥感与航测遥感相结合，实现环境变化动态监测。第二个能力建设，针对西藏的实际，就更加复杂。一是解决西藏与北京的气象高速通信线路问题；二是解决拉萨与区内各气象站由莫尔斯传报转为自动数字传报问题，并建立向北京自动转报的系统；三是建立实时气象资料数据库，实现高质量的气象自动填图和气象资料微机图形显示；四是将区级短期预报业务系统，主要是气象图形显示终端推广到地区气象局。第三个能力建设，主要是在气象卫星遥感应用上，积极拓展应用面。如生态环境动态监测、林区火情监测、湖泊水面变化监测、积雪监测、农牧区旱情监测等。同时在诸如中短期预报、登山、旅游气象预报等方面形成一定服务能力。

在 1990 年秋，我从北京外语学院进修外语结束后回到拉萨。局里调整了我的工作，从气象台台长调到局总工办任副总工，与援藏干部朱宝维做同事，具体负责业务系统设计和组织技术引进、系统开发等工作。1991 年，首先积极参与西藏"一江两河"开发项目中的环境变化动态监测项目。当时局里专门成立了一个领导小组。组长是索朗多吉副局长，我是技术负责人，成员有台长尼玛丹增、高建锋。在局领导的积极推动下，多次向自治区开发办常务副主任杨松同志汇报工作。同时在开发办的建议下，我和开发办的同志于 1991 年 2 月专门去林业部调查规划设计院、中科院遥感应用研究所、四川大学等单位进行技术合作对象单位业务考察。回来后，确定了曾在西藏做过土地资源航测遥感项目的中科院遥感所作为项目的技术合

发展篇

433

作单位。4月下旬，我又随索朗多吉副局长到北京，在西藏驻京办事处与驻京办经联处处长王建、遥感所项目负责人刘纪远举行会谈，明确项目合作的细节问题。主要确定西藏一江两河开发办、西藏气象局和遥感所在这些项目中的身份与关系、确定项目经费支持的主要业务内容和业务分工。通过多次商谈，最终明确在环境变化动态监测项目中，开发办为项目委托方；气象局为项目被委托方，也就是项目承担方；遥感所为项目技术支持方。随后，落实气象局在承担项目中需要的信息处理分析能力建设的资金和设备，派出两个藏族业务骨干去遥感所进修学习等。在气象局内部，又专门邀请大学、科研院所专家补充论证具体方案，明确卫星遥感、航测遥感、地面观测等多方面配合的具体任务。而在气象台，具体任务就交给了遥感科。

与此同时，我随索朗多吉副局长去了成都锦江电机厂（784厂）了解西部卫星天线生产情况。而这个系统的软件部分则由国家卫星气象中心负责，具体联系人是杨建业。天线部分具体组织者为气象台的副台长舒大有，柳振华同志作为国家卫星气象中心的技术专家一直帮助我们把关。直到1992年7月，接收天线在拉萨组装完成，卫星气象中心来人进行系统安装调试，除了柳振华外，搞软件的是国家卫星气象中心一位叫胡勤的小伙子。通过他们日以继夜的工作，终于收到了清晰的西部静止气象卫星图像。

在1991年底，我编制的区级实时业务系统的方案还在局内进行讨论。通过学习借鉴部分省市的设计，特别是按照国家气象局制定的系统建设指导意见，结合西藏的实时业务要求和当时微型计算机的功能，提出了实时气象数据接收存储、绘图仪自动填图、计算机显示器天气图分析处理等。1992年4月，按照局领导的意见，我带着方案去了北京，找刚成立的国家气象局系统规划设计室进行具体修改设计。我只身一人，恰好有因病常住中国气象局大院的老西藏李维良作为助手，忙前跑后，做了许多工作。这个系统建设方案被时任总体室主任颜宏同志称为总体室开张后接手的第一单业务。在北京期间，向天气司黄更生司长多次征求意见，与国家气象中心领导多次沟通，就中心帮助建设系统达成一致意见。6月份，中心派通信台龙太兴等2人来拉萨实地考察，提出了具体建设意见。9月份，按照气象台的安排，我带着科长曾祥、技术人员德庆曲珍、钟华琼三人去北京进行系统学习和培训。其中，曾祥负责系统硬件设备的购置。事先明确整套系统的软件和系统集成都由国家气象中心负责。但到北京后，我们考察了当时中心研制的气象图形图像显示系统，又对比考察了北京局的系统，在系统功能上，特别是在软件开放上，北京局的系统都更接近我们的要求。为此，我带着曾祥去找中心李泽椿主任。原本想，若李主任不同意也就算了，没想到李主任听了我们的分析意见后明确表示理解和尊重西藏同志的意见，不落后，不保守，同意图形图像显示系统采用北京局的。这确实给了我极大的鼓励。感到各级领导对西藏业务建设的高度关心和热情支持。

1993 年年初，曾祥在北京购置的计算机、绘图仪、网线、网卡、大屏显示器等到了拉萨。随后国家气象中心张麟煜所长、龙太兴科长等一行数人，来到拉萨，进行系统安装和调试。特别是北京至拉萨卫星通信全话路一次开通成功，一下子把北京与拉萨的距离拉近了。经过大家几天紧张工作，系统安装调试完成，一个高起点的自治区级气象实时业务系统初步建成。国家气象中心的同志离开西藏后，我和舒大有、曾祥等又将西藏区内气象短波单边带数据通信系统接入区级实时业务系统，实现气象站报文自动收转发。当年春节后的全区气象台长会议在拉萨召开，其中一个内容便是组织各地区气象台的同志们参观新的区级气象实时业务系统。1993 年 3 月，该系统正式投入业务使用。随后，又用微机组成了用于地区气象台的气象分析显示终端系统，逐步在各地区气象台安装使用。

1993 年，是我感到工作最繁忙的一年。组织内调的调令在上半年就收到了。当时局长马添龙和天津市气象局长协商，让我延期半年，借调西藏工作到 1994 年春节。我在 1993 年 6 月回天津市气象局办了报到手续后就返回了拉萨，又投入到紧张的工作之中。9 月下旬，天津市气象局新任局长曾凡喜打来电话，在与马添龙局长通话后，请我接听电话。曾局长在电话中说 10 月初国家气象局将在北京举办中美气象发展规划研讨会，令我务必按时到北京参加会议。当时，还有许多工作没有做完，或者说刚刚开了一个头。10 月 3 日，我心里充满了遗憾，和高建峰一起坐飞机离开了拉萨。而送我们去拉萨机场的，则是当时西藏气象局人事处处长高扬。

回到天津后，由于身体不好，病休在家，一个充满激情的岁月戛然而止。西藏的领导和同志们专程来天津看望我，他们告诉我，后来辽宁省气象局援藏的王达文同志接手项目技术组织工作，进一步完善提升了西藏自治区实时气象业务系统，进行了项目总结和验收。后来，该项目被评为国家科技进步三等奖。当我接到获奖证书，作为项目主要完成人之一，难以抑制内心的激动。西藏的气象现代化，离不开西藏气象人自强不息、艰苦奋斗，也离不开国家气象中心、国家卫星气象中心、北京、辽宁等各省市气象局的大力支持和热情帮助，更离不开国家气象局领导的关心、关怀与关注。我在西藏气象局工作的岁月里，平凡的工作却让党和组织给予我许多荣誉。1985年，在祖国为边陲优秀儿女挂奖章活动中被评为铜质奖章。1991年初，被组织推荐评为全国八十年代优秀大学毕业生。1991年5月，被选为西藏自治区人大代表。1992年10月，被组织推荐享受国务院特殊津贴。我感到，这些不仅是荣誉，更是一种责任和使命。

行进在雪域高原的路上

庞天荷

1996—1998 年，受组织的派遣，我有幸在藏工作了两年时间。历史长河中的两年，仅仅是短暂的一瞬间而已，可在我的记忆里，那耳濡目染、朝夕相处的日子，留下的是刻骨铭心的印记。

1997 年秋冬，那曲地区遭受了历史上最严重的雪灾（直到第二年去时仍能看见道边一堆堆牲畜的尸骨），区局派我等前往慰问并指导气象服务工作。那天，车过当雄后，就已分不清道路，漫天飞雪，遍地积雪，全凭着车队师傅的经验摸索前行。那曲局的工作并未受到天气的影响，各项工作都在按部就班地正常运转。在这样的条件下，职工没有怨言，没有懈怠，坚守在各自的岗位上，一丝不苟地工作着。在职工的宿舍里，微弱的牛粪火根本觉不出有多少热气，穿着厚厚的棉衣也丝毫觉不出暖和。由于天气异常寒冷，连房墙都冻透了，遇到屋里的热气，很快就结成冰层，整个房间就像一个大冰箱，床上的褥子和床板冻结在一起，硬邦邦的；看房四壁，就像冰块竖在那里，高低不平，明晃晃的，用手去摸就能黏住手。在走访行署领导时，他们对及时、周到的气象服务十分满意，赞不绝口。取得这样的评价可真是来之不易！当时，除了送去保暖衣物外，区局又专门追加经费帮助解决取暖燃料（牛粪涨价很多）不足的困难。其实，其他台站也像那曲一样，兢兢业业，忠于职守。正因为有了这种精神，60 年来的西藏气象事业才得以快速发展，业务建设、台站改善、气象服务等诸方面都在持续进步、不断提升。

那是 1996 年 11 月的一天傍晚，我乘边巴师傅的车行驶到当雄至拉萨之间，遇上了一部坏在路旁的车，车上两位年青人在道边求救，边巴师傅主

发展篇

动停车，听明白事情的原委之后，立刻挽起袖子帮他们修起车来。因为车的故障严重，一时半会儿修不好。为难之际，只见边巴师傅毫不犹豫地脱下身上的棉衣给那位车主御寒，让他原地守候，又让另位车主上了自己的车，带他回拉萨搬兵施救。在车上借着微弱的灯光我才发现边巴师傅的手在流血，我连忙问：你的手受伤了？边巴师傅淡淡一笑什么也没说，简单擦了擦血迹，开车继续赶路。夜里 11 时许我们才回到局里，而边巴师傅片刻未停连忙送那位车主找人施救。当时的情景直到今天仍时常浮现在我的眼前。

1997 年 5 月，区局一个调研组去林芝。车子快到米林县城时，不巧的事发生了：因前几天，当地大雨，途经的雅江一支流河水比平时涨了许多，原本可以行车的便桥在水中隐约可见。就在我们快到河边时，一辆过桥的车子挂掉了桥板，中断了正常通行，几十辆车子困在河床。因便桥短时间不可能修好，怎么办？不过还好，便桥旁边就是一座正在修建的正桥，业已合龙，人倒是可以过往，但就是车子不得通行。这时天色渐渐暗下来，我们只好留下边巴师傅和车子，徒步过河搭乘别的车子赶往林芝。待到第二天边巴师傅退回几十千米在另一处过雅江，沿雅江北岸经米林去林芝。就这样，边巴师傅借助米林局送来的便餐和被子在车里渡过了一夜。溜河风在不停地刮着，天是那么的冷，车子里空间又是那样狭窄，真不知道边巴师傅那一夜是怎么熬过来的。第二天傍晚，边巴师傅赶到了林芝局与我们会合，继续预定的日程。边巴师傅的吃苦耐劳精神让调研组一行人甚是感动。

援 藏 回 忆

王达文

1994 年 5 月，中国气象局党组调我到西藏自治区气象局任副局长、党组成员，主要任务是协助局长抓业务现代化建设和培养科技人才工作。

进藏的第三天，我就开始拉痢疾。紧接着高山反应接踵而来，面部痉挛、手麻、头痛、腹泻、失眠。

为了尽快熟悉情况，我学习西藏气象局有关文件，还找业务部门的科以上干部、工程师、高工近 40 人个别谈话，了解业务、科技状况、以及每个人业务上自我发展的想法。

在调研的基础上，制定了区级业务系统二期工程的主要目标、设计思想、建设内容以及具体实施方案。

把系统建设任务分解出 9 个子系统、22 个小项目，把各单位近 40 名主要工程技术人员集中起来，混合编队：由 9 名技术骨干担任子系统负责人，由 22 名工程师主持小项目，按项目内容组织课题。

参加课题组的同志都积极努力，刻苦钻研，有些同志放弃了休假、节假日，晚上经常加班加点。有时看到他们疲惫的身体，我心里也很难受。

在业务系统建设过程中，锻炼培养了一支能吃苦又肯干，朝气蓬勃的以藏汉年轻同志为主的技术队伍，并开始形成梯队结构，为以后人才的成长，打下了基础。

"业务系统"二期工程完成后，获 1995 年度西藏自治区科技进步唯一的一等奖。

当得知，西藏气象局提出的援藏项目没能纳入西藏自治区的援藏项目。当即给中国气象局汇报，希望能从中国气象局向上申报。他们回答，时间

发展篇

特紧，必须在当天把申请报告送上去。我和吴文荣同志尽快写了一个"西藏气象灾害预报警报服务系统"项目报告，用传真发给了中国气象局。经中国气象局邹竞蒙局长的多方协调，国家计委同意立项。

1994 年在中国气象局组织的论证会上，通过了论证。接着完成了"西藏气象灾害预报警报服务系统"实施方案的设计。

"预警系统"项目之一的"电视天气预报节目制作系统"，在国家气象中心的具体指导下，经过区气象台尼玛丹增台长和技术人员的昼夜努力，终于在 1995 年大庆之日正式播出，受到各界好评。之后，又与国家气象中心达成了保证"电视天气系统"稳定运行的援助协议，包括提供价值十几万元的一整套摄像设备和备品。商定了中央电视台拉萨天气预报景观制作权协议（每年 50 万）。"预警系统"另一项目，气象卫星接收系统与国家卫星气象中心签订了"小型多功能全自动气象卫星数据接收系统定购协议书"，使其成为既具有商业性质又有援藏内容的合同。也于大庆之日开始运行。

1996 年，全长 137 米"气象灾害预警服务系统综合楼"的三层楼建设开始实施。

西藏是全国气象部门唯一没有省级科研所的自治区，但西藏对研究高原大气环境具有得天独厚的优势。1994 年，西藏气象局党组提出了"关于成立西藏高原大气环境科学研究所"的请示。在此基础上，在中国气象局科教司和自治区科委的指导下，经过多次修改，多方协调，形成了由中国气象局、自治区人民政府联合向国家科委申报成立研究所的报告。

历经一年的申报过程，1995 年 8 月国家科委正式批准成立了"西藏高原大气环境科学研究所"。

随着援藏工作广泛开展，西藏气象事业快速发展，人们希望了解西藏气象工作状况和动态。为了适应这个新形势，党组决定《西藏气象》杂志复刊，成立了《西藏气象》编委会。1994 年 12 月，《西藏气象》新刊出版、发行。

1995 年，日喀则气象局恢复人工影响天气工作以来，取得了明显的成绩，受到了日喀则地委行署和人民群众的好评。1996 年 6 月，西藏自治区气象局召开了"西藏人工影响天气协调工作会议"，人影工作重新起步。

为了建设一支多层次、梯队结构、藏汉干部组成的科技队伍。西藏气

作者在纳木措

象局摸索出了一些举措：

解决艰苦台站中级技术职称问题，稳定基层技术队伍；结合业务现代化建设，培养一批高级工程师，稳定技术骨干队伍。

破格提拔一批高级工程师、工程师，激励技术人员争先上进。

鼓励、支持报考研究生；向中国气象局推荐、选送出国留学技术人员，培养学术带头人。

大学毕业生，先在区气象台实习，让他们了解业务现代化进展状况，熟悉业务流程，再分配到地区气象局以便尽快担当业务工作。

让管理干部到内地调研，了解业务动态，学习管理经验，广交业务朋友。

组织业务技术骨干到内地学习业务现代化工程建设，考察工程项目，了解专业动态，寻求专业导师。这些措施，对培养西藏气象人才起到了积极作用。

发展篇

三年半的援藏生涯

■ 赵同进

1979 年，党中央、国务院决定从全国各行各业抽调 3000 多名干部职工支援西藏工作。当时，气象部门的管理体制还是归当地政府，因此，中央气象局作为中央国家机关，分配了两个援藏名额。中央气象局将这两个名额分别分配给中央气象台和气象科学研究院。

一天，当时主管中央气象台党务工作的马金宝找到我，向我介绍了关于中央支援西藏工作的决定，并说明前面已经找了两个同志，他们都有具体情况，希望我能去支援西藏工作。当时我的孩子刚刚两岁，爱人又在中央气象台短期预报组值班，上班时间对外人来说很没有规律，还要上夜班，的确困难很大，组织上也充分了解这一情况。所以，马金宝同志当时说，按道理你是最不应该去的。当时，作为一名共产党员，和我爱人商量后，决定同意去支援西藏。到西藏工作也是我的宿愿，1969 年从学校毕业的时候，我的第一个志愿报的就是西藏。

我们这次援藏一是规模大，全国共计 3000 多人；二是范围广，既有党政干部，又有技术人员，公安、教育、地质、气象……其中，孔繁森就是我们这批援藏的山东团的（他们是 4 月进藏）；三是"彻底"，我们是"四带"援藏干部，即当时去的时候带着户口、组织关系、粮油关系和生活用品（锅碗瓢盆和被褥等），也就是已经销掉了北京的户口。我们家户口本的户主就是这次援藏被易主的。

中央国家机关援藏团一共有 40 多人，我们的团长是当时国家地质部物探大队的一位领导。1979 年 6 月 26 日，我们乘坐北京到乌鲁木齐的火车出发，当时各单位都组织了送行，火车站更是场面热闹。当然我爱人和女儿也到车站送行。女儿那撕心裂肺的哭声，至今还历历在目。

经过 60 多个小时的跋涉，我们在甘肃柳园火车站下车。这是一个小站，又是在西北戈壁上，甚是荒凉。下火车后，我们就乘坐大轿车开始向西藏进发，从柳园到拉萨整整走了 6 天。

当时各方面条件都很差，轿车是当时征调的公共汽车，车顶上是两根铁管作为站立时的扶手，两头是裸露的铁管口。路况也很差，全是"搓衣板"路。记得第一天从柳园到敦煌，由于汽车颠簸厉害，地质部的一位年龄相对较大的同志被颠起，向上颠起的时候被铁管扶手的尖处划了一下，落下来得时候又划了一下。幸亏当时已离敦煌较近，急忙送往医院，整整缝了 7 针。

第二天从敦煌出发，以后晚上基本都是住兵站，实际是养路站，生活、卫生条件很差，略微讲究的人，很难入住。当天晚上我们住在青海省大柴旦镇，这里海拔高度已达 3200 多米，有的人已开始有高山反应。管理大柴旦兵站的是一位藏族大婶，她把我们 40 多人安排在一个大房子，住通铺。当时的条件，住通铺我们没有意见，但男女 40 多人安排在一个房子里，实在难以接受。藏族大婶一再讲，那有什么啊，以前都是这样安排的。在我们团长的一再交涉下，才把我们男女分开。

第三天从大柴旦到格尔木。格尔木市是青海的第二大城市，位于柴达木盆地的南沿。当时西藏的物资大部分是从青藏公路运上去的，因此，格尔木是西藏的物资储存基地。格尔木市的城区，大概有一半是青海的市民，有一半是西藏的物资储存基地。

前三天基本都是在 3000 米左右行进，也可以说是适应性行进。进入第四天，可就大不一样了，都是在 4000 米到 5000 米的高原上行进了，高寒缺氧已显示出高原气候的特点。以前只是在"窦娥冤"戏剧中听说过六月雪，这次我们真是看到了，体验到了。一路上，时而下起小雪，时而刮起大风。在四五千米以上，气候如此恶劣的高原上，就不敢多宿了，因此，每天行驶的时间较长，基本都在 10 个小时以上。第五天时，我们路过唐古拉山口。这是叫人望而生畏的地方，海拔高度在 5200 米以上，俗称："唐古拉，伸手把天抓"。后来到拉萨听说，这批援藏的某省一位地委副书记，到唐古拉山口时，高山反应非常强烈，他大叫：赶快派直升飞机把他接回去。若在内地，这是轻而易举的事，但他忘了这是在唐古拉。由于有前几天的适应，我们中央国家机关团的同志基本都还可以。

我作为中央气象局的代表，凡路过气象站，都要冒着高原反应的危险去气象站看看。第四天我们路过沱沱河，在"兵站"短暂休息时，我迈着四方步去了沱沱河气象站。已是7月初的时节，气象站还生着用汽油桶做的大煤炉子，住在半地下的窝棚里，穿着棉大衣，戴着棉帽子。一位值班的同志长长的头发，至少有半年没理发了，胡子也挺长了，看上去至少有50多岁。我一问，才30来岁。第五天路过海拔4800多米的世界最高的有人值守气象站——安多气象站时，我同样去了气象站。气象站就在"兵站"的隔壁。所以，一开始我就对青海、西藏气象工作者的艰辛，留下了深刻的印象！

第六天，我们终于到达拉萨。到拉萨后，我们没有直接去气象局，而是先到位于色拉寺山脚下的拉萨市第三招待所，进行适应性休息一周。拉萨市当时有三个招待所，第一、二招待所在拉萨市区，面积都不大。第三招待所位于拉萨市西北郊的色拉寺附近的山脚下，这里空气清新，全是平房，环境安静，很适宜休息性生活。我们在这里活动都很缓慢，真正体会了什么叫"迈四方步"了。

一周适应性休息后，中央国家机关援藏团就地解散，7月初，各自到被援单位，开始了在西藏的工作。

西藏自治区气象局位于当时拉萨市的几乎是最东边，气象局东边只有拉萨市邮电局一个单位。

到西藏自治区气象局后，才知道，这次气象部门援藏的共有15位同志：中央气象局的王肇辉、赵同进；北京市局的郑振瑞、李月来；黑龙江省局的王保民、杜秉钧、任澄碧；上海市局的甘惠泉、陈永林、赵国华；湖北省的陈新军、韦民、赖传楚、邹仕荣；云南省的徐建生。

西藏当时各方面条件都很艰苦。自治区气象局院内只有一栋二层局部三层的小楼（当年叫"小炮楼"），面积仅有二三百平方米，资料室、仪器检定、卫星云图接收在里面办公，其他均是土坯平房。当时连朱品局长才住20平米左右的一间半平房；毛如柏同志才住十三四平米的一间平房。我们刚到气象局，没有房子住，西藏的同志在进大门的西侧土地里，组装了两栋活动板房给我们住。虽然是高原，但西藏的地下水位很高，夏天一铁锹铲下去，就可以出水。因此，我们活动板房里很潮湿，床底下都长出草

来，有的草甚至从床板钻出来。那段时间我们天天要晒被子，有的同志还觉着纳闷，疑问援藏干部怎么天天晒被子。到了冬天，西藏又很寒冷，局里又把探空灌气球的房子腾出来给我们住。尽管如此，由于灌气球的房子空间非常高，冬天还是很冷的。直到1980年自治区政府给气象局拨款30万元，盖了6栋平房，我们才有了正式的住处。

当时西藏其他方面也很艰苦，我们吃的蔬菜全要靠自己种。因此，当时每个小单位都分了一块菜地，除了工作外，还要种菜，用苛性钠桶做成水桶挑大粪，轮流浇水、除草，用心呵护着自己的劳动成果。种的菜自己吃一部分，其余送给食堂食用和保存。记得1981年我登山队的一个同学开车来拉萨，我爱人给我捎了一包干豆角，在路上颠丢了，给拉萨第六汽车队的师傅捡到了，打来电话让我去取。日用品也很难买到，日用品都是从内地运去的，所以若这一批你没买到，起码要再等几个月，甚至半年。

由于西藏海拔高，气压低，做饭要用高压锅，这些装备都是我们来的时候带的。记得1980年邹竞蒙副局长一行到西藏调研完成后，调研组成员、局办公室宣编处的于德春处长留下继续调研，和我们一起住在灌气球的房子里。一天我给他煮面条吃，由于高压锅没完全放完气，一打开锅盖，面条全飞出来了，一根没剩，只好重煮。当时内地到西藏出差的也很少，在藏三年多，邹竞蒙副局长一行、王瑞琪副局长一行，还有当时中国气象学会秘书处的庄肃明、吴月芳去过，并看望了我们。

气象援藏的同志分别被分配到预报组、观测组、资料室、仪器检定组、农气组，还有几个同志被分配到林芝农牧学院教学，我和陈新军被分配到预报组。

当时西藏局的业务基础比较薄弱，我们除日常值班外，抓紧为西藏的同志整理基础资料。我们刚到的时候，预报组的历史天气图堆了一房子，我们逐一进行整理、装订，用牛皮纸做上封面。陈新军同志的毛笔字写得好，他逐本逐本将封面写好，按月堆放。这项工作整整干了几个月。现在到西藏局的资料库，在天气图上还能看到陈新军秀丽的毛笔字。当时中长期预报基本是用统计预报法，因此，基本资料非常重要，我们在工作之余，抓紧整理基本资料，制作有关图表，装订成册，以便应用。有一次，我们登山队的同学和高登义同志一起到西藏林芝去考察海拔高度7000多米的一座山，以便对外开放，让我给他们做这座山附近的天气预报。我利用这些图表做了预报，后来我的同学说，高登义说预报很准，没想到第一次就把这座山的基本情况看清楚了。从1980年开始，由于对内地在藏干部实行大规模内调，使西藏的业务技术人员缺乏，我们还抓紧培养本地的预报员，做好传帮带工作。

当时，西藏条件虽然艰苦，但我们仍然工作着并快乐着。除了工作、种菜外，我们早晨跑步，晚上打篮球，节假日打打扑克。逛拉萨绝对不用交通工具（当时也没有公共交通工具），步行一个小时，能逛遍拉萨的大街小巷。我们曾经花了6元钱买了一头毛驴，杀了吃肉；两元钱买一对牦牛蹄子，买回来剥皮，用高压锅炖着吃，其乐无穷；当时32元钱可以买到一斤冬虫夏草，但没有那个意识，一点也没买。这些都已经成为历史。

三年来，对西藏产生了浓厚的感情，与西藏的藏汉干部职工结下了深厚的友谊。1982年6月，顺利完成3年的援藏工作，也和西藏其他内调干部一并被列入了第二批内返名单。

就在即将启程之前，朱品局长找我们，希望我们在拉萨的援藏同志能再留一段时间。当时很是为难，因为我们是"四带"援藏干部，若不跟着大批内调的回去，又怕以后再回有困难。经再三考虑，我们答应再延长半年，由三年援藏变成了三年半。延长援藏时间，是这批援藏干部中为数不多的。1982 年 12 月，我们带着胜利完成支援西藏的喜悦，带着对西藏的恋恋不舍，回到了原来的工作岗位。

从西藏内返后，我又先后三次去过西藏。一是 1983 年 9 月，跟随骆继宾副局长到西藏调研。这次调研后，向国家气象局党组做了汇报，决定给西藏自治区投资，建第一座办公楼；第二次是 1994 年参加"全国气象部门援藏工作会议"，这次到西藏，拉萨已经发生了很大变化，西藏气象局也已经发生了很大变化，当年的土坯平房大部分已经拆除，第二座办公楼已投入使用，还盖起了宿舍楼。1980 年我们住的 6 栋平房虽然还在，但已不是原来的主人，有的已经不再当宿舍用了。第三次是 2008 年到西藏调研，这次去西藏使我非常惊讶，拉萨市已完全改变了模样。城市面积扩大了好多倍，西藏气象局不再在拉萨的东边，而成了拉萨的中央；城市中高楼林立，当年唯一的拉萨邮电局大楼，已显得那么矮小；布达拉宫前宽阔的带有现代气息的广场，代替了昔日的不宽的马路；市场琳琅满目，内地有的，在拉萨都能看到、买到。气象局的变化更是让我难以辨认，现代化的办公楼完全代替了平房，气象现代化设施处于西藏领先水平，当年大巴桑管理的几间平房招待所，被现代化的宾馆代替。我多次试着去找昔日的印象，总是失望而归。据说当年的"小炮楼"还在，但我还是没找着，可能被淹没在鳞次栉比的大楼之间吧？

发展篇

"兰天电脑培训中心"创办之初

■ 侯玉中

拉萨"兰天电脑培训中心"是西藏自治区气象台于1994年创办的，面向社会，以培养计算机中文应用技术为主的电脑培训中心。

当时的台长尼玛丹增让我具体负责筹划相关事宜，正好通过几年的服务工作实践，我也有这方面的想法，于是我的积极性也特别的高，马上开始进行市场需求调查，走访自治区相关部门，了解相关政策及技术问题。

在自治区教委成人教育处，有关领导在认真听取我们的筹备情况、市场需求、师资安排等计划后，给予了充分肯定。陈处长还向我讲了相关政策要求，要求我们挂靠在成教处，要求我们专报申批。

于是我起草了专门给区教委的《西藏气象台关于开展电脑技术培训的报告》，经过区教委审批后，我台"兰天电脑培训中心"于1994年10月正式挂牌，拉开了电脑招生培训的序幕。同时也成为西藏第一家在自治区教委备案，接受区教委监督、领导的成人计算机技术培训中心。

培训内容主要以DOS系统下的WPS中文操作系统为主，教师主要有台里的计算机专业职工担任，学员结业，经考试合格，发给加盖有区教委成人教育处公章的结业证。

待中心开业后，我于当年11月回内蒙古休假，1995年3月返回拉萨，上班第一天向台长报到后，台长跟我说，"兰天电脑培训规模不理想，得想想办法"。我在深入调研后向台长建议：要扩大宣传。台长采纳了我的意见，并要求我来负责。于是我们就设计召开一次结业座谈会，邀请自治区、拉萨市相关部门领导、相关人员参加，邀请自治区、拉萨所有的新闻媒体进行报道，来扩大宣传。

基本方案确定以后，于是我就跑自治区及拉萨市相关部门，介绍兰天电脑培训中心的情况，邀请相关部门领导、人员参加；待参加人员确定后，又联系自治区、拉萨的各类新闻媒体进行报道。

外围工作完成后，我向台领导汇报情况，台长要求我向分管的王达文副局长汇报相关事宜，王局长还半开玩笑地说："你这么个活动，能请动相关厅局领导参加，那我们一定对等出席"。

一切准备就绪后，我们的座谈会如期举行，来参加座谈会的领导有自治区经济委的副主任，劳动厅的副厅长，自治区教委的领导，自治区劳动服务公司的经理、拉萨市劳动局和劳动服务公司的领导和相关人员，王达文副局长及即将结业的学员。参加报道的新闻媒体有自治区电视台、广播电台、拉萨电视台和广播电台、西藏日报、西藏青年报、拉萨晚报等所有在拉萨的新闻媒体。

座谈会由我主持，台长介绍兰天电脑培训中心情况，学员谈学习体会，厅局领导指示以及组织参观等内容。

通过此番宣传报道后，"兰天电脑培训中心"在拉萨乃至西藏全区知名度大增，兰天电脑培训中心的培训量大幅提升（我记得此后最多的一天要开5—6个班，一个班最多时近百人），此后，还为自治区工商局和公路管理局等单位举办专题培训班。一时间，学电脑到兰天，成为人们的首选。

为了满足地区的要求，尼玛丹增台长将"兰天电脑培训中心"发展到全区，分别在各地区气象局开了分校，一时间，"学电脑，到兰天"成为西藏气象系统的一个招牌。西藏气象台及各地区气象部门，因此也有了较大的经济收入。

鉴于"兰天电脑培训中心"的成功，我们设想把她办成一个自治区和拉萨市计算机劳动技能培训中心，办成一个计算机专业委托培训中心，并就有关事宜和自治区有关部门进行了接洽。台长设想在网络技术上做文章，我陪同台长到军区总医院等部门联系，向他们介绍网络技术在他们工作中的作用。只可惜因我内调，好多的事情没有完成，成为我的一大遗憾。

"兰天电脑培训中心"是我们发挥部门优势，为社会培养人才的成功事例。通过此事，不仅让我们为社会培养了大批的计算机应用人才，同时，也扩大了我们的知名度。一时间，在西藏各部门，需要计算机人才，就找西藏气象局成为时尚。

发展篇

践行援藏工作方针

王祖亭

在我从业的 37 年中，公干出差不知其数，唯有 5 次进藏，至今难以忘怀。我首次进藏是 1992 年，奉命考核自治区气象局的领导班子。另外 4 次进藏全是在中央第三次西藏工作座谈会之后，并且都与气象援藏工作有关。每次进藏我都感受到西藏发生的巨大变化，每次进藏我都切身体会到党中央对西藏决策的英明、正确以及中国气象局党组对西藏气象事业的关心和支持。

学习落实西藏工作座谈会精神

1994 年 7 月下旬，中共中央、国务院在北京召开了第三次西藏工作座谈会。这是党中央、国务院在新的历史条件下召开的研究西藏工作的一次重要会议。江泽民总书记、李鹏总理和李瑞环同志在会上作了重要讲话。江泽民总书记号召全国各地方和中央各部门要大力支持西藏的建设，并指出这是一项长期、战略性的大政策。

中国气象局对西藏工作座谈会十分重视。在 8 月初召开了党组扩大会议，认真传达、学习了座谈会的精神，研究了贯彻落实座谈会精神的意见。党组扩大会认为，西藏气象事业的稳定和发展与西藏的稳定和发展紧密相连，支援西藏的气象工作是全国气象部门共同的历史责任。为此，局党组决定：8 月下旬派出西藏问题调研组奔赴西藏，就全国气象部门援藏问题进行调研。调研组由李黄副局长带队。9 月下旬在西藏自治区拉萨市召开全国气象部门援藏工作会议。

全面调研西藏气象工作状况

8月16日，经局党组批准，组成了12人的赴藏调研组。调研组由中国气象局机关有关职能司（室）及湖北省气象局、广东省气象局、成都气象学院等单位的同志组成，成员是：李黄（副局长，带队）、章国材、黄更生、王祖亭、阳世勇、湖涛、杨羽、陈绥宇、邓金宁、余勇、应宁、刘扬。调研组在赴藏之前，全体成员认真学习领会中央西藏工作座谈会精神和中国气象局党组气象援藏的指导方针，为调研工作的开展统一了思想。我有幸代表人事劳动司成为调研组的一员，第二次奔赴西藏。调研组于8月23日上午抵达西藏贡嘎机场，西藏自治区党政有关部门及自治区气象局的领导到机场迎接。调研组的主要任务是进一步了解西藏气象部门领导班子状况、职工队伍建设和素质、业务系统建设、装备和管理、基层台站综合改善、技术装备供应、保障和后勤工作情况等，并在此基础上与自治区气象局协商，提出对口援藏方式和项目的初步意见。调研组在藏期间分三个小组进行活动，分别由李黄副局长、章国材及黄更生司长负责。我被分配在黄更生司长负责的第三调研小组。该小组的全体成员是：黄更生、王祖亭、杨羽、应宁。重点是赴藏北那曲地区（海拔4500米以上）进行调研。西藏自治区政府对调研组给予了无微不至的关心和照顾，专门为各调研小组配

调研组全体同志在西藏合影

调研小组途经藏北草原

备了车辆、枪支和羊皮大衣。第三调研小组在藏北高原共工作了7天，先后在那曲地区气象局、班戈气象站和当雄气象站召开了多次座谈会。大家克服了高原缺氧、头痛恶心、天气寒冷和道路颠簸等困难，圆满地完成了各项调研任务，如期与其他两个调研小组在拉萨胜利会师。三个小组广泛深入的调研工作，为中国气象局党组的决策和后来气象援藏工作的全面展开打下了坚实的基础。中国气象局调研组在基层调研告一段落回拉萨后，又多次同自治区气象局沟通协商，探讨对口援藏的有关问题。西藏自治区党委副书记热地和郭金龙同志还亲切接见了调研组的全体同志，充分体现了西藏自治区党委对加快西藏气象事业建设的支持和期望。

选派援藏干部进藏工作

为贯彻落实《中国气象局关于加强和支援西藏气象工作的决定》，选派人员支援西藏气象工作采取"分片负责、对口支援、定期轮换"的办法。根据西藏气象部门的实际需要，选派对象主要是专业技术人员和处级领导干部。按照自治区气象局的需求计划和选拔的基本条件，经各援助单位审定，全国气象部门援藏干部共 20 人。我受组织委派，作为援藏干部的领送者第三次进藏。中国气象局党组对干部援藏工作非常重视，在 1995 年 8 月 8 日援藏干部离京前，中国气象局在现局机关办公楼前举行了隆重的欢送仪式。局党组书记、局长邹竞蒙同志率局党组成员亲临送行，并为全体援藏干部披红戴花。而后援藏干部的专车在鼓乐声中驶离局大院，踏上了奔赴西藏高原的征程。

援藏干部抵达西藏贡嘎机场

援藏干部抵藏后，正值西藏高原大气环境科学研究所（简称大气所，下同）成立，全体援藏干部出席了庆祝大会。原计划由李黄副局长代表中国气象局赴藏祝贺，后因生病未能成行，对大气所的贺词由我代为宣读。当时我因声音过大，高原缺氧，曾引起身体严重不适。西藏自治区党委对大气所的成立和援藏工作特别关心，时任区党委副书记的郭金龙同志出席了成立大会，并作了热情洋溢的讲话，还专门接见全体援藏干部，同他们一一握手，表示热烈欢迎。国家科技技部对西藏气象科研机构的建立也给予了很大支持，此前邓楠副部长曾亲自到自治区气象局进行过考察和指导。

第二批援藏干部是根据《全国气象部门选派支援西藏气象工作人员的暂行办法》，按照自治区气象局拟定的派援需求计划确定的。在 15 名援藏

发展篇

干部中，处级管理干部 5 名，业务技术骨干 10 名。1998 年 8 月初，第一批和第二批援藏干部在成都汇合，进行进藏前为期 2 天的培训。培训的主要内容是：由援藏人员宣讲援藏工作成绩和经验；学习中央对西藏工作的方针、政策和党的民族、宗教政策，介绍西藏社会、经济、历史、地理、民俗、西藏气象事业的发展状况和进藏后需要注意的问题等。培训工作结束后，我便同第二批援藏干部一起第四次进藏。在拉萨逗留的 6 天时间里，我一方面与自治区气象局办理援藏干部的交接事宜，另一方面倾听意见，努力做好援藏干部的"维稳"工作。待援藏干部的高原反应基本缓解后，我才启程返京。回京后，即与派援单位联系、协商，解决援藏干部的实际困难，使他们能安心做好援藏工作。

这两批援藏干部在藏工作期间，以陈金水同志为榜样，克服了自然环境和家庭的诸多困难，紧密团结西藏各族气象职工，为西藏气象部门的管理工作、业务和队伍建设做出了重要贡献，得到受援单位领导和职工的好评。

郭金龙同志（后排左八）出席"大气所"成立大会

雪域风云路
西藏气象事业发展回忆文集

对口支援气象科研工作

2000年初，我被调到中国气象科学研究院（简称气科院，下同）任党委书记、副院长。同年8月下旬，经院长常务会研究决定，由我率团赴藏（这是我第五次进藏），与西藏自治区气象局共商对口支援大气所事宜。代表团由王祖亭、徐祥德、卞林根、王石立、黄幸媛、沙奕卓6人组成。8月26日在大气所召开了援藏工作协调会。会议由西藏自治区气象局局长索朗多吉同志主持，该局科教处、大气所及所属有关研究室的领导出席了会议。双方共同回顾了近年来西藏自治区气象局与气科院互相支持、协同作战，在高原气象学研究领域中共同创造的难忘的合作历程和良好的合作基础；针对大气所研究方向的定位问题、发展规划的重点目标及战略措施、重点研究方向的实施途径及研究队伍的组织机构等问题进行了充分的研讨，并就援藏工作的重点达成了共识：气科院将协助筹建"高原大气环境科学开放实验室"，并将其列入气科院"西部大开发"重点实施计划之一。双方共同立项、联合申报高原气象学研究、高原灾害性天气气候及其预测理论等重大研究项目，以带动大气所研究工作的发展。经过反复研讨、协商和修改，形成了包括具体的援藏计划、实施框架、人才培养、基础建设、支持项目等内容的协调会纪要。8月30日，代表团顺利完成了预定工作任务回到北京。从此，在中国气象局气象援藏工作方针的指引下，气科院的援藏工作和双方的科技合作又翻开了新的一页。科技合作项目不断增加，并取得了丰硕的合作研究成果。

中央第三次西藏工作座谈会召开后，可以说我与西藏结下了不解之缘，对西藏怀有一种深厚的特殊感情。我难以忘怀在西藏的日日夜夜，我为自己能亲身践行中央的援藏工作方针和为西藏气象事业的发展添砖加瓦感到荣幸。党的光辉照高原，西藏旧貌换新颜，各族人民团结紧，携手并肩向前进。

发展篇

一次成功的登山气象服务

■ 朱宝维

　　1992 年秋，中日南迦巴瓦联合登山队计划攀登西藏东部的南迦巴瓦峰。这是一座至今尚未有登山队登上顶峰的处女峰。它峰顶高 7782 米，处于雅鲁藏布江大拐弯处，山势陡峭，登山路线十分艰险。降水多，风力大，山上常年积雪，云雾笼罩，登山的气象条件很差。因此，南迦巴瓦峰的登山气象服务难度很大。

　　中日南迦巴瓦联合登山队于 1992 年 9 月进藏作登山准备，日方登山队还带有兼职的气象人员和气象卫星接收机等气象仪器，并由中国气象局气科院作登山气象预报，开展气象保障服务。所以当时没有要求西藏自治区气象局对这次登山活动开展气象服务。但我们知道该地气象条件复杂，有利登山气象时机很难掌握。山区天气说变就变，不了解当地天气特点，加强实时监测，要准确的预报登山区域的天气情况是十分困难的。因此，我们向局领导建议：虽然这次登山活动没有给我们具体的任务，但还是要有所准备，开展实地调查、访问和考察，同时对南峰登山天气条件进行分析。我们当时的想法是，有备无患，如有气象服务任务可随时用得上，就是使用不上，对我们也是一次提高和积累，对今后的登山气象服务也是有益的。在局领导的支持下，组织了五名藏汉族预报员，南峰登山气象服务组有高建峰、董金湖、普布卓玛、赵一平等同志分头开展了各项工作。

　　9 月中旬，中日南迦巴瓦联合登山队进驻南迦巴瓦峰登山营地，开展登山活动。我们虽然也十分关心这次登山活动，但因没有气象服务任务，只能从有关部门了解一些登山活动的情况。直到 10 月初，得知登山队首次登山活动没有成功，而且还有人员伤亡。联合登山队已撤下山，队领导回到拉萨讨论下一步的行动。当时有一种意见认为登山最佳时间已过，今年不能再登了。但这样撤回，人力物力损失很大，对联合登山队来说也是一件不光彩的事件。于是联合登山队领导通过西藏自治区政府主席想听听西藏气象部门的意见，当时索多局长接受了这个任务，回来和我们商量，我们提出给两天时间，在认真分析后，拿出一个意见，供领导决策。随即小组成员分工合作，在48小时内，查阅了大量的历史资料和历次登珠峰的气象服务总结，分析当前南峰登山气象预报的关键着眼点和目前高原西风急流的转换特征，通过仔细分析，我们认为：10月下半个月还会有一次有利南峰登顶的天气过程，要抓紧作好准备，进山等待有利天气。登山队得到这一气象信息，都十分振奋，立即行动，准备再次突击顶峰，争取这次能登顶胜利成功。自治区领导也正式把再次南峰登山活动的气象保障任务交给了气象局，要求我们全力以赴，完成任务。

　　10月中旬末，中日南迦巴瓦联合登山队再次进入登山营地，我们登山服务组全体成员立即进入高度紧张而有序的工作中，监视高原西风急流的发展和登山区域天气的变化，分析7~9千米风向风速变化与高原西风急流的关系，同时分析高原东南侧有没有出现小高压环流的可能性并向北移动的条件。当10月下旬初，发现横跨高原的西风急流有所减弱，我们估计有可能会出现有利的登山天气，随即通知登山队到突击营地待机登顶。10月27—28日发现林芝地区南部出现一个弱的小高压环流，并对应有一片晴空区，随西风带周期性地减弱，使这个小高压环流北移还有所加强，这是在高原东部难得的登山队突击顶峰的有利天气。因此，我们立即通知联合登山队作好登顶准备，突击登顶。联合登山队根据气象报告，作了突击顶峰充分准备，终于在10月30日中午登上南迦巴瓦7782米的峰顶，当时顶峰天气晴朗，风力只有3—4级，是一级登山天气。联合登山队顺利完成了各项工作后，当天返回突击营地，并安全撤回大本营，返回到拉萨，中日南迦巴瓦联合登山队胜利完成了这次登山活动。得知这一消息后，我们小组全体成员才松了一口气，都说要好好睡个觉，因自联合登山队进山至今，已有十多天没有正常的睡过觉。

　　中日联合登山队回拉萨后，对西藏气象局在这次登山活动中所作的气象预报和服务表示十分满意并来电话表示感谢。11月10日，在自治区政府和中日南迦巴瓦联合登山队共同举行的庆功宴会上，日方登山队长在讲话

发展篇

中一再对西藏气象局对这次登山活动所作出的精准气象预报和及时服务表示感谢，同时向西藏气象局赠送了一面"挥来东风赛诸葛，奇险南峰奈我何"的锦旗。第二天，日方登山队队长在国家体委登山司领导的陪同下又来到西藏气象局表示感谢，与我们交流登山预报的经验。我们表示这次南峰登山预报的成功，主要是因为长期在高原工作对高原天气的认识和理解，同时在多次登山气象保障中积累了许多经验和教训，这是南峰登山预报成功的基础，日方登山队队长听后频频称赞。

　　事后，我们在总结南峰登山气象预报服务工作时，大家一致认为这次登山气象服务的成功，与事前准备比较充分，掌握了关键的预报着眼点，同时我们长期在西藏工作，了解高原的山山水水和高原天气特点，有长期的实践和积累，这是南峰登山预报成功的关键。

我的援藏之路

■ 袁文达

第一次援藏

1981 年，一些进藏同志由于在藏工作多年，身体健康和家庭实际情况，已不宜再在西藏继续工作下去。中央作出了内地干部逐步内调的决定。随着一、二、三批内调人员确定和逐步内调，西藏气象部门面临着业务骨干紧缺，业务质量严重滑坡的状况，有的基层站连业务值班也难于正常保证。为此，国家气象局作出了组织气象技术人员支援西藏的决定，从全国选派80 名业务骨干，分两批先后进藏，第一批先行进藏，援藏 3 至 4 年满后第二批再进藏。援藏除参加业务值班外，还担负加速培养藏族业务技术骨干的任务，计划通过 7 至 8 年的时间，改变西藏业务技术骨干紧缺的状况。

看到文件后，我的心就再也不能平静了。我是党和人民把我从年幼无知的孤儿，培养成气象工作者，为报效祖国，到祖国最需要的地方去是我义不容辞的责任。好儿女志在四方，为巩固边疆，发展边疆的气象事业，能在艰苦的环境中磨练自己，正是自己一生中最有价值的体现。我向组织递交的申请，但局领导考虑家中上有百岁老人下有两个尚未上学的孩子，家庭拖累大而未批准。爱人看到我难过的样子，安慰说："地区局不批准，我同你去省局，不能因我的老人拖了你的后腿"。多么善解人意的伴侣啊！第二天我们双双去了省城，向省局领导提出了援藏。局领导看到我的援藏决心这么大，爱人又极力支持，终于同意了我的要求。

1981 年 8 月，经过十几天乘车的长途颠簸，我来到了昌都地区的丁青

县气象站，实现了为西藏气象事业做贡献的夙愿。

丁青县气象站位于唐古拉山东南麓，海拔3874米，是昌都地区最高的艰苦站，气候恶劣，环境艰苦。但最苦的还是没新鲜蔬菜吃，全年长达10个月见不到一片新鲜蔬菜的叶子，缺乏维生素，吃的是牛羊肉和罐头，加之风大干燥，嘴唇开裂出大血口子，吃水从几十米山下的河谷中取回。严冬气温可降至零下二十几度，夜间观测和早晚放气球，站在凛冽的寒风中，脸象有刀子割。手脚冻麻变木，还得坚持观测完毕。这里交通不便，邮车一个星期一趟。在大雪封山的半年，盼望鸿雁早日来临，带来远方亲人的问候，都成了大家的心事。这里日报变成了周报、月报、半年报，新闻早已成为旧闻。

就是在这样的环境中，我们以苦为乐，以苦为荣，藏汉团结一致，亲如一家，互相关心，互相鼓励，有吃大家吃，从不分你我。晚上是大家思乡思亲心绪最甚的时刻，为了排除这种心绪，我们会聚在一起，跳起踢踏舞，唱起流行歌，畅谈家乡趣闻，生活中充满乐趣也充满着集体大家庭的温暖，而心灵的温暖是能够溶化一切冰雪的。就这样我们不但把业务质量搞了上去，还办起了技术培训班，我自任老师，没有黑板就用门板当黑板，天气太冷就到太阳地里上课。就这样为丁青县和昌都地区气象事业培养了几十名藏族业务技术骨干。受到了组织上的赞誉，并入了党、提了干。1985

年，我圆满完成援藏任务返回毕节后，与藏族同志结下的深厚感情，却使我依然想念着那一方热土，时刻关心惦记着藏族徒弟们的工作生活和昌都气象事业的发展。

第二次援藏

　　1995年4月9日，中宣部、中组部举办的孔繁森先进事迹报告会从银屏中传来，我深深地被他听从党的召唤，二次援藏，献身雪域高原，全心全意为人民服务的精神所感动，边听边流下了激动的眼泪。10年的依恋，我仿佛又回到了西藏，昔日藏汉兄弟姊妹携手并肩战斗、战风雪、斗严寒的情景又在眼前出现。我想自己年愈半百，还能报效祖国多少年呢？"年华如水不复返，生命之树能常绿常青"，能在有生之年再为西藏经济的发展，社会稳定贡献余热，为工作尽职尽责，为人民尽心尽力，为毕节争光，将会使我的人生价值更充实，一生中会问心无愧。再度援藏的打算在心中萌生，当即同爱人商量。这个与我风雨同舟的伴侣，非常理解我对事业的执着和对西藏的热爱，对我的选择只能说："只要你身体还挺得住，那就去吧，家里的事我会照料好的"。其实我心中十分清楚，第一次援藏期间，百岁老人活到了103岁去世，她侍奉老人，照料孩子，又一手操办了老奶奶的丧事。现今岳母也到了80岁高龄。因脑血栓造成半边风瘫，吃饭、洗嗽、上厕所均要人侍奉，加之爱人多病工作又忙，常常是家里医院连轴转。想到这些，我是多么怕累垮朝夕相处的她啊，我在援藏与家务间犹豫。但是在事业和家庭的抉择上，心中的天平又一次倾向事业。妻子的支持更加坚定了我第二次援藏的决心和信心。第二天我递交了再次援藏的申请，一再强调身体好，家庭拖累不大，曾在西藏工作过，情况熟悉，利于工作。中国气象局李黄副局长看后十分高兴，并建议在拟定援藏人员时给予考虑。1995年，我再次踏上了援藏之路，重返了阔别10年，魂索梦绕的西藏昌都。

　　昌都地区气象局，是全国优秀共产党员、模范气象工作者——陈金水二三次援藏的地方。陈金水在这里苦心耕耘了8年，他3次进藏，在藏奋战了33个春秋。他对党、对人民、对社会主义气象事业一片赤诚，以强烈的事业心、责任感和崇高的敬业爱岗精神，谱写了一曲艰苦创业、顽强拼搏、

全心全意为人民服务的壮丽篇章。与他共事 1 个月，是我的荣幸，受益匪浅。藏东的气象事业，无论在精神文明、党建、社会治安综合治理，民族团结、各项业务工作质量、气象服务、业务现代化建设、队伍建设、台站综合设施改善等方面，均名列全区气象部门的前茅。我在昌都地熟、人熟、业务熟，昔日学生多数成了各项业务工作的技术骨干，轻车熟路，在工作上得心应手。昌都地处三江（怒江、澜沧江、金沙江）河谷地带，山高谷深，交通不便，道路险阻。夏季的山洪、冬季的暴雪、雪崩是常事，我们经常面临生与死的考验。

　　1996 年初夏，我去类乌齐县扶贫，返程中得到当晚务必赶回昌都的紧急通知，路遇暴风雪，一霎间天昏地暗，路上积雪越来越厚。到达珠角拉山（4300 米）时，积雪已达大腿部深，汽车无法前行。只好下车用铁铲、碗锅去刨去挖，汽车加足马力只能前进 1 米左右。我在齐腰深的雪中匍匐爬行，求生的欲望使我终于爬到了山顶，向山腰的道班工人呼救。他们开着推土机推雪，把我们救下了山。然而不可抗拒的是雪崩，1996 年八宿然乌沟的雪崩，掩埋了几十部汽车，夺去了 56 名藏汉同胞的生命。在拉萨开会期间，组织上找我谈话要我去工作生活条件更为艰苦的那曲地区气象局主持工作。那曲地处藏北草原，气候多变，条件恶劣，海拔又高，人员陌生，当然还是留在昌都好些。但一个共产党员就是要讲政治，讲组织纪律，吃

雪域风云路

西藏气象事业发展回忆文集

苦在前，向组织讨价还价的事我从来不会干，既然组织决定了，就应该无条件地服从安排。我二话没说，愉快地奔赴了藏北草原。

在生命禁区的日子里

那曲地区地处唐古拉山南麓，海拔 4507 米，世界最高的安多气象站 4802 米，班戈站 4700 米，申扎站 4600 米，其余各站海拔均在 4000 米以上。生物学家研究证明，人类生存高度极限为海拔 4500 米，超出就将危及人的生存，那曲就是这样的生命禁区，三分之二的地方是无人区。"唐古拉，唐古拉，伸手把天抓"，就是该地区高海拔的最好写照。这里气候多变且恶劣，年平均气温仅 1℃ 左右，最冷时能达到零下 42.9℃，一年中近 200 天的大风，最大风速可达 40 米/秒。空气中的含氧量还不到海平面正常值的 50%，就是健康的人，初到时也有因缺氧感到头痛、胸闷、心跳快、气喘、呼吸困难、手指麻木，得有相当一段时间才能适应，严重的会呕吐，昏厥。能在这样的生命禁区中坚持下来，就是难能可贵的了。

这里是茫茫的大草原，没有一棵树，也没有农作物，以牧业生产为主。

6月还在飞雪，黄金季节是7—8月，生命力旺盛的小草仅有2—3个月才呈现绿色。内地金秋的9月，这里小草已枯黄，几场霜降，几场风雪，气温骤降，又进入令人难捱、寒气袭人的严冬。仅两个月可以不烤火，而燃料又十分紧缺，唯一的燃料牛粪十分昂贵，700—800元1车，仅够烧2个月。我寝室靠头部的两面墙上，全是晶莹透亮的冰晶。好看极了，这是夜间呼吸中所含水汽遇过冷却墙凝结而成。气压低，面条得用高压锅煮才能吃。吃水从十几米深的井内提出，水质含矿物质多，易掉牙和脱发。仅5个月时间我就掉了3颗牙，2年共掉去9颗牙。办公室气温可降至零下20多度，无取暖设备只能到太阳坝取暖开会办公。就是在这异常艰苦的环境条件下，我们高唱"我们的生活充满阳光"以自慰，以乐观的精神迎战困难。

我两次去了安多，安多站是陈金水同志艰苦创业，亲手创建的站，他在这里奋战了16个春秋，并率领全站职工刨挖了世界上最高的1口深14米的井。伫立在井旁，当年挖井的艰辛、艰苦创业的精神深深地激励着我。看到由于水位下降，井水近于干枯，同志们吃水从二三千米外的河中取回，心中很不是滋味，修复"金水井"列入领导班子的议事日程。大家一致认为，从紧缺的经费中挤出钱修复"金水井"，让经历了20多年沧桑的金水井再涌清泉，并以此来作为教育基地，进行艰苦奋斗、革命传统教育，让陈金水的挖井精神在藏北延伸，给一代代气象工作者以启迪。将井向下挖深了2米，井内再涌清泉，职工吃水的问题缓解了。我站在金水井旁，抚摸着磨得发亮的辘轳，仿佛看见了几代气象人艰苦奋斗的痕迹。站在世界上最高的观测场内，心中十分自豪，决心要"站在世界最高处，工作争创第一流，以缺氧气不缺志气的气魄，再创藏北气象事业的辉煌"。

人对气候的承受能力有限，高海拔气候对人的健康影响很大，全地区140名职工中，有80%的同志患有各种慢性病。工作生活条件的艰苦，造成了队伍的不稳定，请调报告很多。为了加强队伍建设，党委一班人紧密团结，抓住学习陈金水的东风，深入开展精神文明建设和思想政治工作。深入基层，关心群众疾苦，努力改善工作生活条件，尽力解决困难。为留住人，进一步稳定队伍，在稳定发展基本业务的同时，对机构进行了科学设置，对人员优化组合，促进了整体效益的发挥。为增进部门自身活力，加大了科技服务和综合经营创收的力度，把气象科技优势向社会辐射。我们勇于挤身社会，参加市场竞争，开拓气象服务领域。利用人才和设备优势，开办电脑培训班，既为地方培养了新技术人才，又取得了经济上的实惠。利用院坝大的地缘优势，开展了房地产出租；还办了茶园、舞厅、餐厅；用汽车跑长途运输，卖大米、百货、服装、日用品、饮料。全年创收400多万元，弥补了事业经费不足，部分地改善了台站综合设施，增加了职工福利；对稳定队伍，促进气象业务发展起到了保障作用。

在气象为地方经济建设服务上，我们以牧业服务为重点，主动向指挥生产、防灾减灾科学决策部门提供依据。1997年9月至1998年的大雪灾我们及时向地方政府汇报，并严密监视天气变化，使灾害的损失减少到了最低限度。在长达4个多月里，整个羌塘大草原被大雪覆盖，寒气森人，强降温天气使大批牛羊冻死饿死。在交通断绝，燃料奇缺的情况下，发扬老西藏精神，向地方领导、灾区人民发出一份份可靠的气象情报，奉献出用心血凝结成的珍贵资料。气象工作者在严寒、缺医少药的超乎生存极限下的吃苦、耐劳、忍耐、奉献精神，得到了地委、行署的好评和赞誉。在2年多的时间里，藏北气象业务工作质量稳定上升，业务现代化建设也取得了较大进展，各方面工作呈现了很好的势头。

发展篇

465

利用有利因素为西藏农业发展做贡献

■ 王先明

1959 年，我从农业大学毕业后被分配到北京中央气象局工作，不到一年就被调到西藏气象局。从北京到西藏这是我生活中的一大转折，我坚决服从了组织的调动。在临行前的欢送会上，同志们要我讲几句话，我说"西藏条件肯定是很差的，可我更愿到边疆去施展一下。"如今到西藏已 30 多年了，我一直没有半点怨言，工作非常安心。

在中央气象局工作时间虽不长，但领导对我的关心培养，至今还记忆犹新。当时领导送我到河北省徐水气象站学习有关气象观测和管理知识，接着又派我到内蒙古参加"全国畜牧气象工作会议"的筹备工作，深入盟（专区）、旗（县）气象站、哨调查了解情况。在这期间也确实学到了不少实际知识，掌握了不少情况，为开展气象站、哨管理工作打下了一定的基础。1960 年 5 月回到北京后，姜文治科长组织全科人员听取我的汇报。我汇报完后姜科长给予了多方面肯定和鼓励，还说我能较好地运用辩证唯物主义观点观察、分析问题。不久姜科长叫我代局里起草有关秋收、秋耕、秋种气象服务方面的通知。此事未完成就调我到西藏工作了。正是这位姜科长在我离开北京 18 年后的 1979 年初我第一次回北京，在中央气象局院内他一眼就认出了我。他非常热情地说："你辛苦了，老了，该回来了，听说你在西藏干得不错。"年轻时的老领导在时隔 18 年后还如此关心我，真使我非常激动。

在西藏气象局工作期间又遇上一位好科长——朱品同志。到西藏后我大胆地提出了一些如何开展农业气象工作的建议，朱科长总是积极支持我的工作，并帮助我完善计划，对我起草的文件总是及时认真地加以修改，还支持我下气象站作实际调查工作。当时的周美光局长，也让我参加一些局务会议，以便了解更多的情况。1962年精减人员压缩农业气象，朱科长和局领导为我想了很多办法，最后把我安排到区农科所工作。离开气象局后他们还时时关心、支持我的工作，回气象局买仪器、抄资料都给以方便；朱品科长甚至说把资料室的钥匙给我一把，来支持我的工作。1964年下半年到1965年初，我在达孜县帮堆乡参加社教工作，周美光老局长还时时关心我。1985年周美光陪一些老同志到所里来检查指导工作，我在所里见到了他，他又给予我很多的关怀和鼓舞。

在自治区农科所工作期间，原来的室主任后来的副所长程天庆同志，在我业务成长方面起着关键性的作用，帮助我搞研究课题设计、修改总结。1963年的总结，程天庆同志帮我修改了三次，对部分内容不满意，就替我重新写，为我作出了样板。1972年对我的一份研究报告重新拟了提纲，具体指出资料布局，如何论述才会更清楚等。程天庆同志在70年代末离开西藏前对我的每一份材料都作了仔细的修改，还讲了为什么要这样修改。所长张春野经常鼓励我更好地工作。在1963年年终评比中，张所长认为我在工作中是"风雨无阻"。在他的提议下，我被评为全所仅有的两名一等奖之一。后来他又通过多种形式主动听取我的工作汇报，指出需要加强和注意的事项。所党委书记苗春生从政治上关心我，在业务上给我有长足发展的机会。1964年10月底派我到达孜县参加社教，1965年3月初又及时调我到达孜县章多乡从事业务工作。1965年10月初所领导调我到南木林县参加三大教育工作，苗春生书记休假回所后又于1966年4月初把我调回所里从事业务工作。1975年初冬小麦推广后出现了不少新问题，苗春生书记让我带领多专业的科技人员深入林芝、米林、朗县、加查、乃东、贡嘎等县进行调查，并将调查结果上报当时的农牧局。后来和当前的领导从生活、工作等多方面也给予我很多关心和照顾。

在我的成长过程中藏族科技人员和群众也给了我极大的关心、支持和帮助。1965年10月到1966年4月我在南木林县索金乡参加三大教育。一次到桑木林村参加工作队的会议，回到北沙岗的"四同户"已是深夜二点，"四同户"的全家一直为我的安全担心，等到我安全回去后，又做饭给我吃了才睡觉。

1967年初我到白朗县洛布江孜公社蹲点从事农业科技调查研究和推广

工作。5月下旬所里去了一位中层领导说要抽一部分科技人员回所参加政治学习（实际上是清理思想），我是被抽回的人员之一。所里去的这位领导到群众中去作了一些调查了解，最后到县武装部找到马部长商定抽走人员名单。在谈到我时，马部长说这位同志到县以来表现不错，工作也离不开，这次可不必回拉萨。这样我就得到了从事业务工作的时间。1970年我们转到该县的团结公社蹲点，9月初所里的军宣队队长亲自领着几个军宣队员到了团结公社，目的很明显，是要把我调回所里清洗脑袋。不过他们还是到群众中去作了一些调查了解，没有找到我的什么尾巴，最后还是把我留下了。

1970年白朗县被划为预谋叛乱县，冬天有相当一段时间我一个人住在生产队的公房里，党支部和生产队领导派洛布（科学实验小组负责人）同我住在一起照顾我，并保卫我的安全。后来洛布送公粮到曲水县，只有我一个人住在公房里，晚间队里派人在房顶上为我站岗。这种情况当时我是不知道的。

1989年我随自治区农业局组织的农业观摩团到白朗县，见到了当年团结公社的党支部书记白玛同志和科学实验小组的洛布同志，分别多年相见格外亲热。他两个一个劲地给我倒青稞酒，用不太流畅的汉语给我讲生产发展情况和群众生活改善情况，我们都激动得掉下了眼泪。

1990年我专程到原团结公社一队（现为一个村）了解生产发展情况和作物结构变化情况，见到了原生产队会计，现为村长的普穷一家。他们全家热情地接待了我们，专门给我们打酥油茶、煮鸡蛋，走时还送了很多鸡蛋、炒青稞、奶渣等要我带回家给小孩吃。从普穷家一出门又遇上原科学实验小组的一个成员，她一眼就认出了我，硬把我们拉到她家喝酥油茶，走时也给我们煮了一些鸡蛋，非要我们带走不可。

回想在白朗县团结公社的几年时间里，虽为群众作了一点工作，但我深感为他们做得太少了。就是这样，藏族群众还是深深地把我们留在他们的记忆之中。就是已换届多次的白朗县委和县政府的领导，对我们在那一段时间的工作也给予很高的评价。1988年县里在一个有关农业科技方面的文件里写道"王先明同志等在农业气象、土壤、栽培、品种、耕作制度和植保方面做了大量试验、研究、示范、推广工作，为白朗县的农业技术推广奠定了技术基础，同时也为白朗县培养了一批素质好的农民技术员。他是农技推广的先导和启蒙者"。1972 年后我因工作需要先后转到堆龙德庆、加查、林芝等县蹲点，从事科学技术调查研究和推广工作，直到 1978 年底才回到所里。在这段时间里，我都得到当地基层干部、群众多方面的关心、照顾、支持。1987 年拉萨发生骚乱，当时所里实际只留下我一个领导，政治处的阿乃、旺扎同志与研究室党支部书记一起承担了全部保卫工作，不用我操心，夜间单扎等同志还非常注意保卫我的安全。

藏族同志的关心爱护促使我克服了多种困难，始终保持着旺盛的精力投入工作。

家庭的支持也是我成长的重要条件，我哥哥是解放前的高中生，解放后放弃了参加工作的机会，在家奉养父母，让我上学。1960 年和 1969 年父母先后去世，哥哥为了支持我的工作，独立处理了后事。我爱人和岳父为了支持我的工作，承担了全部家务。我爱人（藏族）为了党的事业与我一起下到农村蹲点，1968 年在白朗县洛江公社生下第一个小孩，生下小孩后的一个多月才搭车回到所里。我继续在农村蹲点。她回所后，小孩得了黄疸性肝炎，她自己背着小孩走路到拉萨看病。她怕影响我的工作，根本就不让我知道。1971 年初她生下第二个小孩，没几天我就回到白朗县蹲点去了，后来岳父从朗县来到拉萨帮助照顾我家琐事。1972 年把老二留在家里由岳父照看，我们夫妻俩带着老大又一起到白朗县去蹲点了。1973 年我爱人怀第三个小孩，组织上照顾我们不到白朗县，就在堆龙德庆县羊达公社蹲点，以便有时间照顾家人。后来老三得了小儿麻痹症，还是靠我爱人和岳父精心照料才得以恢复健康。1974 年我们把三个小孩放在家里由岳父照料，我们夫妻俩又一起到堆龙德庆县羊达公社蹲点去了，只是每个星期天才回家看一下。1975 年到 1978 年我又分别在加查、林芝蹲点，不要说照顾家庭，就是看一眼的机会也不多，全靠我爱人在繁重的工作条件下与岳父一起带大了三个小孩。后来小孩陆续上学了，我这个知识分子的父亲本可以很好地辅导他们，但实际上我没有时间辅导他们，全靠他们自己努力。

由于得到领导、专家、群众，尤其藏族群众、科技人员、政工人员的关心、照顾、支持，以及家庭成员的支持，我才在工作中作出了一点成绩。1977 年以前我拼命地工作学习，搜集、积累资料，就是在两次参加社教工作和一年下放劳动期间，我也要尽可能地多搜集一些资料。我从 1978 年开始整理资料，撰写论文，到 1991 年底共撰写论文 48 篇，40 万字左右，分

发展篇

别发表在《西藏农业科技》、《西藏科技》、《西藏科技情报》、《西藏经济探索》、《西藏"七五"规划科技咨询论证会论文集》、西藏自治区科学与科技政策研究会《论文集》、《农牧科技成果论文选（农业、园艺）》、《西藏高原生态论文集（Ⅱ）》、《中国农业气象》、《干旱地区农业研究》、《西南农业学报》、《中国大麦文集》、《中国青藏高原研究会第一届学术讨论会文选》中。这些论文由于是经过18年工作后才陆续发表的，所以依据是充分的，所作结论是经得起实践检验的。有些结论在1980年初提出来时曾被有些人认为是出"洋相"、"笑话"，现已变为农业和气象科技界的共识。当然也有一些认识是要经过一个过程才能为人们所接受的。正因为如此，我的成果奖不多，但在全国性学报和其他科技刊物上，甚至大学有关教材中也多次引用了我的观点和资料。从根本上说，我并不追求成果奖有多少，而对奥斯特洛夫斯基的一句话非常感兴趣，也是我长期工作的动力之一，那就是"人生最美好的，就在于你停止生存后，还能用你创造的一切为人民服务。"在这种精神鼓舞下，我没有想到在活着时会得到什么，而实际上党和人民已给了我很多很多的荣誉。

我还针对生产中存在的问题，撰写了一些科普文章发表在《西藏日报》、《西藏科技报》、《西藏农技推广》、《西藏农业适用技术》等刊物上，对指导农业生产起了一定的参考作用。农业部门的领导认为我写的科普文章具有实用性和可操作性。

我的研究结果为自治区领导规划农业生产起着宏观决策的参考作用。我的研究工作除主攻西藏高原农业气候条件与资源特点外，还涉及农业生产中的一些重大问题。20世纪60年代中后期我对西藏休闲耕作制度的特点及其变为作物轮作耕作制的条件作了较深入的调查研究。这不仅为逐步压缩休闲地面积起了作用，而且还为20世纪70年代冬小麦推广后出现的新问题提出解决的途径打下了坚实基础。这集中反映在1975年我们对林芝、米林、朗县、加查、乃东、贡嘎等县所作调查后，以自治区农科所名义向当时自治区农牧局所写的报告中。此报告除得到领导的重视外，还被自治区农科所主持召开的研究会议所肯定。报告提出了遇到的新问题及解决途径，较好地推动了冬小麦的健康发展，休闲面积也得到稳定地缩小，真正实现了耕作制度的变革，即由休闲耕作制、作物轮作耕作制并存转为以作物轮作制为主的耕作制。

1978 年 11 月底，所领导根据区党委的指示派我去调查加查县减产的原因。回来后我分别向区农牧厅和区党委作了汇报。汇报中提出的一些观点得到自治区领导的重视。巴桑副书记 1979 年初在全区农业科研工作会上的讲话中说："我们农科所的同志讲，个别县的问题很可能是全区的信号、前兆，现在是一个县，今后很可能不只是一个县的问题。我觉得有一定道理。另外有同志讲，种籽退化人们比较容易看得出来，土壤的变质，人们不易察觉，一旦发觉已达到不可收拾的地步了。我觉得也有一定道理。"两次汇报会巴桑副书记都参加了，她讲的观点实际上是引用我在两次汇报会上的调查结论。她两次说的"有同志讲"，实际上就是我一个人。后来的生产情况基本上证实了我当时的观点是正确的。

1980 年是对西藏冬小麦推广发生严重分歧的一年。当时所领导根据区党委要求派我去见中央民委的黄司长。黄司长要我提供一份关于冬小麦、春小麦、青稞小区试验的产量、品质方面的资料。我根据所掌握的资料用表格形式提供了有关数据。数据表明三者蛋白质含量相似，以冬小麦产量为最高，还表明，冬小麦有更大的增产潜力。此后从《西藏日报》报道中得知，中央领导在拉萨市干部大会上的报告中表现出对扩大冬小麦的种植面积不满，从此，调子低了一些。

1985 年自治区科协和计经委共同组织了"西藏'七五'规划科技咨询论证会"。我针对 20 世纪 70 年代刮起的"退耕还牧"风，分析了农业气候资源、土地资源、耕地资源、草场等情况，提出：耕地资源占土地资源的 0.2%，与草场相比也极微小，人均耕地面积仅略多于全国平均值，全部退耕也增加不了多少草场面积，显然退耕还牧的提法不符合西藏实际，而种植农作物还可提供比草场产量更高的秸秆。为此必须充分利用好现有全部耕地，充分注意发挥保灌地的增产潜力，扩大保灌地，兼顾旱作农业和高寒半农半牧区的种植业。我的观点当时并未引起有关部门的应有重视，导致农业生产处于徘徊状态，调入粮食不断增加，财政补贴越来越重。1987 年冬，自治区党委常委胡颂杰同志建议自治区作物学会组织召开"西藏农业发展战略学术讨论会"。胡颂杰同志在会上明确提出要按灌溉农业、旱作农业、高寒农业三个方面实行分类指导。此后在各级领导和全区人民的共同努力下，农业生产发生了较大变化，上了一个新台阶。

1988 年 8 月 1 日，自治区人民政府副主席马李胜同志主持召开农业生

发展篇

产发展座谈会。会后马副主席要我提供一份近期粮食生产潜力的文字材料。我将西藏种植业分为四个区域，分别谈了各区域近期粮食可能达到的生产水平及各个区域在西藏粮食生产中的地位和作用。1988 年 10 月 23 日，马副主席在区党委全委扩大会议的报告中谈了我的意见。他说："凡是适宜种植粮食作物的地区，一定要采取有效措施，把粮食生产搞上去。自治区要认真抓好商品粮基地县建设，特别是'一江两河'的开发建设。……其他地区也可以选择本地区自然条件比较好，适合发展粮食生产的地方……进行开发性建设，发展商品粮基地。"

1989 年 6 月，我参加了中国科学院青藏高原综合科学考察队召开的"一江两河"开发建设规划座谈会。我在会上的发言，特别是有关水资源状况部分的发言，引起了有关部门领导和专家的重视。实际上 1989 年 6 月前后我就曾与综考队的专家多次交换意见，并无偿提供了我个人尚未发表过的材料。后来在他们的种植业规划中提出的四条指导思想，有三条包括了我的思想，即着眼现有耕地的开发，狠抓大面积均衡增产；因地制宜扩大复种，充分利用气候资源；推广旱作农业技术，重视"中间地带"开发。在其他部分中也在一定程度上反映了我的意见。

1990 年秋天以来，我较多地参加了一些有关"一江两河"中部流域开发建设的会议，我发表了一些论文，提出了意见，其中一些意见得到有关部门的重视，如 1992 年元月提出的《西藏自治区一江两河中部流域地区开发规划工作大纲》比 1991 年元月提出的《规划工作大纲》更多地反应了我的意见。1992 年 3 月在种植业规划初审会上我又提出了较系统的修改意见，一般都得到了编写人员的认可。

30 多年来，我能结合西藏农业生产实际，对高原生态环境有一个比较符合客观实际的新认识，主要一点就是如何利用有利因素，克服不利因素。这是很重要的。"文化大革命"期间，总体上处于逆境，但仍然有有利因素可供利用。如前已谈到的，深入农村第一线，群众欢迎我们，基层干部欢迎我们，甚至县领导也欢迎我们。这就得到了工作的机会和条件，若看不到这一点，总把自己看着是被改造的对象，精神不振，就不可能有所作为。近年来开会多，从事业务工作的时间少，这是有利中的不利，但开会可获得多方面的信息，对开拓思路有好处。这仍然是值得利用的有利因素。总之，我们要正确对待有利与不利，变不利为有利，从而获得精神力量和时间，为人民作出自己应有的贡献。

　　从实践中抓住需要研究的关键问题，坚持下去，对于一个科研人员也是至关重要的。根据1961—1962年在江孜、日喀则、林芝、拉萨的实际调查，1962年10月我到自治区农科所工作后紧紧抓住农作物生长发育要求什么样的气候条件进行系统研究，就取得了成果。总之，无论工作地点、内容有什么变化我都围绕这个中心积累资料，经过10余年的坚持积累，从中获得了定性、定量的指标。再根据这些指标去分析气象台、站的气候资料，就明显地看出了西藏广大河谷农区和高寒半农半牧区的热量资源对特定的作物种类品种是足够的，完全没有必要去研究防霜技术，更不要建议政府和有关部门组织群众防霜。相反不仅浪费人力、物力、财力，甚至会造成生态平衡失调。一月份气温比国内多数冬麦区偏高，冬麦越冬不是一个大问题，也就没有必要用过多的精力和时间去研究越冬保苗问题。我通过作物与水分关系以及降水量、河流水文特征的分析研究，了解了春旱持续时间长和雨季中短期少雨干旱对农作物产量年际变化有较大影响，进而研究了土壤水分变化规律，明确了0—50厘米土层具有良好的蓄水性能，为此找出了克服干旱的途径，并根据降水量，河流水文特征、土壤水分变化规律以及耕地与地形地貌关系等的综合分析，西藏应是灌溉农业和旱作农业并重。这些问题在今后农业生产中将继续发挥作用。

发展篇

昌 都 记 忆

26 年了，翻开已发黄但字迹清晰的日记本，记录的是 1985 年 4 月 10 日离开成都踏上援藏征程的，至 4 月 14 日傍晚抵达昌都。虽然 1992 年又一次去山南帮助工作，但昌都赋予我的记忆似乎更为深切。

果扎种畜场

1986 年 4 月 20—24 日，我与同事兼翻译拉巴登珠在位于海拔 4350 米的邦达草原的果扎种畜场了解畜牧生产情况，这是我们进行藏东牧畜气候适应性研究课题的第一站，来回搭的都是顺风车（卡车）。

场长罗松、副场长泽仁平措、技术员李金统尤其热情地支持我们的工作，专门召开场务会议介绍全场牧畜生产情况，尤其是气象灾害对畜牧生产的影响，带着我们到果都畜牧队学习畜牧生产经验，实地介绍九龙牦牛与本地牦牛杂交后代的生长发育及对气象条件的适应情况。记得果都畜牧队离场部仅 4 千米，他们都是骑马去的，而我因为驯服不了烈马只能骑车跟随，虽因严重缺氧蹬车感到极度疲乏，但来到温暖的牧民家里喝下酥油茶后，顿感轻松。

在果扎的几天，时而碧空如洗，风和日丽；时而狂风怒号，沙尘扑面；时而雷电交加，雨雪纷纷。雾、霾、雹、风交替出现，可见高原天气气候之恶劣。

474

查贸林牧场

1986 年 4 月 30 日至 5 月 6 日，我与拉巴登珠在类乌齐县长毛岭区查贸林牧场进行畜牧气候考察时，在区委书记达娃泽仁家搭伙。罐头面条是最好的伙食，主要是糌粑和风干的生牛肉，对习惯吃大米的我来说还真不适应，睡的床就是两张条椅拼起来的。

因为紧张的工作，白天很快就过去了，晚上却很难熬。看书吧，烛光太暗，更没有收音机、电视机；聊天吧，同事与书记用康巴话交流，我是如坠云山雾海。约好 5 月 2 日晚吉普车来接的，但至 5 月 3 日望眼欲穿也未见一辆吉普车，一天才几辆解放牌卡车来拉木材，到 5 月 4 日才登上县农具厂的一辆"解放"车斗里返回类乌齐县城。原来吉普车在丁青至类乌齐的巴夏山上因方向盘故障被困，车上的同事除一人挤上邮车到类乌齐站向昌都台求助外，其余几位在车上饿着等待两天，听说饿得将一瓶胃舒平也吃了。相比这几位同事，我在查贸林牧场的艰苦寂寞又算得了什么。

左贡气象站

1986 年 7 月 27 日至 8 月 2 日，我与同事在左贡、芒康两地开展畜牧气候调查和统计气象资料，先后前往芒康县邦达区、县兽防站、左贡县政府办、农牧办和美玉区调查了解畜牧生产情况，受益匪浅。尤其是芒康县兽防站的杨景贵同志全面地介绍了该县畜牧生产存在的主要问题，让我收获甚多。

7 月 30 日夜的左贡气象站，由于统计气象资料至 12 点多才准备休息，在出办公室门时看到一个小小的身影，一问才知是站里的年轻观测员小王，正惊讶她为何深夜未睡时，她小声解释说今晚大夜班是王站长，但白天王站长接到爱女不幸病逝的噩耗，小王深恐王站长悲伤过度错过两点的观测，才一直未敢睡觉而等到两点。我知道王站长是第一批援藏干部，由于工作需要留藏担任左贡气象站站长，也听说其爱女不到 20 岁患上不治之症，然而小王今夜这一看似不经意的举动，至今令我难以忘怀。

一次难忘的学术交流会

■ 庄肃明

1980年1月初，我在参加中国气象学会在云南昆明召开的第一次气象科普会议期间，中国气象学会谢津梁副秘书长找我和吴月芳谈话。讲西藏气象学会要在1月25日在拉萨召开学会年会和第一次气象学术交流会，邀请中国气象学会派人参加。他经过反复考虑，并请示分管学会的中央气象局领导同意，决定让我们俩人代表中国气象学会到拉萨参加会议。

成都等机

昆明科普会结束后，我和吴月芳与参加科普会议的西藏气象局天气科副科长戴武杰一起乘火车到达成都，住在西藏自治区驻成都办事处招待所。招待所虽然很破旧，但房间异常紧张，原因是多数进出西藏的人都要在这里落脚。当时成都飞拉萨的航班不是每天都有，每周只有三班，回西藏的人都要在成都等机票。与我同住一屋的一位西藏同志告诉我，他在内地休假结束了要回拉萨，在这里等机票等了快一个月了，在成都等上10天半个月是正常的事情，还劝我不要着急。我心想你可以等，但我是不能等的。如果会议开了，我们还去干嘛？领导一定会让我们赶快回北京，难得的一次去西藏的机会就毁了。

为了这张机票，我们还找过四川省气象局和成都气象学院，希望他们也能给予帮助，但回信都令我们很失望。原因是决定我们去西藏很突然，在一票难求的情况下，增加我们的机票就意味着减少别人的，谈何容易。戴武杰一直为我们的机票四处奔波，西藏气象局也通过内部关系给我们买票。

我们在成都等了有一周的时间，19 日戴武杰告诉我们机票买到了，明天早晨的，下午收拾行李并打包。晚上早睡，明天早晨 4 点起床，乘民航局的汽车去机场。事后有人告诉我，我们的机票是通过西藏气象局一位职工的爱人与民航售票处有关系才搞到的。在这里我想再一次感谢这位不知姓名的西藏气象局职工的爱人，正是你的帮助我才有机会圆了我第一次或许是最后一次上西藏的梦。

因我行李很少，很快就收拾好。戴武杰看后告诉我，尽量把该穿的衣服都穿在身上，尽量减少手提和托运的重量，帮他带一些蔬菜上去。他又告诉我，拉萨牛羊肉不缺，但蔬菜奇缺，西藏气象局的同志不管是谁下来出差或休假回去，都要带一些蔬菜上去，主要是要分给一些同事和左邻右舍，哪怕是你送几根蒜苗或是一把青菜收到者都会很高兴。听了戴武杰这番话我特受感动，又重新收拾起行李，除了必须带的东西外，其余的全部打包寄存在办事处，帮助戴武杰多带点蔬菜上去，让他能够分给更多的同事共享。我记得除了我们一起免费托运了一纸箱子蔬菜外，我还拿着两大根竹笋上的飞机。时过境迁，如果现在你再拿两根竹笋上飞机，一定会被拉萨人笑掉大牙的。

不知是对西藏这块神秘土地的向往还是恐惧，哪一夜我几乎没怎么睡。

初到拉萨

飞机在早晨 6 点 50 分，准时离开成都双流国际机场，经过近两个半小时的空中飞行，安全抵达拉萨贡嘎机场。飞机刚着陆，我就急忙收拾起自己的东西，准备第一个冲下去，去品一品缺氧一半的拉萨空气与北京空气有什么不同。作为老西藏的戴武杰经验丰富，及时制止了我的冲动。他让我不要着急，待人下了以后再下，这样可以最大限度地延长身体的适应时间，下去以后要喝一碗机场提供的红景天煮的水，这样对高原缺氧反应有好处。下了飞机我环顾机场四周，远处的雪山清晰可见，云很白很白，天很蓝很蓝，云和天好像都比北京低好多，天上的白云仿佛举手能抓到似的。在我们等托运的行李时，我还不时这里走走，哪里看看，全然不觉是在海拔 3700 米的青藏高原。当看到有的人嘴唇已经发紫，有的人抱着头痛苦呻

发展篇

吟时，我才意识到我真的已经来到拉萨了。

我们坐上机场大巴，先是沿着雅鲁藏布江西行，通过雅鲁藏布江大桥后，又逆着拉萨河北上。汽车在高低不平的土路上缓慢行驶着，经过近2个多小时的颠簸，我们终于到达下榻的地方——西藏军区招待所。让我们住在西藏军区招待所，是西藏气象局领导精心为我们安排的"第一宿营地"，因为这里比开会的地方——西藏自治区第一招待所海拔高度要低一些，让我们在这里休整几天，进一步适应高原缺氧的环境，然后再到海拔高一些的开会地点入住——"第二宿营地"，可见他们用心良苦。我们住店不一会儿，毛如柏同志就到招待所看望我们，还给我们讲了一些减轻高原反应的注意事项。初到拉萨，就感受到西藏气象局领导和同志们的周到安排和浓浓温情，让我终生难忘。

会间休息

代表名单

1月25日，西藏气象学会1980年会暨第一次学术交流会在西藏自治区第一招待所隆重召开。会期7天，出席会议的会员代表、特邀代表和工作人员有 60 多人。他们是：

理事长：朱品。

副理事长：毛如柏、滕建民。

会议代表合影

秘书长：沈锦水；副秘书长：戴武杰。

学会理事：曾宪泽（昌都地区气象台）、谢肇光（山南气象台）、潘昭文（那曲气象台）、马添龙（拉萨气象台）、钱鼎元（区局观测科）、任贵良（拉萨市气象科）、崔成群觉（藏医院）、索多（区局天气科人控组）、土先明（自治区农科所）、安兴固（自治区科委）。

其他会员代表：毕家顺（昌都气象台）、张忠益（八宿气象站）、陈洪田（拉萨空指）、王在胜（拉萨空指）、李邦科（拉萨空指）、袁洪义（拉萨空指）、黄际元（拉萨气象台）、燕子杰（拉萨气象台）、夏日斌（山南气象台）、李祖茂（浪卡子气象站）、赵元良（琼结气象站）、陈春山（错那气象站）、蔡春（贡嘎气象站）、梁俊（隆子气象站）、杜秉钧（区局天气科）、屠荣秀（拉萨气象台）、胡廷方（拉萨气象台）、桑旦（加查气象站）、严世发（那曲气象台）、张传忠（那曲气象台）、王明俊（比如气象

发展篇

站)、董幼明（申扎气象站）、刘晓云（安多气象站）、王保民（区局资料室）、赵素霞（区局资料室）、金守郡（师范学院）、刘大明（定日气象站）、程邦金（聂拉木气象站）、李文策（帕里气象站）、陈心中（南木林气象站）、黎传福（拉孜气象站）、林淑君（尼木气象站）、谭昌碧（墨竹工卡气象站）、陈思根（林芝气象站）、李丕（当雄气象站）、仓决卓玛（当雄气象站）、戚国英（区局科教科）、郝文俊（自治区农科所）、李风龄（自治区水利局）。

特邀代表：吴月芳（中国气象学会）、庄肃明（中国气象学会）、杨汝楷（自治区科协）、石胜泉（西藏科技报）。

会议会务组由滕建民、沈锦水、戴武杰、屈经瑞、韦存平、邢喜洪、钱鼎元、马添龙、杜秉钧、王保民组成，滕建民任组长，沈锦水、戴武杰任副组长。

会议分为两个单元，第一单元是学术交流。共收到论文20篇，其中14篇在大会上交流。第二单元是换届改选。经过大家不计名投票，选举产生西藏气象学会第二届理事会。朱品当选理事长；毛如柏、滕建民、马添龙、薛智当选副理事长；沈锦水当选秘书长；杜秉钧当选副秘书长。

30多年过去了，参加这次会议的代表中，可能都已退休或退休多年，有很多同志可能已经离开了西藏或永远地离开了我们。为了记录那段历史，为了让后人记住那些曾为推动西藏气象科技发展做出贡献的人们，我特意将他们的名字一一列出，以示我对健在人的美好祈福，和对故去人的深切怀念。

在日喀则开展人影工作

■ 胡玉清

1995 年初，我响应党的号召，经组织安排来到了"美丽的庄园"——日喀则市。但是来到这里我才发现，这里诸多"光环"背后的无奈……高原的气候复杂恶劣，刚刚还是晴天丽日，瞬间便冰雹突降；干涸的土地久旱无雨，这多雹少雨的气候已使靠天吃饭的农牧业举步维艰。而更无奈的是，处于封闭环境的藏民，便把希望寄托于"神灵"喇嘛身上……

入藏后，我被任命为日喀则地区人工防雹副总指挥。强忍着高原反应，和同事们一起积极研发《日喀则市人工防雹自动化指挥系统》。为了确保科学防雹一炮打响，我们在以往雹灾较严重的农田，安置了三门高炮。挑选了十几名附近农村文化素质较高或部队复员军人担任炮手。目的是首先让当地老百姓中的一部分有文化的年轻人，能够破除迷信，接受科学防雹这一人工局部影响天气技术。进而以点带面、逐步推动当地藏族老百姓相信科学和自觉地运用科学的思想转变。

调剂高炮、购置炮弹、架设有线无线通信系统、培训炮手、制定作业流程和方案……经过紧张的筹备，当年 7 月 17 日，进行了日喀则地区首次人工消雹作业，这也是西藏的首次人工消雹作业。当时我的心里非常紧张，因为多少年来，当地的藏族老百姓信奉神灵，这第一炮要是打不响，后果难以想象……下午 4 点，只见雷雨云沿着山脉向预定的炮点移动，随着总指挥的一声令下，炮手们按照指令开始了消雹作业。隆隆的炮声终于使大雹化小雹，小雹化雨，防区内 5 万亩农田免遭雹灾。

也许是因为一炮打响，也许是人们切身体验了现代科学的威力，藏民们对喇嘛消雹的信念开始动摇了。记得那年 8 月，正是防雹的关键季节，可是仅有的 1000 多发炮弹已全部用完。藏民们听说后心急火燎地找到气象局，他们把身上的大票小票全都掏出来说："我们用这钱买炮弹"，看着哪一双双粗糙的大手和那花花绿绿的票子，当时我感动得差点掉下眼泪……

有一次消雹作业后，我到田野里了解灾情，遇到了农民普琼。看着作业区外的山谷里，堆积着一米多厚的冰雹，他千恩万谢地说："昨天那样的天气要是不打炮，肯定和去年雹灾一样没收成了。"我问他这两天是不是该收割了，他摆摆手说，不忙，再让庄稼长几天。他的那句"有炮了，心里就有底了。"至今仍萦绕在我的耳边……

都说万事开头难，尤其在西藏要将科学技术不断地普及和推广应用，来一点一滴地改变当地老百姓的思想，确实不是一件易事，但是我们终于做到了。此后一发不可收拾，成功开展防雹作业后，我和同事们又有了新的目标：在日喀则开展西藏首次人工增雨作业。

经过近两年的筹备，1997 年 7 月 4 日，西藏的第一次人工增雨作业终于成功了。我和同事们非常激动！！记得时任行署蒙专员非常激动地说："两年前，你们打响了雪域高原人工防雹的第一炮。今天，你们又打响了世界屋脊人工增雨的第一炮……"

作者在日喀则与人影炮手合影

雪域风云路
西藏气象事业发展回忆文集

西藏高原首次人工防雹和人工增雨作业成功后，取得了巨大的经济效益和社会效益。1999年中央人民广播电台连续五次用藏汉两种语言对日喀则地区的人影工作进行了系列报道；《日喀则报》、《西藏日报》、《西藏科技报》、《山西日报》、《中国气象报》等新闻媒体对在日喀则地区首次开展的高原人工影响天气工作也分别进行了专门报道。《日喀则市人工防雹自动化指挥系统》被日喀则地区科委评为科技进步一等奖，同时被西藏自治区科技厅评为科技进步二等奖。我也被西藏自治区气象局和中国气象局授予援藏突出贡献者荣誉称号……

发展篇

在藏从事通信机务工作

陈凤鸣

20世纪七八十年代有线电话尚属高级通信工具的背境下，西藏气象部门气象观测数据的传输，主要依靠15瓦短波电台人工收发莫尔斯电报，区局通信部门进行数据收集汇总后，再用150瓦电台转发给西南区域中心的成都通信台。

由于西藏地广人稀，气象资料十分珍贵，因此所设气象站几乎都为发报站。为保证通信，区局对每个发报站都配备了2部电台，交通特别不便的站配发3部电台。20世纪70年代中后期到80年代，基层站电台主要为陕西烽火厂生产的15瓦晶体管电台（俗称小八一电台）和国营无线电厂的25瓦电子管电台（俗称大八一电台），区局与成都区域中心逐步装备了单边带接收机加电传的数据传输方式。20世纪80年代中期，各地区气象台因工作需要，逐步装备了121传真机作为无线通信图像传输终端。20世纪80年代末，开始试验用烽火厂生产的15瓦单边带电台作为数据终端接收机来组网替代人工莫尔斯台站观测数据的传输，获得成功后逐步装备基层台站。

在这段漫长时间里，我们从事通信维护工作的人员，不分学历、专业，首要任务是要确保区局与各基层台站短波通信的畅通。当时从事这项工作的人员十分缺乏，主要集中在区局。五六个人，既要安排轮流休假又要负责全区通信设备、雷达和其他电子类产品的维护、修理。在交通工具缺少的情况下，常常要自带水壶、干粮去搭顺路车、过路车去台站工作。每年还要轮流对一个地区的气象台站进行巡检，还要及时派员到有问题的台站检修通信电台。

有一次，我曾因乘坐车辆发生故障，只好改乘卡车，站立在装满汽油桶的车厢缝隙中，前行了三百多千米。检修工作中遇到的最大困难是电子材料零件型号的缺少。当时的电子器材、元器件要参加内地专门的订货会议才能获得，而且价格昂贵。因此我们从不轻易丢弃废旧器材。对电子器材的型号、参数都要基本掌握，以便正确替换。如变压器、线圈等没有替换的器材，就自己动手拆开绕制。对所有元器件一一登记造册并有专人保管，确需更换时还需以坏换新。检修工作必须将故障确定到某一元器件。在确保各种电子设备性能完好的前提下，我们逐渐养成了把性能已下降的电子管作为应急备份，晶体三极管如 b—c 极已坏，则利用其 b—e 极作为二极管使用等节约器材的手段。在工作中，我们对各类电子通信等设备的每次维修，要把设备名称型号、故障、维修分析情况均记录在册，便于查找总结。

在相互交流和传帮带的学风下，新老同志因地制宜，分析问题排除故障的能力都很强。当时西藏各地电力供应非常紧张，有电时电压又很不稳定，不少需发报的县气象站，还要用八一型的手摇发电机边发电边发报。因电压原因造成设备故障屡见不鲜。

一年夏天，边境形势骤紧，区局领导要求我对沿相关边境县站进行紧急巡检，确保通信畅通。我在对一个县站检查中，发现其电台的稳压电源始终有故障，影响通信信号。几番检查才发现，其中一个晶体管因型号特

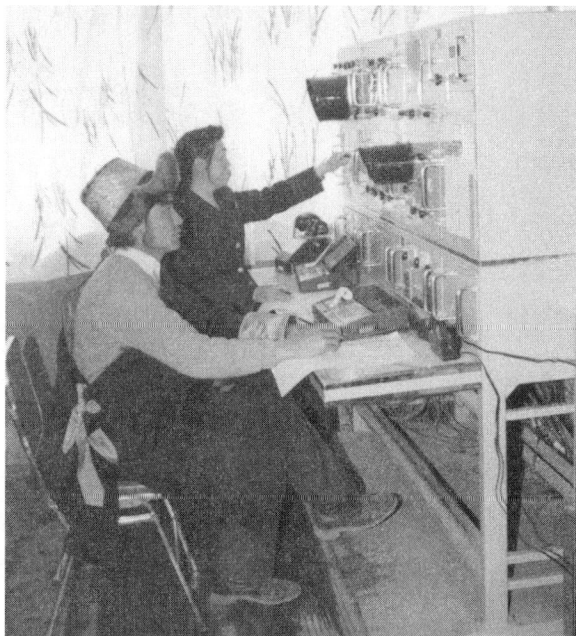

气象工作者接收气象数据

殊，不按常规排列管脚，而县站曾请驻军技术员帮助，抢修时只按常规排列进行更换。这也促使我在以后工作中，更加注重了对设备故障发生过程的了解，以及对特殊器材型号性能的掌握。

在西藏工作期间，从小的收音机到大型的气象探测雷达等装备，都属于通信设备维护保障的工作范围。对各类电子设备的接触，也使我们机务人员的知识面较宽，对各类装备性能掌握较熟悉。尤其是气象雷达，我们除开展正常的维护检修外，还要配合业务管理部门进行新站的选站设点。记得 1983 年区局为了加大在藏东地区气象资料的传输，决定在林芝气象站（当时尚未成立林芝地区）建立探空站。我随业务管理人员和从那曲抽调的业务骨干一起帮助设立 701 测风探空站。我们坐在闷罐车厢一样的移动式雷达车厢内，从拉萨出发摇晃了两天才到达目的地。从拉线发电、装灯开始，逐一进行架设、检查、调试，从当地村民手中买来直、高且上下匀称的木杆，加接紧固后做防雷针支撑物；请驻军用炮瞄镜测量标定物等办法建站，并试运行。前后近两个月时间，我们克服了生活、工作中的困难，圆满完成了建站任务。

中国气象局对西藏气象工作十分关心。从 20 世纪 80 年代上中期开始，内地大学毕业生陆续进藏充实各工作岗位，从事设备维修维护工作。并根据各自专业逐渐有了分类。同时，上级管理部门对新装备的试用调拨优先考虑安排到西藏，办公环境和通信手段不断更新。20 世纪 80 年代中后期新建成业务大楼后，在通信台搬迁过程中，新老机务人员群策群力，硬靠着肩扛手抬，在不影响通信传输的情况下，完成了通信设备整体搬迁。同时我们利用中国气象局下拨的试用产品——多振子有源天线，作为短波通信接收天线，与天线共用器合并使用，一举改变了需架设多副定向天线而场地不足的局面，既保证了通信又改变大楼顶面的整洁。在此期间，中国气象局与各省（区）气象局的通信手段，开始租用电信部门的卫星通信线路，通信台也开展了一话三报通信业务，电传数据速率迅速提高。

为改变人工莫尔斯通信的状况，20 世纪 80 年代末我门在青海省气象局试用取得初步成功的基础上，区局领导在听取我们调研的情况汇报后，决定开展短波单边带数据通信的引进试验，以期改变当时区内通信传输的瓶颈状况。我有幸参加了调研和前期试验，并取得了理想的效果。我内调回内地工作后，仍经常关注西藏气象事业，尤其是现代化的建设。

在西藏的十三年

段火胜

20 世纪 70 年代初，自湛江气象学校毕业的我，被分配到中央气象局。工作实践了一段时间后，被外派到山东大学进行了为期四年的理论和技能深造。紧接着便飞抵"日光城"，开始了在西藏长达十三年的工作和生活，亲身体验了世界屋脊上气象事业的部分发展历程。

作为与经济建设、国防建设、社会发展和人民生活息息相关的气象事业，其水平发展的高低是国家现代化水平的重要标志之一。20 世纪 50 年代是新中国气象事业艰苦创业发展时期。继昌都气象站建成后一个月，拉萨气象站于 1950 年末正式开始测试发报工作，这也就标志着西藏气象事业从此起步了。记得刚进西藏的时候，整个自治区总共也就只有重要县市的数个气象站而已。最初收集的各类气象数据都是人工进行观测、记录和发报的。不仅要通过算盘和简易计算器算出数据，还要手工绘制气象图表。测好的数据则要用摩尔斯电台，通过单边带层层报送。倘若信号不好，往往就会产生延误。而因为是全人工操作，难以避免误差。

20 世纪 80 年代，气象通信逐步告别了手工作业和半自动化的通信方式，在通信行业中率先实现了自动化。高空探测和地面观测业务开始采用袖珍计算机，探测资料的计算、统计、编报，气候资料信息加工也相继实现了自动化。随即，这些新技术和方法由点到面，由中央到各省气象局迅速铺开。同年开通北京—奥芬巴赫的国际主干电路。由此我国成为了全球气象电信系统主干线电路网上的重要节点。西藏的气象事业在国家气象局的援助与指导下，也打开了现代化的局面。

任何行业的发展，除了必要的办公场所、设备等硬件设施外，作为软

发展篇

件匹配的人才也是不可或缺的关键一环。然而，因为处于解放初期，加上自然环境的极端恶劣，各行各业的人才都是奇缺的，气象领域也不例外。这种情况，一直持续到我进藏最初的那些年，也没有太大的改善。虽说响应国家号召，到祖国最需要的地方去，是当时有志青年的最高理想。但面对由于缺氧、日照强等恶劣的自然条件与南、北极相似的世界第三极的青藏高原，不少人因为自身健康欠佳最终是望而却步了。

20世纪80年代初，西藏的气象工作遇到了前所未有的困难；专业人员的严重匮乏，使之成为了西藏气象队伍能否巩固稳定发展的关键时期。素来重视西部少数民族地区的气象队伍建设的中国气象局，及时提出了加强西藏气象队伍建设的方案并快速得到落实。此举包括在各大中专气象院校举办藏族学生班，加强对少数民族气象科技干部的培养。还确定了对气象部门进藏工作的汉族干部实行轮换制。自此，边远少数民族地区气象事业长期稳定发展的问题，得到了基本的解决。来自全国各地的援藏人员开始增加，西藏气象部门的队伍也日渐壮大起来。

因为地理环境极具独特性，高原气象一直以来就是制约中国大气科学发展的瓶颈。1979年5月起，中国气象局举行了为期三个月的第一次青藏高原大气科学试验。当时，西藏26个常规地面气象站、高空站、太阳辐射站参加了试验的加密观测，并临时增加了5个观测站。1998年举行的第二次青藏高原大气科学试验，又取得了喜人的成果。

2008 北京奥运圣火珠峰传递气象保障纪实

■ 张志刚

踏上征程

2007 年 3 月 28 日早上 6 时 30 分，我迎着黎明的曙光来到华风气象影视信息集团大楼前集合，飞抵西藏，开展北京奥运圣火传递气象保障演练工作。

经过 3 天时间的精心准备和身体适应，4 月 6 日上午 11 点，中国气象局中央气象台珠峰气象保障队从定日县城向珠峰大本营进发。

定日距离珠峰大本营只有 180 多千米，由于山路险峻，我们的行进速度十分缓慢。到达珠峰大本营时已是下午 4 点。

旗帜迎风飘扬

4 月 7 日上午，全体队员举行了庄严的升旗仪式，国旗、奥运会会旗、我们的队旗在珠峰脚下高高飘扬，全体队员高唱国歌，精神抖擞。升旗后，举行了中国气象局中央气象台珠峰气象保障队第一次工作会议。杨兴国队长首先介绍了每个队员及其所承担的工作，然后明确每个组的职责和分工，最后宣布了三条纪律。从今天开始，我们就正式工作了。

4 月 12 日，这天最值得高兴的一件事情。就是我们前方预报组向登山队发出了第一份《珠峰气象专报》！

最后的演练

　　5月9日00点，登山队向"8844"发起了最后的冲锋。此时整个大本营灯火通明，我们的观测场上正在放探空气球，指挥部的帐篷里不断传来对讲机的声音。中央电视台、中国移动、奥运火炬中心的帐篷里面，工作人员都在紧张地忙碌着，最后的决战正悄悄地逼近我们！

　　3点，天空状况依然非常好。4点，"8844"的风速6.5米/秒，依然能看见星星。4点半，大本营出现雨层云，底层水汽开始增加，已经看不见珠峰，并且飘了几片雪花。5点，"8844"的风速增大到9米/秒，这是我们预料之中的。6点，"8844"风速为12.0米/秒，7点风速为13米/秒。此时登山队员已经接近"8844"，登山队员反馈山上能见度很好，没有多少云。在此期间我们每小时向指挥部汇报一次天气状况，指挥部最担心的就是天气！分析显示，9点之前天气不会变化，风速略加大一点。指挥部听了我们的汇报，都放心了。大约7点50分左右，登山队员成功登顶并开始完成各种规定动作！大约20

施放气球

分钟后央视传来电视画面，我清楚地看到火炬在蓝蓝的天空下燃烧，国旗、奥运会旗迎风展开，画面美极了！整个大本营沸腾了，成了欢乐的海洋！

　　登顶时的"8844"风速为13米/秒，天空状况是多云。8点45分的"8844"的风速为14米/秒，从6点到9点"8844"的风速每小时增加1米/秒，据此我们立即向指挥部建议顶上队员立即下撤。指挥部马上下达了下撤的命令。中午1点半，队员已经下撤到7790营地。下午5点，大部分队员已

雪域风云路

西藏气象事业发展回忆文集

经下撤到 7028 安全营地。

圆满完成珠峰气象保障任务！正如总指挥所说，"这次活动气象保障是关键！"光荣属于中国气象局中央气象台珠峰气象保障队，属于所有为珠峰气象保障做出努力的同志们！

再踏征程

2008 年 3 月 28 日，清晨五点半，北京的天空飘着细雨。简单的告别仪式后，我们珠峰保障队在京的队员出发了。在中国气象局组织的"护送团"陪伴下，带着领导的嘱托和亲人的企盼，我们出发了！再一次踏上了征服世界第三极——珠穆朗玛峰的征程！

飞机平稳地从成都飞到拉萨，没有去年的强烈颠簸，难道预示着今年的保障工作会更加顺利吗？

总指挥：拜托给你们了

4 月 8 日清晨，由于探空、移动气象车都正常了，所以我们的预报工作很顺利。中午时分，运输帐篷、发电机的大货车终于从遥远的兰州来到大本营了。这时总指挥部通知开会。于是我和群觉代表气象保障队参加会议。会议内容就是气象保障协调会，由李致新总指挥主持，栾书记、张江援、西藏登山协会张处长参加会议。首先李致新回顾了多年登山工作离不开气象工作的支持，从 1960 年中国登山队首次登顶珠峰，到去年的演练，每一次的成功都离不开准确的天气预报，特别是去年的演练，你们抓得很准，如果再晚一个小时绝对失败了，这也显示了出你们的水平。气象部门和登山协会一直合作得很好，每届登山协会副主席中都有一名由气象局领导担任。现在我们面临的压力非常大，要尽快完成前期准备工作，没有你们保驾护航，我们在 7000 米以上行动非常困难，气象服务的到来给我们吃了颗定心丸。拜托给你们了！

天气预报已经上升为"绝密"

4 月 11 日清晨，又是一个好天气，天高云淡。

吃饭时，总指挥部通知开会。会议内容是对当前西藏形势分析报告会。会议由西藏体育局德吉局长主持，在大本营所有单位都参加了，共有60多人。

预报天气

会后，预报小组召开会议，队领导和其他小组的负责人也都参加会议。首先传达了这几天会议精神，最重要的一个就是保密工作，根据保密工作的不断升级，天气预报已经上升为"绝密"！大本营所有工作人员的电话将被监控。一旦泄密，将受法律制裁，紧张形势由此可见。保障队制定了保密工作制度，一、无关人员不得进入会商室，不得打听预报；二、NOTES开通后只能通过 NOTES 发送预报，只发给气象中心和西藏区局各一位负责人，由负责人负责保密工作。三、参加天气会商人员数量尽可能少，并且严格保守秘密。四、预报仅送至总指挥部，关键预报仅送至总指挥本人。预报组还对组内会商进行了规定和排班。此次会议预示着我们的工作进入正常状态。

又见亲人

4 月 27 日，大本营彩旗飘飘，一片节日的气氛。上午 11 时许，许小峰副局长一行的车队缓缓驶来，当许局长从车内走下时，大本营响起了一片

雪域风云路

西藏气象事业发展回忆文集

掌声，许局长亲切地和大家一一握手。许局长走进会商室，通过会商视频系统与沈晓农副局长、后方组乔林组长通了话。乔林分析了未来的天气形势。随后杨兴国组长详细向许局长一行介绍了气象保障队目前的工作进展，何立富就4月5日以来珠峰的天气、高空风等情况也详细向各位领导做了汇报。听完汇报后，许局长在队旗下向全体队员讲话，大家在低压、低温、缺氧的艰苦条件下努力工作的精神让他很感动，珠峰气象保障是一项神圣的工作，也是我们气象人的光荣职责。当许局长充满激情地问全体队员："大家有没有信心完成保障任务？"时，"有"的回答声响彻珠穆朗玛，响彻喜马拉雅。

成功登顶

5月3日上午，预报组与往常一样进行会商，天气与平时不一样的是帐篷外面下着雪。尽管这场雪三天前已经预报了，由于保密的限制我们前方预报组不能对外发布，惹得媒体纷纷前来找新闻，甚至有些媒体怀疑我们这场雪没有预报出来。对此我们只是微微一笑，不知者不怪也。困扰我的不是这场降雪，而是关于未来登顶时机抉择。目前登山队准备工作已经就绪，万事具备只欠东风的时候到了。对于5月3—5日的天气曾经有过讨论，从形势场看3—5日下雪是肯定的，3—5日小风天气也是肯定的。两者对登山的影响是相互矛盾的，中雪以上天气对登山有不利影响，小风好天气适宜登顶，我们必须在两者的矛盾中寻找最佳平衡点，选择合适的登山时机。我个人认为珠峰地区受比较深厚的降水系统影响，降雪可能要达到中雪以上的量级，尽管风力比较小，对登山活动会有一些影响。其他预报员包括后方也基本上是这样认为，很快就达成一致意见。同时预报员都看到了5日以后，天气逐渐转好。由于时间距离讨论时还比较长，模式预报会存在一定的误差，但是好的趋势是存在的。

5月3日上午的会商就是针对5日以后的天气的。会商前我们做了大量的检验工作，特别是对5—7天的形势预报以及300百帕和400百帕的风场仔细进行检验，得出很多有益的结论。正是在此基础上，前方预报组仔细分析了5日以后的形势，一致认为8—9日的天气比较适合突击顶峰。我们下决心时是没有犹豫的，有两个重要因素作为支撑：一是去年演练取得了

发展篇

宝贵经验以及多了很多关于珠峰预报技术的研究工作，二是后方预报组与前方预报组的一致意见。因此我个人也就没有了去年的担惊受怕，心里十分有底，压力自然没有去年那么大。随着时间越来越临近，形势越来越乐观，总指挥李志新的情绪也是越来越乐观。中间也有个小花絮，5日模式预报不稳定，后期形势不是很乐观，当把这句话告诉李志新后，他连续两天没睡着觉。6日形势又有所好转一直稳定到现在。昨天夜里他和我聊天时说：你们一句话差点把我整崩溃了，但是还得相信科学，用科学发展观来登山。

保障团队

7日夜里天气非常好，8844米风速仅有4秒/秒，8日清晨高空风速逐渐加大，但不会影响登山。正是由于天气好，登山队夜里行军速度非常快。当电视画面传来圣火在珠峰点燃的那一刻，我同所有的人一样激动，但里面包含了更多的酸甜苦辣：永远忘不了每天2次激烈的会商讨论，永远忘不了深夜紧急会商，永远忘不了每天三次和李志新研究天气，永远忘不了深夜两点告诉李志新珠峰会有"祥云"出现。

38条钢铁汉子克服各种各样的困难，用实际行动诠释了"团结协作、弘扬传统、锲而不舍、知难而上"的珠峰精神，续写了珠峰气象人的辉煌！

再上雪域高原

许小峰

2011 年是西藏和平解放 60 周年。5 月 11 日，为了庆祝这个不同寻常的日子，中国气象局大院内云集了来自各省的许多老同志，他们是西藏气象事业发展的见证者、开创者、建设者。这些从 20 世纪 50 年代、60 年代、70 年代开始先后在西藏工作的亲历者们坐在一起，回首往事，抚今追昔，多少话题，勾起了他们难以忘怀的记忆。短暂的相聚，短暂的叙旧，让他们言犹未尽，想说的话还有很多很多。正是基于此，我们决定编辑出版这

作者与阿里气象局职工合影

后记

本西藏气象事业发展回忆文集——《雪域风云路》。

自 6 月中旬发出征稿通知，到 8 月底截稿止，共收到 140 多篇回忆文章和近百幅珍贵历史照片。有些老同志不顾年迈体弱，克服病痛的折磨，为这本书撰稿。在编辑这本书的过程中，就有三位作者先后去世了。《雪域风云路》这本书不仅是记录下了一些个人的经历和感受，在某种程度上也是在抢救历史。经过大家的共同努力，这本书终于付梓，是我们献给西藏和平解放 60 周年的礼物。在此，向所有为本书的编写付出辛劳的人表示由衷的感谢。

作为《雪域风云路》这本文集的主要促成者之一，确应带头写篇文章，无论是当初的援藏，还是后来多次进藏，都有不少真实的体验和感受值得记录。因时间关系，一直未能坐下来认真梳理，且约稿的期限日渐临近，无奈只好将最近一次进藏调研期间的日志摘录合并成了一篇文章，以化解交稿之压力。

2011 年 7 月 12 日，有机会再赴西藏，恰逢西藏和平解放 60 周年，可以体验到浓厚的节日氛围。我到西藏至少有五次了，首次进藏是 1985 年，作为中央气象台的预报员参加援藏，那年是自治区成立 20 周年，也很热闹。上一次是在 2008 年，去了保障奥运火炬珠峰登顶的大本营（5200 多米），这次是要去西藏最西边的阿里气象局进行调研，首次在西藏西行这么远，多少有些兴奋，在高原上，哪里都想去，并无任何胆怯。

在拉萨落地后休息了一晚，我们便起早赶路，一直向西。不远处就看到了羊卓雍湖，它是西藏著名的神湖之一。上次从珠峰返回拉萨时曾到过这里。湖色依然很美，但湖岸边可以明显看到水位下降的痕迹。有人说是由于气候变暖导致西藏生态恶化，也有人说是因为建了羊湖电站的后果，或许是二者都有。看到的第一个气象台站是浪卡子站，属于山南地区，海拔约 4400 多米，这个站我曾去过，因海拔较高，不可能在那里长期安家，按照在西藏工作的通常做法，职工住在单位盖的周转房里。进到他们的住处看了看，感到太窄小了，只有 30 平方米左右。若作为职工单身宿舍应没有问题，但实际上，多数职工已在这里安家，将长期生活于此，一直到退休后才可能离开。在这种情况下，所谓周转的含义就不太一样了，至少周期不是一个短的时间概念，用途也不仅仅是一个简单的宿舍了。这种情况在西藏比较普遍，当初在设计周转房时可能没有充分考虑到这些，也可能是因为应急的需要。这是下一步需要改善之处。

过了浪卡子，再向西就进入到日喀则地区，第一站是江孜县。江孜县气象局海拔也在4000米以上，但基本条件较浪卡子要好一些。江孜是一个农业区，对气象条件的依赖也更强，装备了一部713型气象雷达，在西藏县级气象局是较少见的。提到江孜，会想到一部著名的影片《红河谷》，影片中的抗英战争就发生在这里。虽然红河谷的故事情节是虚构的，但有着真实的历史背景，江孜抗英保卫战确有其事，所以江孜在西藏也被称为英雄城。

日喀则地区气象局条件较县局要好得多，但若与内地东部同类局相比，仍不可同日而语。最近在地方政府支持下，征了十五亩地，正在修建新的业务楼，建好后条件会进一步改善。

继续向西，我们到了日喀则地区的拉孜县气象局。这个局从外观环境上看就显得有些破旧，办公、生活条件都不太行，一个开会活动的地方设在了院内的帐篷里。日喀则区局领导的解释是，因目前的办公生活用房与观测场位置设计不合理，无法进行环境改造，要等到观测场搬迁方案得到批准后才能动工建设。这显然是急需要办的事，决策拖延会使目前的局面持续下去，工作、生活都要受影响。

离开拉孜后继续赶路，晚上落脚在日喀则地区昂仁县西部的桑桑镇，在这里度过了一个较艰难的夜晚。桑桑镇海拔约4600米，因其特殊地理位置，是一个来往车辆常作为歇脚的地方。住的宾馆是一排小平房，没有卫生设备，也没有自来水，照明用电时有时无，到晚上12点后就完全停了，但配备了蜡烛，可以对付照明。墙壁电源始终没有供电，需要充电的设备，如手机、相机就没办法了。大概因为海拔较拉萨升高了约1000米，晚上睡眠质量明显不高，在似睡似醒中度过了整个夜晚，同行的人也都普遍有这样的反应，算是进入阿里前经受点考验吧。

第二天，我们告别桑桑镇继续向西，在一个叫做22道班的地方开始向北转，到了措勤县，已属于阿里境内了。那里没有设气象局，由阿里地区气象局建了一个自动气象站，海拔为4700多米。西藏同内地很不一样，有100多个县，与其辽阔的地域相比，已是很少了，但也只有39个县设有气象机构。近几年来，随着需求的增长和科技水平的提升，西藏区局通过建自动气象站的方式实现了县县有站，解决了当地基本气象信息获取的问题。

后
记

但没有人，如何实现在当地提供气象服务，还是个问题。从措勤再向西北行，直奔改则，到那里已是晚上八点多了。还好，天还亮着，那里要到晚上10点才会黑下来。就先去了气象局。这是个一类艰苦台站，除通常的一些困难外，最大的问题是水质问题，水中的一些化学物质会造成牙龈出血、掉头发等症状，洗脸也会造成皮肤过敏。目前只能用水洗洗衣服，吃水要买矿泉水。从气象信息获取的角度，改则站非常重要，再向北就进入到无人区了，有很大一片气象探测的空白。根据专家的意见，改则的探测只能加强，还要增加更多的观测项目，如探空、辐射等。但如何实现，就难了，要考虑可操作性。藏北的条件确实很艰苦，留住人是件难事。有一位成都来的毕业生在那里工作了几年，正在申请返回老家，西藏局想挽留，答应给他调整到好一些的台站，不知是否能奏效。看到那里的工作环境，确实要设身处地地考虑一下，换上任何人都会有怎样选择的问题。

"高海拔，高标准，缺氧气，不缺志气。"这是西藏气象人倡导的一种精神，这种精神正是西藏气象事业发展到今天的精神支柱。但是随着经济社会发展和各方面条件的变化，我想不能将精神与物质截然分开，不解决实际问题，仅唱高调是靠不住的。在西藏期间，同事给我讲了一个真实故事：有位学财会的女大学生被安排在那曲地区气象局工作，一去就是三年，在4400多米的高寒地区工作，那里的山上只能长草，见不到树木，伴随时光流逝，似已感到自然。当终于有机会乘车到拉萨办事时，从车窗口忽然发现路边有一棵树，她掩饰不住心中的激动，挥手让司机停车，说是要上厕所。下车后她冲到那棵树旁，已无法控制自己内心的情感，抱着树大哭了一场。只有身处辽阔的藏北高原，才会真正体会到荒芜人烟的感觉。令人神往的雪域高原，近距离接触后并不感到轻松。

今年阿里地区的雨水不少，从路边的草地到周围的山上都可以见到成片的绿色，也有的地方不行，仅是灰灰的土石山，好像已失去了任何植物存在的可能。

下午两点多，到达了阿里的革吉县，那里也只有一个自动气象站。县委书记张学营陪我们一起查看了气象站，他对与气象相关的问题好像很有兴趣，问起青藏高原是否还存在臭氧洞，气象站是否负责观测天文等。张书记是1982年河南一所师专毕业的，报名到了西藏，一干就是30多年。从他黑黑的肤色上可以明显看出长期受高原紫外辐射的结果。

下午 5 点多到达了此行的目的地，阿里地区行署所在地噶尔县，也称狮泉河镇。跑了 3 天，行程 1800 多千米，以前从拉萨到阿里要跑上一个星期，还要自带汽油、干粮和帐篷等。与一路上经过的几个县比，作为地区行署所在地点噶尔县就像个大城市了，各方面条件都明显要好些，但也只是相对于人烟稀少的藏西北高原而言，整个阿里地区有 34 万平方千米，人口仅有 8 万多，噶尔县的城镇人口不到一万人。狮泉河水流量比想象的要小，但在河两边可以看到不少开了花的红柳，这是在高海拔地区少见的能长到一定高度的植物。据说在狮泉河两岸曾有过很茂盛的红柳林，牦牛进去都会迷失于其中。但由于不断被人砍了当柴烧，红柳渐渐稀少。近年来人们的生态意识增强了，又开始种植，但若想重现往日的旺盛就难了，高原生态是经不起折腾的。

　　阿里地区气象局环境条件还算好，水电路等基础设施不成问题，有一座二层办公楼，正在做新的规划，再盖一座新楼，建一些周转房，改善办公和生活条件，在未来几年都可以实现。狮泉河的地理位置对气象而言也很重要，若能建一个探空站，对从西路和南路来的大气活动会起到很好的监测作用。但这里远离拉萨，也很缺人，会制约这一设想的实现。可能的解决方案是建一个全自动探空站，国际上已有，国内也在进行测试，能否适应阿里的条件尚不确定。

　　本来可以乘飞机回拉萨，阿里去年开始通了航班。但由于机票出现了问题，一行人不能同时走，便决定还是开车返回，选择从南线 219 国道走，也要有两天的路程。第一天较紧张，为了安全，控制了车速，1100 千米走了 15 个小时，夜里 12 点多才到达拉孜落脚。但比起北线的颠簸，感觉还是好多了。人有时会因条件改变而出现心理变化，当路况好了，就希望能再快一些，若能有高铁的速度当然最好。

　　返程的第二天就宽松了不少，跑了 500 多千米回到拉萨，中途去看了属于拉萨市气象局的尼木县气象局。这个局的基本状况不错，每个职工都身着统一制服，院子里也很整洁。由于统一购买了县里为不在尼木县安家的工作人员建设的周转房，既减少了院内用地，职工的生活条件也明显改善，房子离气象站很近，每套房有六七十平方米。在业务室墙上见到一个考评制度打分栏，将每个人所作的工作都量化为分数逐月公布出来，包括局长在内。管理能做到这样，还真是要下些功夫才行。

7月17日，我们返回拉萨。五天下来跑了3500千米的路，是我有生以来出差最辛苦的一次，也是我多次到西藏印象最深刻的一次。在拉萨又与区局的同志一起讨论了西藏气象"十二五"发展规划，有了一路的调研和体验，谈起来感到有了些底。现在的拉萨或西藏区气象局，与我25年前援藏时相比，已不可同日而语，变化之大已难以辨认。未来如何进一步发展，如何赶上内地的步伐，特别是那些艰苦的基层台站生活、工作条件如何改善，则还有许多事要做。

　　暂时告别了高原，告别了雪山，告别了喜马拉雅，留下了祝福，留下了心愿，留下了对未来的期盼。

　　谨以此文作为后记，祝西藏气象事业的明天更美好！